马铃薯健康管理

（原书第二版）

〔美〕丹尼斯·A. 约翰逊（Dennis A. Johnson） 主编

胡同乐 主译

科学出版社

北 京

图字：01-2022-2633号

内 容 简 介

本书原著为美国植物病理学会出版社2008年出版的*Potato Health Management*（Second Edition），主编是华盛顿州立大学植物病理系Dennis A. Johnson教授。全书共分23章，以病虫害管理为重点，从马铃薯生产的产前、产中和产后，对植株健康和病虫害科学管理进行全过程、全方位系统阐述。马铃薯健康管理的整体方法贯穿本书，其目的是：第一，提供关于马铃薯生产实践的最新信息，重点是病虫害管理；第二，提供知识基础，以便这些实践可以在今天的农业背景下被整合到一个综合管理计划中。本书最大的特色和优势在于每章均由1位或多位美国公立大学在该领域研究和推广一线具有丰富经验的专家教授编写，全面反映了美国在马铃薯种植过程全链条各个环节的最新研究成果和经验做法。

本书可作为马铃薯种植业者、农业服务技术人员、农业生产管理人员、高等农业院校师生以及相关工作人员的参考用书。

审图号：GS（2022）1068号

图书在版编目（CIP）数据

马铃薯健康管理：原书第二版 /（美）丹尼斯・A. 约翰逊（Dennis A. Johnson）主编；胡同乐主译．—北京：科学出版社，2022.6

书名原文：Potato Health Management（2nd edition）

ISBN 978-7-03-072288-1

Ⅰ. ①马…　Ⅱ. ①丹…　②胡…　Ⅲ. ①马铃薯－病虫害防治
Ⅳ. ① S435.32

中国版本图书馆CIP数据核字（2022）第083931号

责任编辑：丛　楠　林梦阳　马程迪 / 责任校对：杜子昂
责任印制：赵　博 / 封面设计：蓝正设计

科学出版社 出版
北京东黄城根北街16号
邮政编码：100717
http://www.sciencep.com

北京中科印刷有限公司印刷
科学出版社发行　各地新华书店经销

*

2022年6月第 一 版　开本：787×1092　1/16
2025年2月第三次印刷　印张：20 3/4
字数：517 000

定价：268.00元

（如有印装质量问题，我社负责调换）

封面照片来自William J. Schaefer，经许可使用
封底照片（左）来自Dennis A. Johnson

本书通篇提到了各种农药。据编辑所知，在撰写本文时，这些农药已在美国或加拿大注册用于马铃薯。农药标签在不断变化，因此在使用农药时必须掌握现行标签，并严格按照这些标签进行使用。本书中提及的特定农药不应被解释为对其使用的推荐或认可，而是作为本书读者在制订自己的马铃薯健康管理计划时可考虑的信息。

美国农业部人员或其他任何人在本出版物中对商标、专有产品或公司名称的引用仅用于明确描述，并不意味着对其批准或推荐，而排除其他可能合适的类似内容。

本出版物是与美国植物病理学会（APS）合作制作的。翻译和制作是由独立人士利用APS提供的材料完成的。APS出版社没有进行编辑或校对。
本出版物的英文名称为*Potato Health Management*（Second Edition）。
美国国会图书馆控制号：2007935822
ISBN：978-0-89054-353-5

第一版1993年出版
第二版2008年出版

美国植物病理学会
美国，明尼苏达州，圣保罗，3285 Northwood Circle，Ste. 100，55121

Front cover photograph by William J. Schaefer, used by permission
Back cover photograph (left) by Dennis A. Johnson

Mention of various pesticides is made throughout this book. To the best knowledge of the editor, these pesticides were registered for use on potatoes in the United States or Canada at the time of this writing. Pesticide labels are constantly changing, and thus current labels must be in hand at the time of pesticide use, and applications must be made in strict accordance with these labels. Mention of specific pesticides in this book is to be construed not as a recommendation or endorsement of their use but rather as information for readers of this book to consider when devising their own potato health management plans.

Reference in this publication to a trademark, proprietary product, or company name by personnel of the U.S. Department of Agriculture or anyone else is intended for explicit description only and does not imply approval or recommendation to the exclusion of others that may be suitable.

This publication was produced in cooperation with The American Phytopathological Society (APS). The translation and production were done by independent sources using materials provided by APS. No editing or proofreading was done by APS PRESS.
The English title of this publication is *Potato Health Management* (Second Edition).
Library of Congress Control Number: 2007935822
International Standard Book Number: 978-0-89054-353-5

First edition published in 1993
Second edition published in 2008

The American Phytopathological Society
3285 Northwood Circle, Ste. 100
St. Paul, Minnesota 55121, USA

原著赞助致谢

美国植物病理学会出版社（APS PRESS）为种植者、学生、推广人员、农业企业专业人士和相关领域的其他人员设计了实用的、以控制为导向的植物健康管理系列手册。该系列中的每本书都为特定作物从种子到储存的健康状况提供了跨学科指南。出版赞助商使广大读者购买这些书的负担更小。美国植物病理学会出版社感谢以下赞助商对本出版物的支持。

BASF

Cerexagri, Inc.

Dow AgroSciences

DuPont Crop Protection

Syngenta Crop Protection

译者名单

主　译　胡同乐

译　者（按姓氏笔画排序）

王　卓　王亚南　孙志梅　李秀花

宋　扬　宋　萍　张亚南　范军印

赵　斌　赵振杰　胡同乐

校　对　胡同乐　赵振杰　赵　斌

译者前言

2015年在美国田纳西大学访学期间，我在美国植物病理学会网站看到本书原著的销售广告，因为多年来一直从事马铃薯晚疫病流行、预测与防控技术研究和技术推广，所以对该著作非常感兴趣，就买了一本。收到该著作之后，第一次翻看，就发现其内容非常贴近生产实践，而且理论和实践结合紧密，最主要的是该著作以病虫害管理为重点，从马铃薯种植的全过程、全方位进行系统阐述，每个环节都由该领域在研究和推广一线具有丰富经验的专家编写。当时的第一感觉就是我国马铃薯生产上还缺少一部这样系统的有关病虫害管理的著作，古人云“他山之石可以攻玉”，我随即便萌发了将其翻译成中文的想法。

确定翻译该著作后，我首先就联系了科学出版社，很快便得到了积极的回应，之后科学出版社就与美国版权方进行联系和沟通，顺利获得了授权。与此同时，我们开始组建翻译人员队伍，本着不同译者的专业领域和其目前从事工作的相近性，确定了以河北农业大学在职教师和河北农业大学校友及在读研究生为主的翻译团队。其中，胡同乐负责翻译和统筹，包括题词、原著前言、第1章、第9章（前半部分）、术语表和索引的翻译，第1～9章、第14～16章、第18章和第20～23章的校对，以及全书的最终校对和统稿；赵振杰负责第10章、第13章、第19章、第21章和第23章的翻译，第11章、第12章和第17章的校对；赵斌负责第2～4章的翻译，第10章、第13章和第19章的校对；范军印负责第5～7章和第22章的翻译；宋扬负责第11章、第12章和第18章的翻译；宋萍负责第15章和第16章的翻译；孙志梅负责第8章的翻译；王卓负责第14章的翻译；王亚南负责第17章的翻译；李秀花负责第20章的翻译；张亚南负责第9章（后半部分）的翻译。

愿此著作能对我国马铃薯产业的健康发展和保证我国粮食安全起到一定的作用，希望我国马铃薯产业界的研究和推广专家能针对我国生产实践写出类似或更优秀的本土著作。

感谢国家重点研发计划资助项目（2017YFE0122700）对本译著出版的支持，感谢河北农业大学青年骨干教师境外研修计划的支持，感谢全体译者的精诚合作，感谢科学出版社的支持，感谢马铃薯产业界同仁的不吝赐教。

由于译者专业知识、翻译水平及生产实践经验所限，书中翻译不妥之处在所难免，恳请读者指出，以便再版时修订。

胡同乐

2022年1月于保定

题词

赠地使命

1862年的《莫里尔法案》能够实现是因为远见和坚持，该法案使得每个州都设立了州立大学或赠地大学。它启动了一系列立法，为高等教育带来了革命性的变化，并将以研究为基础的知识和技术扩展到了全国的农业和工业。1861～1865年，《莫里尔法案》由国会通过并由亚伯拉罕·林肯签署，为实现真正的变革制定了一条路线——将高等教育延伸到“普通人”，使农业和工业生产达到前所未有的水平。

该法案的通过是长期且激烈斗争的结果，整个北方的土地赠予理念得到了农场组织、工会、教育工作者、传教士、报纸行业和公益精神改革者的支持，最早的支持者之一是伊利诺伊州的乔纳森·鲍德温·特纳（Jonathan Baldwin Turner），他支持创建“产业大学”，获得了每个州提供的土地捐赠；后来，霍勒斯·格里利（Horace Greeley）的《纽约论坛报》主张建立人民学院体系；艰难前行的纽约商人埃兹拉·康奈尔（Ezra Cornell）全身心地投入教育改革运动中，认为高等教育应该是民主的财产；约翰·C. 卡尔霍恩（John C. Calhoun）的女婿托马斯·克莱姆森（Thomas Clemson）在南方对此予以支持；佛蒙特州的贾斯廷·莫里尔（Justin Morrill）撰写了该法案（Nevins，1962）。

赠地大学将旧式古典课程改为拥护科学并包括农业和机械艺术的课程。高等教育由原来主要面向富裕阶层、政府领导人和专业人士的孩子，开始向普通百姓开放。有人说，在赠地制度设立之前，美国没有真正的大学存在（Nevins，1962）。赠地的理念通过立法得以进一步发展，为州立农业实验站的科学和农业研究提供资助（1887年的《哈奇法》），并通过合作推广服务（1914年的《史密斯·利弗法》）向农民和产业提供新知识。1890年，第二部《莫里尔法案》使大学对黑人开放；1994年的立法建立了美国部落学院并资助了服务西班牙裔学生的大学。

更多的教育机会和机会平等是赠地活动的主要目标。变革的主要动机是相信每个人都应该有机会根据自己的爱好和能力来完成教育。教育不是仅仅为了贵族和富人，而是为所有人。赠地大学运动的核心理念是所有人都有机会以最高的可行水平从事所有职业，自由和平等才能得以存在（Nevins，1962）。

赠地大学运动的结果就是在美国的每个州和哥伦比亚特区至少有一所赠地大学。在美国近100所主要的州立大学中，大约70所是赠地大学。在美国，这些赠地大学招收大部分学生，并授予大部分研究生学位（Nevins，1962）。各州的农业试验站和推广活动在提升科学知识和增加农业生产方面发挥了主要作用。赠地制度及适宜的土壤、水和气候，自由市场制度及勤劳的人民一直是美国农业发展的主要力量。

自赠地制度建立以来，社会和农业发生了很大变化。美国现在大部分是城市人口，只有不到2%的人口参与农业生产，教育和就业机会异常多样化。农业已成为一项重要的经济活动，而不只是一种生活方式。研究的重点集中在基础领域而非应用方面。联邦政府和州政府用于支持赠地制度的资金比例越来越小，例如，华盛顿州立大学2005年的预算资金中由州政府拨款的部分不到27%；学生的学费所占比例较高；科学研究和新技术与信息推广需要私人资金和联邦政府资助；未来预计联邦和州政府的财政支持将进一步减少。赠地大学正在变得私有化，即回归赠地之前的状态，赠地制度可能会在不久的将来成为历史。

赠地使命的延续和成功需要承诺——来自赠地大学和在那里工作的人员继续致力于在保持环境质量的同时实现经济和社会回报的研究的承诺，以及来自联邦和州决策者为大学的教学、农业和自然资源研究以及向农业和企业推广技术提供充足和持续资金的承诺。

本书致力于赠地使命和美国农业的未来和持续成功。

参考文献

Nevins, Allan. 1962. The Origins of the Land-Grant Colleges and State Universities: A Brief Account of the Morrill Act of 1862 and Its Results. Civil War Centennial Commission, Washington, DC

原著前言

当西班牙探险家于16世纪中叶抵达时，马铃薯已在南美洲的安第斯高原耕种了至少8000年，并且是秘鲁土著人民的主要粮食作物。印加人及其前辈的农业通过种植多种粮食作物和多种马铃薯品种而得以维持。他们通过实践休耕、轮作和复种，在土壤中添加有机肥，起垄栽培，采用卫生措施和耕作，并改变播种时间来避免有害生物暴发（Thurston，1994）。这些做法是通过反复试验发现的，并且随着时间的推移有意地整合起来，以支持人类生存的持续食物供应（Thurston，1994）。今天，成功的农业需要更加统一的产品和能源密集型投入。然而，过去和现在生产策略的基本目标是相似的：稳定性、韧性、生产力和效率。过去的农业系统与现在有很大不同，也不可能像现代农业这样供养如此多的人口，但我们现在开始认识到健全的、可持续实践的价值观类似于数千年前的安第斯人的价值观。

马铃薯有数百种有害生物（杂草、害虫和啮齿动物）和病原体（包括线虫、真菌、卵菌、细菌、植原体和病毒）。由于马铃薯是从块茎无性繁殖而来，块茎很容易携带一些病原体和害虫，因此许多病虫害问题都随着马铃薯到达任何种植它的地方。随着马铃薯从南美洲迁移到世界各地，一些病原体和害虫也被运送到新的地点。

晚疫病的病原体通过种薯经不同途径传播到了全世界。有证据表明，该病原体起源于墨西哥中部，19世纪40年代初，A1交配型被带到美国东部、加拿大东部和欧洲北部。欧洲人一开始不知道晚疫病，直到它在1845年摧毁爱尔兰马铃薯作物，导致著名的爱尔兰马铃薯大饥荒。爱尔兰典型的潮湿、温和天气有利于晚疫病的发展，它首先在1845年生长季节后期像野火一样蔓延，然后在1846年生长季的大部分时间里全力扩展。爱尔兰90%的马铃薯作物遭到破坏，疫情遍布欧洲。随后几年的其他农作物歉收进一步扩大了危害，100万爱尔兰人死亡，另有150万人因饥荒而移民到北美。最近一次A2交配型的迁移可能是在20世纪70年代末进入欧洲，90年代进入北美（Fry and Goodwin，1997）。

与种植多种主食作物和多种马铃薯品种的秘鲁高原早期农业系统相比，爱尔兰依靠单一的、遗传上一致的粮食作物。作物的一致性和对马铃薯植株、病原体及二者如何受环境影响的认识不足加剧了爱尔兰晚疫病的流行。

自爱尔兰马铃薯饥荒以来，现代农业取得了长足进步。但是，晚疫病和许多其他病虫害仍未得到妥善管理，许多问题挑战现代农业。今天，不仅需要满意的产量、质量和市场，还必须保护人类健康和环境。北美农业在全球市场上竞争，面临来自世界各地具有低廉劳动力国家农业的激烈竞争；农业的能源投入高而且昂贵，市场有时因政治决定受到限制；环境条件和法律决定要求修改生产实践以保护人类健康和环境。所有这些因素都将现代农业推向了管理密集型系统。

马铃薯生产也不例外。为了蓬勃发展，生产管理策略必须在各个层面得到改善。需要更好地了解马铃薯植株和现代病虫害管理的基本原则，并了解各种因素如何相互作用以影响马铃薯作物的整体健康状况。必须实施马铃薯健康管理的全面综合策略，以实现高质量的产品、合理的利润和环境的健康。这就是**整体健康管理**，如第1章所述。

马铃薯健康管理的整体方法贯穿本书。我们的目标是双重的：第一，提供关于马铃薯生产实践的最新信息，重点是病虫害管理；第二，提供知识基础，以便这些实践可以在今天的农业背景下被整合到一个综合管理计划中。

由于知识不足，使栽培和贮藏马铃薯过程中遇到的一些限制因素仍未得到充分解决。缺乏科学知识导致了爱尔兰晚疫病的流行。同样，这是我们目前必须应对的作物限制的一个重要因素。通过赠地系统和其他来源资助的研究大大促进了农业生产，但是，如果要有一个稳定的农业系统来满足当今的需求，就需要进行更多的研究。例如，我们需要对许多病虫害具有抗性的品种。目前只有相对较少的抗性马铃薯品种可供利用，与之相比，在谷物中广泛的育种努力已经产生大量的抗性品种，并被广泛种植。抗性马铃薯品种的数量相对较少并不是因为马铃薯缺乏遗传资源，而是因为过去决定用相对廉价的具有广谱活性的农药来管理马铃薯病虫害。马铃薯每单位面积的利润大于谷物的利润，因此通常农药对于马铃薯的生产而言更容易承受，使育种者将精力集中在质量因素上。如今，农药更加昂贵，社会逐渐意识到利用寄主抗性会带来环境效益。因此，目前正在研究和开发对病虫害具有持久抗性的马铃薯品种，并学习如何栽培、加工和销售这些新品种。许多其他领域也需要进行研究，如土壤健康及其促进方法。现今的挑战是通过研究来保持马铃薯生产的可行性和强势，并以整体方法将新知识应用到马铃薯健康管理中。

Dennis A. Johnson 和 Randall C. Rowe

参考文献

Fry, W. E., and Goodwin, S. B. 1997. Re-emergence of potato and tomato late blight in the United States. Plant Disease 81: 1349–1357

Thurston, H. D. 1994. Andean potato culture: 5,000 years of experience with sustainable agriculture. Pages 6–13 in: Advances in Potato Pest Biology and Management. G. W. Zehnder, M. L. Powelson, R. K. Jansson, and K. V. Raman, eds. American Phytopathological Society, St. Paul, MN

致　　谢

这本书是许多人努力的结果。规划始于2004年夏季，当时美国植物病理学会（APS）出版社的主编Rose Gergerich要求修订《马铃薯健康管理》第一版。第一版非常成功，售出了7000多本。然而，自第一版印刷以来，进行了一些新的研究，并且也已经出现一些新的病虫害，是时候将该信息整合在本书的修订版中了。Randy Rowe编写了第一版，并为此次修订奠定了坚实的基础，对此我非常感谢。

我作为主编做出的最好的决定是选择指导委员会成员：Mary Powelson，Randy Rowe，Walt Stevenson和Bob Thornton。这四位都是在马铃薯研究和马铃薯行业拥有扎实专业背景的植物科学家，他们每个人都拥有过硬的编写技能，这对我非常有帮助。我们最初于2004年10月在美国明尼苏达州圣保罗的美国植物病理学会（APS）总部举行了为期一天的会议。在那里我们决定了本书的组织结构、内容、章节主题和每章的主要作者。随后，我们以两三人的小组形式进行了多次会议，并且委员会的每位成员多次与我在不同场合会面或通信，并提供了非常有价值的建议。指导委员会的每个成员都对每章进行了彻底的审查，然后在手稿提交同行评审时重新阅读了本书的部分或全部内容。我非常感谢他们给我的意见和建议。

对于每一章，我们邀请了解该主题的科学家作为主要作者，然后该作者在需要时选择共同作者，感谢这些作者的贡献和大多数作者的按时完成。Tim Paulitz担任APS出版社的高级编辑，审阅了整篇手稿，并组织了两位匿名科学家的同行评议，感谢他们的帮助和贡献。感谢Ryan Johnson和Brenda Schroeder对特定章节的建议，感谢Maegan Davis提供了一些插图，Erin和Frank Jones为我提供了文书和技术方面的帮助。APS总部工作人员负责本书的出版，感谢他们的热忱服务。

Dennis A. Johnson

目　　录

第 1 章

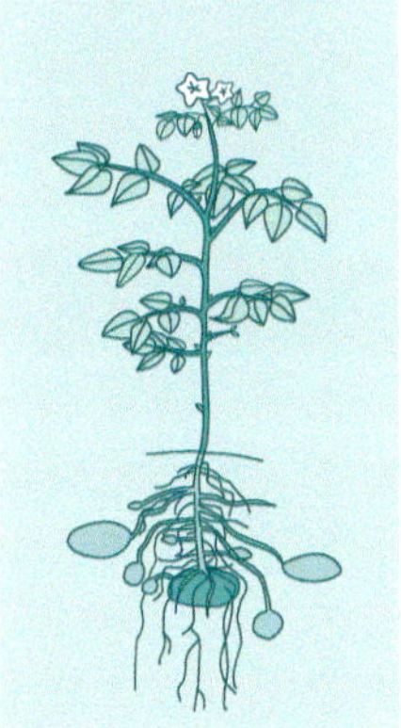

Randall C. Rowe　俄亥俄州立大学植物病理学系，伍斯特

Mary L. Powelson　俄勒冈州立大学植物学与植物病理学系，科瓦利斯

马铃薯健康管理：整体方法

世上没有栽培马铃薯唯一正确的方法，因为不仅各地条件和市场要求差异很大，而且不同地块和不同地理区域之间生产上的生物限制因素也常常明显不同。尽管存在这种差异，但所有马铃薯生产者都面临着建立和实施管理措施的挑战，在面对病害、虫害和杂草的威胁时，通过这些措施最大限度地保证马铃薯健康。

本书是为那些参与马铃薯健康管理的商品薯和种薯生产商、推广专家、农场顾问、家庭园丁、学生及任何对种植健康马铃薯感兴趣的人员而写的。这里介绍的信息直接涉及美国和加拿大的马铃薯生产，但其中大部分内容都对全世界有参考价值。

什么是马铃薯健康?

作为讨论马铃薯健康管理的第一步，我们需要了解健康的概念。就人而言，健康意味着免受生物、环境和遗传等因素对身体机能、日常活动和个人福祉的不利影响。如果将这一概念应用于马铃薯，则一个健康的马铃薯植株可被定义为不受阻碍植物充分实现其遗传潜力的生物（昆虫、病害和杂草）和物理（营养、水分和化学及环境胁迫）因素的限制。

从生产实际来看，这个定义是不够的，因为完美的马铃薯健康很少在现实世界中实现。此外，人类被看重的是多个个体，但植物通常被看重的是一个群体（作物）的产量。鉴于马铃薯生产是为了获得块茎，因此可将健康的马铃薯作物定义为块茎产量或质量不受任何限制因素的困扰。

这种马铃薯健康的定义侧重于最终产品，即块茎，但将其作为管理的基础仍然不能令人满意。马铃薯种植者是为了获得经济收益而进行生产的。因此，马铃薯健康的有效概念必须包括经济考量。人们在种植一种作物的过程中会做出许多决定，并且每个决定都会增加成本，每个成本都会影响该作物的总利润。马铃薯生产过程中完全不受生物和物理因素的限制是不可能实现的。然而这倒不是真正的问题，因为在经济损失发生之前，对这些限制因素是有一定容忍量的。有效马铃薯健康管理的基础是理解每种限制因素如何影响经济收益及何时采取行动较好。因此，从实际的角度来看，一个健康的马铃薯作物是指以一种经济收益最大化的方式对其生物和物理限制因素进行管理的作物。

马铃薯健康的整体管理

整体是一个在讨论马铃薯作物管理时不常用的词。整体的观点暗示，管理策略之间的选择不能孤立地进行——必须通盘考虑。必须对每项管理措施进行评估，不仅要考虑其对特定生物或物理限制因素的直接作用，还要评估其对整个农业企业和周边农场、社区和自然资源可能产生的间接和非预期影响。一个整体的方法是为了解决当今农业面临的现实问题，其侧重点已从总产量最大化转向总经济回报最大化，同时应注意环境保护和社会责任。

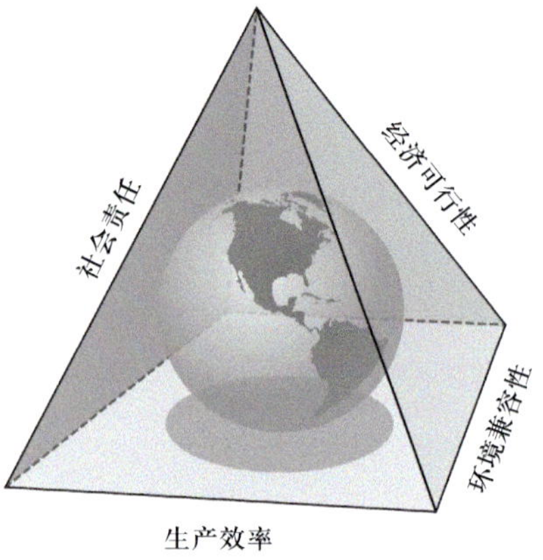

图1.1 马铃薯健康的整体管理可以看作一个金字塔，其中4个面代表所有生产实践必须满足的标准。（改编自俄亥俄州立大学食品、农业和环境科学学院院标）

整体管理可以看作一个金字塔，其中4个面代表所有生产实践必须满足的标准：生产效率、经济可行性、环境兼容性和社会责任（图1.1）。每项措施都必须对一个确定的生产限制因素进行有效且高效的管理，所有生产措施也必须是整个生产系统中经济可行的组成部件。除了有效和负担得起之外，每项措施都不得对当地或区域环境构成威胁；不得损害工人、邻居和消费者的健康；并且必须为当地社区所接受。当这4项标准都得到满足时，金字塔将保持稳定，如果其中任何一项标准得不到满足，便会危及整个系统的稳定性。

马铃薯健康的整体管理是指应用一套综合的生产管理措施，以优化经济回报并将环境影响和不良社会影响降至最低的方式进行优质作物生产的管理措施。深入了解马铃薯植物的生物学和现代病虫害管理的基本原则，以及对这些因素如何相互作用而影响马铃薯作物整体健康状况的认识，是整体管理的核心。有了这些知识，可以对各种生产措施进行评估，然后将其组合成一个有效且适当的整体管理计划。

马铃薯健康整体管理的原则

生产健康的马铃薯作物是一个不断变化的目标。影响马铃薯健康的因素在不断变化，有效的管理要求不断调整生产系统，以改善对现有制约因素的管理并应对新出现的威胁。因此，我们必须选择那些能以多种方式发挥效果并相互配合恰当的管理措施，这些措施就如同一幅拼图的各个部分（图1.2）。由于马铃薯生产系统的生物学复杂性，一个管理措施的变化可能会导致整个系统的**反弹效应**（第3章），甚至可能导致出现新的或始料未及的问题，正所谓“牵一发而动全身”。对于所有管理措施相互关联的认识，是理解马铃薯健康整体管理的关键所在。

马铃薯健康的有效管理要求对所有生产要素进行合理布局，为优化作物生长环境和减少病虫害影响提供条件。对作物的需求和种植地点的生产限制因素充分了解之后，就可选择和实施管理措施，将整个生产周期的压力尽量降至最低。一个全面的健康管理计划的各项决定包括轮作、选地和平整、翻耕、播种、水肥力管理及收获和产后处理等，当这些问题得到解决之后，还需要在播种之前和作物生长过程中制订和实施针对特定病虫害的管理决策。

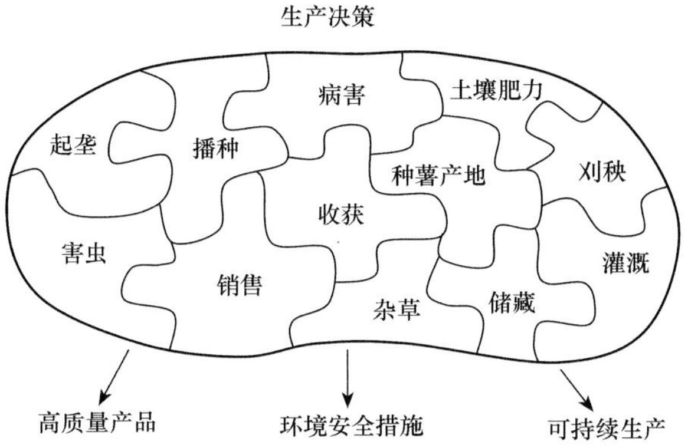

图 1.2　一个马铃薯健康整体管理计划必须选择那些能以多种方式发挥效果并相互配合恰当的管理措施，就如同一幅拼图的各个部分。对于所有管理措施相互关联的认识，是理解马铃薯健康整体管理的关键所在。（Maegan Davis绘制）

在病虫害管理决策制订过程中可以考虑三个概念：危害水平、经济损失水平和行动阈值。

危害水平是指足以造成作物产量或品质降低的害虫种群数量或病害发生程度。一头马铃薯甲虫在一个马铃薯叶片上取食并不会影响整块田的产量，但是较大的种群会造成严重的危害。一种有害生物的种群数量达到足以影响作物产量或品质时的水平为其危害水平。

鉴于马铃薯健康最为实际的定义是与该作物经济收益最大化相关的，第二个较为有用的管理概念是**经济损失水平**（在害虫管理中常称为**经济危害水平**），它是病虫害所造成的潜在经济损失超过防控成本时的害虫种群数量或病害水平，通常略高于危害水平。因此，为了避免净利润的损失，必须在达到经济损失水平之前采取防控措施。应采取防控措施时的害虫种群数量或病害水平称为**行动阈值**（在害虫管理中通常称为**经济阈值**）。图1.3显示了经济损失水平与行动阈值之间的关系。随着作物的生长，一种特定害虫或病害的数量可能会增加或减少，过早防控会导致不必要的生产投入，而在达到行动阈值时采取措施可防止潜在损失超过防控成本。

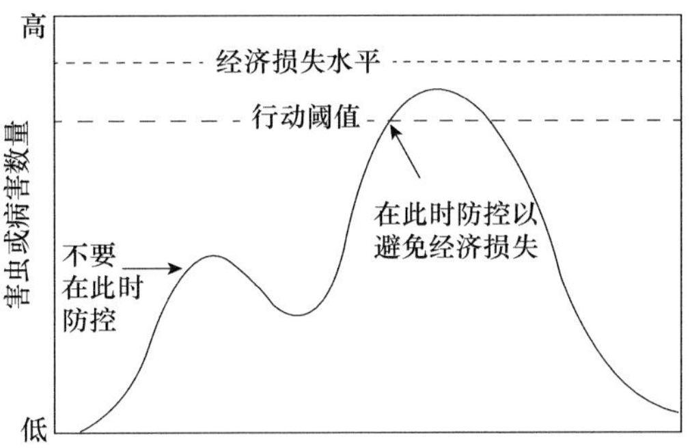

图 1.3　基于经济损失水平的概念实施病虫害管理措施。经济损失水平是病虫害所造成的潜在经济损失超过防控成本时的病虫害数量。行动阈值是指病虫害种群数量的一个水平，在该水平应采取防控措施以避免其达到经济损失水平。（改编自Hollingsworth, C. S., Ferro, D. N., and Coli, W. M. 1986. Potato Production in the Northeast: A Guide to Integrated Pest Management. Publ. C-178. Massachusetts Cooperative Extension Service, Amherst）

建立一个整体健康管理计划

一个有效的整体健康管理计划将包含多个综合成分，这些成分选择的依据或策略是它们可共同作用来保护作物。病虫害暴发和流行源自害虫或病原物由较小数量增加到可造成经济损失的较大数量。一开始的种群可能是通过种薯或设备或自然方式引入的，或者它可能已经存在于田块，这部分有害生物称为害虫或杂草的**初始种群**和病原物的**初始菌源**（或**初始接种体**）。

保护马铃薯健康的第一个策略是**排除或规避**害虫和病原物（专栏1.1），目的是避免作物和有害生物之间的接触。排除措施在避免引入可能在种薯表面或内部携带的有害生物方面特别有效，种植在严格认证程序下生产的种薯是任何健康管理计划的重要基础。其他排除措施包括防止将土传病虫害引入未受侵染土地的卫生防护措施（在机械设备移至下一个田块之前进行清洁和消毒等），遵守政府法规（种薯运输的检疫和检查等），在未受感染的田块进行种植，以及选择适当的播种和收获时间。

专栏1.1

可整合到整体健康管理体系中的健康保护措施

目的是避免作物和有害生物之间的接触。排除措施在避免引入可能在种薯表面或内部携带的有害生物方面特别有效，种植在严格认证程序下生产的种薯是任何健康管理计划的重要基础。其他排除措施包括防止将土传病虫害引入未受侵染土地的卫生防护措施（在机械设备移至下一个田块之前进行清洁和消毒等），遵守政府法规（种薯运输的检疫和检查等），在未受感染的田块进行种植，以及选择适当的播种和收获时间。

排除或规避害虫和病原物的措施

种植认证的种薯
种薯的美国联邦政府检查
田间设备在地块间转移时的清洁卫生
检疫
田块选择
播种和收获日期的确定

减少杂草、害虫和病原物初始种群数量的做法

轮作
土壤熏蒸
清除其长期生存地点
防止杂草结籽
对作物残体进行深翻
设备与设施的清洁卫生

限制杂草、害虫和病原物初始种群有效性的措施

选用抗病虫品种
选择和平整种植地点以确保土壤排水良好
种薯药剂处理
使用土壤处理药剂
调节土壤酸碱度（pH）
整合应用土壤改良剂和绿肥作物残体

生长季早期和后期的灌溉管理
适当的播种深度
调整播期以避免在寒冷的土壤中播种
适时收获
使用性信息素干扰昆虫交配
应用苗前和苗后除草剂
中耕

使杂草、害虫和病原物种群增长率降至最低的措施

选用抗病虫品种
叶面喷施药剂
注意行距和行向
营养管理
灌溉管理
使薯块机械损伤最小化的收获和操作方法
存储环境管理

在许多情况下，不可能避免作物与有害生物接触。因此，保护马铃薯健康的第二个策略是针对害虫的初始种群或病原物的初始菌源，其目的是**减少那些无法避免的害虫或病原物的初始种群数量**或**限制其初始种群的有效性**（专栏 1.1）。减少杂草、害虫和病原物初始种群数量的做法包括轮作、土壤熏蒸、清除其长期生存地点、防止杂草结籽、对作物残体进行深翻和设备与设施的清洁卫生。限制病原物初始菌源有效性的措施包括选择抗病品种、选择和平整种植地点以确保土壤排水良好、种薯药剂处理及使用其他土壤杀菌剂、调整土壤pH，整合应用土壤改良剂和绿肥作物残体、生长季早期和后期的灌溉管理、适当的播种深度、调整播期以避免在寒冷的土壤中播种及适时收获等。用杀虫剂进行土壤处理、选择抗虫品种及使用性信息素来干扰交配均可降低害虫初始种群的活力。应用苗前和苗后除草剂及中耕可降低杂草初始种群的竞争力。

一旦某种杂草、害虫或病原物的种群开始增大或一种病害开始流行，**将使杂草、害虫和病原物种群增长率降至最低**的管理措施便开始发挥作用（专栏 1.1）。此类措施包括选用抗病虫品种、叶面喷施药剂、注意行距和行向、营养和灌溉管理、使薯块机械损伤最小化的收获和操作方法，以及存储环境管理。

面临的挑战是选择一套合适的管理措施，并将这些措施整合到一个全面的健康管理计划中，从而生产优质作物产品并使经济回报最大化。由于所有管理措施都有相应的成本，因此在实施前必须考虑经济损失水平和行动阈值。成功的管理者了解作物的遗传潜力和生产地点的局限性，然后结合天气变化、害虫种群数量和病害发生程度做出一系列决策。同时也必须考虑经济、法律和社会约束，因为它们都会影响管理决策（图 1.1）。

制订一个在特定生产情况下有效的整体马铃薯健康管理计划，最好采用系统的方式（图 1.4）。

第 1 步：确定生产地点的马铃薯健康问题并确定其优先考虑顺序。历史上哪些问题影响了该地点的作物生产，以及可能会出现哪些新问题？在这些潜在问题中，哪些最可能限制马铃薯生产的块茎数量和质量？哪些问题是重要的，哪些是可以容忍的？

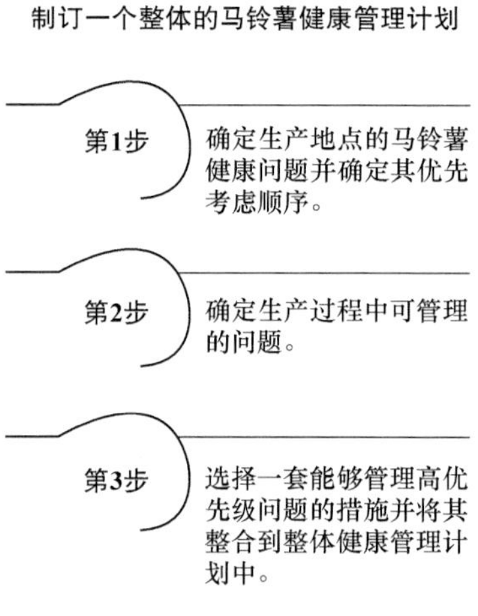

图1.4 一个制订整体马铃薯健康管理计划的系统方法。

第2步：确定生产过程中可管理的问题。由于物理、经济、环境或法律限制，某些问题在某些情况下可能无法管理。

第3步：选择一套能够管理高优先级问题的措施并将其整合到整体健康管理计划中。

单项管理措施必须兼容，不得在不考虑其对整个农业企业影响的情况下实施。在大多数情况下，必须对各种权衡进行评估。旨在应对一个问题的某些措施可能会加剧另一个问题，并且必须重新评估步骤1中确定的优先级。必须根据投入成本和对生产企业盈利能力的影响来考虑各种管理方案的经济性。环境管理的法律限制和关注也会影响管理措施的选择。

在本书中，强调马铃薯健康管理的整体方法。第2章包含一个重要的健康管理措施清单；第3～14章讨论马铃薯生产的各个方面，并提出一个广泛的综合性计划用于生产健康的马铃薯，从种植前开始一直到生产、收获和储存等过程；第15～23章提供了有关影响马铃薯健康的具体问题——虫害、病害、杂草和环境胁迫的管理策略信息。从第15～23章选择相关的管理实践，然后将其纳入第1～14章中提出的总体生产计划，可以为任何情况下的马铃薯生产设计一个整体的健康管理计划。在本书的最后还有术语表以及相关资源材料和网站的列表。

第2章

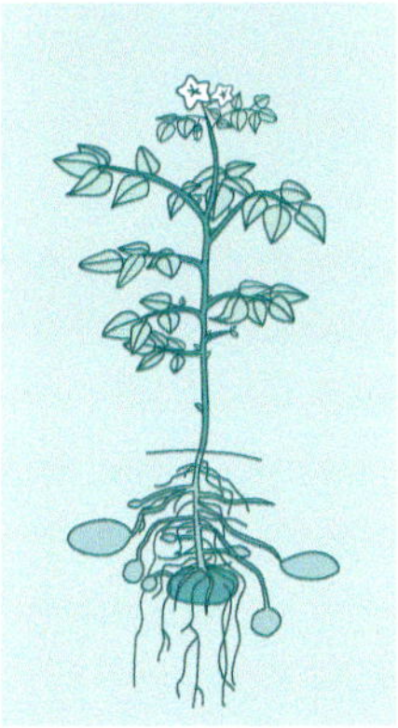

Jeffrey S. Miller 爱达荷大学阿伯丁研究与推广中心，阿伯丁

Bryan G. Hopkins 杨伯翰大学植物与动物科学系，犹他州普罗沃

马铃薯健康整体管理方案对照清单

马铃薯种植需要从全盘角度出发制订一个整体的健康管理方案，这就需要综合考虑种植的前茬、当季、收获、储存等各个生产阶段所采用的管理措施。播种后，马铃薯植株的生长需经历5个生长阶段（图2.1）：萌芽期（生长阶段Ⅰ）、营养生长期（生长阶段Ⅱ）、块茎形成期（生长阶段Ⅲ）、块茎膨大期（生长阶段Ⅳ）和成熟期（生长阶段Ⅴ）。马铃薯生产的整个过程和植株生长的各个阶段为以下管理措施的对照清单提供了时间顺序，这些管理措施可以用来制订一个马铃薯健康管理的整体方案。

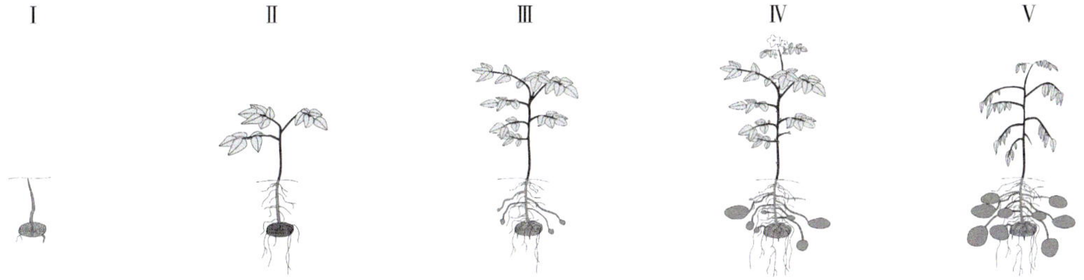

生长阶段Ⅰ
萌芽期
芽从种薯的芽眼萌发并向上生长出土
根系开始在新芽的基部发育

生长阶段Ⅱ
营养生长期
叶片和分枝从地上部主茎节点处生长发育
根和匍匐茎在地下节点处生长发育
光合作用开始

生长阶段Ⅲ
块茎形成期
块茎在匍匐茎的尖端形成，但尚未明显膨大
在大多数品种上，该生长阶段的结束与花期重合

生长阶段Ⅳ
块茎膨大期
块茎细胞随着水分、营养物质和碳水化合物的积累而膨大
块茎成为积累碳水化合物和可移动无机营养元素的主要场所

生长阶段Ⅴ
成熟期
茎变黄并落叶，光合作用减少，块茎生长减慢，茎最终死亡
块茎干物质含量达到最高，并且薯皮老化

图2.1 马铃薯植株的生长阶段。（Maegan Davis绘制，摘自 Western Regional IPM Project. 1986. Integrated Pest Management for Potatoes in the Western United States. Publ. 3316. University of California, Division of Agriculture and Natural Resources, Oakland）

马铃薯前茬作物的管理

1. 针对每一个地块，建立长期的、适宜的轮作制度。理想状态下，马铃薯的种植要每4年1次，甚至间隔更长。倒茬作物可以抑制病害、杂草、线虫和其他害虫。

2．在农药使用过程中，不同作用方式的药剂轮换使用或混用，以避免农药抗性的发生（第14章）。

3．在轮作期间，采用一个除草剂应用方案来管理那些难以控制且滋生马铃薯病虫草害的杂草（第22章）。

4．如果需要，种植绿肥作物以改善土壤特性并控制土传害虫和病原体（第5、19和20章）。

5．为每个田块建立有关土壤肥力、轮作、栽培管理和农药使用的永久记录。

6．选择石块小、坡度小、土质疏松、养分充足、保水性好、不易结块的土地种植。

7．增强土壤的物理、化学和微生物特性；避免破坏土壤结构，防止板结和排水不畅；通过补充前茬作物吸收的养分来增加土壤肥力；在合理范围内，尽可能多地在土壤中增施有机质；如果有需要且经济上可行，可使用适当的土壤改良剂调节土壤pH；避免积累过量的营养物质、盐分和其他潜在有毒物质；只有在必要和可行的情况下，才能使用农药或土壤熏蒸剂（第3、5章）。

8．在灌溉生产条件下，需要对田块的供水能力进行评估。如果有可能出现缺水，则选择相对耐旱的品种。设计和维护灌溉系统，以最大限度地获得水分均匀供应。

9．选择适合目标市场、生产条件和储藏期限的品种；如果可能的话，针对种植田块可能出现的病害和线虫选择抗性品种。

10．选择信誉良好的种薯生产者，并访问种薯农场以检查其生产措施、生产田块和认证记录。只种植经过认证的种薯（第6章）。

播种前的管理

1．在每个种植单元采集土样，分析土壤的化学特性和病虫种群，如线虫、金针虫等。

2．根据土壤分析的结果，在整地之前撒施土壤改良剂和移动性差的养分（磷、锌、锰、铁和铜）；在翻耕或播种时条施移动性差的养分；在所有类型的土壤中，其他大部分移动性较好的养分也可在播前施用，但砂性大的土壤除外；相当一部分氮肥（25%～40%）需要在块茎形成之前施用（第8章）。

3．播前整地使土壤松碎、清除残茬，为播种提供良好的土壤条件。与翻耕后平整地表的耕作方式相比，冬前翻耕留垡越冬具有掩埋病原物、加速残茬分解、促进土块冻融崩解及保墒作用，并可避免在春季过湿时进行耕作，还能最大限度地减少土壤侵蚀。然而，对于极易发生侵蚀的土壤，应推迟至临近播种之前再进行整地，而且之前都要保持绿肥或者大量作物残体覆盖。

4．在降水量少的区域，需要在播前灌溉，确保整个根部区域有足够的土壤湿度，以保证出苗过程中的水分充足。

5．确保不使用自留块茎作为种薯或者在存储过程中已经被破坏或失去活力的种薯。

6．在接收种薯之前，要给存储场所清洁和消毒；同样需要给切种和播种设备及所有能够接触到种薯的设备清洁和消毒。

7．在接收种薯时检查有病害和缺陷的薯块；根据专栏7.1中软腐病和黑胫病部分介绍的方法，测试种薯中软腐病的感染率，进而判断芽块腐烂的风险。

8．正确搬运和存储种薯，以确保种薯健康；不要把种薯储存在被抑芽剂处理过并依然有残留的区域。

9. 在播种或再次搬运之前的2～6周，将种薯温度升至10～13℃。切种后，为芽块保持有利于切面伤口细胞木栓化的适合条件（13～15℃、有充足的氧气和较高的相对湿度），或者如果土壤条件允许的话，建议切后立即播种。

10. 仔细管理切种和伤口愈合操作流程以避免损伤，并保证切块大小适宜、均匀一致（第7章）。切刀要磨锋利，至少每天或者每次切新的批次种薯时给切种设备消毒。根据需要使用杀菌剂或杀虫剂进行芽块处理。

生长季中的管理

播种

1. 当土壤温度高于7℃后再开始播种；尽量做好时间计划，使播种期与合适的土壤和天气条件相吻合。理想的情况是播种时种薯温度与土壤温度应该相同（第7章），**不要让种薯的温度低于土壤的温度**。

2. 避免种薯表面出现凝结水。

3. 在播种开始和整个过程中，要检查播深和株距；确定一个有利于保证快速出苗的播深（大约15 cm，取决于不同的地区）。

4. 根据地块常发病虫害的种类和严重程度，使用杀虫剂和杀菌剂进行土壤处理来代替种薯药剂处理，或作为后者的补充（第7、13、15和19章）。

生长阶段Ⅰ：萌芽期

幼芽从芽眼处萌发并向上生长最终破土而出，在幼芽基部长出根系。由于光合作用还没有开始，芽块是这一生长阶段能量的唯一来源。

1. 中耕除草。采用起垄种植的情况下，在马铃薯幼苗开始顶土或刚出土时（但要在苗高达到10～15 cm时），培土2～5 cm（第22章）；中耕过程中在垄沟内形成的深沟或坑，如在指针喷灌地块应用中耕打坑机有助于水分渗透和分布均匀；避免在土壤过湿的时候中耕；避免伤到根系。

2. 中耕时使用除草剂。如果前期没有施用除草剂的话，可在中耕时施用，按照药剂使用说明，通过中耕或浇水的方式将药剂施入土壤中。

3. 起垄过程中，追施剩余部分的坐薯前肥料（特别是在砂质土壤中要追施氮肥）（第9章）。

4. 出苗前应避免浇水，除非芽块所在土层的土壤过度干燥（第9章）。

生长阶段Ⅱ：营养生长期

马铃薯幼苗出土，所有营养器官形成。幼苗出土后，地上部的茎节处长出叶片和分枝，而地下部分的茎节处长出根和匍匐茎。这一阶段，虽然芽块仍然会提供部分养分，但是叶片和茎秆已经可以通过光合作用制造养分了。植株冠层的形成可以降低土壤温度，减少杂草的生长，增加植株对于阳光的获取。

1. 有灌溉条件的地块，要保持65%，甚至75%以上的土壤有效含水量，但是不能超过植株的需要（第9章）。第19章介绍了控制灌溉可以降低黄萎病、粉痂病和疮痂病的发生程度。应每天监测灌溉系统。

2. 巡查田间杂草，在必要情况下施用合适的苗后除草剂（第22章）。封垄前完成中耕培土，避免中耕时伤到根系。

3. 开始巡查病虫害（第9、15、16和21章）。如果已经针对一个目标害虫或病害制订了行动阈值，则在达到阈值时应进行第一次杀虫剂或杀菌剂的喷施；如果没有明确的行动阈值，就要在目标病虫害发生之前施用杀虫剂或杀菌剂。

4. 当植株长出第4个叶柄时，随机开始抽样检测，通过叶柄检测来确定最佳植株生长所需的肥料，并根据需要追肥（第8、9章）。

生长阶段Ⅲ：块茎形成期

匍匐茎顶端开始形成块茎。块茎形成期非常短（10～14 d），为植株开始向下运输过多的碳水化合物（正常生长需要之外的）并把它们储存在块茎中的时候。这一过程受植株体内激素、土壤的温湿度条件、土壤和植株体内的氮素水平调控。块茎形成通常发生在叶面积指数（叶片总面积与地表面积的比值）为1.5～2.0时。虽然现蕾与地茎形成这两个过程并不直接相关，但其时间差不多。

1. 有灌溉条件的地块要掌握好灌溉，避免土壤过于潮湿或干燥，从而减少疮痂病、粉痂病和块茎生理性病害的发生及养分和农药的淋溶（第19、23章）。

2. 继续每周的叶柄检测和田间病虫害巡查，根据需要进行施肥和用药（第8、9、15、16和21章）。

生长阶段Ⅳ：块茎膨大期

随着水分、淀粉和养分（氮、磷、钾等）的积累，块茎细胞膨大7～18倍。如果所有的生长条件都适宜，块茎呈线性生长。地上部分的生长显著减慢，植株制造的碳水化合物转运到块茎。

1. 继续叶柄检测，在块茎形成之后开始补充氮肥。植株需要的大部分氮肥都要在块茎膨大期施用，以免延误块茎生长。氮肥施用过晚，会推迟薯块成熟，阻碍茎秆干枯。根据需要适当补充其他养分。

2. 有灌溉条件的地块，要保持均匀、充足的土壤含水量。同时避免过度浇水，以减轻块茎病害和畸形的发生，减少养分淋溶（第9章）。

3. 继续病虫害巡查，根据需要施用药剂。

4. 如果需要，可依据产品说明喷施叶面抑芽剂。多数情况下，当最小的块茎直径大于5 cm时才可施用抑芽剂。

生长阶段Ⅴ：成熟期

光合速率降低，叶片开始凋落，茎秆逐渐死亡。块茎干物质含量达到最大值，薯皮老化（变厚）。多数品种的芽眼处于休眠状态。

1. 因植株需水量降低，应减少灌溉以促进薯皮老化，同时可降低块茎病害发生概率，控制生长季后期杂草的生长（第9章）。

2. 降低叶柄硝酸盐浓度以促进冠层逐渐衰老（对于大多数品种，理想的情况是在杀秧时大约有40%的冠层衰老）。如有必要，在杀秧前几天可通过碾压加速茎秆衰老。碾压还可以封闭土壤裂缝，避免阳光、病菌和害虫对块茎的伤害。

3. 如果活秧下收获不符合生产目的，则需要提前计划杀秧时间以使茎叶在收获前完全枯死（第10、21章）。不要在高温胁迫或者水分胁迫下杀秧，如果需要，在冠层完全死亡前应继续施用杀虫剂和杀菌剂。

4. 对仓储和收获设备进行检修、消毒。如果仓库是土质地面，需要替换表面3～5 cm的土壤，并且适当加湿地面以避免薯块脱水。

5. 对收获设备进行必要的调整以最大限度地降低机械损伤。

6. 对员工进行培训，确保收获安全、低损伤。

7. 通过田间抽样挖取来评估薯块的耐储性。如果晚疫病、粉腐病、软腐病或环腐病的发病率大于5%，收获后就要立即出售；严重的生理性问题（果冻末端、糖末端、含糖量过高），也必须直接出售；如果存在由马铃薯卷叶病毒（potato leafroll virus，PLRV）引起的网纹病，也应该直接出售或者短暂存储后出售。

收获期间的管理

1. 在收获、运输和装箱操作过程中，以降低挫伤为最主要的目标。

2. 保证收获机筛网上铺满土和薯块；可考虑使用料堆整形器来帮助收获机升运器保持充满状态。

3. 确保薯块的掉落高度不超过15 cm。

4. 确保至少在收获前8天，让薯块的水合度（含水量）达到适宜的程度（第10章）。

5. 在薯皮老化达到所需要的程度时进行收获，具体老化程度取决于品种和目标市场（加工、鲜食、种薯等）。

6. 如果有晚疫病发生，需要等到植株全部死亡之后再安排收获，但不要拖得过晚，以避免霜冻危害。

7. 根据当前和预报的天气条件来调整收获操作，以保证薯块在尽量接近最佳的条件下进行收获（60%～65%土壤有效湿度和薯肉温度为10～18℃）（第10章）。有粉腐病风险的地块，需要在薯肉温度为7～10℃时收获（第19章）。

8. 避免在清晨收获；收获可以一直进行到晚上，以避免结露。

9. 收获时尽可能把土壤和植株残体分离干净。

10. 尽量避免在潮湿的天气收获。如果薯块在收获时受潮，应立即干燥，不要让薯块表面存在水膜。

11. 卡车要用篷布遮盖以保护收获的马铃薯不受降雨、阳光直射和不利温度的影响。

12. 单独分装那些受伤或有病的薯块，并立即分级和出售，在对其他薯块进行分级前对所有设备进行消毒。

13. 如果有发病的薯块，在入库贮藏时需剔除。

贮藏期间的管理

1. 在开始入库时就应立即开启通风设备，不要等到仓库满了以后才开始通风，满仓后关闭仓库。

2. 小心搬运薯块以避免挫伤，堆垛高度要低于5.5 m。采用阶梯状堆码以避免滚落，堆垛完成后，垛面应该是平的。

3. 如果必要，可根据产品使用说明使用采后消毒剂或杀菌剂以减轻贮藏期间病害的发生。

4. 在入库后2～3天快速降温到15℃以下。在伤口愈合期间（开始贮藏的2～3周）保持温度在10～15℃，相对湿度95%；伤口愈合期结束后，根据品种特性和目标市场用途（第10章），将温度降到合适的水平；确保在各贮藏阶段，垛顶与垛底的温差在1℃以内。

5. 采取预防措施，避免在库顶、四壁和薯块表面出现冷凝水。干燥通风以带走多余的水分。持续留意薯堆中的腐烂发生情况，如果发生中度到高度的腐烂，尽快出售。

6. 在适当情况下，有资质的操作人员可以在伤口愈合后至薯块休眠期结束前施用化学抑芽剂。

7. 在出库前升温至薯肉温度高于10℃。从贮藏箱倒出的过程中注意控制挫伤，应遵循与收获期相同的原则。

8. 在水槽中清洗时，应避免水太深（超过1 m），因为水太深会增加细菌性软腐病的风险（第18章）。应该尽可能减少薯块在水中的时间。

9. 如果可能，使用干净的水流输送和清洗薯块，最后的清洗环节一定要用净水。清洗时可在水中添加适当的消毒剂。

10. 包装前确保洗净的薯块完全干燥，使用透气的包装袋。

第3章

Linda Kinkel 明尼苏达大学植物病理学系，圣保罗

土壤健康：调节土壤微生物区系以促进马铃薯健康

在过去的10年，“土壤健康”和“土壤质量”这两个词条在维系作物生长活力的潜力方面被广泛提及。很多与这些词汇相关的特定概念集中在一个更广的范畴，包括土壤耕性、排水性能、化学构成、修复能力和多种多样的微生物群落特性。目前，在农业生态系统中有关土壤健康的衡量标准还未形成共识。但是，过去几十年的研究已经明确指出土壤微生物对于植株健康的重要性。本章将重点阐述通过调节土壤微生物群落结构来减轻马铃薯生产中的病害问题。

土壤中存在多种多样的生物，包括真菌、细菌、线虫和微型节肢动物。仅仅1 g土壤中就可能包含超过10^{10}个微生物，这些存在于土壤中的微生物对作物生长和产量可产生显著的积极或者消极影响，这取决于它们的角色是作为植物病原体，还是植物生长刺激物，病原体的拮抗物、腐生物，以及它们的固氮作用。马铃薯生产中的一些栽培管理措施，如耕地、施肥、用药、灌溉、土壤熏蒸和轮作等都会对微生物群落产生重要影响，所以也对马铃薯的产量和品质产生重要影响。通过积极地调节微生物群落结构来提高马铃薯的产量、减少病害和降低农药使用等方面的潜力是过去10年来研究工作的热点。

土壤中许多微生物对病原物有抑制作用，如细菌中的假单胞菌属（*Pseudomonas*）、链霉菌属（*Streptomyces*）、芽孢杆菌属（*Bacillus*）、类芽孢杆菌属（*Paenibacillus*）等，真菌中的粘帚霉属（*Gliocladium*）、盾壳霉属（*Coniothyrium*）和木霉属（*Trichoderma*）等。这些微生物对多种马铃薯重要病害的病原体的抑制作用已被广泛关注，这些病原物包括引起黄萎病的大丽轮枝菌（*Verticillium dahliae*）、引起疮痂病的疮痂链霉菌（*Streptomyces scabies*）、引起黑痣病的立枯丝核菌（*Rhizoctonia solani*）、引起菌核病的菌核菌（*Sclerotinia sclerotiorum*）、危害根部的穿刺根腐线虫（*Pratylenchus penetrans*）和根结线虫（*Meloidogyne* spp.）、引起银屑病的茄长蠕孢菌（*Helminthosporium solani*）、引起干腐病和芽块腐烂的镰刀菌（*Fusarium* spp.）等。土壤微生物对于病原体的抑制作用机制包括竞争资源、产生抗生素、重寄生，以及产生毒素和酶类（氧化亚氮、几丁质酶等）。大多数情况下，病原体在土壤中的竞争力相对较弱，往往对抗生作用较敏感，也就会使它们更容易被土壤腐生菌所抑制。

已经有报道显示，一些长期种植马铃薯的地块对于疮痂病有很强的抑制作用（图3.1）。甚至一些非常感病的品种种植在这样的抑制性土壤中也会在很大程度上降低疮痂病的发病率。这种抑制作用主要是因为土壤中对疮痂链霉菌（*Streptomyces scabies*）有抑制作用的微生物群落得到了加强（图3.2）。这就说明土壤微生物群落有提供高效和持久的病害控制作用

图3.1 春季利用含有可产生抗生素的非致病性链霉菌属（*Streptomyces*）菌株接种土壤，观察其对马铃薯疮痂病的生物防治作用，左侧的马铃薯来自疮痂抑制性土壤，右侧为对照。（D. Liu友情提供）

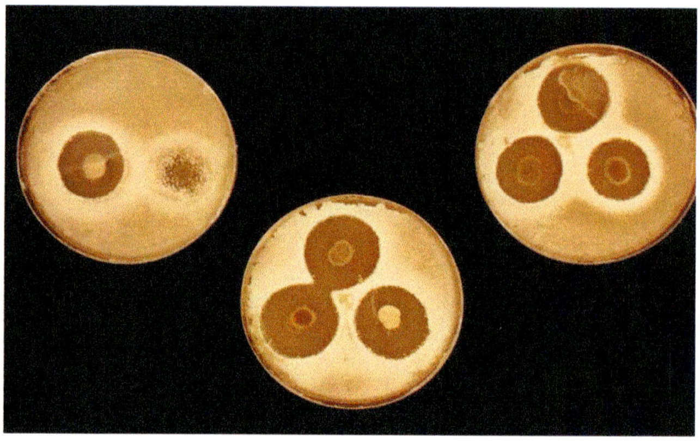

图3.2 土壤中非致病性链霉菌属（*Streptomyces*）菌株对于致病性疮痂链霉菌（*Streptomyces scabies*）的抗生抑制作用。在每个培养皿中涂满致病性菌株，然后再放入2或3个非致病性链霉菌菌株，在每个非致病性菌落周围都形成了一个明显的抑菌圈。

的潜力。充分了解土壤中微生物群落的变化动态和栽培管理措施对于这些微生物群落的影响，非常有助于在马铃薯生产系统中确定对病原体和病害的控制策略。

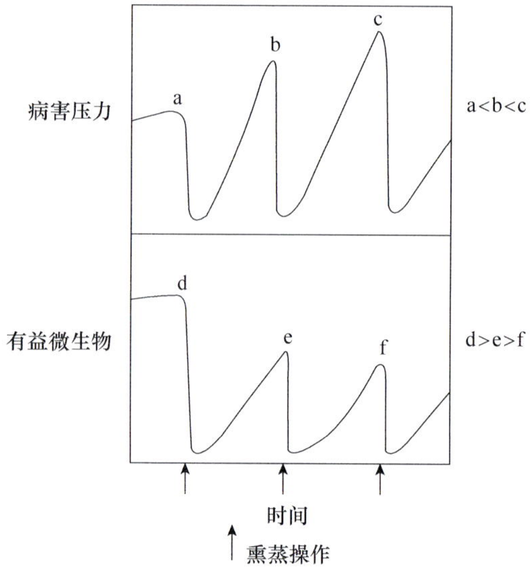

图3.3 熏蒸反弹效应可导致“熏蒸恶性循环”。研究表明，熏蒸可在短期内有效降低病害发生程度，但几年后病害的发生程度甚至会比没有熏蒸之前更严重。更重要的是，熏蒸灭杀了大部分土壤微生物，包括许多有益微生物，如共生菌、腐生菌和病原拮抗菌，而这些有益微生物种群数量的恢复需要一段时间。这些曲线虽然是假想的，但为土壤熏蒸对土壤中致病和有益微生物的影响提供了一个基本的猜想。其中，a～c为三次独立熏蒸操作后的病害压力；d～f为三次独立熏蒸操作后的有益微生物数量。

如何调节土壤环境以增强对病原菌的抑制作用并提高马铃薯的产量？

目前人们应用的一些病害管理策略可能对长期培养具有抑菌作用的田间土壤群落是不利的。熏蒸已经被用于减少土壤中病原体和线虫的数量，并且对于控制多种土传病害都非常有效，但土壤熏蒸剂通常无选择性，对于大多数土壤微生物都具有毒性。因此，土壤熏蒸会导致土壤中自然存在的拮抗微生物群体数量显著下降，这会导致土传病害在熏蒸之后的3～4年变得更为严重，并且会显著降低土壤微生物群落的多样性。熏蒸剂也会降低或者消除有益丛枝菌根真菌（arbuscular mycorrhizal fungi）在作物植株上的定植，从而使植株更容易感病。总之，熏蒸剂的非靶标效应很容易导致“**熏蒸反弹**”（图3.3），即熏蒸可在短期内有效降低病害发生程度，但随后病害会比熏蒸之前更为严重。熏蒸会杀灭绝大多数土壤微生物群落，而在熏蒸后通常会种植感病品种，这就为土传病原物提供了一种选择性富集作用。如果不采取积极措施恢复土壤微生物（包括腐生菌、共生菌和病原拮抗菌等）的多样性及其防病作用，则病害加重似乎是必然的。这就会导致“**熏蒸恶性循环**”，即种植者陷入使用熏蒸剂的怪圈，通常会不断提高熏蒸频次。如果不采取积极措施提高非致病性微生物尤其是病原拮抗菌的种群多样性，熏蒸恶性循环将是不可避免的。

绿肥作物在耕作系统中有很长的历史，几个世纪以来已被用于增加土壤有机质和提高土壤肥力，它们也具有通过调控土壤微生物群落结构来抑制植物病害的作用。早在20世纪20年代，科学家就报道了绿肥作物对降低马铃薯疮痂病发生程度的作用，其实恰恰是通过它们对土壤中拮抗细菌的有益作用来实现的。然而，虽然绿肥作物在20世纪早期还被多种耕作系统所采用，但随着化肥、农药的高效介入及人们对单位农田经济效益的要求越来越高，需要连年种植作物，对绿肥的依赖越来越少。近些年来，研究人员开始重新考虑通过绿肥作物改善土壤及其微生物群落，从而提高作物生长活力的可能性。

绿肥作物对土壤微生物有多种不同的作用：作为非寄主植物，绿肥作物可以降低那些必须依靠活体寄主植物才能存活的病原物的数量；也许更重要的是，通过增加有机物质可以给土壤微生物提供更多的生存资源；另外，一些绿肥作物的降解产物也可抑制土壤中的病原物群体，如许多芥菜或者其他绿肥作物通过产生芥子油苷、皂苷、氨气和其他抑真菌物质来直接抑制病原物种群，通过绿肥作物产生的有毒物质抑制病原物的方法称为“**生物熏蒸**”；相反，还有一些绿肥作物并不直接起作用，而是通过影响土壤中原有的拮抗菌种群来间接起作用，这些拮抗菌、重寄生菌、竞争菌、抗生菌等在土壤中是广泛存在的，并且有时会偏好绿肥作物而被壮大（图3.4）。有研究表明，一些绿肥作物对植物病害的控制效果与它们对土壤中特殊的非致病性微生物的影响能力直接相关。

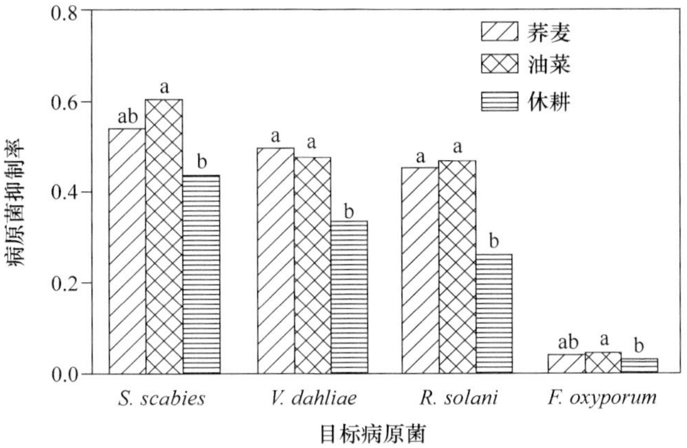

图3.4　不同绿肥作物对链霉菌抑制疮痂链霉菌（*Streptomyces scabies*）、大丽轮枝菌（*Verticillium dahliae*）、立枯丝核菌（*Rhizoctonia solani*）和尖孢镰刀菌（*Fusarium oxyporum*）的影响。对同一种病原菌，不同字母的柱形图高度之间差异显著（$P<0.05$，最小显著差；为11或12次重复/处理）。

许多作物已被研究作为绿肥作物来控制马铃薯土传病原体，包括油菜、玉米、芥菜、苏丹草、高粱-苏丹草杂交种、大麦、燕麦、黑麦和小麦等（图3.5）。在这些作物当中，苏丹草、高粱-苏丹草杂交种在控制马铃薯黄萎病和疮痂病方面效果最好且防效稳定。研究结果显示，这些绿肥作物可以增加土壤中有益微生物的种群密度，也可提高土壤有机质含量和营

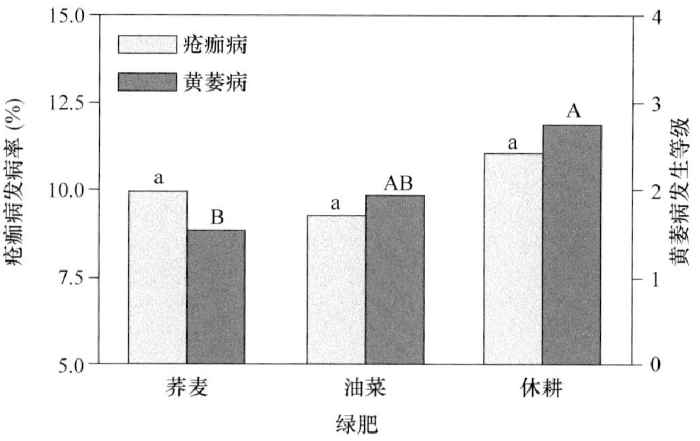

图3.5 不同绿肥作物对马铃薯疮痂病和黄萎病发生程度的影响。对同一种病害，不同字母的柱形图高度之间差异显著（$P<0.05$，最小显著差；为11或12次重复/绿肥处理）。

养水平。苏丹草绿肥对马铃薯生产的好处除了体现在抑制病害方面之外，还可以提高马铃薯的产量和品质（第5章）。

绿肥作物的种植可能需要占用马铃薯种植之前的一整个生长季，这个生长季就不能种植马铃薯，也就不会产生收入。某些地区，在马铃薯收获之后的当季夏末种植绿肥作物就可以获得足够的生物量，晚秋时候就可以处理。研究人员甚至考虑过在年初先种植绿肥作物再种马铃薯的可能性。然而，绿肥作物的最佳种植时间需要根据马铃薯的品种特性和夏末时期土壤含水量来决定。

遗憾的是，尽管绿肥作物对优化土壤微生物群落有很大的好处，可以在一定程度上提高马铃薯的生长活力，但是这一栽培管理措施并没有被整合到马铃薯生产系统当中。人们不种绿肥作物一方面是出于马铃薯经济效益的考虑，尤其是那些需要花费整个生长季来种植绿肥作物的地区；另一方面也和尚未充分了解绿肥作物能否切实提高马铃薯产量和品质有关。为了获得在马铃薯生产系统中增加绿肥作物的应用并减少收入损失所必需的信息，相关研究正在积极进行中。

人们也研究了许多其他类型的**有机改良剂**对于抑制植物病害和提高马铃薯产量的作用，包括牛粪、禽粪、猪粪、城市垃圾、纸浆废弃物、血粉、鱼粉和堆肥等。多种多样的改良剂对于土壤微生物种群会产生积极影响，通常会显著提高土壤微生物的整体数量并带来病原拮抗物数量的变化。许多改良剂还表现出显著降低马铃薯病害的发生率和严重度的作用，包括黄萎病和疮痂病。有些土壤改良剂还可以通过在降解过程产生一些有毒的化合物，如氨气、一氧化二氮、挥发性脂肪酸等，从而直接降低土壤中的线虫和某些病原真菌的种群密度。与绿肥作物一样，有机改良剂也没有被广泛应用到马铃薯生产系统中。土壤性质对于土壤改良剂应用的成功与否具有重要影响，不同改良剂在防控马铃薯病害上的不同效果对于提高其应用价值也很重要，目前的研究主要集中在这两个方面。

在土壤中施用**无机改良剂**也可对土壤微生物群落产生显著影响。通过调节土壤pH（如施用硫黄）来抑制疮痂病的发生已经被应用了几十年，因为该病原体更喜欢在高pH下生长。在有疮痂病发生历史的地块，优先推荐使用硫酸铵肥料而不是硝酸铵，因为硫酸铵在降低土壤pH方面更有效。然而，最近的研究显示硫酸铵可能对于土壤微生物有广泛影响，用硫酸铵处理过的土壤比用硝酸铵处理过的土壤中微生物的病原体抑制活性更高（疮痂病的发生更轻）。因此，除了调节土壤pH对病原物种群数量的直接作用之外，在病原体抑制活性方面的差异取决于肥料配方。

有报道显示，轮作、**作物次序**和耕作方式等也可以影响土壤微生物群落结构和植株的生长活力（图3.6）。轮作已经被长期广泛应用，因为它可以通过减少病原体需要的寄主植株组织来降低土壤中病原体的种群数量。轮作、作物次序和耕作方式对土壤中非致病性微生物的数量也有明显影响。通过不同作物次序、轮作或耕作方式处理后，马铃薯疮痂病、粉腐病和黄萎病的发生程度明显下降。病害的减轻得益于土壤和根际拮抗菌数量的增多。令人遗憾的是，尽管有这些发现，但是到目前为止仍然没有一个系统性的数据库可以为种植者提供在不同类型土壤中具体的作物顺序或耕作方式。通常非茄科作物是最好的轮作选择，如果存在线虫问题，应选择非寄主作物。

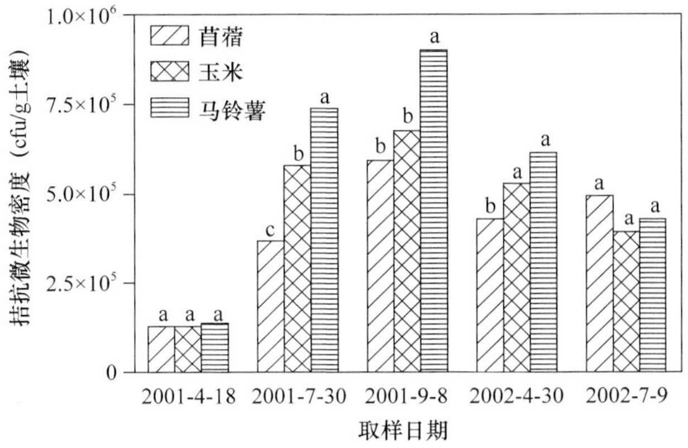

图3.6　主栽作物（苜蓿、玉米或马铃薯）对土壤中拮抗微生物种群密度的影响。图中数据是每个处理12个重复的平均值。对于同一个取样时间，不同字母的处理之间差异显著（$P<0.05$，最小显著差）。

微生物接种为培养有活力的、对病原体有抑制作用的土壤微生物群落提供了一个捷径。已有报道显示，立枯丝核菌（*Rhizoctonia solani*）、大丽轮枝菌（*Verticillium dahliae*）、疮痂链霉菌（*Streptomyces scabies*）、致病疫霉（*Phytophthora infestans*）、茄长蠕孢菌（*Helminthosporium solani*）、菌核菌（*Sclerotinia sclerotiorum*）和穿刺根腐线虫（*Pratylenchus penetrans*）等都可通过在土壤中接种拮抗微生物而得到控制。虽然有时候可以通过微生物接种的方法控制病害，但是还缺乏种植者所希望的田间防效的稳定性和可靠性。不过，很多田间防效比较好的试验数据说明，通过进一步研究可增强运用微生物接种的方式来显著提高土壤中拮抗菌种群数量的可能性。

调节土壤微生物群落的展望

事实上，所有的作物栽培管理措施，从基本的耕地操作到施肥，再到作物轮作，都可能对土壤中原有的微生物群落产生切实的影响。这些影响可能是积极的，可以增强土壤中的微生物群体对病原体的抑制作用，进而为生产健康的马铃薯提供支持；也有可能是消极的。马铃薯种植者在选择作物管理措施时，需要全面考虑，不仅要考虑其对马铃薯植株的影响，还要考虑其对土壤微生物的影响。由于任何单一的作物管理措施都不足以维持一个活力充足、对病原体有抑制作用的微生物种群，因此研究结果告诉我们确定有助于提高土壤中拮抗微生物种群数量的综合管理措施，将会为马铃薯生产提供显著的经济效益。关于确定有助于支撑马铃薯活力的土壤微生物群落的发展和维持的栽培管理措施的进一步研究，以及有助于这些措施成功维持土壤中病原体抑制性微生物群落的因素的进一步研究，在未来十年内或许能为可持续马铃薯生产系统的增强做出重大贡献。

核 心 原 则

- 土壤支撑一个多样化的微生物群落，包含许多可显著影响马铃薯健康和产量的生物。
- 土壤中的土著微生物可以在保护马铃薯和抵抗病原体方面发挥主要作用。
- 作物栽培管理策略可对土著微生物群落产生积极或消极的作用，主要影响它们支撑健康马铃薯作物生产的能力。
- 有益于培养有活力的病原体抑制性土壤微生物群落的栽培管理策略对可持续的马铃薯生产将会越来越重要。

第4章

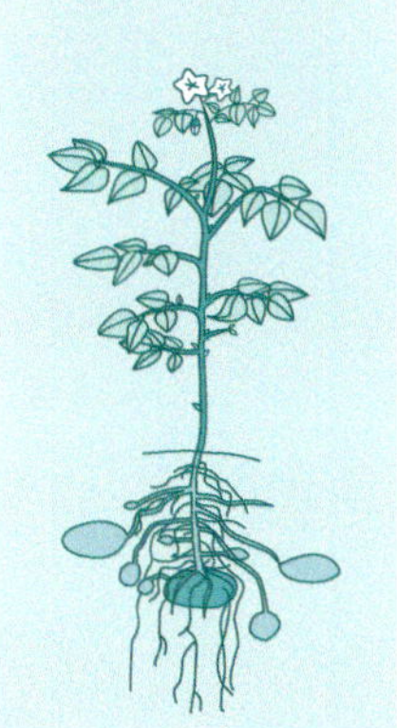

Joseph F. Guenthner 爱达荷大学农业经济学和农村社会学系，莫斯科

R. Thomas Schotzko 华盛顿州立大学经济科学学院，普尔曼

马铃薯植株健康的经济学

第1章介绍了马铃薯健康管理的全局观。今天我们把经济学思维补充进来，任何涉及马铃薯健康管理的决策都需要考虑利润是否超过了成本，这样才是一个符合逻辑的思维框架。这听起来很简单，但是当我们真正把第1章中介绍的健康管理金字塔的4个面考虑进来时，复杂性就增加了。本章的目的是介绍经济决策的制订和分析植株健康决策时需要考虑的信息。

经济学是一种逻辑思维系统，它可以强化但不会取代生产信息。接下来，我们试图描述一种从盈利角度看待马铃薯健康管理的方法。基于生产收入和成本的联系，可以制订管理决策规则。众所周知，马铃薯种植者应该选择对他们有益或者负面影响最小的决策。表面上看起来这是理所当然的，因为这就是决策者要做的事。

马铃薯健康管理决策可以分为三大类：一是只影响成本，很显然要使成本最小化；二是只影响收入，当然要使收入最大化；三是既影响成本又影响收入，这些决策就需要比较复杂的分析。

下面是一些例子，从比较简单的植株健康决策开始，再过渡到其他一些比较复杂的问题。例子的选择遵循一个影响马铃薯产量和品质的生产要素清单，这些生产要素是华盛顿州立大学的R. Kunkel和R. E. Thornton确定的，他们总共确定了种植者可以掌控的10个生产要素：①品种；②种子质量；③芽块大小；④种植密度；⑤水分供应；⑥矿质营养；⑦土壤板结；⑧病虫害；⑨生长日数；⑩操作的及时性。

首先我们会开展对生产的讨论及经济学与生产的联系；然后再用一些例子来说明其中的原因，以便从营利性角度来描述与可控因素分析相关的经济学。

总产量曲线

图4.1展示了氮肥投入水平对马铃薯产量的影响曲线，这个曲线的形状显示了一些经济学的基本概念，曲线上的每一个点都对应了一定量的氮肥投入和相应的马铃薯产量。研究显示，每英亩[1]施用100单位的氮肥可以获得200英担[2]的马铃薯，曲线上的这个点对应的横坐标是100单位，纵坐标是200英担；每英亩施用150单位的氮肥可以获得300英担的马铃薯。

---

① 1英亩≈4046.86 m^2

② 1英担≈50.8 kg

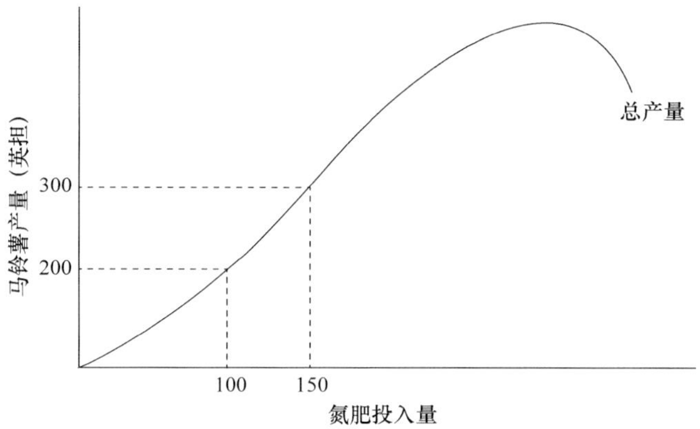

图4.1 总产量曲线。

这个曲线显示了不同水平的氮肥使用量是如何影响马铃薯产量的，总产量开始时增长缓慢，对应较低但缓慢增长的氮肥水平；然后，产量快速增长，对应更高的氮肥水平；最后，产量增长速度变慢，甚至在有些氮肥水平上还表现为负增长，说明在那个点之后过多的氮肥开始对马铃薯植株有害。这个曲线的特点可用来判断合理的和不合理的氮肥施用水平，其他对决策有用的概念也可用这样的图来表示。

产量术语

总产量曲线可以用来阐述5个不同的产量概念：①理论产量；②可获得产量；③经济最优产量；④实际产量；⑤平均产量。这些术语有助于区分不同的观点和结果。

理论产量是基于作物的遗传潜力，在所有生产要素（投入）都在最佳时机和最佳投入数量条件下可获得的产量（图4.2）。这些投入包括作物的营养需求、消除所有病虫害的管理措施，以及能使产量最大化的水、热量、光照等。

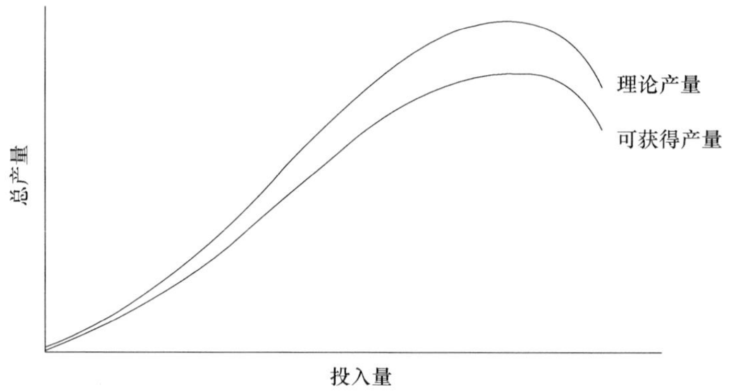

图4.2 理论产量和可获得产量。

可获得产量是指在试验条件下已获得的产量。图4.2中代表可获得产量的曲线在理论产量曲线的下方，因为在田间生产实践中，作物对某些投入的利用可能不会达到理论上的最佳水平，导致产量相对较低。理论产量只适用于理论上的讨论。

经济最优产量和**实际产量**是更适合面向种植者的切实的概念，**经济最优产量**是与盈利能力挂钩的目标产量，**实际产量**是生长季结束时田间收获的最终产量（专栏4.1）。

专栏4.1

定义：理论产量、可获得产量、经济最优产量和实际产量

理论产量是指除了作物遗传因素之外没有任何限制性生产要素的情况下可能的产量，这是理论上马铃薯产量的最大值，至少是世界纪录的最高产量。

可获得产量是在任意给定生产条件、生产年份和特定区域下可能的产量，它受天气、土层厚度和其他生产者不能掌控的因素影响。这些因素是特定的、不能被改变的。可获得产量受可利用的水资源、生长积温、温度极限、日照强度、日照长度等因素限制。它至少是在一个既定的区域、季节和管理水平下获得的最佳产量。

经济最优产量受经济学的限制，是由扣除成本之后的实际收益的价值所决定的。成本既包括种植者的短期直接成本，也包括针对整个行业和社会的长期成本。

实际产量是任意田块最终收获的产量，是作物克服实际生产条件中的杂草、害虫、病原菌、线虫、肥力不足、土壤板结、霜冻或者其他生长逆境之后的产量。

马铃薯研究的目标及本书想要传递的一个重要信息，并不是要让每个地块的马铃薯产量都达到世界纪录，而是通过一些负担得起的、可持续的方法使实际产量接近或者等于可获得产量。

产量水平	生产限制因素	生产经济学
理论产量	植株的遗传潜力	理论最大产量
可获得产量	环境	在特定环境、年份、区域，不计成本的最优生产投入情况下的最大产量
经济最优产量	经济学	生产投入成本不超过其产生回报时的产量
实际产量	病虫害及其他逆境	实际生产受不可控因素影响并且是一般种植水平

引自 Cook, R. J., and Veseth, R. J. 1991. Wheat Health Management. American Phytopathological Society, St. Paul, MN.

平均产量是利用不同种植个体所获得的产量平均计算而来的，通常在政策讨论时会用到平均产量的概念。

平均产量表达的信息与此处描述的其他产量术语不同，其他产量术语（理论产量、可获得产量等）描述的是与生产要素投入（如氮肥）或者投入组合（理论产量和可获得产量的不同）的变化；平均产量只简单地衡量一定区域内（一个农场、一个县、一个州等）的种植者实际获得的产量，这是一个描述性的词汇，对于马铃薯实际生产中的单一或全部投入没有指导作用。

我们希望人们在进行生产管理决策的评估时能够增加对经济理论的认识和应用。虽然这里针对植物健康展开讨论，但相同的过程可在任何时候用于涉及投入或产出的管理决策。在这个意义上来说，此处所描述的就是一个确定**经济最优**行动的过程。

生产经济学基础知识

可获得产量、经济最优产量和实际产量都可以反映在一条全产量曲线上（图4.3）。**可获**

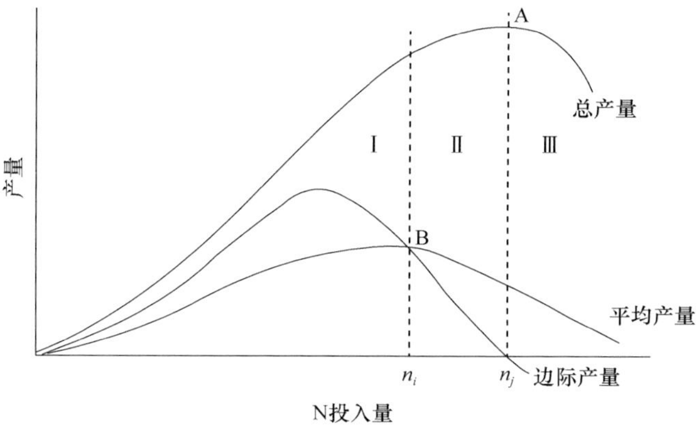

图4.3　总产量、平均产量和边际产量与氮肥（N）投入量的相互关系。A点代表**可获得产量**，**经济最优产量**位于n_i和n_j之间。B点代表边际产量等于平均产量。图中展示了三个区间（Ⅰ～Ⅲ），在区间Ⅱ中边际产量为正但小于平均产量，在该区间可以获得最大利润。

得产量可以看作在所有生产投入都是免费或零成本的情况下可以实现的产量。如果各种投入达到最优，可获得产量将达到曲线的最高点（图4.3中的A点）。

经济最优产量比可获得产量小一些，是受投入成本影响的结果。投入最终会达到一个点，即在此之后额外投入的单位成本大于它产出的额外收益。**实际产量**是在缺乏对投入产出知识的完美理解、缺乏精准投入和诸如天气等其他限制因素控制的情况下获得的产量。

由于投入并不是免费的，因此经济最优生产水平或者说**经济最优产量**应该在图4.3中A点左侧的某处。受光照、热量等不可控因素的影响，图4.3中**实际产量**的位置会比较复杂，其所在的点既可能在**经济最优产量**的左侧也可能在其右侧。这是因为投入的数量（如氮肥）是基于生长季中的未知情况，这些投入的最终效果在投入之时并不可知。

图4.3中还有2条很重要的曲线。**平均产量**曲线反映了单位氮肥投入量的平均产出，只要**总产量**大于零，平均产量就会大于零。注意这里的平均产量和之前提到的平均产量是不同的，这里的平均产量是与特定的投入要素相关的。图4.3中的平均产量对应的是单位氮肥投入量的平均产出。随着氮肥施用量从左到右不断增加，平均产量曲线上的每一个点都代表了施用一定数量的氮肥所获得的产量。

从生产决策而言，**边际产量**更重要。边际产量曲线反映了一个单位的投入量所带来的产出的变化。例如，如果每英亩施200磅[①] 氮肥获得的马铃薯产量比每英亩施199磅氮肥的产量多5磅，那么第200磅氮肥的边际产量就是5磅。

还有一个指标定义了经济最优产量的范围，在图4.3中，当总产量达到峰值时，边际产量是0（与横轴的交点）。A点之后氮肥每增加一个单位，总产量就会下降，因此边际产量为负数。边际产量为0之后的生产是不合理的，因为额外的投入会导致整体产量的下降，这代表了经济最优产量范围的上限，其下限是边际产量曲线与平均产量曲线的交叉点（图4.3中的B点），在这一点上，边际产量等于平均产量。

总产量曲线被分成三个区间。区间Ⅰ的边际产量大于平均产量（n_i的左侧），在区间Ⅰ通过增加投入来提高产量是合理的，因为这个时候额外的投入获得的回报是增长的。例如，第200磅的氮肥会带来5磅的产量增加，那么第201磅的氮肥就会带来大于5磅的产量增加。

① 1磅≈0.45 kg

区间Ⅱ中边际产量是正数但是小于平均产量（n_i～n_j），在这一区间种植者可以获得最大利润。种植者可以在这一区间找到经济最优或者利润最大的投入选择。如果知道产量和投入的确定关系，包括销售价格和投入花费，就可以计算出一个确定的经济最优点。

区间Ⅲ是总产量曲线下降的部分，在这个范围内，增加额外的投入会降低产量。以氮肥投入为例，过多地施用氮肥会导致毒害和产量降低。

经济学家通过这些关系来分析作物生产决策。对于种植者来讲，最重要的一点是要知道存在一个可盈利的产量范围，但是最高产量（理论产量和可获得产量）并不在这个范围内。

将生产转化为收入，实际上就是用马铃薯价格乘以产量这么简单，即把总产量曲线转化为**总收入**曲线。与之类似，当乘以价格之后，平均产量曲线和边际产量曲线也相应地转化为平均收益曲线和边际收益曲线。

决定某项活动是否应该进行，一方面是基于该活动所能产生的边际效益（或者可以通过降低或者消除现有的限制条件而"挽回"效益的损失），另一方面是这项活动的额外开销。

图4.4包含了代表总成本和固定成本的曲线，在短期经济分析中（如一个生长季），成本分为两大类：固定成本和可变成本。**固定成本**是指不受产量变动而影响的成本，资产税和折旧就是两个常见的固定成本，它们不会随着产量水平的变化而变化。

在图4.4中，横轴代表全部产出，固定成本是平行于横轴的直线。当产出增加时（随着横轴从左向右移动），固定成本保持不变，如无论产量是0 t还是25 t，资产税是固定的。因此，代表固定成本的线是水平的。

另一大类即**可变成本**，是总成本和固定成本的差值。可变成本是指作物生产过程中投入的花费。由于植株健康的决策是与产量相关的，因此在做这些决策时固定成本通常不用考虑。

总成本的变化主要来自可变成本的变化，如燃油、肥料、药剂和人工成本等。在图4.4中，随着产量从Q_1增长到Q_2，总成本（TC）从TC_1增长到TC_2。由于固定成本是不变的，唯一需要考虑的就是保持或者提高植株健康水平所产生的花费。

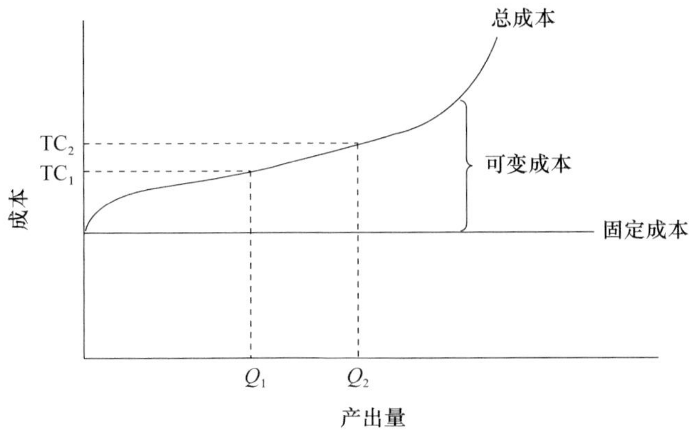

图4.4 固定成本、可变成本和总成本（TC）与不同产出量（Q）之间的关系。

在真实的生产中，产量不会一次一个单位地变化，投入也不会一次一个单位地变化，还有一个问题是要使用什么样的测量单位。因此，成本效益分析、部分预算、边际收入与边际成本等词汇都是确定最优决策时用来评估问题的术语。在有些情况下，如晚疫病或者某种虫害的暴发，决策可能比较容易，而其他情况下，决策可能并不太容易。

在保持植株健康的过程中，经常会有一些因素相互影响的情况。例如，改变种薯芽块的大小和播种间距可能会导致植株过密，这会改变田间物理环境，并且会增加某些病害发生的可能性，进而导致一系列成本变化的发生（增加种子成本和更多植保产品的施用）。如果效益只受产量影响，计算就会相对容易。然而，如果薯块级别和大小也会受到种薯芽块大小和播种间距的影响，那么单位产值也会发生变化，并且这个因素也需要加入决策分析中。

举例：肥料效应

在E. Panique及其合作者的研究中阐述了矿质营养（在Kunkel和Thornton的生产要素清单中第6个要素）的经济学（表4.1）。在这项研究中，通过调查数据研究马铃薯产量与钾肥在威斯康星州安蒂戈地区附近粉砂壤土中的数学关系。图4.5展示了马铃薯预期产量和钾肥（K）施用量的关系，50～350磅/英亩有7个不同的施用量。

表4.1 钾肥施用的经济学[a, b, c]

钾肥施用量（磅/英亩）	马铃薯产量（英担/英亩）	边际产量（英担/英亩）	边际效益（美元/英亩）	边际成本（美元/英亩）	边际效益-边际成本（美元/英亩）
0	312				
50	332	20.6	77.20	11.00	66.20
100	348	15.8	59.09	11.00	48.09
150	359	10.9	40.99	11.00	29.99
200	365	6.1	22.89	11.00	11.89
250	366	1.3	4.78	11.00	−6.22
300	363	−3.6	−13.32	11.00	−24.32
350	354	−8.4	−31.43	11.00	−42.43

[a] 来源：Panique, E., Kelling, K. A., Schulte, E. E., Hero, D. E., Stevenson, W. R., and James, R. V. 1997. Potassium rate and source effects on potato yield, quality and disease interaction. American Potato Journal 74: 379-398. 经美国马铃薯协会授权引用。

[b] 马铃薯价格＝3.75美元/英担，钾肥价格＝0.22美元/磅。

[c] 在英制单位下，表中数据的方程为$Y=311.7409+0.186235X-0.000158X^2$，其中$Y$为块茎产量（英担/英亩），$X$为钾肥施用量（磅/英亩）。用公制单位该等式为$Y=35+0.046X-0.000086X^2$，其中$Y$为块茎产量（t），$X$为钾肥施用量（kg）。

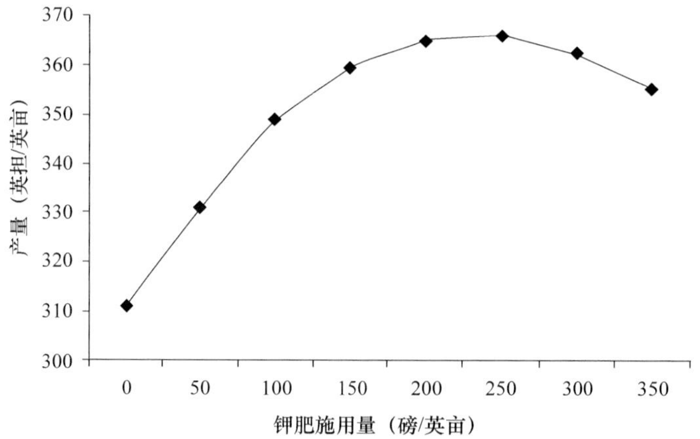

图4.5 马铃薯产量与钾肥施用量的关系。

随着每英亩钾肥施用量从50磅到100磅再到150磅，马铃薯产量迅速增加。随着施用量的提高，产量的增长速度变缓，当钾肥施用量为250磅时，产量达到峰值，超过300磅或者350磅时产量反而会降低。种植者如果想要获得最高产量，则需要每英亩施用250磅钾肥，预期可以获得366英担/英亩的产量。

种植者如果想要获得最大利润，则应比获得最高产量所需的施肥量少施一些，如果每一亩施用200磅钾肥而非250磅，将会取得更高的收益。表4.1展示了产量效应数据及一些经济学计算，前50磅钾肥的边际效益为77.20美元/英亩，因为50磅钾肥的成本是11美元/英亩，很明显至少施用50磅钾肥是可以盈利的。

表4.1的最后一列是边际效益减去边际成本（MR−MC），展示的是钾肥施用以50磅变化时的盈利水平。虽然施用250磅钾肥可以获得最大产量，但是与施用200磅钾肥相比，种植者将会每英亩损失6.22美元，施用300磅或者350磅钾肥将会损失更多。

任何为加强植株健康而增加的支出都应该在收入或者节省的其他成本中得到补偿。

这个例子提供了一个分析问题的框架，它可以应用到更复杂的情况当中。有关马铃薯健康的可营利性决策，可以通过检查边际收益与边际成本的差额来判断。任何为加强植株健康而增加的支出都应该在收入或者节省的其他成本中得到补偿。盈利最大化的投入量可以通过观察边际收入来获得，当最后一个单位投入的边际（额外）效益等于边际（额外）成本时，此时的投入就是盈利最大化的投入量，这就是经济最优选择。

马铃薯健康决策对于效益的影响不仅仅来自产量，薯块大小、比重及与肥料施用相关的空心病发生率等因素同样在Panique等的研究中进行了分析。当我们把马铃薯的质量及其对价格的影响考虑进来的话，选择比上面简单的例子中钾肥施用量低一些的用量就合理多了。

成本分析也可能要复杂得多，如果物料的施用需要花费额外的时间，那么它们就会成为应用成本［Kunkel和Thornton的生产要素清单中第10个要素（操作的及时性）］。收获、处理和运输的成本都会随着产量的变化而变化。同样道理，选择一种可以促进植物健康的方法也可减少或者消除另一种不再需要的方法的成本。

总之，增加钾肥施用量的净效益可以这样计算，从其带来的产量增加的收益中扣除其增加的肥料成本、使用成本和收获成本。收益的估计应该包括产量和价格的变化。

举例：分析多元投入

除了投入品的数量，另一个需要考虑的就是投入品的使用效率。M. Pavek和R. E. Thornton对于缺苗或者不规则株距的研究就是个例子。这项研究与生产要素2（种子质量）、生产要素3（芽块大小）和生产要素4（种植密度）相关。

这项研究分别在农艺和经济方面对芽块播种进行了分析。通过对华盛顿州70个商品薯农场的调研发现，平均每个农场有7%的缺苗率，其中6%是由于播种机漏播，1%是由于种子没有活力。此外还有接近5%的一穴双块或多块。

为了估计由种薯低效使用而造成的经济损失，用田间小区试验模拟商品田的株距错误，运用‘Russet Burbank’（‘布尔班克’）和‘Norkotah’两个品种确定了最优株距和错误株距在产量、品质、价格和成本上的差异。

漏播是造成两个品种效益损失的最大因素，在同一行中，相邻植株在一定程度上可以弥补空缺株的产量损失，但是邻行的相邻植株则无弥补作用。一穴多播会造成结薯小并增加种薯成本。

按照加工商订单合同中的收购价格对‘Russet Burbank’小区的数据进行分析，发现华盛顿地区的商品田由于不合适的株距造成的平均损失在81美元/英亩。按照鲜食市场价格对‘Norkotah’小区的数据进行分析，发现种薯低效率使用造成的损失约为101美元/英亩。

这些分析数据表明，华盛顿地区的马铃薯种植者根据不同品种花费80～100美元/英亩来改善播种效率是划算的，这些钱可以用来提高播种机技术、管理知识和设备操作培训。需要注意的是，这里的问题解决是短期的（如提高设备操作技能），收益是长期的，因此投资回报是可持续的。

举例：薯块健康

随着马铃薯健康管理越来越精细，并且生产资料的选择性越来越强，管理决策也变得越来越复杂。华盛顿州立大学的T. L. Marsh的研究提供了一个针对生产要素8（病虫害）的复杂决策示例。

桃蚜是马铃薯卷叶病毒（PLRV）的重要传毒媒介，Marsh构建了一个针对桃蚜的最优防控模型。在华盛顿州，桃园是蚜虫的重要越冬场所，建模需要了解蚜虫的生活史、侵染时机、蚜虫是否带毒、马铃薯生育期等信息。

构建一个可以反映薯块坏死状况的模型也很必要，因为如果薯块在坏死症状表现之前就能被消费掉，那么采取不同水平的防控也许是可行的。使用防蚜剂代替广谱的杀虫剂，意味着桃蚜的天敌也应该被考虑到模型当中。

模型需要反映蚜虫的两种类型（无翅型和有翅型），因为第二种类型对植物的侵染更为高效；同样需要一个马铃薯植株生长过程的模型，因为蚜虫对于幼苗期的植株危害要大于较成熟的植株；不仅马铃薯植株的生育期很重要，薯块网状坏死症状发展随时间的变化情况也很重要。

由于并不是所有的植株都会被侵染，因此需要一个概率函数来表现这个特点。如果杀蚜剂被预防性材料代替，还需要一个捕食关系模型。

另外，所有以上提到的经济因素（基础价格、个头增值、网状坏死减值、可能的仓储费用、生产资料和使用成本）都将作为分析的一部分。最后，种植者对于风险的接受度也可包含在分析当中，实际上是承认典型合同中拒绝条款的重要性（假设马铃薯是为冷冻产品加工而生产的）。

利用模型可以评估最经济的防控方法，并确定最优的防控时机。只要这个基本模型和假设可以合理地反映真实状况，它就可以提供有用的信息。如果害虫的适应性或者品种发生了变化，模型就需要重新计算（校准）以保证获得的防控措施是最优的。

未来，种植者有机会接触更多的基于科学研究的模型，这些模型将帮助种植者在处理复杂的植株健康管理问题时（如网状坏死），做出营利性决策。不管植株健康管理的问题多么复杂，营利性决策的关键在于分析成本和收益的变化。

总　结

植株健康管理决策具有经济后果，有些在直观上很容易做出判断，如晚疫病的早期防控；有些则不太容易决策，尤其是当有两种以上选择时。

本章的目的是帮助种植者理解，当涉及马铃薯健康管理决策时需要**分析成本和收益**。有时候决策很简单，一张信封的背面就可以解决；有时候比较复杂，可能需要借助电子表格或者计算软件的帮助；还有一些决策可能需要借助专业人士开发的更加复杂的生物模型。

随着时间的推移，有两件事情很可能会发生。第一，信息的价值会不断增加，种植者要想持续获得成功就需要有正确、及时地处理这些信息的能力。有价值的信息将来自3个方面：①马铃薯价值的变化；②马铃薯产量的增加；③投入成本的变化。

虽然单位价值的增加通常更容易被看到，但是人们往往忽略了目前的农场规模要比30年前大得多。由于每个种植者种植面积和单位产量的双重增加，即使每英亩或每吨相对较小的收益也会累积成客观的收入。

第二个变化和第一个是类似的，种植者将会改变生产方式，包括新技术的应用和新生产资料的使用。随着这两样新事物的投入，需要对那些过去的决策规则进行重新评估，因为这些老规则是为旧技术和旧材料设定的。随着知识库增加得越来越快，有必要考虑对决策工具进行较高频率的更新以适应新的信息。

随着生产过程变得越来越精细和复杂，在这样的系统中找到解决办法也变得越来越昂贵和耗时。种植者自身的决策能力提高后，实际上在某种程度上减少了科学家研究简单决策工作的压力，从而使其有更多的时间来研究复杂问题的决策，这反过来也会改善马铃薯健康管理决策的制订。

第5章

Mike Thornton 爱达荷大学帕尔马研究与推广中心，帕尔马

Jeff Stark 爱达荷大学爱达荷瀑布研究与推广中心，爱达荷福尔斯

Bryan G. Hopkins 杨伯翰大学植物与动物科学系，犹他州普罗沃

Robert E. Thornton 华盛顿州立大学园艺与景观建筑系，普尔曼

种植地点的选择和准备

田块位置、轮作顺序和播前整地都会影响马铃薯生产系统的经济有效性和环境效应。种植田块的选择主要取决于种植历史、地形、土壤性能和板结等特征。在种植田块的位置确定后，就需要确定一个适当的且有利于马铃薯健康生产的轮作顺序。当一套用于商品马铃薯生产的轮作方案建立之后，只有通过执行长期的轮作管理策略才能使该轮作顺序的好处最大化，这个策略也许不同于那种只注重从马铃薯上获得金钱回报的短期策略。在轮作管理上，必须权衡来自每个作物或轮作顺序的短期经济回报与潜在的长期利益，如对土壤结构、肥力或病虫害数量的减少的影响。在轮作过程中应该考虑各种作物和绿肥，因为这些可能会带来经济的、农事的或环境的价值。在马铃薯之前的轮作作物的选择及对施用熏剂的要求，决定了生产马铃薯之前所需要的土地耕作方式。由于每个田块都有它唯一的特征形式，管理程序必须是为每个田块量身定做的，旨在达到长期条件下所有种植作物的最优生产目标。

田 块 选 择

用于种植马铃薯的田块是否合适，取决于地形、土壤性状、作物种植历史、前茬的病虫害，以及所用农药的残留情况。要做到任一田块在每个方面都完美是不可能的，因此在任何地块种植马铃薯必须要确定正面和负面的因素。如果这个地块之前种植过马铃薯，这个答案就来自作物种植历史。然而，如果是新地块，则应仔细地考虑本章所讨论的特征，这对辨别和避免潜在的问题是很重要的。除了由经验丰富的农艺师进行彻底的现场勘察，另外两个关键的有助于田块选择的工具是之前作物的种植记录和土壤分析报告。

地形

地形是指一个田块里斜坡的倾斜度和方向，也涉及电线、树木、民房和其他可能给田间管理带来困难的障碍物。一个恰当种植地点的选择及将要采用的生产措施，都应该考虑到可能潜在的水土流失、营养和农药的淋溶，以及附近的商业或居民活动的干扰。由于非点源性污染存在的可能，必须从地表水和地下水携带肥料或农药扩散的角度评价排水方式和模式。

考虑到耕作要求，马铃薯不太适宜种植在**坡度太大的斜坡田块**，且存在水土流失的风险。当坡度超过10%时，播种机、中耕机和收获机等机械可能会滑坡跑偏，因此难以保持直线行走。同时，会使垄距不一致，而不一致的垄距通常会导致中耕时过多地伤害植株和收获时过度地伤害薯块。斜坡也会影响田块里的空气流动，冷空气会在低洼的地方聚集，从而带来更大的霜冻风险。低洼区域也会聚集过多的水汽，导致更大的病害风险，如晚疫病（图 5.1）。

图 5.1　在陡坡上种植马铃薯，灌溉水造成的径流和积水（A）。在一个喷灌圈中，两个大的、融合的晚疫病发病中心集中在马铃薯田的低洼区域，表现为褪绿和枯萎的枝叶（B）。（D. A. Johnson 友情提供）

田块的斜坡也影响到灌溉，在坡度超过 5% 的地块进行地表灌溉是很困难的，但也不是不可能，只不过会造成过度的水土流失和养分损失。喷灌可以用在坡度超过 5% 的地块，但在指针喷灌和平移喷灌系统的轮辙上土壤流失会比较严重。无论使用哪种类型的灌溉系统，在斜坡田块很难做到土壤水分保持均匀一致。低洼的区域会很湿，斜坡上很干旱，导致薯块产量和品质降低。即使使用喷灌系统，要在坡度超过 5% 的地块成功生产马铃薯，也需要调整耕作和中耕操作。一个常见的更改是水库式耕作，需要专业的设备，如 Dammer Diker 耕作系统，作为耕作的最后一步会沿着每个垄沟的底部形成一系列小的凹凸坑槽。这些小的水库依行成型，可以蓄水阻挡径流，同时使水分加速向土壤里渗透。

在**形状不规则**的田块，高效使用杀虫和杀菌剂可能很困难，尤其是当田块周围被树木或电线环绕时。在靠近居民居住区或者其他公共区域，安全地施用农药可能也很困难，因为存在潜在的药剂飘移问题。例如，晚疫病这样的叶部病害流行及害虫的发生通常会源于这些难以均匀施药的区域（第 13 章）。

本年度选择的种植地块**与上一年种植过马铃薯的田块的距离**也是需要考虑的，尤其是那些已经确认有病虫害发生历史的田块。一些害虫，如科罗拉多马铃薯甲虫，在田块边缘越冬，在春季就能够移动较短的距离侵害附近田块；那些冬季低温不足以冻死土壤中残存薯块的地块，来年自生苗就会成为植物病原真菌、细菌及病毒的传染源。

土壤性状

马铃薯能够适应较宽范围的土壤条件，但并不是所有的土壤都能够稳定产出经济产量的高品质马铃薯。理想状况下，生产田的坡度小至中度、土壤均一、耕层深、易排水、土壤肥沃且松散并且保水能力中度到良好。

土壤的生物学、化学及物理性状都能够影响到马铃薯的生产。在做出是否适合马铃薯生产的决定之前，每个地块都应该广泛地取样，来确定土壤性状、养分浓度、全田养分的均匀程度及整个田块的线虫数量。实验室分析可以检测大多数的土壤性状，其他重要的性状可以通过实地勘察和裸土观测来确定。在一些土壤均一性较差的田块也可以生产马铃薯，但想要获得生产上的成功，需要更加仔细地管理和增加投入。

生物学性状是由土壤里生物的数量和多样性决定的，有时被广泛地视为土壤健康（第3章）。尽管许多土壤生物对马铃薯是有害的，但大多数是有益的。大一些的土壤生物，如蚯蚓，有助于土壤团粒结构形成、增加土壤空气，最终使得土壤更加松软，利于根和薯块保持健康；许多土壤生物是害虫、植物病原线虫及土传病原物的天敌；它们也是土壤储存营养的主要来源，在生长季中转换成可吸收的形式；人类已知微生物可以增强某些土壤矿物质营养的可利用性。但不幸的是，很难对土壤进行生物健康检测，快速地改变土壤健康更加困难。问题在于无论用何种方法促进有益生物的生长，同时可能也会促进有害生物的生长。通常最好的建议是通过评价田块的一些土传病原物和害虫的发生历史，进而选择具有可促进生物多样性和增加微生物种群数量的物理与化学特性的土壤。

土壤的**化学性状**包括pH、阳离子交换量（CEC）、有机质含量、营养物质和可能给植物带来潜在毒害的各种盐类物质的浓度。土壤pH可以影响土壤所有其他化学性状，且很大程度上影响植物的生长。马铃薯可以在相当宽的pH范围内生长良好，偏中性的土壤（pH 6.5～7.5），一般可使营养有效性达到最大限度。然而实际上马铃薯经常种植在酸性（pH 5.0～6.0）和碱性（pH 7.5～8.5）土壤中。当评价一个地块是否适合马铃薯生产时，应当对土壤进行pH检测。

在碱性（pH>7.5）土壤中，磷、铁、锌、铜及锰元素对植物根的有效性会降低。美国的许多马铃薯生产都是在半干旱地区的碱性土壤中，因此提高化肥用量（尤其是磷、锰及锌元素）是必要的。碱性土壤通常也是钙质的（包含多余的自由石灰），会加重营养有效利用问题，需要更大量的磷及其他受影响的营养物质。在这种条件下，需要将一部分肥料以条施的方式作为底肥，并在生长季中进行追肥，以提高营养物质的吸收效率。通常降低土壤pH的成本效益不高。

在酸性土壤中，矿物营养的可利用性也会降低，尤其是磷元素。酸性土壤的可交换碱通常较低，因此，很容易出现钙、镁及钾元素的缺乏。酸性土壤需要不断地施用石灰，提高土壤pH，以便达到元素吸收和植物生长的最佳范围。

阳离子交换量（CEC）是一项重要的特征，极大地影响土壤水分储存及带正电离子（阳离子）的保留，如钾、钙和镁。阳离子交换量（CEC）也会影响带负电离子（阴离子）的淋溶风险，如硝酸盐、硫酸盐、氯化物和硼酸盐。阳离子交换量（CEC）的首要决定因素是土壤中带有负电荷的黏粒和有机质的含量，它们具有带负电荷的表面，从而吸引阳离子并排斥阴离子。质地粗糙的砂质土壤具有极低的黏粒含量，因此其保留营养的能力比质地较细、黏粒含量高的土壤要差（图5.2）。砂质土壤一般较温暖，是因为它的含水量低，也因此导致有机质含量较低，因为植物残体可快速分解，这更进一步降低了阳离子交换量（CEC）。阳离子交换量较高（ECE>28）的土壤一般需要较少的灌溉且具有较高的营养保留能力，但也容易出现排水不畅，以及水分过多导致的问题；阳离子交换量较低（CEC<10）的土壤则必须进行更多次数的灌溉，通常也需要在生长季中间进行追肥。

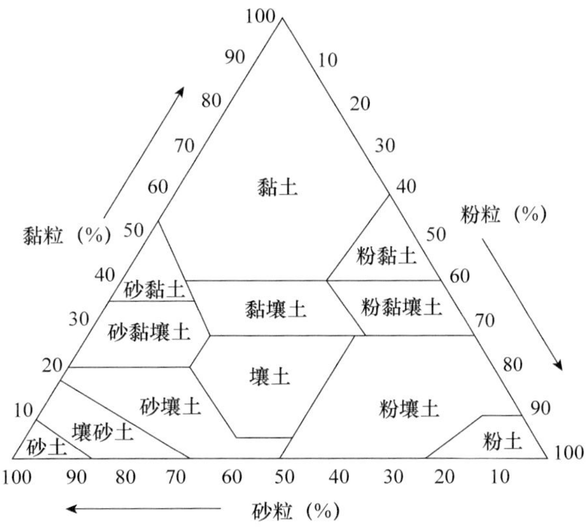

图5.2　土壤质地三角形显示各种土壤质地及砂粒、黏粒和粉粒所占的百分比。

盐碱土（有较高含量的盐分）会降低马铃薯从土壤中吸收水分的能力，从而降低马铃薯植株的生长能力和产量。盐分会提高土壤水溶液的渗透压，使得马铃薯植株根部从土壤中吸水能力变弱；盐分也会干扰植物体内干物质产生和分配中的生理过程，任何可溶性的盐，包括营养元素如氮和钾等，都会造成这种影响。尽管过量的盐是有毒的，但一些盐分对植物生长是必需的，也自然地存在于土壤、化肥、粪肥及水中。

如果有完善的渗透和排水系统，并且有足够量的低盐水把盐分从植物根部淋溶出去，盐碱土就可以被再利用。淋溶一块地的盐分所需要的水量，是由土壤深度、质地、渗透性和需要移除的盐分量来决定的。土壤的盐浓度是通过测量土壤溶液的电导率来确定的，用dS/m来表示。对于马铃薯来说，土壤饱和提取液的电导率不能超过1.7 dS/m，以避免产量损失；而灌溉水的电导率不能超过1.1 dS/m。

钠是一种能对植物生长造成不良影响的矿物元素。在钠质土壤（土壤中钠离子含量较高）中，较高的钠浓度会打乱土壤结构，造成水的渗透性降低，因此含钠多的土壤易积水，从而干扰根的生长。土壤中有高浓度的钠就会毒害植物，导致干扰生理过程和组织伤害。高浓度的钠对土壤物理特性的影响及对植物生理过程的影响叠加，会造成马铃薯植株生长严重迟缓，甚至死亡。

钠的危害可以通过土壤或者水的测试来了解，土壤中可交换钠的百分比能够作为钠危害的指标。当土壤中可交换阳离子中的钠离子含量低于5%时，不会有任何问题；当钠含量超过5%时，盐渍问题也随之增加，一旦超过15%肯定会出现问题。钠吸附比（SAR）是灌溉水中钠的浓度与钙和镁的浓度之比，如果SAR低于6，那么土壤渗透性就不会出现明显的降低；当SAR增加到6～9时，影响土壤渗透性的概率就会增加；当SAR超过9时，很可能会出现严重的渗透性问题。

对钠质土的修复，必须要用钙替换可交换阳离子中的钠，这可以通过增加石膏等可溶性钙的来源或通过施用硫酸、硫黄等酸化剂来溶解土壤中现有的石灰石得以实现。钠质土的修复一般需要投入大量的改良剂，通常每英亩需要几吨的量。

土壤的**物理性状**包括质地（黏粒、粉粒、砂粒及碎石的比例）、结构（由单个土壤颗粒组成团粒结构）和容重（单位体积的质量）。马铃薯的生产对于土壤质地的要求是很宽的，土壤质地决定了水的渗透速率和土壤为植物生长储存有效水分的能力。土壤水分的可利用性是影响马铃薯产量和品质的主要因素，也能够直接影响侵染根部和块茎的病原微生物。在生长季中的关键时期供水不足会加大一些病害的严重度，如疮痂病（第19章）及某些块茎生理性障碍（第23章）；无论在田间生长期间还是在储藏期间，过量的水都会降低马铃薯产量和品质，也会加重一些与潮湿土壤有关的病害；过量的水也会淋溶掉植物根部所在区域的营养，从而影响马铃薯等浅根作物的生长（第9章）。

土壤水分的渗透速率对于决定灌溉的方法、频率和持续时间是非常重要的。质地细密的土壤水分渗透速率较低，使得其非常适合应用移动式喷灌系统，如卷盘喷灌和人力移动喷灌或固定喷灌系统，漫灌在质地细密的土壤上也是非常有效的；与之相反，砂性土壤具有典型的高渗透速率和低储水特性，因此它更适合中心喷灌圈和平移喷灌系统，这些系统比上述喷灌系统更能有效地进行少量多次灌溉。

土壤的保水能力、渗透性及耕性，会随着土壤中有机质含量的增加而提高。然而，在许多马铃薯生产区域的土壤内，土壤有机质含量都低于1%。因此，需要持续地进行秸秆还田、减少秸秆焚烧及不必要的耕作，来增加土壤有机质的含量。

土壤中石块和碎石较多通常会造成耕作困难，可能也需要专门的收获设备。在这样的土壤还有其他的问题，如收获的产品中出现过量的杂物，以及收获及转运过程中增加薯块的挫伤。

土壤的结构及容重与其物理特性相关，且极大地影响马铃薯的生产。土壤的团粒结构最有利于水分的渗透和根系的生长；块状结构也是可以接受的；片状结构的土壤会影响水的移动，限制根的穿透；最差的土壤是根本就没有结构，土壤里没有了结构，土壤粒子紧紧地黏在一起，从而抑制水和根的通过，土壤结构的缺失一般可表现为容重较高。

压实

压实是所有破坏土壤结构过程的后果，造成土壤密度增大、储存水分和空气的孔隙减少。压实度可以用透度计来准确测定或者更常见的是用铁锹来测定。往土壤里插入透度计或者铁锹需要的劲儿越大，就意味着植物根系在土壤中生长及结出高质量薯块越困难。土壤压实的程度取决于机械设备的大小和重量、土壤湿度及土壤类型。

多数的压实都是与轮胎压力及耕地操作相关的，低至4磅每平方英寸[①]（psi[②]）的力就能导致明显的土壤压实，一个拖拉机轮胎的边缘对土壤表面造成的压力能够超过25 psi。减少压实的一种方法是用较轻的机械设备或者让设备的重量分散到双轮胎，或更多的车轴上。如果可以，尽量减少轮胎在田块经过的次数。犁底层或亚表土层是位于正常耕作深度以下的一个区域，这种情况多发生在那些每年耕作深度都相同的地块。

潮湿的土壤结构较脆弱，比干燥的土壤更容易压实。如果可能，在进行翻耕之前让田块变得干一些。在某些情况（图5.3）下，哪怕只晾晒一两天的时间，就可以阻止严重的土壤压实。一般来说，黏性大或有机质含量低的土壤比砂性或有机质含量高的土壤更容易压实。然而，砂土中的硬块已被证明严重阻碍马铃薯根系的生长。另外，黏土和壤土的压实会造成结块，导致土壤开裂和收获时块茎损伤。在很多马铃薯生产区域通常选用砂壤土，压实可能是这种土壤中很难被认识到的限制马铃薯产量和品质的因素之一。

压实能够发生在土壤内部不同的深度。土壤表层的压实通常能够借助翻耕、融-冻循环

① 1英寸＝2.54 cm

② 1 psi＝6.894 76×10^3 Pa

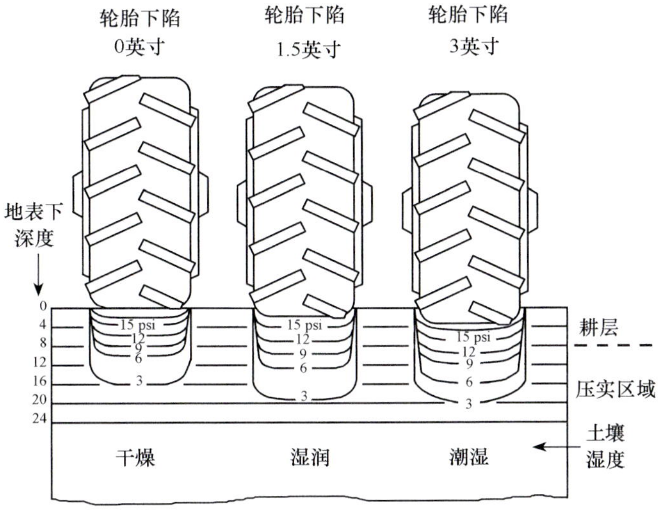

图5.3　土壤水分、轮胎压力和土壤压实之间的关系。（重绘自Daum, D. R., and Shipp, R. F. 1999. Agricultural Soil Compaction—Causes, Effects and Cures, Cooperative Extension Fact Sheet B-79. Pennsylvania State University）

以及一些深根作物，如苜蓿的生长来变散。犁底层的压实较难处理，因为它低于常规的耕作层。一般认为，处于根系最初生长的浅层区域的压实比深层的压实对植物生长更不利。

土壤压实对马铃薯生长的影响有许多复杂的途径：土壤空气和水分的移动受阻，所以它们对植株的可用性也就受到了限制；根系也不再生长和下扎，进而形成较小和很浅的根系；植株也不得不在根部及薯块的生长方面耗费更多的能量，进而减少了其他生长过程所需要的能量。浅根系限制了植株获得营养及承受水分胁迫的能力，最终植株缺乏活力，薯块产量及品质降低。

马铃薯的根系很细、有很多分枝，特别容易受到压实的伤害。土壤压实会极大地限制根系总量和根系的最大生长深度，结果就是出苗延迟，冠层形成变慢，产量降低。由于土壤压实，商品薯产量损失可达20%～30%，对薯块大小和品质的影响比总产量的影响更大。

土壤压实对马铃薯造成的负面影响不能够通过施用额外的水、肥料或土壤添加剂而消除。可以通过耕作措施如凿松打破压实层，来进行部分补救，但翻耕不能够替代好的土壤结构。有严重土壤压实现象的地块不适合马铃薯生产（专栏5.1）。

专栏5.1

土壤压实

处理土壤压实最好的办法是处理原因，而不是症状表现。以下的管理措施可以帮助减少土壤压实。

- 最大限度地减少机械进地的次数。
- 减少不必要的田间操作，在整个轮作过程中进行最低程度的耕作或免耕。
- 当土壤潮湿时避免进行田间操作，土壤越干压实越轻（图5.3）。
- 使用较轻的设备或使用更多的轴分散机械的重量，以减少单轴荷载。

- 改变耕地操作的深度来避免形成犁底层，犁底层阻碍根的生长及水的渗透。
- 增加土壤有机质含量，综合使用绿肥作物、粪肥、堆肥及作物秸秆，以增加有机质，改善土壤结构和排水性能。
- 在轮作过程中，增加马铃薯和其他行栽作物的间隔年限。行栽作物返回土壤中的秸秆残体较少，种植这些作物时的耕作和收获所用的沉重设备也会导致土壤压实。相反，紫花苜蓿、玉米、向日葵及小谷物等深根作物，能够帮助打破土壤压实层，在收获之后也能够返还土壤更多的秸秆残体。
- 提高土壤表面和内部的排水性能，土壤会快速变干、升温，就能够为作物田间管理提供更多的灵活性。

轮　作

对于作物种植历史，主要考虑上一茬作物对土壤中病原微生物、线虫、杂草及害虫种群的影响，也应当考虑用于控制前茬作物有害生物所施用的化学药剂，因为上茬残留的除草剂可能造成药害，还有某些农药产品标签中有下茬作物种植间隔时间的限制。

轮作过程中种植非寄主作物会降低危害马铃薯的病原物和害虫种群数量，尤其是在增加两次马铃薯种植之间年限间隔的情况下。延长轮作年限同样也有益于减轻一些主要依靠土壤传播的病害的严重程度，包括菌核病、粉腐病、腐霉水烂病、疮痂病、早疫病和黑痣病（第19章）；种植非寄主作物和持续轮作也是降低土壤中线虫数量的主要手段。

了解**以往的杂草问题**是决定能否在一个地块种植马铃薯的重要因素。多年生杂草会成为一个很麻烦的问题，在马铃薯前茬轮作其他作物过程中，大多数多年生杂草应当借助除草剂和耕作的组合方式来控制（第22章）；在一些多年生杂草比较严重的地块，建议推迟马铃薯种植1～2年，种植那些可以采用适当管理办法控制住杂草的作物。如果地块里加拿大蓟、旋花或顶羽菊发生严重，尽可能避免种植马铃薯。

如果轮作过程中的前茬作物会成为后茬马铃薯田的杂草，那么应当在种植马铃薯之前设置1～2个生长季的过渡期。在某些地方冬天土壤冻得不够深，难以冻死遗留在土壤中的薯块，**自生马铃薯苗**也会成为下茬作物的杂草。在一些气候条件下，自生马铃薯可能每年都会自我生长繁殖，经过几年后最终在下一次种植马铃薯时会造成品种混杂，并成为病原菌的来源。

一个适当的轮作计划应当考虑到能够在不种植马铃薯期间控制循环生长的马铃薯自生苗及杂草。轮作管理策略措施可以包括以下几方面：适时施用广谱性除草剂，这些除草剂在种植马铃薯时不能使用，但在种植其他作物时可以使用；在收获后按照计划时间灌溉以刺激一年生杂草或自生谷类作物的种子萌发，然后及时耕作来消除它们。

前茬作物**残留的除草剂**会成为马铃薯的一个难题，尤其是在经历一个干旱的生长季与一个干旱的冬季之后。在谷类作物上按照标签比例施用的一些除草剂，尤其是磺脲类和咪唑啉酮类产品，在接下来的一年会存留在马铃薯根系区域，浓度足够高时会不利于马铃薯生长。按照标签说明施用除草剂，尤其是要按照说明书的剂量和施用与种植敏感作物的时间间隔要求，能够把除草剂残留的危险最小化。

每个地块施用的所有药剂都要进行永久记录，至少要包括以下内容：所用药剂，施用的剂量、次数和方法，土壤质地（包括有机质含量），土壤pH。马铃薯的前茬作物种植情况及前茬生长季的气候状况也应当记录下来，重要的气候信息包括土壤温度（冬季和夏季）、土壤含水量及水在土壤中的下渗与蒸散，该信息可以确定之前所用药剂的降解速率，如果没有准确的记录，可以对土壤进行取样检测潜在有危害的除草剂残留情况。只有当确定没有潜在的残留危害而且前茬所施用的药剂标签上未禁止下茬种植马铃薯，这样的地块才可以用来种植马铃薯。

如果一个田块没有种植历史记录，通过**实验室检测**可以鉴定和量化线虫、某些土传真菌病原体和某些除草剂。实验室检测结果的有效性取决于足够的、周密的取样及可靠的实验室检测程序，可以咨询当地的农业种植顾问获得有关取样、样品处理及确定可靠的检测机构等相关指导。如果实验室检测结果显示存在潜在的严重线虫、害虫或者一些难以控制的病害问题，那么正确的决定就是不在这个田块种植马铃薯。

如果种植记录或实验室检测结果显示存在潜在的严重线虫、害虫或者一些难以控制的病害问题，那么正确的决定就是不在这个田块种植马铃薯。

一个适当的轮作系统也可以在马铃薯生产及整个轮作过程中减轻或者防止**水土流失**。处理好轮作作物的秸秆残体，以维持或提高土壤有机质含量、土壤透气性及渗水与保水能力。谷类作物包括小谷物类和玉米通常会被用来作为轮作作物；多年生豆科植物如苜蓿，作为轮作作物可以提供氮素和有机质，它们的根系可以穿透和打破深层土壤，并帮助减少土壤压实的影响；一年生豆科植物如大豆，也可以提供氮素，尽管数量较少。应避免在种植机械碾压多-作物秸秆残体少的作物，如甜菜和洋葱之后种植马铃薯，因为水土流失及土壤压实等会对马铃薯的产量和品质造成负面影响。

一个精心设计的作物轮作方案的主要益处是能够提高土壤质量，在土壤中加入大量的**作物秸秆残体**后，随着时间的推移可以改善土壤耕性和营养供应、提高土壤保水性和渗透率及改善其排水性能。这些土壤条件得到改善后，可以减少土壤压实和水土流失。

轮作过程中前茬作物的秸秆残体能够影响植物营养的有效性，尤其是氮素。碳氮比高的大量作物秸秆残体，如小麦和玉米的秸秆，在马铃薯生长季节的早期将氮素固定，因此只有到秸秆完全分解后，马铃薯才能有效利用；相反，碳氮比低的作物秸秆残体，如豆秸、苜蓿及绿肥作物的残体，在马铃薯生长季内可以释放大量营养供其吸收利用。这两种情况都能够使后茬种植马铃薯的氮素管理复杂化。在氮素管理上，作物残体的积极作用通常大于其带来的不利影响。要想获得适宜的营养管理，就要在种植前考虑到上茬秸秆残体的影响，播种时将肥料沟施到芽块的下侧和侧面，避免在芽块附近有过多的秸秆残体。

绿肥

绿肥是专门种植的、在其组织仍为绿色且还在生长时掺入土壤中的作物。在作物轮作过程中加入一种绿肥作物能够提高土壤的物理特性，增加土壤有机质，减少某些土传病害病原体及害虫的数量。在一些情况下，掺入绿肥作物可以提供足够的病害抑制作用以替代熏蒸剂；在另外一些情况下，绿肥将病原物数量抑制到可以使用其他防控措施很容易控制其危害的水平。

所选择作物的种类、产生的植物组织总量及掺入土壤的时机和方法决定了绿肥能带来的益处。豆科植物（奥地利豌豆、三叶草、野豌豆等）、十字花科作物（芥菜、油籽萝卜、菜籽等）及苏丹草是马铃薯种植系统中常用的绿肥。豆科植物拥有提供显著营养益处及抑制一些病害的潜力，十字花科植物和苏丹草已经被证实能够非常有效地抑制某些病害、杂草及线虫（第20章）。上述某些植物能够产生一类称作硫代葡萄糖苷的化合物，掺入土壤后这些化合物分解成有生物活性的物质，对一些土传有害生物具有毒杀作用。

为了获得最好的效果，要做好绿肥作物的栽培管理，生产出大量的植物组织掺入土壤。已有证据显示，绿肥作物的生物量每英亩达到10～20 t（鲜重）比低数量的生物量更能有效地抑制线虫和病原菌。重要的管理措施包括施用足量的氮肥促进绿肥植物的生长及加速组织残体的分解，按照推荐的密度播种，在作物出苗和生长过程中提供充足的土壤水分。杂草控制是一个关键因素，因为高密度杂草会影响绿肥作物的生长，会给线虫和病原体繁殖提供寄主从而抵消绿肥抑制土壤病虫害的益处。

任何降低绿色叶片数量的因素（霜冻、叶片衰老）都可能造成绿肥功能的降低。绿肥应当在其结籽之前掺入土壤中，以避免成为下一茬作物的杂草。通常要对绿肥先进行割绞，然后立即进行翻耕，完全彻底地将植物残体混入土中以加速其分解。直接将绿肥翻耕到土壤中的办法是最不推荐的，因为这样做不能使植物残体和土壤充分混合。彻底地将绿肥组织掺入土壤中可以快速地促进生物活性的提升，以及营养和化学物质的释放，从而抑制土传病原菌和害虫。

绿肥的第二个优点是随着在土壤中的消解，它们能够提高土壤微生物的多样性（第3章）。微生物种类复杂的土壤能促进植物蓬勃生长，通过与病原菌的竞争抑制病害发生，也可以寄生线虫。绿肥也会争夺、循环利用营养，从而减少淋溶和挥发的损失（专栏5.2）。

专栏5.2

绿肥的优势与劣势

在马铃薯种植系统中种植绿肥的潜在优势

- 增加下茬作物的营养供应。
- 提高马铃薯产量及品质。
- 提高土壤耕性及有机质含量。
- 提高土壤水分渗透和保持能力。
- 抑制一些土传病原菌、线虫和杂草。
- 减少水土流失。

在马铃薯种植系统中种植绿肥的潜在劣势

- 如果绿肥取代了可以收获和出售的轮作作物，可能会造成收入减少。
- 额外的种子、耕作及灌溉花费。
- 额外的劳动力和机械花费。
- 如果绿肥产生了种子，会造成潜在的杂草问题。
- 如果选择了不恰当的绿肥作物，可能会增加病虫害的种群数量。

在选择绿肥作物时应考虑的因素

- 作物快速长出大量叶片的能力。
- 作物固定或吸收氮及其他可能因淋溶流失的养分的能力。
- 与轮作过程中其他作物的管理要求的兼容性。

- 在绿肥生长期间与生长环境的相容性，如在北方的许多生长区域，耐冻性和低温条件下的生长能力非常重要。
- 登记用于其杂草和其他病虫害管理的农药产品的可获得性。
- 种子的可获得性及不受干扰近源作物种子的生产而导致的种植限制。
- 种子产生及脱落进而发展成为自生苗，给下茬作物带来杂草问题的倾向。

田块准备

翻耕

土壤翻耕操作的选择取决于土壤类型和结构、土壤对侵蚀的敏感性、燃料成本及前茬作物残体的管理要求。翻耕操作应设计为能将作物残体和肥料有效地掺入土壤中、打碎土壤压实层、提高水分渗透能力、为播种做好准备并使水土流失的可能性最小化，一个合理设计的翻耕计划也能够帮助提高对一年生和多年生杂草及马铃薯自生苗的控制能力。翻耕操作的时机选择对实现最大限度地破坏杂草是非常关键的。

在一些区域，所有的整地操作都在秋季完成，包括翻耕、耙平、深松及起垄。秋季起垄有利于春天较早播种，如此一来减少了机械在垄上的碾压而使土壤结块风险降到最低，并能充分利用到冬季的冻融，也可以消除一些害虫越冬的场所，如玉米收割后残茬上留存的欧洲玉米螟。秋季起垄最主要的缺点是冬季将松土暴露在外，容易随风和水流失。

在那些秋季整地不流行的区域，播前起垄或“划垄”是在春季播种之前进行的。这对于使用大型、多行播种设备时保证精确的行距尤为重要。安装有全球定位系统（GPS）导向的拖拉机近年来已被广泛应用，这些系统可以在划垄操作时帮助消除差错，这样在之后的起垄培土和收获操作过程中可以减少植株和薯块伤害。

砂质土壤可能需要在秋季进行“部分整地”，以减少土壤的风蚀。在这些质地较粗的土壤和容易出现水土流失的区域，可能更适合某种形式的最小化耕作或者**保护性耕作**。保护性耕作把前茬作物残体留在地表面或者使它们稍微混合到土壤中，这些植株残体可能来自前茬作物如谷物的秸秆，或者来自我们种植的用于固定和覆盖土壤的作物如黑麦。业界对于最小化耕作经常还是会有一些担忧，一些种植者很不情愿去接受看起来“垃圾满地”的田块或者去购买特殊的设备来进行最小化耕作；最小化耕作也使播前撒施肥料变得更困难；在播前向土壤掺入除草剂也变得困难，但这可以更改为播后施用除草剂。

在选择播前整地方法时需要考虑的因素包括：需要混入的作物残体数量、期望的耕地深度及所要求的地表条件。**过量的作物残体**不应该留在马铃薯芽块周围，大量未分解的有机质，尤其是新近混入土壤中的绿肥作物或动物粪便，可能会促进薯块病害的发生，如疮痂病、腐霉芽块腐烂病及芽块细菌性软腐病；也可增加播种后种蝇的危害率。

土壤压实的管理是决定播前整地操作方式和时间的另一个关键因素。当土壤相对干燥时，犁底层可被深松器或凿子犁打破；土壤太湿时进行深松通常不能充分打破压实层，而且在某些情况下可能会使土壤压实变得更糟。为了使土壤深松更有效，耕作深度必须超过压实深度，犁底层才能被充分打破。理想情况下，深松铲应当设置到合适的深度，以便提升震碎压实的土层；深松铲的间距应当确保在耕作过程中整个土壤的表面层能够被打碎。减少土壤压实的综合方法应当也包括通过作物轮作和适当的作物秸秆残体管理措施来增加土壤有机质含量。

在决定播前整地操作时应当考虑到**土壤水分**，播种时耕层土壤最佳水分含量为土壤有效含水量的75%～80%。底土的水分状况也应予以考虑，因为在生长季最热的时段水是非常重要的，此时的土壤蒸散量可能会超过灌溉系统的补给量。在非灌溉区域，如果降雨不能提供足够的耕层土壤水分，而充足的降雨可能在随后及时出现，并且时间也允许播种，那么播种就需要推迟。如果春天的降雨通常是不足的，就应当考虑采用保存冬季水分的耕作方法如秋季整地。在灌溉生产区，可以尝试秋季或春季播种前灌溉来增加土壤水分。播种前要补充足够的水分，以保证直到出苗之前不用再进行灌溉；要避免在播种后还未出苗前进行灌溉，因为这可能会造成芽块腐烂。在土壤质地较细、冬春季降雨充沛的区域，播种时土壤水分通常是过多的，在这些区域的田块应当安装排水装置以排出多余的水分。

最好的管理策略之一是阻止土传病虫害进入干净的土壤，从其他地区来的耕作设备在使用前应彻底清除其上所带的土壤，防止线虫、杂草种子和致病微生物的传入。

熏蒸

在一些产区，寄生性线虫、土传害虫和病原体是影响薯块产量或品质的限制性因素，播种前进行土壤熏蒸是这些区域常用的措施，尤其在那些土壤质地粗糙、生长季相对较长的区域。土壤熏蒸常被用于抑制土壤线虫和黄萎病菌，在一些区域也被用来减少金针虫对薯块的危害。一些熏蒸剂还可以通过降低种子活性来减少一年生杂草的数量，通过减弱或破坏根茎或匍匐茎来减少多年生杂草的数量。

土壤熏蒸有很明显的优势和劣势，操作得当可以有效地帮助控制土传病原体、线虫和害虫。然而，这是一个昂贵的操作，需要特殊的设备和经过良好训练的操作人员，因为大部分熏蒸剂是高毒性的（第13章）。此外，熏蒸完全改变了土壤中的生物群落，可能会带来意想不到的副作用，如对施用化肥反应的改变，或残留更多的除草剂。这些影响的出现是因为熏蒸减少了土壤中能够促进物质循环和除草剂降解的微生物的数量。

熏蒸通常是在耕地完成后进行，因为良好的土壤准备连同合理的施用程序，对于获得理想的结果是很重要的。在施用土壤注射熏蒸剂之前，耕层土壤应当条件良好，打碎土块和土壤压实层及将作物残体很好地粉碎并混入土中是很重要的。如果这些没有完成，藏在土块中及大块植物碎片里的目标生物，因无法接触到熏蒸剂而得以存活。如果植株碎片不能够很好地混入土壤中，就会造成熏蒸剂从土壤中提前散失，使目标有害生物被熏蒸的持续时间不够，从而不能达到预期效果。

土壤熏蒸不是**万能的**，它能够减少土传害虫和病原体的数量，但这些有机体并不能完全被根除。在熏蒸之后，线虫、昆虫及病原体的数量可能再次增加到为害水平，这也许只需感病（虫）作物的一个生长季（第3章）。由于这些限制，熏蒸始终应结合土壤取样来检测目标生物的种群数量。

第 6 章

Jonathan L. Whitworth 美国农业部农业研究局，爱达荷阿伯丁

Robert D. Davidson 科罗拉多州立大学园艺与景观建筑系，柯林斯堡

优质种薯：种薯改良、品种和繁种田块选择及种薯认证

马铃薯整体健康管理的一个必要工具是优质种薯。健康、高产的种薯能够为收获最佳的薯块产量和品质提供必要的基础，从而获得最大收益。选择种薯如果只看价格及可供应量，可能就会给种植马铃薯增加很多困难。因此，选择种薯应当基于生产的特定需求和明确定位的市场。选择优质种薯的关键因素包括选择适当的品种、熟知认证的过程、获得意向购买繁种田的完整信息，以及对市场前景的仔细分析。

种薯改良的主要目标，是通过消除种传病原体与害虫和选择一个品种的优良株系，使商品薯产量最大化。选用品种一定要适应市场需求。一旦选定品种，就进入种薯认证体系，即为确保种薯符合上述标准而依次启动的一系列步骤。

品种选择基于市场需求

无论是加工市场还是鲜食市场，对薯块都有特殊的要求，包括比重、含糖量、薯皮和薯肉的颜色及薯形等。除了满足这些市场需求之外，一个品种必须有很高的商品产量潜力。

加工品种可以分为三类：薯条、薯片和全粉。能够用于加工**薯条和薯片**的马铃薯必须要有相对较高的比重和低含量的还原糖，高比重薯块比同样量的低比重薯块能够获得更多的成品。比重是估计薯块干物质含量的一个方法。干物质，也指固形物，主要由淀粉组成。在油炸过程中，当薯块比重高时，所摄取的油的量要低。在贮藏之后（尤其是低温贮藏）低含糖量也是必需的，因为糖分能使薯条或薯片变黑。用于加工的马铃薯通常贮藏在6.7～8.9℃条件下，或者如果贮藏在更低的温度下，就需要重新放置在较高的温度下以便糖分转化为淀粉。如果一个品种能够贮藏在较低的温度下，而且能炸出较浅的颜色，那么它可以在很少使用人工抑芽措施的条件下储存更长时间。例如，‘Snowden’是第一个即使在低温贮藏之后含糖量也很低的商业化品种。加工薯条要求额外的特征：该品种的薯形一般要求是椭圆形、麻皮或白皮，并且能够结出较多的大块薯块。对于炸薯片，薯肉白色的圆形薯块是最好的。其他形状，包括短的、块状类型的薯块可用于炸薯角（楔形薯条）。新型的薯片切片机除了能加工圆形的薯块外，也能加工其他形状的薯块。

马铃薯**脱水**最开始时是为了生产即食再生土豆泥，但随着时间的推移演变成了包括再生薯片等产品，并受到了市场的广泛认可。在脱水过程中，品种的高比重特征可以使产品产出最大化。通常，用于脱水加工的马铃薯都属于等外品或者剔除薯块，但是人们对商品薯率较高的马铃薯品种的选用，会减少用于脱水加工的薯块数量。鉴于此，一些育种项目已经开始选育干物质含量高的品种用于脱水加工。

用于餐桌或鲜食市场的品种，必须要薯形好并且易煮、易捣碎或易烘烤。薯块的烹饪特征列于表6.1。用于鲜食市场的种类包括长形麻皮、长形白皮、圆形白皮、红皮及黄肉，如‘Yukon Gold’品种。

表6.1 马铃薯块茎的物理特性及其烹饪用途

比重	总固形物（%）	质地	最佳用途
＜1.060	＜16.2	非常湿	煎炸、沙拉、罐头加工
1.060～1.069	16.2～18.2	湿	煎炸、沙拉、煮、罐头加工
1.070～1.079	18.2～20.2	糯	煮、土豆泥；薯片加工及罐头加工
1.080～1.089	20.3～22.3	粉、干	烘烤、薯片加工、冷冻薯条加工；一些品种易煮烂
＞1.089	＞22.3	非常粉或干	烘烤、冷冻薯条加工；容易生产脆薯片，易煮烂

通常是种植者或终端用户来确定所要种植的品种，如用于加工的马铃薯通常是按照与加工厂的合同要求来确定种植品种；许多鲜食市场品种是面向开放市场的。如果选择既可以用于鲜食市场，也可以用于加工的品种，就会获得更多的市场机会。

抗 病 品 种

了解一个品种对主要病害的抗性，如黑胫病、黄萎病、疮痂病、粉痂病、早疫病、晚疫病及病毒病，对于品种选择很有帮助。表6.2列举了2004年美国和加拿大种植的15个主栽品种的种植面积、用途和抗病性报告。品种的枝叶和薯块对于一个特定病原体的反应可能会有所不同，如品种‘Umatilla’的薯块对晚疫病表现中抗，而其枝叶却是感病；品种‘Jacqueline Lee’的枝叶对晚疫病有抗性；品种‘Defender’的枝叶和薯块都对晚疫病有抗性。

当一个田块的土传病害可能比较严重时，该田块的作物种植史也是在选择品种时的一项重要考虑条件。例如，薯皮颜色较浅的品种对疮痂病非常敏感，不能被种在最近几年出现过该病的地块，而麻皮品种具有抗性，可作为更好的选择。

针对马铃薯Y病毒（PVY）的抗病育种工作已经筛选出少数具有不同程度抗性的品种，包括‘Bannock Russet’‘Umatilla Russet’‘Defender’‘Ranger Russet’。这些品种都要比‘Russet Burbank’（‘布尔班克’）更抗PVY一些。品种‘Ranger Russet’整个植株都对马铃薯Y病毒有过敏性坏死反应，如其种薯芽块感染马铃薯Y病毒O株系（PVY^{O}）之后，长出的植株发育非常不好，通常在生长季半路死掉。

栽培管理需求

马铃薯品种要实现最佳的生长都有具体的栽培管理需求，而这些需求在品种选择时都应予以考虑。如果品种‘Ranger Russet’和品种‘Russet Burbank’（‘布尔班克’）获得同样量的氮素营养，那么前者到收获时不会完全成熟，因此薯皮老化会很差，其耐储性也会变差。当育成一个新品种时，在其商业化生产的头几年对于确定和运用最好管理措施来种植这个品种是很关键的。生长需求可能是品种特定的，包括植物营养、最佳种薯芽块大小和株距、水分需求、生育期长度及贮藏条件。

表 6.2　2004年美国和加拿大种植的15个主栽品种的种植面积、用途和抗病性报告

品种和英亩数[a]	薯形及颜色	主要用途	黄萎病[b]	疮痂病[b]	马铃薯Y病毒[b]	卷叶网状坏死[b]	晚疫病[b, c]		贮藏期腐烂[b]	优势	劣势
							叶片	块茎			
Atlantic（7 102）	圆形白色	鲜食市场，炸薯片	MS	S	MS	R	S	MS	S	块茎大小、形状均匀，比重高	易感内部热坏死，易感空心
Chieftain（4 787）	圆形红色	鲜食市场	MS	MS	S	MR	S	S	MS	适应性广，形状美观，产量高	薯皮易串皮，易感空心
Dakota Pearl（2 127）	圆形白色	鲜食市场，炸薯片	R	MR	S	MR	S	S	S	耐黑斑挫伤、低温贮藏的良好炸薯片品质	很少，内部空心
Goldrush（5 257）	长形赤褐色	鲜食市场，加工	MR	R	S	MR	S	S	S	低外部和内部缺陷，易烹饪	中等休眠，双胞胎和手套状块茎
Kennebec（3 593）	长方形白色	鲜食市场，加工	VS	S	R	R	MR	S	MR	适应性广，产量高，多用途，对晚疫病有一定抗性	易感外部缺陷和碰伤
Norland（10 228）	圆形红色	鲜食	S	MR	MS	MR	VS	S	MS	易烹饪，早熟，形状美观	短的休眠，高感银屑病
Ranger Russet（10 310）	长形赤褐色	冷冻加工，鲜食市场，脱水马铃薯	MR	MS	MR	MS	S	VS	MR	低内部缺陷，产量高	易感黑斑挫伤和疮痂病
Red LaSoda（3 348）	长方形浅红色	鲜食市场	MS	MS	S	MS	S	VS	MS	易烹饪，产量高	芽眼深，易感空心
Russet Burbank（51 367）	长形赤褐色	冷冻加工，鲜食市场，脱水马铃薯	MS	MR	S	S	S	S	MS	广泛的市场用途，耐贮藏，易烹饪	压力缺陷，要求土壤湿度均匀
Russet Norkotah（22 502）	长形赤褐色	鲜食市场	VS	MR	VS	MR	VS	VS	MR	形状美观，美国第一高比例	易感黄萎病和马铃薯Y病毒，烹饪品质低
Shepody（11 521）	长形白色	冷冻加工	MS	S	VS	S	VS	VS	S	好的薯条加工原料，早熟	易感疮痂病和粉眼病，产量易变

续表

品种和英亩数[a]	薯形及颜色	主要用途	黄萎病[b]	疮痂病[b]	马铃薯Y病毒[b]	卷叶网状坏死[b]	晚疫病[b、c]		贮藏期腐烂[b]	优势	劣势
							叶片	块茎			
Snowden（2 502）	圆形白色	鲜食市场，炸薯片	MS	MR	S	MR	S	MR	MR	低温贮藏的良好炸薯片品质，比重高	中度卷叶症状，块茎小，中等深度芽眼，薯皮有网纹
Superior（5 943）	圆形白色	鲜食市场，加工	S	MR	S	R	S	S	S	早熟，疮痂抗性，低内部缺陷，加工品质好	形状易变，薯皮有纹理，易感黄萎病，对压力敏感
Umatilla（2 581）	长形赤褐色	冷冻加工，鲜食市场	MR	R	MS	VR	S	MR	S	低内部缺陷，产量高	易破碎挫伤，易感干腐病
Yukon Gold（7 216）	椭圆形黄色	鲜食市场	S	MS	MS	MR	S	MS	S	易烹饪，形状美观	短的休眠，易感疮痂病和粉痂病

[a] 2004年在美国和加拿大批准认证的总面积数据基于美国马铃薯协会认证部门进行的一项调查。

[b] S＝易感；MS＝中度感病；VS＝非常感病；R＝抗病；MR＝中度抗病；VR＝非常抗病。

[c] 利用晚疫病病原菌株US11和US8在以下一个或多个地点：俄勒冈州的科瓦利斯、华盛顿州的弗农山、明尼苏达州的罗斯蒙特，对‘Ranger Russet’、‘Russet Burbank’（‘布尔班克’）、‘Russet Norkotah’、‘Shepody’（‘夏波蒂’）、‘Umatilla Russet’及‘Yukon Gold’等品种进行检测。

马铃薯种薯认证的历史

在1900年以前，用薯块来繁殖马铃薯被认为是多年来一直出现的品种退化及产量降低的原因。人们认为，一个出现产量下降的品种的初始活力只能通过实生种子（ture seed）的繁殖才能恢复。现在人们已经知道使用实生种子可以消除很多种传病原物，尤其是品种在大田繁殖过程中逐年积累的病毒。然而，由实生种子长出来的植株并非与原始品种的无性系性状真正相同。

到了1900年，荷兰和德国的农艺学家发现退化的一些特定症状，如叶片扭曲、卷叶、皱缩及斑点，能够从一个植株上传到另一个植株上，并且能够从一代作物持续到下一代。经过仔细观察，他们发现在种薯田把带有这些症状的植株移除，可以帮助减轻这些病害。在20世纪早期，一些美国的科学家去欧洲学习马铃薯病害并观察到在德国使用的种薯检查和生产体系。对他们来说很明显，害虫和病害生物是随着被自由运往全世界的种薯而传播开来的。因此，美国政府官方通过1912年《国家植物检疫法案》，正式禁止带有马铃薯癌肿病（black wart）的马铃薯的引入，这种病是一种由马铃薯癌肿病菌（*Synchytrium endobioticum*）引起的病害。两年之后，一种类似的禁令设在了马铃薯粉痂病（powdery scab）上，该病由粉痂菌（*Spongospora subterranea*）引起。

这些事件为马铃薯种薯认证程序的建立奠定了基础。1914年，来自美国农业部的科学家在第一次美国马铃薯协会年会上和第一次马铃薯种薯认证官方会议上提出了一部认证草案。1913～1915年，加拿大新不伦瑞克省、爱德华王子岛，美国爱达荷州、缅因州、马里兰州、佛蒙特州及威斯康星州，都开始了马铃薯种薯认证程序。到1922年，已有22个省和州开始了认证程序，覆盖了24 500英亩的马铃薯种薯。

多年以来，美国认证程序形成一种认识，即在系统中要做到真正有效，在不同认证系统中保持一致是必要的。1964年美国马铃薯协会认证部正式成立，会员包括美国和加拿大的每个认证项目的管理人员。这一协作促进了多领域的统一，包括“美国一等种薯”（U.S. No.1 seed potato grade）的提出，为低代种薯容许度的统一，美国出口马铃薯种薯标准的建立，以及美国和加拿大认证项目联系正常化，从而使得认证的种薯能够相对容易地在两国间调运。

近年，北美的马铃薯种薯生产聚集在美国北部、中部各州的高海拔地区及加拿大。美国的14个州和加拿大的10个省每年可以认证将近20万英亩的马铃薯种薯，超过240个品种得到认证，但超过85%的认证面积只是用来生产16个品种（表6.3）。

表6.3　2004年在美国生产的认证种薯品种相关面积构成

用于生产认证种薯的英亩数	生产的品种数量	占总面积的百分比（%）[a]
＞1000	16	85.3
100～1000	40	11.8
10～100	70	2.4
0.1～10	120	0.5

[a] 总计122 116英亩被证实用于认证种薯生产；246个品种和品系得到认证。

高质量种薯的生产：种薯农场的要求

被认证的种薯农场必须要满足一些特定标准，遵守认证种薯生产的各项规章制度，并为

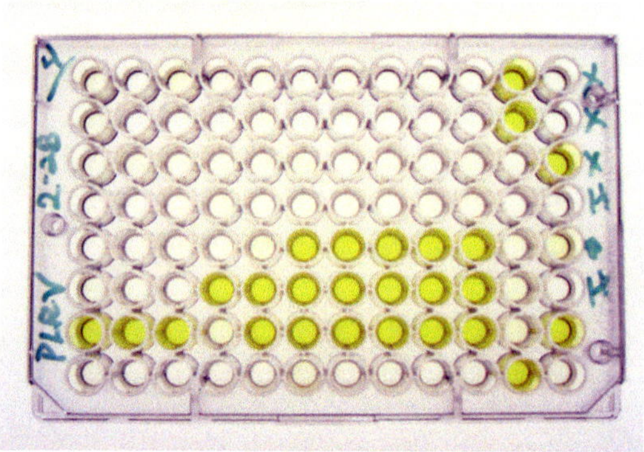

图6.1 ELISA测试板中的黄色孔表示典型的阳性反应。该颜色是对于叶片或块茎组织样品中存在的病毒反应。

生产高质量、低病害水平的种薯维持构架。种薯认证标准并没有具体规定哪里可以生产种薯，但将种薯生产田与商品薯生产进行隔离，可以帮助降低传入种薯田的马铃薯病毒的数量。北美的大多数认证种薯生产代次都是有限的，另外，也可运用例行的综合病原体检测流程来检验特定病原物的感染水平是否在规定限量之内。这些检测流程对于控制潜伏侵染的病毒非常重要，如马铃薯X病毒（PVX）。北美大多数认证系统检测病毒（马铃薯卷叶病毒、PVX、PVY、马铃薯S病毒、马铃薯A病毒、马铃薯M病毒及马铃薯帚顶病毒）、纺锤块茎类病毒，以及在种薯农场生产周期的某些时间点检测环腐和黑胫病菌。酶联免疫吸附测定（ELISA）（图6.1）极大地改变了该行业，它也成为认证检测中的主力军，这项灵敏的血清学技术非常适合大量的种薯田检测。人们投入了很多精力来生产无病种薯，一个更准确的术语是**病害检测**（专栏6.1）。简单地说，一个实验室检测的零或阴性结果只意味着所采用的方法没有检测到该病原体。

专栏6.1

种薯认证中所用术语的定义

认证因素：马铃薯种薯认证规章制度中确定的影响低病害水平、高质量种薯生产的任何因素。这些因素包括病害水平、在认证生产过程中所用设备的独立性及认证种薯生产区域与其他生产区域的隔离情况。

普通种薯：未经官方认证机构认证的种薯，其界定并非由病害检测、与其他生产区域的隔离及认证种薯所需的其他安全措施而决定。它通常是指超年份的种薯，因为它通常来自前一年经过认证的种薯。

当季侵染：在当前生长季中开始的侵染。某些病毒通常在侵染当季并不表现出肉眼可见的症状。

病害检测：叶片、茎或块茎样品接受的检测，旨在检查是否存在特定的病原体。不同检测有不同的灵敏度，因此对结果的解释最好考虑到检测的局限性。具有阴性结果的样品仍然可能含有低于检测水平的病原体。一个阴性的结果不应当被解释为采集该样品的种薯田块也是阴性的，只是样品本身是阴性的。只有当样品能代表该种薯田块时，才能做出好的决定。

代次：对认证种薯批次的一种官方称谓，与一个批次的种植年份数量相关。在大多数的认证程序中，单一批次种薯的繁殖限制在7个田间代次以内。

植株健康认证：由认证机构印制的官方证书，详细说明一个种薯认证程序中认证的种薯批次的历史、病害检测结果、品种等。该植株健康认证通常会在购买之前或者认证种薯运输之前提供给购买者。

采后测试（冬季测试）：在生长季之外进行的检测，要么种植在田间或者在实验室进行检测，旨在检查病原体或鉴定其他可能在下一次种植过程中影响作物生长的潜在问题。

再认证：对认证种薯生产获得的后一代种薯进行的认证。种薯批次在一年之内有资格进行认证，但在接下来的一年里不再有资格，因为病害超标或者不能满足认证规章制度被描述为没有资格再认证。

种薯级别：对认证种薯批次的官方称谓，是根据其繁殖的年份数量和病害水平来划分的。

种子法：要求在马铃薯生产过程中使用认证种薯的法律。不同州、省或国家的种子法可能稍有不同，但这项要求是任何种子法的基础。

装运点检查，接收点检查：在装运或交付时对认证种薯的检查，由来自政府机构有资质的检验官实施，详细描述等级、大小、品种等。这样的检查是为了在种薯销售者和购买者履行合同约定过程中保护双方。

最好的认证种薯农场遵从特定的标准措施，这些措施使生产出高质量的种薯更为容易，这样的种薯完全有潜力产出优质的商品薯。这些措施可划分为田间、设备和贮藏操作等几类。以下内容涵盖了种薯购买者在参观种薯农场时应该查看的内容。

田间操作

一个农场可能种植多个种薯生产田，这些生产田可能都是同一个品种或是多个不同的品种。在田间不同的繁种区和同一田块或农场中多个繁种区之间具有清晰的分界线是非常重要的。田间没有杂草不仅可以增加产量，也可以降低某些特定病害的风险，因为杂草可能是病原物的侵染源；还可以提高去杂和认证检查的效率。低代种薯繁育区要与高代种薯繁育区隔离开，这样有助于减少病毒在不同繁育区之间的传播。

一套组合的栽培管理措施可有效控制种薯田中的PVY（第17章）。首先，在小块的繁种田周围种植**边缘作物**以向外延伸外来蚜虫最先可能降落的区域。带毒蚜虫会在田块边缘通过试探取食来寻找最喜欢的寄主植物，每一次试探蚜虫都会释放出所携带的病毒颗粒，然后便再次变成不带病毒的载体。这些地块边缘的区域可春季种植大豆或者冬小麦，从而能够使其在整个生长季保持绿色。其次，定期喷施**植物油**保护新长出的叶片，可作为屏障阻止蚜虫口针的试探取食。最后，定期**去除**发病的植株来减少侵染源（图6.2）。这些工作不仅在对病毒敏感的品种中要做，而且在附近所有的品种中都要做。早疫病和晚疫病需要防控，**适当时机喷药**——使用适当化学类型的农药，包括除草剂、杀菌剂和杀虫剂，这对保持种薯健康是很关键的。通过在生长季参观种薯田，购买者可以了解很多农场相关操作的信息和查看田块的条件。

图6.2 品种‘Russet Burbank’（‘布尔班克’）叶片上的花叶症状，是由马铃薯Y病毒引起的。应该从种薯生产田中去除感染了病毒的植株。（D. A. Johnson友情提供）

一些其他的方法可把种薯田的病害和虫害控制在可接受的范围之内。**块茎单元生产**，即将一个种薯切成2～6个芽块，并作为一个单元种植下去，这样可以使鉴定及去除带有病害症状的植株或者杂株变得更容易，因为它们是一组一组的。生产中各个阶段严格的**卫生条件**至关重要，尤其是在切种过程，因为在这个过程中病原体可以很容易引入并扩散。新兴的切种系统（如在切薯块之前对刀片进行高温加热消毒），在切种的过程中使用标准消毒剂对刀片进行适当的表面消毒，设置合理的切块大小尽量减少切口，所有的这些措施都是为了帮助消除或者减少薯块间病原体的传播。当有证据表明种薯田的病害发生率超过限定标准，并且很难适当地移除或控制时，则种薯生产者会退出该种薯田的认证，这些田块会转成商品薯，不再作为种薯使用。早杀秧对控制生长后期由蚜虫传播的病毒很有效果。最后，美国和加拿大育种项目在发展**抗病品种**方面有了很大进步。种薯种植者通常使用目前例行的认证体系，以快速、适当的方式将新品种推向产业。

设备操作

在种薯农场使用的所有设备都应该是专门用于认证种薯生产的，而不应用于其他生产田的作业。这些设备包括拖拉机、卡车、切种设备、播种机、收获机、中耕机及贮藏设备。多数认证机构都有规章禁止在不同的种薯田共享作业设备。收获和转运设备应适当调整和铺垫，从而使薯块挫伤最小化。挫伤之后会给病原体提供重要的侵入点，降低种薯芽块活力，增加种薯的生理年龄，并且还可能伤害薯块的芽眼。卡车和其他运输工具是用来长距离运输种薯的，在使用前应当进行彻底的清洗、消毒。

> **在种薯农场使用的所有设备都应该是专门用于认证种薯生产的，而不应用于其他生产田的作业。**

贮藏操作

用设备来维持适当的温度、湿度及适当的空气流动，使种薯直到播种始终保持在好的条件下是很关键的。在接收种薯之前，贮藏库和贮藏箱应处于良好的工作状态，并清洁和消毒。保证不同批次的种薯之间足够的分隔距离，并清楚地记录每个批次的贮藏位置和数量，这些都是很必要的。不同批次之间的分隔可以是木材、金属、稻草或者能够防止不同批次种薯混合的其他材料。应具备一个对靴子或鞋消毒的方法，可以用一个简单的盛满适当消毒剂的浸泡桶来浸泡鞋子；另一个方法是进入贮藏库之前，在普通鞋子外面套上一双一次性的塑料消毒鞋套。对于贮藏认证种子的贮藏库，只有具备适当装备的人员才能允许进入。这些措施可以减少污染的机会（专栏6.2）。

专栏6.2

获得健康、高产种薯的措施清单

下面的前5个步骤应该从夏天到收获间完成。大多数购买者会在认证种薯收获之前或收获时进行预订。认证种薯的购买者对其所在州或省的种薯认证系统工作方式有一个基本的了解是很关键的。这将非常有助于制订决策、减少沟通不畅和避免出错。

- 根据市场状况、销售潜力和合同义务选择一个品种。

- 利用能够得到的有关该品种及其特定生产需求的信息，获取针对该品种的最佳栽培管理措施的信息。
- 根据种植意向确定适当的种薯级别和病害允许水平，查看种薯的供应情况。选择一个认证的种薯生产商，并关注其声誉和其他购买者的建议及种薯的价格。要保持主动，不要被动接受任何推销。
- 联系种薯生产商或种薯田所在州或省的种薯认证项目管理者，在生长季和种薯入库贮藏之后进行现场参观。
- 在最终签订合同之前，索要北美认证马铃薯种薯健康证书。确保该种薯批次采购合同的履行取决于令人满意的采后检测结果。该合同应包括价格、规格和等级、切种偏好及运输细节，并且也应该包含潜在问题的处理条款。
- 确定运输和接收种薯的时间。确认装载信息准确且包装密封完好。
- 播种后在生长过程中评价种薯表现。等待种薯生产者的售后回访。评价认证系统和种薯生产者的表现、信息的可获得性和信息传递的简便性、如何解决处理问题及种薯在田间的表现如何。

代次限制流程

种薯认证是一个系统，在这个系统中个体生产者自愿接受由各州或省颁布的规章制度。在美国，每个州授权的认证机构都会制定并发布自己的规章。在加拿大，有一套联邦法规管理种子认证。这些标准覆盖了很宽范围的影响种薯生产的因素，包括将要进行认证的种薯的资格、种薯批次的身份、病害容许度、品种纯度、具体的生产要求、等级和运输标准，以及收费项目。在美国，每个认证机构的官方法律地位和计划授权来自州农业部门、赠地大学系统或州授权的作物改良协会。尽管认证是种薯生产者和认证机构间的一个自愿合约，但每个流程的正式身份都被各方充分理解，且合法性已通过法院裁决得到验证。的确，只有认证流程和认证种薯生产者可以使用术语“认证马铃薯种薯”，这就意味着该马铃薯已经满足官方种薯认证机构的法定要求。

种薯认证的一个最显著的进步是在生产周期开始时引入和使用**组培苗**。这些微繁获得的、经过完全病原体检测的种苗，是所有田间种植的认证种薯的来源（前核心种苗或核心种苗）。通过使用来自组织培养的种薯控制病害非常有效，尤其是细菌性病害。州政府和私人公司已经建立了组培实验室和温室，并采用合适的质量控制措施来生产组培苗。在美国的3个州和加拿大的2个省里，种薯农场已经发展到可以为种薯生产者提供基础种苗。

组织培养程序开始于在种薯田繁育的品种中选择最能代表该品种的最佳材料（通常是单株植物）。采用这个过程是为了从育种家种薯中选择现有品种或品系的新株系，这些株系通常是从低代材料中筛选出来的，并在被带到实验室的体外培养系统之前进行了全面的病原物检测。每个株系都需要仔细的评价，以确保其能够达到所属品种的具体标准，这一点特别重要，因为早期的选择结果是接下来5～7年田间生产的基础。如果在关键节点出现差错，不仅仅是成本巨大，也会危及该新品种的市场接受度。

组织培养的植株在干净、无菌的环境中进行体外生长（图6.3），以保持不带任何病害。当获得了所需数量的植株，它们便被用来生产试管微型薯或温室微型薯，或者直接在大田里进行移栽。大田繁种体系第一年种植的**微型薯**通常主要是来自温室生产（图6.4）。这种核心材料的利

图6.3　体外组织培养的马铃薯苗。

图6.4　在温室中9 cm花盆里结出的微型薯。

用，从病原体和田间年份来说代表了一个**零点**，并确保田间种薯生产开始于干净的种源。

所有认证的、限定代次的种薯生产，也能够帮助在连续几代认证种薯中维持较低水平的病害。一个种薯农场应该只种植符合资格并进入认证的马铃薯，这样就会排除带入未经检测的、可能包含病害或给种植系统引入其他问题的种薯的可能性。一个限定代次的线性系统（表6.4），旨在通过一系列田间代次来生产种薯，超过限定的代次之后就被淘汰出认证体系，而不管其携带病害水平如何。种植者开始于原始的核心种，然后随着每年的生产，种薯就自动升级为另一个代次。北美的大多数种薯认证流程限制田间代次总数到7或更少，之后的代次将不再具有认证资格。代次限制和严格的病害容许度可以帮助确保认证种薯中病虫害在可接受的限量范围内。

表6.4　种薯类别术语

美国种薯类别[a]	美国种薯出口类别	加拿大种薯等级	田间代次	描述
前核心种苗	核心种苗	前核心种苗	0	种苗保持在组织培养中。保存检测记录，包括病原体检测历史。本类别也包括体外培养微型薯和在保护环境（如温室）中生产的微型薯
核心种苗	第1代	原原种	1	第1年田间收获的块茎
第1代	第2代	原种Ⅰ	2	第2年田间收获的块茎
第2代	第3代	原种Ⅱ	3	第3年田间收获的块茎
第3代	第4代	原种Ⅲ	4	第4年田间收获的块茎
第4代	第5代	原种Ⅳ	5	第5年田间收获的块茎
第5代	第6代	基础种薯	6	第6年田间收获的块茎
第6代	第7代	认证种薯	7	第7年，即田间最后一年获得的块茎

[a]在一些州，特定的代次可能被指定为基础种薯或认证种薯，这取决于病害发生率、田间代次及管理生产系统的特定规章制度。一些州遵从美国种薯出口标准命名法，即第1代种薯就是第一个田间世代。

代次限制和严格的病害容许度可以帮助确保认证种薯中病虫害在可接受的限量范围内。

大多数州和省已经出台种薯认证法律，来有效控制用于种植的马铃薯种薯的类型。这些法律限制了在所有产区种植的马铃薯种薯都必须来源于官方认证项目。某些情况下，如果经过筛选并符合相关认证容许限量，认证种薯的下一代也可作为种薯使用。种薯法已经有效地减少了那些种薯和商品薯共同种植区的总体病害菌源量。

认 证 系 统

认证过程起始于种植者提交的申请，列出种源代次和田块历史、种植区域及品种。这是为进行认证的每个单独的种薯批次创建纸质记录的第一步，正是在这关键一步，认证官员才有机会对该批次的来历进行全面考察，核实提交的信息是否正确，以判断该种薯批次是否符合州或省的规章制度。每个批次的种薯被分配一个唯一的编号来进行标识，直到其最终被售出并在下一季种植。种薯种植者按照种植面积支付认证费用，包括认证机构必需的所有费用，或者只是现场检查费用。额外的费用可能包括生长季内的实验室检测费用、收获检测费用、标签或批量证书费用，以及装运点检验费用。

对于每一代或每一等级的种薯都存在容许度，早期代次的容许度最低。一个特定的州或地区内也可以设置容许度，以适应不同的生产问题，并为其特定的市场提供可接受的产品。然而，容许度在不同流程间是相似的，在美国大多数的流程里，对卷叶病毒最高的允许量是1.0%，花叶是2.0%，对品种混杂的允许量是0.5%。只有那些种传且能够进行可靠检测的病虫害才会被给予允许限量。认证系统是灵活的，当发现新的病虫害或发展出针对种传病害新的检测技术时，会适当添加检测项目或调整限量标准。第一次检测时的允许量会高于第二次检测，这是为了给予种薯生产者从种薯田中拔除感病植株的机会。去除病杂株主要是去除感染病毒（马铃薯卷叶病毒和马铃薯Y病毒等）或植原体的植株，清除品种混杂，或控制大垄头（giant hill）、杂斑病［calico，由苜蓿花叶病毒（alfalfa mosaic virus，AMV）引起］及杂草等。

田间检查

田间检查是由受过培训认证的人员，以一种事先安排的模式踏查种薯田，计数植株并目视检查它们是否有病害、品种混杂及其他问题的措施，用染病的植株数量除以调查植株总数可以得到病害发生率。超过特定允许限量批次会在分类中降级到下一个适当的级别，或被淘汰出认证流程。认证机构也可能会因为限量标准规定之外的其他因素而拒绝认证，这些因素包括限量规定之外的其他病害（枯萎或黑胫病等）发生严重、缺苗断垄、缺少隔离、设备问题、其他干扰检查的情况，如化学药害或杂草，以及其他任何可能导致种传问题的情况。在每个检查之后，通过检查的种薯田块会被指定一个种薯类别（美国）或一个种薯等级（加拿大）（表6.4），认证机构会出具一份详细记录所发现情况的报告。这些报告会给到种植者手中，并成为认证机构保存的认证记录中永久的一部分。

某些病害，由于其对作物的严重危害性，在认证种薯中是零容忍的。**零容忍**就意味着在认证过程中的任何阶段，单个植株或薯块如果被发现感染了零容忍的病虫害，这个种薯田块就会立即被拒绝认证。发现感染地块的处理必须符合指定要求的一系列补救型步骤。零容忍意味着在目视检查过程中未发现病虫害，尽管这样，认证也不能够保证受检查的种薯田块中完全没有病虫害。例如，引起细菌性环腐病的病原菌，自从20世纪30年代在种薯认证系统中发现该病菌之后，就开展各种机制来对其进行处理。通过广泛的测试，在引入田块之前移除潜在的染病种薯是最成功的策略。检测体系的改善，尤其是特定抗体的测试（ELISA和免疫荧光染色）和可鉴定病原体的基因组序列的分子技术如PCR（聚合酶链反应），已经在认证种薯中检测细菌性环腐病的携带量方面取得了显著进步。如果在种薯农场中发现了细菌性环腐病，通常该农场生产的所有种薯都没有资格进行认证，因此该农场会被强制要求开始时使用全新的种苗。这样做，通常对于在种薯农场打破环腐病的病害循环是必要的，因为环腐病细菌可能在该农场的其他田块中处于检测不到的水平，这可能是使用共用设备或贮藏库或不同田块种薯混合的结果。

收获与贮藏

经过认证的种薯田块必须使用经过消毒且仅供种薯田使用的设备收获。所有通过田间检查并满足允许限量和规章制度的种薯田块，被收获并贮藏，最终销售或作为种薯使用。所有的种薯都必须贮藏在干净、消毒且仅储存经过认证的马铃薯种薯的贮窖内。

在收获之后，认证人员会对贮藏的种薯进行检查，验证种植图和田块标识，并检查贮藏条件（温度、相对湿度及通风情况）是否适合种薯，确保贮藏箱标签正确。如果种薯通过了所有的认证过程走到这一步，就有资格进入官方作物目录清单进行出售了。作物目录包括生产者的名字和地址、批准的所有批次和每个批次的面积，以及该批次在夏天田间检查时所发现病害发生程度信息。这些目录广泛发布给潜在的种子购买者，并且是有关种子认证和供应量的主要信息来源之一。

采后检测

采后检测是针对第二年有资格进行再认证的种薯批次的样品进行的，既可通过田间种植检测（在那些冬季温度适合马铃薯生长的区域），也可在实验室对块茎的萌芽进行检测。认证流程在佛罗里达、加利福尼亚和夏威夷的田间小区或种薯产地所在州或省的温室中进行。采后检测是为了检测生长后期病毒感染情况、收获时可能发生的品种混杂、种薯上残留的化学药害，以及可能对下一年生长造成负面影响的其他因素。在一些流程中，采后检测也能够决定种薯是否有资格标记为可出售。采后检测是夏季认证检查的完结，一些病害在被感染的块茎长出芽条或植株之前不会表现出可见的诊断症状，如果没有采后检测，就没有办法知道该批次的种薯在生长季后期可能积累了多少病害。

每个提请采后检测的批次必须满足规定的限量标准，不同地区的限量标准差别很大，取决于其检测系统和其生产者下一年控制病害的能力。一般来讲，再认证中总病毒，如卷叶病毒和花叶病毒的允许限量在0.5%～3.0%。每个提请下一个生长季进行再认证的批次，都必须在某种水平上进行采后检测。所有的种薯要想成为认证种薯来销售，都要满足具体的限量标准。

通常提交进行采后检测的块茎在55～85 g，最小的样本量是400个块茎，但也可以达到1200个，这取决于种植面积和种薯类别；早代次种薯需要检测的薯块比例要高一些；样本要求能代表整个种薯批次。通常在收获期间，当每个卡车在贮藏库卸车时选取一定数量合适大小的薯块样品。

在采后种植检测出苗后，田间小区的检查方式与夏季的田间检查相似。ELISA检测被用来作为对马铃薯Y病毒潜伏侵染或有一定耐病性的品种目测症状检测的补充手段，一些流程例行对所有批次进行实验室测试来作为对目测检查的加强。需要注意的是，偶尔种薯批次的采后检测结果会不同于其在下一季种植过程中田间检查所获得的结果。

在采后检测过程中，样本大小要比夏季田间检查时的小很多倍，所以在整个认证系统中就有可能存在一些偏差。由于样本较小，检测出相对较少的病毒感染植株就会在统计上扭曲真正的感染水平。例如，如果一个田块植株的感染率为1%，那么用100个块茎的样品检测出它的概率是63%，用400个块茎的样品是98%，而用1200个块茎的样品是99.9%。如果病害水平低于1%，那么所有这些检出概率也会降低。一般来讲，根据不同认证机构多年的测试结果发现，采后检测是相当准确的。偏差大多是由于采样技术较差而导致的，并非田间小区或实验室检测中固有的偏差或问题。此外，采后检测结果应当与夏季田间检查结果结合起来一起考虑。夏季的检测结果基本上准确地代表了种植区域内播种种薯的病毒感染水平，而采后检测结果代表的是生长季内病毒扩散的情况。采后检测检查的是病毒在生长季后期传播的情况。在夏季检查期间，被病毒传染的植株很少出现可见的症状。

销售、打标签和装载点检查

购买认证种薯的决定取决于许多因素，包括生产者的声誉、过去购买种子的表现、当前种薯植株的质量及田间参观。应该利用**种薯合同**来明确指出品种、种薯批次、价格、等级、大小和交付时间等事宜（第7章）。一旦合同正式签署并由双方签字，就可以进行运输了。通常在购买前或种薯装运时会给购买者提供一份北美认证马铃薯种薯健康证书（NACSPHC）（图6.5）。NACSPHC涵盖一个种薯批次的所有相关信息：产地所属的州或省、购买者和销售者的信息、品种、购买的数量、批次识别号及历史、夏季和采后检测记录、实验室检测结果，以及其他任何与该种薯批次或认证流程法规相关的信息。NACSPHC是20世纪80年代中期发展建立的，帮助购买者就种薯购买做出更明智的决定，同时允许种薯认证流程将市场上可获得的信息标准化，它已经被知情的购买者广泛接受为目前最好的工具之一。

在运输时，大多数认证流程都会进行**装载点检查**。该检查由有资格的检查员完成，这些检查员被各州或联邦检查或认证机构所聘用；或者该检查由公认的质量保证计划在联邦官员监督下完成。检查员是基于对本次运输装载或包装过程中抽取的指定数量的块茎中一定数量的样品的检查进行评估。这些评估会记录大小、等级及病害水平。大多数时候，种薯必须符合美国一等种薯（U.S. No.1 seed potato grade）、加拿大块茎标准，或各州或合同约定的限量标准。装载点检查保护种薯销售者和种薯购买者双方。检查员可能会发现零容忍病害，那么就会导致该批次种薯从认证中剔除，并停止将来属于该批次的任何种薯装运。

装载点检查后，伴随着每次装载都会出具**种薯标签**。在加拿大，种薯标签颜色代表不同种薯类别，如原种、基础种薯及认证种薯，这些是由加拿大马铃薯种薯等级标准决定的。在美国，种薯标签代表大小和等级，蓝色标签表示符合美国一等种薯（U.S. No.1 seed potato grade）的标准。美国的不同认证流程都统一采用这种方法，除了个别流程可能具有美国等级强制要求更为严格的标准，没有任何流程的标准会低于美国等级的严格程度。黄色标签表示与美国一等种薯（U.S. No.1 seed potato grade）有所差异，包括大小差异、提高的病害允许量或者不会实质性地影响种薯表现的缺陷。一些流程有额外的颜色代表试验种薯。既可以通过标签，也可以通过批量证书来鉴别种薯，如果需要的话，在这些官方文件中可以找到的常用信息，包括种薯生产者的名字和地址、品种、种薯批次识别编号、生产年份、田间代次、标签颜色、类别、再认证资格证及具体的等级信息。只有在实施了装载点检查并出具标签和批量证书之后，才证明种薯被认证且符合所有实用和法律的目的。

北美认证马铃薯种薯健康认证书—2004 生长季

	生产者		进口商
姓名			
城市，州/省			
品种		面积	
		运输数量	
		大小	

批次认证

认证#		批次起始于组织培养	否	是
种薯等级/代次		为种植进行微繁的年份		
认证州/省		执行人		

生产环境系谱：每个生产年份填写一列，用首字母区分不同农场的温室和田间网棚（如JSF代表 John Smith Farms）；农场首字母缩写后带一个“+”表示同一批次，在下面的备注中标明其他情况。

1997	1998	1999	2000	2001	2002	2003	2004	生产年份
								温室（隔离昆虫）&消毒的土壤
								田块（在下面记录特殊的措施）
								认证编号
								认证州

在田间土壤中生产年数

夏季田块记录

田间检查

第1次	第2次	第3次	最后一次	
				卷叶%
				花叶%
				品种混杂%
		少于		黑胫%
		少于		黄萎%+枯萎%+早疫%

收获后记录

地点

最后	
	卷叶%
	花叶%
	品种混杂%

样品编号

植株数量

潜伏侵染病毒的ELISA检测

PVY%　　PVX%

其他病害	未在种植区域发现	自该种植者的农场上次发现以来的年数，如果未发现＞10年则为无记录	本年度在正常的认证检查过程中未发现
细菌性环腐病			
晚疫病			

备注：

根据我们所知，以上信息是准确的：

项目官员/头衔　　日期

机构　　电话

传真

获得美国马铃薯协会认证部门批准使用

图 6.5　北美认证马铃薯种薯健康证书，种薯认证机构用于种薯检测和状态的验证。该证书也用于购买者和销售者间的信息交换。

装运

经过认证的种薯装入新的45 kg麻袋、每个可装1 t的新型迷你散装包或散装到卡车中。所有设备和运输工具的卫生是很关键的。在将种薯装运到运输集装箱过程中要进行适当处理，包括分拣去除任何腐烂或受损的块茎，最大限度地降低坠落高度以防造成过多的挫伤，核对所装载批次和品种的正确性。一旦种薯装载完成，用带有唯一编号的铅封来密封集装箱，铅封必须保持完好直到货物送达购买者手中，以确保货物不遭替换。收到货物后，买方打开铅封并验证随货文件、批量证书或标签、发票和装货清单是否正确。一旦密封件被破坏，如果是散装货，则该批次的种薯就都失去了身份。如果在交货时有任何担忧，买方应立即通知该地区的官方检验服务代表提供额外的种薯检验，即接收点检查。偶尔一个种薯批次由于运输时间过长、卡车温度控制不当或在贮藏库中出现块茎腐烂，它就会被淘汰出原有认证。如果这种现象发生并被确认，通常买方会与卖方重新协商价格或拒绝收货和支付。只有当买卖双方的需求和关切都得到满足，本次运输才算成功。

认证种薯的局限性

得益于研究及种薯生产行业对研究结果的采用，马铃薯种薯一直在持续改善。由于过去的成就，产业界对种薯质量的期望很高。多年来，马铃薯认证种薯流程很少看到种薯被拒绝认证，而购买者通过购买的种薯产品提高了自己种植的马铃薯的产量和品质。尽管有了这些成功，但认证过程仍存在局限性。局限性是双重的，首先，检查过程中存在固有弱点，因为**并不是每个植株都能被目视检查到**；其次，在生长季许多病害通常会潜伏在某些地方，难以被肉眼检查到。第一条限制的应对措施有：①代表性取样；②进行多次检查；③密集培训和更新检查员；④运用统计模型来决定适宜的植株检测数量，当有零容忍病虫害可能时，利用95%的准确度预测进行采样；⑤掌握每个品种对所关注病害的反应，以便检查时间更合理；⑥依靠种薯生产者的历史表现。第二条限制，对于**潜伏侵染的病害**，可以通过利用综合实验室检测流程来克服，这些流程同样依赖统计模型确定所需收集的样品数量。这些模型加上日益灵敏的实验室技术，可在评估潜在问题方面做得非常出色。

总之，马铃薯种薯质量在不断提高。尽管有已掌握的局限性，但马铃薯认证种薯行业已经在持续地产出高质量的马铃薯种薯。市场已经发现使用认证种薯是成功进行马铃薯生产的决定性因素之一。事实上，主要加工企业在合同中要求使用经过认证的种子，正是这一点的表现所在。此外，国际出口市场要求认证种薯或其第一年后代来符合植物检疫要求。随着马铃薯品种对病害抗性的提高，可以预见认证系统仍会持续发挥它的有效性。将来，认证仍将会是马铃薯生产的一个重要组成部分，特别是随着粮食和增值食品生产需求的增加。因此，即使认证行业需要改变以满足未来的需求，但优质认证种薯的稳定供应必须继续下去。

第 7 章

Gary A. Secor 北达科他州立大学植物病理学系，法戈

Steven B. Johnson 缅因大学植物、土壤与环境科学系，普雷斯克岛

播种前和播种过程中的种薯健康

种薯筛选、搬运、准备、处理和播种的方法与种薯本身的质量一样重要。一旦确定并购买了高质量种薯，管理措施在很大程度上就决定了种薯的表现。通过适当的处理和播种方法最大限度地减少与病原物的接触，减少机械和生理胁迫对种薯的损害，并为幼苗的快速发育提供有利条件，从而促进获得最佳的出苗情况。一个健康出苗、活力旺盛的植株，是迈向获得高产量和高品质马铃薯的双重目标的关键一步。不合理的种薯处理和播种带来的结果是种薯腐烂、出苗差、植株长势弱、杂草控制困难、全生长季胁迫、病害多、早衰、产量低及收获后品质差。

种薯运输前的计划与准备

种薯购买者与种薯供应者建立清晰的沟通和良好的工作关系对双方都有利。潜在买家在种植季节参观种薯田间生产操作，可以对将要购买的种薯的生产状况进行深入了解：参观者可以查看操作的清洁程度，并检查田块和贮藏库，以评估可能会影响种薯块茎质量的管理措施和条件，如病害和除草剂的药害。除草剂药害，无论是来自土壤残留的化合物，还是来自生长季节的外部漂移，都可能在第二年造成种薯表现异常或不萌芽。

无论种薯购买者是从种薯代理商，还是直接从种薯生产者那里购买，必须明确交货细节，如品种、种薯代次、种薯规格、交货日期及价格等。对于双方承诺的细节应有书面合同，以防止出现对交易的任何误解。对于没有密闭贮藏箱来接收和贮藏种薯的购买者，应当安排好交货时间，以便种薯能够在接收后及时播种。在贮藏库中保存比放在一个开放的混凝土板上能更好地保持种薯质量。如果种薯必须在非常冷的时间段装载或交货，在卡车的车厢底部铺上几英寸的锯末，将有助于隔离块茎，并在其被移动时减少瘀伤。在极端条件下，卡车的车厢壁和薯块之间隔一层纸，可以帮助阻止冻伤。

准备贮藏库

在选定种薯批次并议定价格和交货时间之后，就应当准备贮藏设备以便接收种薯。不能将薯块放置在使用了**抑芽剂** CIPC（氯苯胺灵）的贮藏库，除非使用肥皂水用高压清洗机彻底清洗整个通风系统，包括气室、水槽、风扇和导管。CIPC 通常用于贮藏库抑制薯块萌芽，一般用一次，有时候使用两次，使用非常精细的气溶胶或烟雾，将其注入通风系统并通过空气流动运送到整个贮藏区。CIPC 不会很快降解，即使仓储设备上残留少量的药剂也会延迟或阻碍种薯发芽。与在贮藏库施用抑芽剂不同是，在田间施用抑芽剂，如马来酰肼，则不会污染贮藏库。

每年对贮藏库和种薯搬运设备进行**清洁**和**消毒**，以消除物体表面或马铃薯残体中遗留的病原物，是马铃薯种薯健康管理中的关键步骤，即使前一年的作物没有病害问题也要这样做。主要担心的两种病原物是环腐病菌和银屑病菌，环腐病菌在与受感染的块茎接触的表面可以存活2～5年；银屑病菌可以在贮藏库产生大量的分生孢子，并能够存活一年，在来年再侵染薯块（第18、19章）。

清洁过程包括两步：清除旧的马铃薯残体，对所有可能与种薯接触的表面和设备进行消毒；前一季遗留下来的所有垃圾，包括薯块、叶片、土壤、坏掉的箱子及旧袋子，都应该被移出贮藏库，销毁或丢弃。剩下的薯块，可能会成为病原物来源，不能留在贮藏库附近或剔除堆，而要进行深埋销毁、堆肥或切碎。在北方区域，可在冬季将要销毁的薯块散布在来年春季不打算种植马铃薯的田块表面，让它们经历几次冻融过程而销毁。

清理之后，贮藏库的贮藏箱、墙体及地面都应该用高压水枪喷射热肥皂水进行彻底清洗，最后用清水洗净，接下来应当按照使用说明来施用**消毒剂**。为了杀死病菌，一般情况下撒上消毒剂后至少要停留10 min。多孔表面比光滑表面更容易藏匿病菌，需要额外的关注。使用消毒剂时添加一些发泡剂可以帮助化学成分在垂直表面上停留至所需的时间。

所有的容器、工具和设备，如种薯卡车、播种机、切种机和运输工具等接触种薯的物品都应该使用高压水枪进行清洗，用消毒剂消毒，然后再用清水冲洗干净。环腐病菌可以借助切种进行有效传播，因此要格外注意对切种过程中使用的设备或工具进行消毒。在每次切新的种薯批次前都要对切种设备进行消毒。切种机上的开孔泡沫橡胶辊可能会将泡沫深处的环腐病菌从一个季节带到另一个季节，并且无法很好地消毒。为了避免这个问题，可以换成封闭式泡沫橡胶辊。

一个好的消毒剂的重要特征是杀菌活性高、作用快、在有机物和硬水存在的条件下依然有效、保质期长、对人类毒性低、低腐蚀性及使用简单。市场上有几种类型的消毒剂以不同的商品名进行销售。在正确合理使用的情况下，大多数注册并出售的消毒剂都是有效的。每个类型的消毒剂都有某些特征影响其使用，一般来讲，所有的消毒剂都能够被有机物结合而失去活性，为了使这些化合物发挥效果，通过事先清洗把有机物从设备和贮藏设施表面去除是很必要的（表7.1）。碘、季铵盐及酚类消毒剂用于靴子消毒较好；乙醇、异丙醇和甲醇比较适合小型作业消毒，如消毒组织培养仪器、手动工具，用它们浸泡仪器和工具时使用70%的浓度。大多数消毒剂对病毒也有活性，但次氯酸盐漂白剂和一般杀菌剂，如二氧化氯和磷酸三钠是最为有效的。

表7.1 用于马铃薯搬运设备和贮藏设施消毒的消毒剂

消毒剂	被有机物钝化	安全性	对金属的腐蚀性	保质期	评价
季铵盐类化合物	部分钝化	谨慎	轻微	1～2年	众多品牌；广泛使用；不留颜色。遵守标签说明
5.25%次氯酸盐漂白剂	是	刺激性；腐蚀皮肤和衣服	是	5.25%漂白剂可室温条件下稳定保存6个月	速效性；便宜。按1∶50比例加水混合使用；pH 7.0比pH 11.0条件下效果好。为获得最大功效，将1份5.25%漂白剂与200份水和0.6份白醋混合，最终浓度为256 mL/m^3

续表

消毒剂	被有机物钝化	安全性	对金属的腐蚀性	保质期	评价
碘化合物	部分钝化	相对安全；谨慎	是	1～2年	黄褐色消失时失去活性
酚类化合物	部分钝化	口服毒性；谨慎	否	1～2年	有残留活性；通常有香味；标签上使用了酚（phenol）字
二氧化氯	部分钝化；不如漂白剂钝化厉害	稀释时要充分通风；烟雾腐蚀性；稀释至使用浓度后安全	是，尤其是软金属，如铝和黄铜	活化产物2周内稳定，但对光敏感；浓缩液可保存1～2年	广泛使用的对真菌、细菌、病毒和藻类具有活性的广谱杀菌剂。具有广谱性抗。不产生三卤甲烷。分解变成盐和水

不要将蒸汽冷凝水（雾）与无色而看不见的蒸汽相混淆。

热蒸汽也可以用来杀死环腐病菌，但必须合理使用才会有效，需要消毒的表面必须暴露于温度超过82℃的热蒸汽中15～30 s。注意：不要将蒸汽冷凝水（雾）与无色而看不见的蒸汽相混淆，冷凝水蒸气的温度可能过低而不能杀死病菌。蒸汽消毒对设备比对整个贮藏库更有使用价值，因为小范围的表面通过一次蒸汽施用就能覆盖。

非化学替代品在某些情况下是适用的。在木质表面喷漆可以封闭病原物并防止它们扩散。为了消毒地窖，可能需要用塑料布覆盖土墙，以防止土与块茎直接接触。如果土质地面里藏有病菌，将表层土壤移出几英寸或增加几英寸新土，可能都能有效移除或封住病原菌。

接收交付和搬运种薯

在交货之前，应该有一个单独的设施，并做好接收种薯的准备。保持每个种薯批次独立存放以保持其身份，并防止病原体污染及品种混杂。种薯谱系是一个记录，包括种薯身份、代次编号、种薯生产者及认证记录，应该在每个种薯批次的贮藏、切种、播种及田间种植过程中一直保持下来。另外，每个种薯批次应当有其自己的北美认证马铃薯种薯健康证书（第6章）。准确的种薯谱系记录有利于对不用种薯批次的种植表现进行评估，以及如果随后出现问题可以追溯其根源。

在交货之前，应当保护好一些程序性法律细节。为购买种薯而签署的确认书或合同应拿在手里，并应该明确种薯将会用干净、消过毒的集装箱或卡车运送；应当在种薯装载时对其进行装载点检查，如果未进行该检查，则在卸货之前请求联邦或州政府的人员进行检查。散装比较常见，因为这样可以降低成本，每箱散装货都应有自己的标签和封印。在运输过程中，种薯不能被置于密封、未制冷且不进行通气的集装箱里超过几天，这些条件会造成环境低氧、薯块表面出现冷凝水，因此增加生理老化薯块的比例并有利于细菌性软腐的发生。

最重要的事项就是提供有利于装载、运输和卸货过程中所致伤口愈合的条件。

应当让一个有经验能确定交货符合合同规范的人接收种薯交付。当种薯运抵时，这个人应当检查货物以确保密封完好，并查看装运点检查报告。在卸货前应检查货物以确保其符合订单，如品种、种薯批次及标签是否正确，在运输过程中未出现损伤或冻伤；种薯的内、外部检查对于发现病害和生理缺陷都是必要的。如果种薯不合格，应当在卸载时联系种薯供应商和装载点检查人员；建议让联邦或州政府检查人员重新检查货物，因为维护购买者和销售者之间良好的工作关系是很重要的，出现任何问题都应当在卸货之前及时通知种薯生产者。不是所有的种薯交易都是由生产者和购买者直接完成的，种薯分销商经常来安排销售，这种情况下种薯生产者与购买者之间没有联系。与每次运输的种薯相关的标签及所有证件的复印件要注意保留，以便作为将来的依据。一旦种薯卸货之后，它就变成了购买者的财产。

如果在播种前种薯需要存放一段时间，应贮藏在冷凉（7～10℃）且通风良好的建筑中，相对湿度在90%～95%。最重要的事项就是提供有利于装载、运输和卸货过程中所致伤口愈合的条件。想方设法减少在装卸和搬运过程中对种薯的挫伤，播种前挫伤的薯块会显著增加切块腐烂的风险，经常会导致出苗较差；挫伤也会增加种薯的生理年龄。如果可能，块茎薯肉的温度，即用薯肉温度计测量的内部组织的温度，在卸货前应当高于7℃，因为在搬运时温度低于7℃的薯块遭受的挫伤会增加。传送带的高度要调整好，使薯块下落时的高度差不能超过15 cm。交付后的种薯堆高不能超过3 m，并且堆与堆之间要能够有良好的通风。当种薯放置在贮藏库之后，对其进行病害检查是比较好的策略。有一些种传病害需要注意，它们的存在表明种薯健康较差（专栏7.1）。

播种前挫伤的薯块会显著增加切块腐烂的风险，经常会导致出苗较差。

专栏7.1

需要注意的种薯块茎病害

细菌性环腐病

检查种薯时可以看到薯皮上特征性的凹陷。作为预防措施，可随机选取100个薯块，切开尾部末端约1.3 cm，检查切面内维管束环是否变色。这种可见的轻微至黑色的变色在薯皮向内0.6～1.2 cm处表现为一个环状或部分环状。挤压可疑的块茎可见细菌渗出物从维管束环切面流出（图7.1）。任何出现疑似症状的薯块都应送去进行实验室检测，因为其他的块茎问题可能会被误认为是这种病害。细菌性环腐病的出现应当由有关各方（包括种薯种植者）都接受的有经验的植物病理学家进行验证。如果在种薯批次中发现任何怀疑患有该病的块茎，应延迟播种该批次，直至收到实验室确认。被确认为细菌性环腐病的种薯批次都不能播种。如果等待诊断或确认的种薯批次怀疑是细菌性环腐病，所有与该批次种薯有接触的设备或材料，在切下一个种薯批次前必须要进行彻底的净化，以阻止更进一步的污染（第18章）。

图7.1　由于细菌性环腐病导致的块茎维管束严重腐烂，用拇指挤压的地方会溢出奶酪状的腐烂物质。（V. D. Perterson和G. A. Secor友情提供）

黑点病

黑点病的块茎症状类似银屑病，很难区分由这两种病害引起的具有金属光泽的病斑。在发病处会出现小的、黑色的菌核，用手持放大镜或低倍显微镜可以看到它们。种薯携带的病菌在病害循环中的重要性尚不清楚，而且该病害也还没有确定防控阈值（第19章）。

疮痂病

种薯块茎应该没有或几乎没有疮痂病，以防止这种病菌进入田块。疮痂病严重的种薯不要播种（第19章）。

图7.2 块茎早疫病的症状——圆形组织的病斑。（D. A. Johnson友情提供）

早疫病

块茎病变呈圆形、棕色到黑色的凹陷斑块，边界清晰并有青铜色晕圈（图7.2）。病变组织可以在周皮上呈现出一种软木状干腐病的外观（第21章）。

镰刀菌干腐病

干腐病的特征是干燥、易碎。理想情况下，种薯批次中不能有超过2%的薯块有明显的镰刀菌干腐病症状，2%的干腐病发生率在大多数认证标准中都是允许的。如果在切种前将有干腐病症状的种薯都剔除出去，那么干腐病超过2%的种薯批次也可以使用，并使用种子处理剂对剩余种薯进行处理。带病种薯有发展为镰刀菌种薯腐烂的可能，在切种之后用合适的杀菌剂进行处理（第19章）。

晚疫病

当感染了晚疫病菌的薯块被切开后，在薯皮正下方可看到砖红色或铜色的颗粒状变色组织，穿透深达1.3 cm（第21章）。带菌种薯会成为晚疫病菌的重要来源，可能会在生长后期造成严重的疫情。大多数认证机构对种薯批次中晚疫病的允许量是1%，但即使是这样少的数量，如果在出苗和生长前期，环境条件冷凉、湿润，也可能导致早期疫情。因此，应选择没有晚疫病的种薯。

粉痂病

粉痂病的症状与疮痂病的症状相似，这两种病害可能会混淆。粉痂病的病斑是开放的疱斑，边缘有纸质的周皮残留物和棕色粉末状孢子。受感染的种薯可以感染未受感染的田块。唯一的控制方法是在干净的土壤中种植干净的种薯。以前，认证机构对粉痂病实行零容忍，但现在有一些经过认证的种子批次中允许有该病害（第19章）。

线虫

已明确感染植物寄生线虫的种薯不能用来播种。认证机构检查马铃薯种薯是否具有明显的线虫病害症状。某些种类的根结线虫在块茎薯皮上引起小的隆起，或在薯皮正下方造成微小的变色。如果种薯来源是存在哥伦比亚根结线虫或马铃薯腐烂线虫的产地，对线虫症状进行仔细的检查是很重要的（第20章）。

黑痣病

理想情况下，种薯应当没有可见的立枯丝核菌（*Rhizoctonia solani*）菌核，即黑痣病的病原菌，但薯块表面有2%～5%的覆盖量也是可以容许的。超过这个允许量则会导致产量和品质的损失（第19章）。

银屑病

银屑病的特点是具有金属光泽的病变仅局限在块茎周皮。可以通过将可疑块茎拿到潮湿的环境中，室温下放置3周，检查块茎的分生孢子和分生孢子梗来验证银屑病菌的存在。该病菌主要是靠种薯传播，很难找到没有该病害的种薯，带有最少量的银屑病的种薯是最好的。进行种薯包衣处理可以使子代薯块感染最小化。一般而言，种薯中银屑病的数量与其结出的子代块茎染病数量之间存在正相关关系，但种薯还未建立银屑病的防控指标（第19章）。

软腐病和黑胫病

软腐病的特征是奶油色、糊状、湿腐，具有软黄油的稠度，通常具有黑色边界（图18.6）。块茎黑胫病的特征是块茎内部软腐，通常是从块茎尾端开始（图7.3）。如果一个种薯批次中有超过1%的薯块显示出可见的软腐症状，就可能造成更多的细菌性腐烂或黑胫病或两者兼有。造成这些病害的病菌可能会出现在症状较轻的薯块中，感染这些细菌的薯块的百分比，是种薯播种后发生细菌性腐烂和黑胫病风险的指标。软腐病发生的风险可以通过以下方法来估计，将100个随机选择的块茎包裹在湿纸巾中，然后放入透明的塑料袋内，置于10～16℃，孵育5～7 d；另一种方法是，把薯块放在室温下，间歇性地喷雾使其保持湿润，孵育4 d。如果播种后的环境条件有利于这两种病害的发展，经过孵育，出现腐烂薯块的比例就可作为种薯芽块细菌性腐烂和黑胫病发病率的估计。这些检测是合理的，但对田间发病表现的预测较差。对那些在上述检测中有超过50%的块茎发生腐烂的种薯批次，应给予额外的关照，包括避免出现自由水分、较高的温度和种子挫伤。如果小心处理，除非播种后的环境条件（主要是过量的土壤水分）非常有利于病害发展，那么带有大量软腐病菌的无症状种薯是可以获得可接受的出苗率和产量的（第18章）。

图7.3　块茎黑胫病。薯块内部组织发生软腐。（V. D. Perterson和G. A. Secor友情提供）

黄萎病

感染了黄萎病菌的薯块通常在切开块茎末端后可以看到维管束出现黄褐色的变色。带病的种薯块茎对于当季病害发展的作用不如土壤中的接种体重要。然而，带病种薯是之前未发生过黄萎病田块最重要的病原菌来源。受感染的种薯块能长出带病植株，引入的接种体会随着后来每次种植马铃薯作物而持续增加（第19章）。

病毒病

认证记录、检查记录及冬季采后检测能显示出特定的种薯批次中病毒感染的数量。大多数病毒的症状通常在薯块上是看不到的，除非当季感染了马铃薯卷叶病毒（potato leafroll virus，PLV），该病毒能够造成某些品种块茎网状坏死，特别是‘Russet Burbank’（‘布尔班克’）品种（第16章）。烟草脆裂病毒（tobacco rattle virus，TRV）、马铃薯帚顶病毒（potato mop-top virus，PMTV）及马铃薯Y病毒（potato virus Y，PVY）的坏死株系，会造成薯块内部和外部的弧形和环状坏死，这可以通过切开病薯块茎和观察薯肉症状来很容易地发现。

种薯的生理年龄

种薯薯块的生理年龄是种薯选择和切种的重要考虑项。影响种薯生理年龄的因素有生长季胁迫、贮藏温度及贮藏时间，贮藏温度较高会加速薯块老化。由于种薯的生理年龄会影响其生产力（第10章），掌握种薯生理年龄是很必要的。可以将抽取的块茎样品置于16～24℃的黑暗环境中，让它们发芽，通过观察萌芽情况来估计种薯的生理年龄。马铃薯种薯老化的过程有明显的阶段（专栏7.2）。

专栏7.2

种薯块茎生理年龄的不同阶段

N. Richard Knowles　华盛顿州立大学园艺与景观建筑系，普尔曼

顶端优势度是种薯块茎生理年龄的指示。顶端优势是块茎的顶端（芽端）长出的顶芽对侧芽眼处芽的生长的相应抑制。随着年龄的增长，顶端优势下降，导致多芽出现。图7.4显示的是经过长时间（1～3年）的各种冷藏后，在室温黑暗条件下薯块萌芽情况。实际生理年龄是由时间和温度决定的，而老化的速度取决于品种。

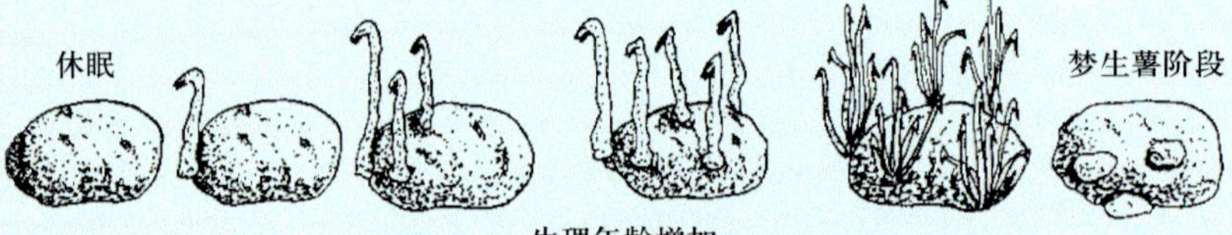

图7.4　经过长时间（1～3年）的各种冷藏后，在室温黑暗条件下薯块萌芽情况。（G. N. M. Kumar绘制）

休眠种薯

大多数薯块在收获之后会立即进入休眠或休息期。休眠期的长度随品种和贮藏温度的改变而变化。如果种薯块茎不萌发，它们就可能还处于休眠期。休眠期持续的时间可以通过化学和非化学手段来缩短，包括在较高温度下贮藏（第10章）、使用赤霉酸或Rindite（氯乙醇、二氯乙烷、四氯化碳以一定比例混合的溶液），但这种处理办法一般不会用于商品种薯上。

年轻种薯

年轻种薯以较高的顶端优势为特征。块茎顶端（芽端）的一个或仅几个芽萌发。随着那些芽的生长，它们会抑制薯块中间部分或尾部芽眼的萌发。块茎末端的芽眼可能会始终都不萌发，这取决于薯块的生理年龄。年轻种薯会长出较少的主茎，如1～3个，最终会结出较少量、较大个头的薯块。

中年种薯

中年种薯会产生多个芽，如3～6个，因为芽眼间的顶端优势变弱。芽的数量取决于生理年龄；然而，中年种薯每个芽眼萌发出的芽的数量不会超出1个。每棵植株结的块茎数随着主茎数增加而增加，但也导致了块茎尺寸的减小。管理种薯的生理年龄来控制顶端优势度，控制好每块种薯主茎的数量，根据目标市场（种薯、鲜食、加工）优化块茎大小分布，从而为商业化生产有效增值（第10章）。

老龄种薯

生理年龄老的种薯已失去芽眼间及芽眼内的顶端优势，因此所有的芽眼会产生很多的芽。这些芽相对很弱，不能长出蓬勃的植株。植株长势弱，从老龄种薯长出的植株通常在发育早期，还未建立足够的叶面积前就结出很多薯块，而不能使这些薯块达到理想的大小。种薯太老会在萌发后不久，在萌芽上结出小块茎或直接在芽眼内长成小块茎般的萌芽。这些梦生薯通常是（在3.3℃下）贮藏了一年或更久的种薯结出的。太老而易结出梦生薯的种薯不应再作为种薯使用。

管理切种操作

因为与切种过程相关的危害所在，所以仔细管理切种过程是整体健康管理项目的重要部分。应当监测薯块内部温度，在切种操作处理之前，应该将种薯块茎升温至10～13℃。在切种前7～10 d，应该逐渐提升贮藏温度，每天提升0.3～0.5℃。切种前升温种薯块茎有3个目的：减少操作期间的挫伤、促进切面快速愈合及在播种前促进萌芽。播种前挫伤种薯会显著地增加随后发生的种薯切块腐烂，通常会导致苗弱。当温度超过10℃时，会加速切面愈合，减少病原物的侵染。然而，对种薯升温的时间如果超过两周，或者温度超过13℃会导致过多的萌芽、加速老化，最终导致产量低、坐薯少、薯块小。

控制**种薯芽块大小**是重要的管理目标。大多数种薯是用机械切种，会出现各种大小的切块。最好的切块大小是42.5～85 g。切块过小可能会导致植株弱，切块超过85 g会产生过多的主茎，而且切块也可能从播种碗里掉落。切块大小不一会导致播种机进料不一致、短籽或双籽。种薯切块大小是由切种机器的调整和块茎的大小分布决定的，如果机器设置到所切的种薯块茎大小在170～230 g，那些低于140 g高于255 g的块茎可能会产生许多低于42.5 g的种薯碎片。某些品种的大薯块芽眼分布不均，也会产生大量盲芽块。因此，最好避免种薯中有过多非常大或非常小的块茎。

品种特征间的不同，如芽眼的数量和位置、休眠期及人们希望的切块大小，可能决定操作和切种程序的差异。例如，一些品种有很多芽眼，在薯块上呈螺旋状分布，这些品种的芽块可以切得小一些，这样每个切块也还都有芽眼。一些品种有较长的休眠期，可能需要一个比其他品种更长的预热时间。应向当地顾问请教特殊品种切块的建议。

应该在一个干净、相对湿润的区域进行切种，最好是室内。有很多类型的带有各种特征的切种机出售，不管使用哪种类型，切种期间至少每天对切种机器进行清洁并消毒是很关键的，尤其是在切一个新的种薯批次之前。建议使用不透水（闭孔）的海绵辊切种机，因为开孔的海绵辊可能含有环腐病细菌。

切种期间至少每天对切种机器进行清洁并消毒，尤其是在切一个新种薯批次之前。

应为工人提供消毒剂和洗手设施，以尽量减少将病原菌，特别是细菌带入种薯切块区。建议一次性塑料短靴和手套每天至少换一次。用装有消毒剂的浸渍盘对靴子消毒，最有效的方法是清理干净靴子上的泥土并在盘内浸泡约10 min，快速蘸一下就拿出来是无效的。正确做法是保持一双橡胶靴浸泡在新鲜的消毒剂中，并在进入仓库时更换靴子。应调整种薯块茎流入切刀的流量，使它们不超过一个块茎深度。切片应当锋利并及时调整，以使切出的芽块在合适的尺寸范围内。建议定期检查切好的芽块大小，一个5.5 kg的块茎样品应该含有约100个切块。建议将样品按大小类别分类，以确定太小（小于42.5 g）、最佳范围（42.5～85 g）和太大（大于85 g）的切块的分布。然后根据每个种薯批次的分布模式对切刀进行调整。

在切种操作期间**注意带病种薯**，尤其是带有环腐病的病薯。如果出现疑似环腐病，那么应立即停止所有的切种操作。拿走所有与疑似带病种薯批次接触过的物品，并在继续操作之前彻底清洁和消毒所有切种设备和设施。如果疑似环腐病被实验室检测确认了，那么这个批次的种薯就不能再播种了。

如果出现疑似环腐病，那么应立即停止所有的切种操作。拿走所有与疑似带病种薯批次接触过的物品，并在继续操作之前彻底清洁和消毒所有切种设备和设施。

一旦薯块被开，那么一个**伤口愈合**的过程就开始了，这种愈合既会减少水分损失，也会阻止细菌和真菌从切面感染。伤口愈合需要大量的氧气（清洁的空气）、较高的相对湿度（95%～99%）及12.8～15.6℃的温度。较高的相对湿度很关键，因为低的相对湿度可能会导致切面细胞死亡，会阻止适当的愈合。然而，要避免切面形成自由水（凝结），因为水膜会阻止氧气进入切面细胞。切块上的自由水会减缓伤口愈合，形成软腐病菌滋生的环境。薯块的切面通过双重过程来愈合。第一阶段是木栓化：切面内的细胞产生一种称为木栓质的蜡状脂类合物。这个过程封闭伤口，阻止水分流失，为一些病原菌设置障碍。木栓化会在1～3 d开始，通常在4～7 d完成。第二阶段是**愈伤周皮**的形成，一个永久的保护层细胞替代已被破坏的表皮（薯皮）。新的周皮是一层木栓层，作为最后一层用以防止感染及干燥的保护层。周皮形成开始于栓化作用后不久，会在1～2周完成（第10章）。

切种之后，切块既能立即播种，也能在具有适合伤口愈合条件的贮藏库中保存，这种做法称为预切。如果切后立即播种，伤口愈合会在土壤中进行。当切块和土壤温度都在12.8～15.6℃时，伤口愈合会很快发生。将未愈合好的种薯切块播种在湿、冷或干、热的土壤中，通常会造成出苗率较差。愈合良好的种薯切块很少会腐烂，最好的做法是等待土壤条件适合切块愈合及快速出苗时再播种。

伤口愈合喜欢新鲜的空气、95%～99%的相对湿度及12.8～15.6℃的温度。

当切种之后**立即**进行播种时，最好是不要切出多于当天能够播种的芽块数量。用于向卡车和播种机装载切块的传送带应该人工操控，以防止切块坠落高度超过15 cm。切好的种薯用有盖子的卡车来运输，但不能在上面存放太长时间，因为空气流通不畅可能会导致过热。有些卡车上设有利于空气沿卡车长度方向流动并穿过切好种薯的装置，拥有这样卡车的种植者通常会直接切入卡车，迫使湿润的空气在芽块中循环以促进伤口愈合2 d，然后播种。

另一个选择是考虑要不要切种。因为马铃薯是无性繁殖，许多病原体一直维持在世代间，并通过切种操作扩散。细菌、一些病毒及真菌病原体需要借助伤口进行侵染，而切种就正好创造了这样一个进入点。北美生产的大多数种薯都太大，而不能以整薯方式播种，但世界其他地区通常种植小的、整个播种的种薯。使用**整薯**可以防止切种期间的病原体传播（尤其是细菌性环腐病）及减少种薯腐烂，整薯比切块更容易操作。然而，生产小的种薯比较困难，种薯生产者通常要价也更高，以补偿较低的种薯产量。在北美洲整薯大多数经常用于低代种薯的生产，如微型薯，不用切种，也不是B级大小的块茎（小于4.4 cm），通常在装载时被视为等外品。

种薯预切

一旦选定了一个健康的种薯批次，必须确定是否需要进行预切种。在预切种过程中，种薯需要预热，切到合适的大小，然后冷却降到一个能保证伤口愈合的贮藏温度。

不是所有种薯块茎都应进行预切。薯块带有过多挫伤，有干腐、软腐或其他薯块腐烂病症状的，都不适于进行预切。如果出现晚疫病，通常最好播种新切的芽块。已经证明进行预切的种薯会促进晚疫病的扩展并随后侵染切面，使得初始侵染量增加。

种薯的状况决定了是否要进行预切种。只有当种薯生理幼龄或处于中等生理年龄时才进行预切，因为预切过程会增加种薯的生理年龄。种薯生理年龄处于幼嫩时，最长可以在播种前一个月进行预切。如果种薯已经发芽，那么应在播种前2周预切种。未发芽的中等生理年龄种薯，最长在播种前2周进行预切种。已经发芽的中等生理年龄并已去除萌芽的种薯，应当看作老龄种薯。生理年龄老的种薯直到播种前几天才能切，任何提前预切都可能导致进一步衰老，促进种薯产生梦生薯而非正常发芽。种薯年龄决定了种薯在切种之前需要升温达到的温度，以及在切种后要保持的温度。幼龄的种薯比中等生理年龄的种薯需要更高一点的预热温度，幼龄种薯可以在10℃下切种、存放，而生理年龄老的种薯不能升温或保存在7℃以上。由于发芽会增加薯块的生理年龄，对于提前发芽种薯，温度应该保持在较低水平。

预切具有一些优势，即能够帮助种薯克服种植时不利的土壤条件，并避免一些品种的休眠因素。预切种会促进种薯老化，并可提供一个更好的机会让薯块在贮藏库中可控的温度条件下愈合。另外，在播种开始前进行切种，劳动力也比较好找。适当愈合的种薯，如果保持3或4周，将会克服休眠因素，并促进更均匀地发芽。预切种薯会促进更早的出苗、旺盛生长、更高的植株和更多的主茎数。切种过程中那些伤口愈合缓慢、潮湿的品种，比较适合进行预切，因为这些特征使得它们特别容易出现切块腐烂，会导致出苗较差。

预切的成功应用依赖于对操作的仔细管理。避免新切的薯块上出现冷凝水是很重要的，因为这会延缓伤口愈合并有利于滋生腐烂病菌，这个问题的严重程度因品种不同而不同。为了避免出现冷凝，在预切之前将种薯温度升到13℃，并保持几天。在下雨天或极其潮湿的区域不能在室外进行切种。最好的计划是将切种操作和切块存放地点安排在同一区域。

切种之后，最要紧的是将进行了预切的薯块放置于最适合伤口愈合的条件下：温度12.8～15.6℃、相对湿度95%～99%（**但不能出现自由水**），让空气流动以提供足够的氧气，并降低二氧化碳积累量。一些种植者使用托盘箱或托盘来保存预先切好的种薯，而另一些种植者采用深度不超过1.8 m的堆放方式。在现在的管理方式中，通过通风管道吹入空气，可能会给新切薯块提供过多的空气，从而导致过量脱水。如果是这样，建议让风扇在切块堆上方横向吹风、降低风扇转速或使用其他通风管道。在切种后的最初24～48 h最好不要增加室内的空气湿度，以确保去除可能产生的任何冷凝水和表面湿气，但这可能随品种和当地贮藏条件而变化。任何情况下都应对空气湿度进行仔细的监测，一旦需要就要进行加湿，以保持送入切块的空气湿度在95%以上，但要控制好不能出现冷凝。

薯块切面处于合适的条件下，几天之后会出现木栓化。切面上一层干燥的死细胞可能会被误认为是木栓层，可以通过将种薯切块放在手中，用拇指在切面上施加轻微的压力来进行区分，死细胞层通常可以从切面推开，而木栓层则不会。

如果做得合适，预切芽块会成为一个非常有用的管理措施。然而，预切芽块不合理的存放，尤其是存放温度高于15.6℃，会导致严重的种薯腐烂问题，尤其是镰刀菌干腐病。**如果在播种前不能提供适当的愈合和储存条件，预切是一个极其危险的操作，不应尝试。**

使用种子处理剂

种子处理剂就是指能够在整薯及切块上使用的产品，用以控制病害、促进伤口愈合，以及方便且易操作。标明用于马铃薯的种子处理剂主要是由杀菌剂配制的，用于阻止在种薯搬运和切种操作过程中传播的种传病原菌，以及靠近种薯切块附近土壤中的病原菌，防止它们侵染芽块。种子处理剂可以减少由镰刀菌属（*Fusarium*）和腐霉菌属（*Pythium*）菌株引起的种薯腐烂，减少搬运和切种过程中晚疫病菌的扩散，减少由立枯丝核菌（*Rhizoctonia solani*）引起的主茎和匍匐茎溃疡，以及减少由茄长蠕孢菌（*Helminthosporium solani*）引起的银屑病对子薯的危害。种子处理剂也被用于控制其他一些由种传病原体引起的病害，包括粉腐病和疮痂病。种子处理剂不是内吸性的，它们不会影响到已经进入切块内部的病原菌，只能影响到那些在切块表面和切块附近土壤中的病原菌。种子处理剂不能控制病毒，对细菌也几乎没有直接的控制作用，所有处理对于由皮孔侵入的软腐病细菌也都无效。然而，因为镰刀菌侵染的种薯对黑胫病更感病，所以控制镰刀菌可以间接帮助减少黑胫病。种子处理剂无法阻止细菌性环腐病的扩散和侵染。重要的一点是，种子处理剂不能铲除已经存在的侵染，而只能阻止新的侵染，它们并不能提高种薯质量！

种子处理剂一般为粉状物或液体形式，可以施加到整薯、能立即播种的切块及预切芽块。有一些产品可以用作种子处理剂，它们含有单独或组合的杀菌剂，如咯菌腈、甲基硫菌灵、代森锰锌、氟酰胺或霜脲氰。咯菌腈、甲基硫菌灵和代森锰锌有广谱杀菌活性，可以阻止镰刀菌属（*Fusarium*）、立枯丝核菌（*Rhizoctonia solani*）及茄长蠕孢菌（*Helminthosporium solani*），而氟酰胺仅对立枯丝核菌（*Rhizoctonia solani*）有活性。许多种子处理剂配方含代森锰锌，这是为了控制切种过程中晚疫病菌的传播，霜脲氰也经常与某种保护性杀菌剂结合使用来达到此目的。如果晚疫病在种薯生产区域出现了，应重点考虑处理时加入霜脲氰。液体配方应采用低用量以避免水过多，过多的水有利于软腐细菌繁殖，随后造成种薯腐烂。种子处理剂的应用，尤其是咯菌腈，对连续几年、几个马铃薯种薯世代的使用，增加了杀菌剂抗性发展的风险。为了控制抗性发展，产品始终与化学类型不同的药剂混配使用，如代森锰锌。表14.5中列出了常用杀菌剂的商品名称。

种子处理剂也有杀菌剂和系统性杀虫剂的复配制剂，是为了控制病害和早期害虫。目前已经登记的有咯菌腈与噻虫嗪的复配液体制剂、甲基托布津和吡虫啉的复配粉剂。目前还没有用于控制线虫的种子处理剂。最后，目前已经开发并上市了一些含有机化合物或据称具有防病作用的含微生物的种子处理剂。总的来说，这些生物化合物作为种子处理剂在大学和行业的田间试验中大多数仅表现出有限的防控效果。种子处理剂的最终选择应当以产品标签信息、目标生物、当地专业的评价结果为基础，再加上个人经验。

只要环境条件适合，种子处理剂产品就不应该干扰正常的木栓化作用和周皮形成。种子处理剂里的惰性成分通常是精细研磨的矿物质，如滑石、石膏、硅藻土、矿物黏土，或精细研磨的如杉树、桤树的树皮。在潮湿环境条件下，矿物质载体可吸收水分，并如湿石膏一样黏在切面上。这样会减少进入切面内的氧气量，可能会促进切块细菌性腐烂病的发生。树皮类载体趋向于使种薯切块更容易从播种机上滑下去，并且它们也会从切块的切面吸走水分。有报道称杉树树皮可以加强伤口愈合。由于树皮的优势，一些种植者就直接使用树皮类而不含任何杀菌成分的处理剂，这样的劣势是只有树皮的处理剂不能杀死切块表面的真菌病原体，并且它们可能会促进切面上非致病性霉菌的生长，尤其是在播种前被处理的种薯切块要存放超过几天的情况下。

种子处理剂所用的杀菌剂不是高毒的，但像其他所有农药一样，在处理和施用种子处理剂时也必须要小心以确保安全。种子处理剂通常直接撒在从切种机上出来、在传送带上经过的种薯切块上。然后通常将薯块移入并通过一个旋转鼓装置，以便处理剂更均匀地分布。应该经常检查涂药器，以确定处理剂是按照标签上的比例施用的。由于切种和处理操作的邻近程度，粉尘控制可能会成为问题，工作人员应佩戴适当的防尘面罩或其他防护装置。容纳并再循环粉尘的改进型敷抹器正在开发中，这将会极大地促进种薯处理。可选用咯菌腈的液态制剂来使工人最少量地接触粉尘。与所有农药一样，只有登记用于马铃薯种子处理的产品才可选用，并按照标签指示使用。

播　　种

播种的三条原则是选择高质量种薯、小心操作及促进快速出苗。合适的土壤条件，尤其是土壤温度和水分，是保证马铃薯健康出苗最重要的因素之一。理想的条件是，播种时种薯温度与土壤温度能够一致。对于至少部分经历过伤口愈合的种薯而言，最佳温度为10～12.8℃，这个温度能够在不促进腐烂菌增长的情况下促进快速出苗。土壤既不能太湿，也不能太干，75%～85%的有效土壤含水量即可。在较湿的土壤中播种，温度过高或过低都会促进细菌性种薯腐烂，从而可能导致出苗不齐。病原细菌能够从切面侵入种薯，但更重要的是它们可能已存在于种薯皮孔内（第18章）。在水淹土壤、氧气含量低的条件下，这些细菌变得活跃，能够使薯块快速腐烂。真菌性薯块腐烂通常是由几种镰刀菌造成的（第19章）。为了进入切块，这些病原菌需要伤口，土壤温度和水分条件变化较大也会促进腐烂。贮藏期带有干腐病的种薯，播种之后还会继续腐烂。严重的薯块腐烂问题，通常与播种季节恶劣的天气有关。如果使用了高质量的种薯，并在切种后进行了合理的愈合，再加上播种时和播种后头几周内的土壤条件有利于快速出苗，薯块腐烂通常会很少。切种之后就立即在干燥、较热的土壤条件下（尤其是砂性土）播种，会导致伤口愈合较差，并增加种薯腐烂和大小苗的风险。把较凉的种薯播种在较热的土壤中，种薯经常会“冒汗”，然后薯块周围出现水膜，会增加种薯发生细菌性腐烂的风险。一些生理性紊乱问题可能就是由播种时土壤过湿或过干导致的（第23章）。在砂性极大的土壤中，播种前灌溉可能是必要的，可以为播种提供合适的土壤水分，也能阻止播种或播种后土壤的风蚀。这比播种后出苗前灌溉更有利，因为后者可能会造成种薯切块腐烂。

播种的三条原则是选择高质量种薯、小心操作及促进快速出苗。

何时播种是对作物健康有显著影响的重要管理决策，尽量在土壤条件有利于**快速出苗**的情况下播种。在非灌溉的区域，通常春季雨水是充沛的，播种就是一场由天气控制的“等待游戏”。由于在冷、湿的土壤中播种会带来问题，一般来说一个好的管理决策就是等待土壤条件变暖、变干。其他影响播种日期选择的因素包括品种的熟性及因某些市场要求而定的收获时机。在犁耕掺入绿肥作物后，播种时间应至少推迟2周，这是因为未分解的植物残体可能会发热，并促发腐霉性种薯腐烂。

马铃薯播种机通常有以下几种设计：叉式、碗式、辅助喂入式及块茎单元式。到目前为止最常见的是叉式播种机，它迫使锋利的金属叉插到种薯中来运作。被刺穿的芽块从料斗中取出，并落入播种脚中。这些叉子必须要有合适的长度、笔直、锋利及准确的间隔从而获得想要的株距。这种类型的播种机的主要问题是来自染病芽块的病原菌能够通过叉子而进入健康的种薯中。这种方式能够显著传播、扩散环腐病、黑胫病细菌及一些病毒。

碗式播种机使用一系列的碗替代叉子把种薯块运送到土壤中，从而减少病害传播的风险。使用碗式播种机播种的种薯必须要大小相当统一，以避免出现短籽和双籽，并获得均匀的株距。只要调整好播种机以适应种薯大小，这种类型的播种机非常适合在平坦的地形上播种整薯。吸气式播种机通过连接到空心臂和真空装置的碗来吸取种薯块。当真空装置释放后，种薯块会被释放到播种脚里。

辅助喂入式播种机有时会在种薯繁育或小面积生产中使用。在落入犁沟之前，种薯块被机械地传到旋转的间隔盘上。使用这种类型的播种机，通常需要额外的劳动将种薯补放入空穴中，并拿去多余的，以防止出现双籽。

块茎单元式播种机将切种和播种操作结合到了一起，适用于早代种薯生产。整薯放于种薯箱中，然后被单个地运送到切刀下，切成4块。然后每个切块单独并依次被播种下去，在4个切块组之后留下一个空的位置，以方便去除患病块茎和品种混杂。可以添加设备对切刀和器械在处理不同块茎之间进行消毒。该机器容量小，块茎的适当大小是必不可少的。

合适的**行间距**和**行内株距**取决于几个因素，包括品种、繁育计划、灌溉的可用性、土壤类型及预期市场。行间距一般在76～91 cm，而91 cm间距最为常见；行内株距的要求因品种和种植区域而异，并且其可能会影响一些生理性病害的发展。例如，在高度敏感的品种中，块茎空心可以通过较小的株距而被降至最低（第23章）。对于那些薯块过大或结薯少的品种，行内株距要更小一些。在使用灌溉或预计水分不是限制因素的情况下，较小的行内株距也是适当的。对于那些每个主茎都能结很多个块茎的品种，行内株距要更远一些。对于一些为具体市场种植的品种，起垄种植通常与滴灌一起使用。

市场考虑也会影响株距。冷冻炸薯条加工商喜欢使用限定范围内的大薯，通常要求薯块超过280 g。行内大株距更容易产出大薯块。然而，种薯市场喜欢重量小于230 g且直径小于9 cm的薯块，而直径小于5 cm的薯块通常要价更高，生产这个范围内的薯块最好用紧凑的行内株距来完成。表7.2列出了以不同的株行距种植1亩[①]不同大小种薯芽块所需的芽块重量与数量。

表7.2 以不同的株行距种植1亩不同大小种薯芽块所需的芽块重量与数量

行间距（cm）	行内株距（cm）	每亩种薯芽块的重量（kg）			每亩所需种薯芽块数量
		采用的芽块为50 g	采用的芽块为57 g	采用的芽块为64 g	
86	18	215	246	277	4342
	20	188	215	242	3799
	23	167	191	215	3377
	25	151	173	129	3039
	28	137	157	194	2763
	30	126	143	161	2533

① 1亩≈666.67 m^2

续表

行间距（cm）	行内株距（cm）	每亩种薯芽块的重量（kg）			每亩所需种薯芽块数量
		采用的芽块为50 g	采用的芽块为57 g	采用的芽块为64 g	
91	18	203	232	262	4100
	20	178	203	229	3588
	23	158	181	206	3189
	25	143	163	183	2870
	28	129	148	163	2550
	30	119	136	152	2392

因为土壤和水分条件的变化和成型的经验，合适的播种深度和覆土因生产区域的不同而异。在美国北部的一般做法是播种浅一些，以利于快速出苗，也是为了尽可能减少薯块腐烂和黑痣病的发生。在西部或其他水资源有限的区域，通常把薯块种得较深，这是为了保证在任何时候种薯块周围的土壤都是有水分的。在某些情况下，它们会在预先造好的垄床上播种至15 cm深处。在土壤质地细腻（黏土型）的区域，一些种植者在播种机车轮后面安装上松土钩，目的是让早季降雨从播种的种薯切块下方排出。

肥料可以在播种前、播种过程中或播种后施用，或在这三个阶段内都进行施用，这取决于生产区域和当地传统（第8章）。一些基肥通常会在播种前撒施，或播种时条施或二者都用。肥料施到适当的位置很重要，以避免烧苗或缺肥胁迫，肥料不能直接与种薯块接触。

播种时**杀菌剂**也可被沟施进去，以代替种子处理或作为除种子处理之外的办法用于病害控制。例如，种薯包衣加上沟施杀菌剂组合相比于任一的单一处理，都可以对银屑病有更好的控制作用，但这样的组合处理成本会更高。甲霜灵可以在播种时沟施一次，也可分开两次进行施用，一次是播种时沟施，另一次是封垄时施用，以阻止粉腐病和湿腐（leak）。播种过程中，可以沟施氟酰胺和嘧菌酯，以控制种薯上和土壤中的丝核菌（第19章）。

内吸性杀虫剂吡虫啉、噻虫嗪和甲拌磷可在播种时使用，以控制生长季早期的某些害虫。这些杀虫剂的目标主要是生长期前30～60 d的蚜虫、叶蝉、科罗拉多马铃薯甲虫及木虱（第15、16章）。播种时，施用杀线威和丙线磷，可对某些害虫和线虫有抑制作用（第20章）。如果正在考虑这种做法，那么对生长季早期害虫和线虫的管理需求，以及对地下水污染的可能性都要考虑到。常用的杀虫剂商品名称列于表14.4。

除草剂通常在播种前或播种后施用，而不是播种过程中（第22章）。当使用了苗前除草剂时，就尽量减少在播种后到出苗前这段时间的田间操作以防止过多的土壤混合，从而使除草剂的防效最大化。

总　结

接收种薯之前为播种所做的充分计划和准备所需的时间和精力都将获得回报。对所有马铃薯处理设施进行适当的清洁，将有助于防止环腐病的暴发。种薯挫伤会导致大小苗的出现，那么对种薯小心搬运以避免挫伤是非常重要的。管理好种薯的生理性年龄、卫生条件，促进伤口愈合，以及合理使用种子处理剂，都对种薯达到最好的表现有所帮助。播种的三项原则分别是选择高品质种薯、小心操作及促进快速出苗。播种建议包括良好的整地、播种的种薯温度与土壤温度一致、搬运种薯轻拿轻放；避免在潮湿、热或冷的土壤中播种；必要时使用种薯处理剂；遵从良好的栽培操作规范。

第8章

Jeff Stark 爱达荷大学爱达荷瀑布研究与推广中心，爱达荷福尔斯

Dale Westermann 美国农业部农业研究局，爱达荷金伯利

马铃薯的养分管理技术

高效的施肥措施必须确保马铃薯生长发育过程中以有效的养分形态供应其适量的必需营养，这样才能保证马铃薯健康苗壮地生长。必需营养元素是植物正常生长发育所必需的，且是其他任何元素无法替代的。目前已知的植物必需营养元素有16种，这些元素作为植物代谢过程中必需的组成成分发挥作用，在代谢过程中它们被转化成细胞质的组成成分或者参与能量的转化。碳、氢、氧这三种大量元素可以从空气和水中获得，而其他元素则需要根从土壤溶液中吸收或通过叶片从环境中吸收。

马铃薯的营养需求特性

马铃薯的生长过程一般分为5个阶段（图2.1）。大多数养分的吸收累积曲线与块茎生长发育规律基本一致，即表现为块茎膨大期养分吸收速率逐渐增加，生长发育后期（成熟期）吸收速率逐渐下降（图8.1）。在韧皮部中可移动的营养元素包括N、P、K、Mg和Cl，最终大部分都将转移到块茎中，表现出与干物质累积分配相似的变化规律；而在韧皮部中不易移动的营养元素，包括Ca、S、Zn、B、Mn、Fe等，在块茎生长过程中往往是在叶片中积累，

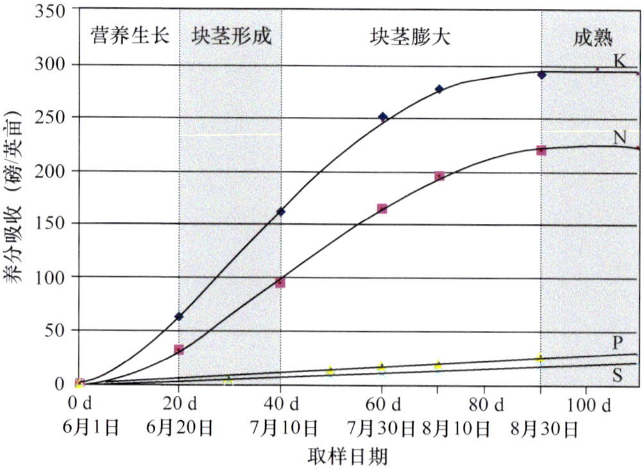

图8.1 ‘Russet Norkotah’品种氮（N）、磷（P）、钾（K）和硫（S）的养分累积吸收曲线。

其累积分配受块茎营养需求的影响较小。

块茎的潜在产量

品种的熟性类型和生长季长短均会影响养分的最佳施用量和施用时间。早熟品种，如‘Russet Norkotah’，生育时间较短，在块茎营养生长期和块茎形成期的养分吸收速率较高。因此，对早熟品种而言，制订合理的播前施肥计划显得尤为重要。晚熟品种，如‘Russet Burbank’（‘布尔班克’），块茎膨大期的养分施用量应略高于块茎形成期，这样才能保证当老叶开始衰老时新生叶片的正常生长，以保持有效的光合叶面积。晚熟品种只要保证植株的健壮生长及充足的水分和养分供应，其潜在产量就会随着生长季的延长而增加，相应地植株养分需求也会增加，以维持潜在产量持续增长的需求。

土壤特性

土壤的理化特性显著影响植物的养分有效性，进而影响植物对养分的吸收利用效率（第5章）。土壤黏滞、压实或者土层浅薄均会限制根系生长，从而限制根系可以吸收养分的有效范围，进而影响有效养分的供应。与黏质土壤相比，砂质土壤的持水能力差，渗漏性强，很容易造成养分淋失到根区以外，而且砂质土壤的阳离子交换量也较低，保持和交换钾、钙和镁等以阳离子形态存在的养分的能力也较差。

土壤pH显著影响养分的溶解性和有效性。在pH 6.5～7时，大多数植物营养元素的有效性均较高。在pH＜5的酸性土壤上，容易出现Ca、Mg、P和Mo的缺乏现象及氨毒、锰毒和铝毒。在pH＞7.5的土壤上，则容易出现B、Cu、Fe、Mn、Zn的缺乏。在石灰性土壤上，因为磷容易形成磷酸钙沉淀导致磷的有效性较低。

土壤有机质是许多重要营养元素的储存库。有机质矿化过程中会释放多种化合物，为植物生长提供相对稳定的养分供应。在施用动物粪便等有机肥料的土壤上生长的植物，通常很少出现微量营养缺乏的现象。土壤有机质中的有机配位体可以和金属离子发生螯合反应，形成新的化学键，从而影响养分的生物有效性。金属螯合态的溶解度通常大于其无机态，但溶液中离子的活性通常较低，因此金属离子与有机配位体螯合的过程既可能增加养分的有效性，也可能会降低养分的有效性。当土壤有机质含量增加到一定水平时，土壤中Cu、Mn、Zn的有效性就会降低。

环境因素

微量元素多数以氧化态存在于土壤中，但一般还原态的有效性更高。过量的降雨或灌溉，或者土壤排水不良均会导致氧气供应减少，使养分由氧化态转化为还原态。因此，在湿润地区，微量元素的有效性较高，甚至会造成植物中毒。相反，排水不畅的土壤由于作物根区供氧量减少、根系活力降低，或者养分溶解度增加导致养分淋失到根区以外，又可能会造成养分的有效性下降和植株对养分的吸收减少。

植物生长早期较低的土壤温度会降低根系活力，影响根系生长，因此会减少对养分的吸收，这种影响对磷尤为显著。磷在土壤中移动速度非常慢，需要活跃的根系活动对其进行吸收。带状集中施肥或者增加施肥量可在一定程度上弥补低温的影响。早期施肥计划的目标应该是为促进地上部的生长发育提供有效的营养物质，以达到最佳的光合速率。

较低的土壤温度会降低土壤有机态氮的释放或矿化速率，减缓铵态氮向硝态氮的转化。较高的土壤温度会促进作物早期的生长发育，从而使其相应的养分需求增加。在温度较高的土壤上，氮矿化率也会增加，在异常炎热的天气条件下，土壤氮的有效性明显提高，甚至会造成植物对氮素的过量吸收。然而，如果土壤温度过高，如超过38℃，氮素矿化速率则会显著降低。在块茎膨大期过高的氮素矿化速率导致作物对氮素的过量吸收又会造成植株营养生长和生殖生长的失衡。

养分交互作用

植物对于某种养分供应的响应也依赖于其他养分的相对有效性。补充缺乏的营养元素通常能提高所有元素的利用效率，并在当地条件下增加获得潜在产量的可能性。相反，当某些元素供应过量时也会影响其他元素的吸收利用。例如，当土壤中锌的有效性处于临界范围时，过多施用磷肥会引起锌的缺乏。

营养失调

养分的缺乏和毒害是营养失调的表现，受多种因素的影响，如土壤特性、环境和栽培措施等。施肥量不足、影响养分有效性的土壤条件、养分之间的拮抗作用、由于土壤理化特性造成的病害引起的作物根系生长和活力的下降均可以造成养分的缺乏。马铃薯缺素有时可以通过可见症状进行诊断（专栏8.1），但通过可见症状进行诊断容易得到错误的结论，尤其是在多种元素的缺乏同时存在的情况下。

专栏8.1

马铃薯养分缺乏的叶部症状表现

N：发病初期，整株植物叶色变淡，幼叶仍旧是绿色的，但老叶变黄，然后转为淡褐色，最终衰老干枯。

P：缺磷植株生长发育受阻，叶色更加浓绿，但缺乏光泽。严重缺乏时，老叶叶片和叶柄向上卷曲，并出现紫红色。

K：发病初期幼叶比较有光泽，表面皱缩，有黑色斑点；严重缺乏时，老叶叶缘呈焦枯状，甚至出现坏死斑。

Ca：生长点附近的幼叶向上卷曲，变褐，出现褐色斑点；严重缺乏时，生长点及幼芽死亡。在块茎类作物上，在叶片症状出现之前，维管束会出现褐色病变。

Mg：发病初期，叶脉间轻度失绿，然后发展到整个叶片，并有褐色斑点，甚至发展到脉间。生长点附近的叶色仍旧保持绿色。

S：症状与缺氮症状相似，但首先表现在幼叶上，叶片均匀失绿黄化。

Fe：幼叶黄化，甚至白化，一般没有坏死斑。脉间失绿，黄绿相间非常明显，叶尖和叶缘的绿色保持时间比叶片其他部位长。

Mn：发病初期，幼叶脉间失绿，轻微往上卷曲呈杯状，并有灰色和黑色斑点。斑点的密度沿较大的叶脉逐渐增加，并最终发展为坏死斑。

Cu：幼叶绿色，叶片大小正常，但是叶片卷曲呈杯状，叶尖萎蔫甚至死亡。

Zn：幼叶变小，直立，簇生，并且失绿黄化，叶尖干枯，叶片呈杯状。严重缺乏时，叶脉间出现斑点，叶片变褐甚至死亡。

Mo：叶片均匀黄化，与缺氮或硫的症状相似。

B：植株出现丛生状，节间缩短。叶片变厚，向上卷曲，叶缘淡褐色。最终导致幼芽和生长点死亡，叶色暗淡脱落。

缺素症状往往与植物中某一特定元素的功能有关，而营养元素通常有多种功能，这就使得人们有时很难将单一元素的缺乏与特定生理过程的抑制所导致的某些可见症状联系起来。例如，氮缺乏通常会导致植物叶片变成浅绿色或浅黄色，这是由于叶绿素含量的降低、胡萝卜素和叶黄素含量的增加所致。然而，很多其他的养分不足、除草剂毒害或其他病害也会导致叶片呈淡绿色或浅黄色。因此，通过已表现出的可见缺素症状进行诊断还需要结合植物出现症状的位置和出现症状的植株在田间的具体分布来判断。

养分综合管理系统

北美马铃薯主产区的养分管理集约化程度高，且高度依赖于化肥的施用。对轮作和动植物残体或残余物还田的忽视，造成了土壤碳含量和植株养分含量的下降。相比之下，施用大量的绿肥、动物粪便或堆肥的种植体系，土壤养分的有效性较高，土壤耕性、持水能力、通气性和整体肥力质量也比较高。

一个完整的养分综合管理系统旨在能够有效地利用和保护有效的资源，维持或提高作物生态系统的长期生产力，是由一系列实践措施组成的。养分综合管理系统在涉及养分循环、土壤质量及对病虫害的影响时应综合考虑经济作物、覆盖作物、绿肥、动物粪便及在轮作过程中使用的土壤改良剂之间的交互作用。

马铃薯与豆科作物的轮作

豆科作物作为马铃薯种植体系中的重要组成部分，因其对氮循环的显著影响而备受关注。豆科作物除了具有生物固氮作用外，还可以提高马铃薯的产量和品质，改善土壤物理性质。在马铃薯-豆科作物轮作体系中，豆科作物的总氮含量可以高达214磅/英亩，在还田后的第一年大部分氮素即可释放到土壤中。研究豆科作物残体的氮素释放与马铃薯氮素吸收的匹配关系以获得最佳的氮素利用效率是很重要的。不同马铃薯品种对氮素有效性的季节性反应敏感，来源于轮作作物或绿肥的过早矿化的氮素会延缓块茎膨大，促进营养生长，结果造成产量的降低和非商品薯率的增加；而氮素释放过晚又会降低氮素利用效率，增加硝酸盐淋溶损失的风险。

确定轮作体系中豆科作物氮素贡献率的方法有多种，但通常采用肥料氮替代量方法，即以不施氮肥情况下轮作豆科作物后的马铃薯产量作为目标产量，来确定达到目标产量所需要的氮肥用量，依此作为评价的依据。该方法在一定程度上是基于马铃薯产量的增加完全来源于豆科作物固定的氮素的贡献，而肥料氮及作物残体中的氮素有效性基本相同的假设。但这些假设时常是不适用的。在施氮量较低的情况下，肥料氮替代量确实提供了一个很好的估测豆科作物对产量贡献的方法，但这种方法不能将轮作条件下的氮素效应与非轮作条件下的氮素效应分开。

另一种估算豆科作物氮素贡献率的方法是用在不种植豆科作物时获得最高产量的肥料用量减去种植豆科作物时获得最高产量的肥料用量的差值表示。这一方法基于种植豆科作物时植株对氮素的吸收曲线与不种植豆科作物时的氮素吸收曲线不同这样一个事实。该方法还可以用于在不考虑种植顺序或根区氮素残留量的条件下估算最佳施氮量。多数情况下，通过分析氮肥成本，根据上述数据可以计算出经济最佳施氮量。

豆科作物与氮肥的综合效应

解决估算豆科作物氮素矿化率的不确定性问题通常采用分段氮素管理的方法。采用这种方法，生育早期氮素需求量根据春季土壤测试的无机氮含量、估测的豆科作物固氮量和作物全生育期的氮素需求总量确定。对于能够保证灌溉的某些马铃薯品种，参考叶柄硝酸盐含量的测定结果，整个生育期内总氮需求量的1/3或2/3的氮素在块茎膨大期追施，或者随灌溉水一起施用。叶柄硝酸盐测试可以使生产者通过调整追肥的时间和用量来适应氮素矿化量的季节性变化。虽然氮素分段管理方法不是所有地区均适用，但是在很多可保证灌溉的区域该方法使得氮素管理非常灵活，即在种植马铃薯之前的底肥施用较少的氮，马铃薯生育期间再根据植株氮含量测试水平加强后期的追肥氮管理。

动物粪便和堆肥

动物粪便和堆肥在为马铃薯生长提供养分方面发挥着重要的作用。动物粪便中含有大量的营养物质，但养分含量变化大，受动物种类、年龄、饲料配比、发酵床的种类和数量、气候条件、储存处理技术和施用方法等多方面影响。

为了在不增加养分的淋溶和径流损失的情况下有效利用动物粪便这一重要的养分来源，明确有机肥中养分的数量和有效性是必要的。这些有机肥料能够提供的潜在养分数量可以通过对动物粪便和堆肥原料进行实验室分析来估算，但是养分的有效性和释放时间因为受土壤、生物与环境之间复杂的相互作用影响而难以准确预测。

尽管存在着上述不确定性，动物粪便和堆肥在马铃薯养分管理中的重要作用仍旧不可忽视。动物粪便的施用可以迅速提高土壤中易变化态和稳定态有机质的含量，以及土壤中的氮素含量，提高土壤阳离子交换量、持水力和土壤肥力水平，还可以降低土壤容重、增加土壤团聚体数量、提高土壤微生物种群的活性和生物多样性，这些均有利于提高根系活力，增加马铃薯根系的长度，促进马铃薯对养分的吸收。

施用动物粪便和堆肥，除了其养分释放的时间和数量难以预测外，这些有机肥料的运输和施用成本通常也是比较高的。从短期效应看，施用动物粪便和堆肥尽管提高了作物产量，但每单位养分产生的效益比施用化肥低。然而从长远来看，因为有机物料施用后对土壤和作物生态系统的积极影响，这种比较高的成本投入还是值得的。

施肥量的确定

养分管理策略

由于植物对养分的需求及植物养分的有效性受多方面因素的影响，因此制订适宜于不同土壤条件和作物类型的养分管理策略是必要的。而土壤和植物分析是制订高效的、环境友好型的养分管理策略的重要手段。

土壤分析

每个特定地块的土壤养分的相对有效性可以通过适宜的土壤养分分析方法来确定，该方法可以通过作物产量对土壤肥力的响应进行矫正。针对区域作物生长情况进行矫正并发展起来的实验室分析方法通常会为配方肥的推荐、适宜养分来源的选择及施用方法的确定等合理施肥技术提供最佳建议。

土壤测试结果的准确性受实验室分析方法和土壤样品质量的影响。如果一个土壤样品不具备代表性，则分析化验的结果可能会产生误导，甚至导致推荐的施肥量是不科学的。因此，确保能够反映田间主要性质的有代表性的土壤样品采集是非常重要的。样品采集时应充分考虑到土壤质地、颜色、地形、种植历史或施肥历史，对明显不同的地块都应该进行样品采集并确定不同的施肥方案。

混合土样应该用土钻采集，由大约20个0～30 cm深度的土壤样本混匀组合成一个有代表性的样本。即使土壤看起来是均匀的，每一个混合土样所能代表的面积也不应超过120亩。通常来说，这20个土壤样品在整个取样区都应是随机选择，如按“Z”字形取样。样品应彻底混匀，按四分法分取部分样品立即风干，然后送到实验室。如果土壤样品在温暖潮湿条件下贮存几天或更长时间，就会导致氮的继续矿化，进而导致产生土壤无机氮含量偏高的错误结果。

为了实现变量施肥，需要进行基于系统的网格取样法或基于不同的土壤颜色、作物生长模式或景观特征的**定点采样**。网格样本一般从9～15亩的网格中采集，采用不规则采样方法。然后再利用各种统计软件对数据进行分析，从而对该田块的肥力水平进行评价。

定向采样，也称为区域采样，通常将每个田块划分为3～6个区，每个区域采集土壤样品。区域特征需要用各种来源的信息来描述，包括航拍照片、卫星图像、土壤测量地图、地形图、产量图和生产者经验等。每个区域采集6～10钻土组成一个混合样，并分别进行化验分析，以对每个区域的施肥推荐提供指导。

植物组织分析

植株组织分析被广泛用作监测马铃薯植株营养状况的诊断技术，它是基于植物某一部位的养分浓度与植物生长速率或产量之间存在一定相关关系的原理。马铃薯植株顶部往下第四片叶的叶柄（图8.2）通常作为指示植株营养状况的典型部位。保证第四叶柄的采样部位是很重要的，因为从较高或较低位置采集的叶柄，其分析化验的结果很难准确反映植株的营养状况。叶柄取样通常在块茎形成期开始，并在整个块茎生长期间每周进行一次。

对于实验室分析，和土壤取样过程一样，通常需要从该地块采集40～50个叶柄。对于指定区域，或者受土壤类型、种植历史和地形等因素影响明显不同的管理区域，需要单独采集样本。取样后所有的小叶都应立即从叶柄上剥离，然后将叶柄放置在一个干净的容器或纸袋中，迅速在66℃干燥或低温冷藏（低于4℃），直到送到实验室，这样就可以将温暖潮湿的植物组织中容易出现的养分浓度变化降至最低。

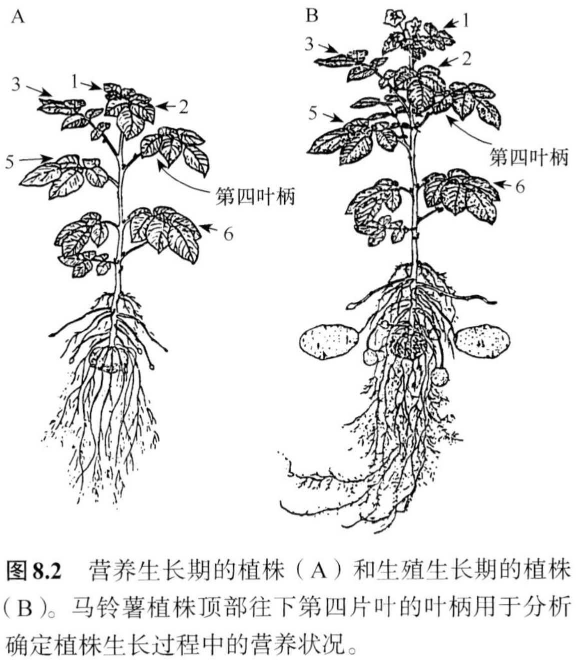

图8.2　营养生长期的植株（A）和生殖生长期的植株（B）。马铃薯植株顶部往下第四片叶的叶柄用于分析确定植株生长过程中的营养状况。

根据叶柄中的养分浓度与作物生长和产量的关系，将叶柄养分浓度分为低、临界和充足三个等级（表8.1）。这些范围因生长阶段和栽培品种而不同，尤其是硝酸盐浓度范围在整个生长季变化很大。充足的养分浓度一般对保证叶片和块茎的正常生长是适宜的，样品采集时，每周采样获得的养分变化趋势在预测和诊断养分缺乏方面更为可靠。

表8.1 马铃薯块茎膨大期植株顶端向下第四个叶片的养分浓度建议范围（生长阶段Ⅳ）

顶端向下第四个叶片	养分	低	临界	充足
不带小叶的叶柄[a]	硝态氮（mg/kg）	＜10 000	10 000～15 000	15 000～20 000
	P（%）	＜0.17	0.17～0.22	＞0.22
	K（%）	＜7.0	7.0～8.0	＞8.0
	Ca（%）	＜0.4	0.4～0.6	＞0.6
	Mg（%）	＜0.15	0.15～0.3	＞0.3
	S（%）	＜0.15	0.15～0.2	＞0.2
	Zn（mg/kg）	＜10	10～20	＞20
	B（mg/kg）	＜10	10～20	＞20
	Mn（mg/kg）	＜20	20～40	＞40
	Fe（mg/kg）	＜20	20～50	＞50
	Cu（mg/kg）	＜2	2～4	＞4
整叶（叶柄＋小片）[a]	N（%）	＜2.5	2.5～3.5	＞3.5
	P（%）	＜0.15	0.15～0.25	＞0.25
	K（%）	＜2.25	2.25～3.5	＞3.5
	Ca（%）	＜0.3	0.3～0.6	＞0.6
	Mg（%）	＜0.15	0.15～0.25	＞0.25
	S（%）	＜0.12	0.12～0.2	＞0.2
	Zn（mg/kg）	＜15	15～20	＞20
	B（mg/kg）	＜10	10～20	＞20
	Mn（mg/kg）	＜10	10～20	＞20
	Fe（mg/kg）	＜11	11～30	＞30
	Cu（mg/kg）	＜2	2～5	＞5

[a]叶柄中各养分浓度适宜于‘Russet Burbank’（‘布尔班克’），整个叶片的养分浓度适宜于多个品种。

养分吸收速率

马铃薯块茎生长期植株氮、磷和钾的营养状况也可以通过植株总养分吸收速率和块茎生长所需的养分吸收速率的比值进行评价。当这个比值大于1.0时，说明植株吸收的养分比块茎需求量要高；然而，当比值小于1.0时，说明植株营养器官中的部分养分转移到了块茎中。这些关系可以通过在整个生长季不同生育期测定的比值与以前施肥状况良好的植株中得到的标准比例进行比较来确定，这些标准可以出苗后天数、单位热量或辐射吸收为参考。如果植物组织中的养分浓度与这些比例相关，植物组织测试也可用于监测作物养分比例并确定是否需要额外施肥。

叶柄汁液中硝态氮的分析

叶柄汁液中的硝态氮含量高低能够快速、廉价并且相当准确地指示马铃薯的氮营养状况。马铃薯叶柄的汁液可以直接用离子选择电极来检测，或者用比色的方法，将试纸条插入稀释后的汁液中，然后用手持硝酸盐反射仪读取试纸条的颜色。叶柄汁液硝酸盐测试结果与实验室分析的叶柄硝酸盐含量表现出了极显著的线性相关关系。与传统的实验室分析一样，根据叶柄的汁液分析进行可靠的氮肥用量推荐，也需要进行适当的矫正，来确定适宜于不同生育阶段的适宜范围。

可见症状

养分的缺乏可以通过植株上表现出的一些症状进行判断（专栏8.1）。但是，当症状一旦出现，想通过施肥来防止产量的损失或品质的下降往往为时已晚。由于多种养分的缺乏、病害和环境胁迫等可能同时存在，因此想通过症状表现来进行植株诊断往往也是很复杂的事情，更加准确和及时地鉴别植株的养分缺乏问题只能通过对植物组织的化学分析来实现。

施 肥 策 略

施肥措施的制订应该结合作物体系的生产特点，高效利用现有设备、肥料资源和其他资源，并能灵活应对不断变化的养分需求。适用于马铃薯的常用施肥方法包括：①播种前撒施然后翻耕，与土壤混匀；②条施；③种植作物后侧施；④叶面喷施；⑤通过灌溉系统施用液体肥料；⑥追施肥料。

在土壤肥力水平相对较高，被土壤固定的养分比较有限的情况下，播前**基施**肥料的效果还是不错的。在秋天或春天进行的肥料全田撒施一般施入土壤表层以下15～30 cm的土层中，以便于马铃薯根部吸收养分。占全季供氮量不到一半的肥料一般于种植前随灌溉系统施入农田，而其余大部分肥料则撒施到田间。种植前的基肥可以大大减少作物生长期间对养分的需求，从而人们可以有更多的时间进行其他的农事管理。

肥料可以在播前起垄或播种时进行**条施**，条施的肥料应施在芽块附近，便于早期根系的吸收利用，但要避免直接接触芽块，特别是在施肥量很高或者盐度指数比较高的情况下。在播前起垄时条施的肥料一般应施在芽块侧方8～10 cm、芽块下方3～5 cm的位置，以为生长早期的植株提供更多有效养分。液体肥料，包括N、P和各种微量元素，通常采用条施，以提高作物生育早期养分的有效性。

在块茎形成前的营养生长阶段通常采用**侧施**的方法施用肥料，此方法在容易发生硝酸盐淋溶的砂质土壤中尤其有效；而生育后期侧施氮肥则会增加伤根的风险；其他养分侧施通常不如基施和条施效果好。

叶面喷施养分对于解决已经出现或者正在发展的缺素问题是很有效的方法，尤其是B、Cu、Fe、Mn和Zn缺乏时，叶面喷施比土壤施肥肥效更快。叶面喷施时添加混合型表面活性剂有助于养分的吸收。但是，叶面喷施必须保证喷施的浓度要适宜，否则容易造成对叶片的损伤。

在许多马铃薯产区，多通过水肥一体化系统施用水溶肥料。N、P、K、S等养分可以根据作物的需求施用，并且部分养分可以随灌溉水直接进入根区。在水肥一体化中精细的水分管理是十分必要的，因为过量灌溉会增加养分淋溶损失和径流损失的风险。灌溉的均匀性也会影响到肥料施用的均匀性，进而影响肥料利用效率。所用肥料与灌溉水的相溶性问题是施肥前一定要考虑的问题，因为养分一旦沉淀会影响养分的有效性，同时导致管道堵塞。生长季内施用液态和粉状水溶性肥料也可以使用飞行器和地面喷洒设备完成，施用后必须配合灌溉或有降雨。

氮素管理

氮（N）的有效管理是马铃薯施肥措施中的重要内容。氮肥的施用技术直接影响着地上部和块茎的生物产量、块茎的大小、商品等级、比重及内在和外在品质。硝酸盐的淋失潜力也与氮素管理水平密切相关。作物可以通过多种途径获得氮素，包括：①无机态的硝态氮和铵态氮；②来自土壤有机质、作物残体和动物废弃物的矿化的氮；③灌溉水中的氮；④肥料。为了确定种植马铃薯时的施氮量，需要明确作物的氮素需求量，这与作物产量及所有来源的氮素有效性有关，最终的氮肥施用技术应该根据土壤的供氮情况及当地的产量潜力进行校准调整后再进行推荐。

有些品种的叶片和根的干物质量通常在块茎膨大中期或膨大期之前达到最大，然后随生育期延长逐渐降低。有些品种干物质的分配模式基本不受养分供应状况的影响。然而，对于一些不确定的品种，较高的氮素供应会使得叶片和根成为碳水化合物和块茎膨大期某些易移动元素的库，从而使得更多的干物质转移到叶片和根部，结果导致块茎生长缓慢。有些马铃薯品种，如果在播种前把整个生长季所需要的氮肥全部一次性施入农田，块茎线性生长阶段的起始时间大概会推迟2周。但对某些品种，同样的氮素管理措施不但不会推迟块茎线性生长时间，反而有助于提高植株冠层的光合能力，从而促进块茎早期的生长。在缺氮情况下，叶片生产的碳水化合物会更多地转移到块茎中，导致某些品种的地上部生长减缓。

整个生育期所需要氮量的50%～60%被膨大的块茎吸收利用，因此生长早期就应保证充足的氮素供应，以保证植株冠层正常的生长发育。但早期氮素供应过量会降低植株对氮素的利用率，增加硝酸盐淋失的风险，也会增加某些品种褐心和空心的风险。生育后期过量的氮素供应也会增加硝酸盐淋失的风险，影响马铃薯的比重和表皮的形成。

一旦进入块茎的线性生长阶段，块茎就成为碳水化合物和可移动养分主要的库。如果因为环境和品种因素导致干物质量较低，不足以满足地上部茎叶和块茎生长发育的需要，碳水化合物和养分就会从地上部再转移到块茎中，这种现象通常发生在某些品种的生育后期。只要养分供应充足、生长条件良好，某些品种的地上部和块茎就会持续保持较好的生长态势。然而，生长早期养分缺乏会导致冠层叶面积和光合能力下降，从而降低植株维持块茎较高膨大速率的能力。养分不足还易导致植株早衰，并增加植株早期衰亡和感染枯萎病等病害的机会。

对**某些品种**，块茎膨大过程中过量氮的供应会导致地上部的营养生长过旺，而影响地下部块茎的生长。在块茎膨大后期，为了提高叶柄的硝酸盐浓度，延缓衰老，或者控制病害发生，通常会增加氮肥的施用量。而氮肥用量的增加，又容易造成地上地下部生长的失衡。因此，马铃薯养分管理的主要目标应该是在整个生长季节保持一个最适的，而不是过量的养分供应，从而维持地上部茎叶和地下部块茎的协调生长。

借助灌溉系统的当季氮肥管理

在多种灌溉系统中，马铃薯最佳的氮肥管理策略是采取阶段氮素管理的方法，即将整个生育期内全部氮素的1/2～3/4通过灌溉系统侧施到根系附近，或者用飞行器分几次少量喷施到农田中，这种方法尤其适用于某些品种生育后期的管理。在块茎形成期结束之前，不应通过喷灌系统来追施氮肥，因为在此之前，植株根系尚未发育完全，不能充分吸收通过该法施入农田的大部分氮肥。通过侧施氮素，能降低某些品种生育早期的氮肥施用量，并可延迟到出苗和培土时施用。起垄后施用氮肥可以提高产量，并在生育早期降雨量较高的情况下减少氮素的淋溶损失。

在块茎形成期结束之前，不应通过喷灌系统来追施氮肥，因为在此之前，植株根系尚未发育完全，不能充分吸收通过该法施入农田的大部分氮肥。

一旦块茎开始膨大，就要根据块茎生长速率和植株氮素吸收之间的关系估计马铃薯每周的需氮量。不同马铃薯品种的氮素吸收速率为135～410 g/（d · 亩），这主要取决于块茎的膨大速率。'Russet Burbank'（'布尔班克'）品种在块茎膨大期每天每亩需要大约224 g氮，这样可有效防止氮和干物质从地上部和根部向块茎中的损失。假设通过水肥一体化施用的氮的植物吸收效率为75%，在不考虑氮矿化贡献的情况下，大约2 kg/亩的氮能满足作物一周的氮素需求，3 kg/亩的氮素能满足作物10 d的氮素需求。如果考虑土壤氮素矿化的贡献，就要根据每周的叶柄硝酸盐测试结果调整上述施氮量。

在集约化管理的喷灌种植模式下，在砂质土壤上通过指针和平移喷灌系统，氮肥是每天不间断施用的，而在壤土上则采用拆装移动式喷灌系统每隔10～14 d施用一次。通常在块茎膨大期每7～14 d施用1.5～3 kg/亩的氮，这些氮足以使叶柄硝酸盐浓度维持在最佳范围，满足马铃薯生长发育的需要。

一些易溶于水的氮肥，如尿素、硝酸铵和多聚磷酸铵等，可以通过喷灌系统来施用。氮也是许多含有磷、钾和硫等元素的复合液体肥料的主成分之一，这些复合肥料也可以通过喷灌设施来施用。在马铃薯生长期间，固体氮肥可以通过飞行器或地面撒施设备撒施到地表，随后灌水或降雨使肥料溶解后随水进入土壤。尿素施用后应尽快与土壤混匀，以避免氨的挥发损失，无水氨和氨水则不能采用喷灌设施施用，因为施用后会造成较高的氨挥发损失，在灌溉水的pH比较高时，这些肥料的氨挥发损失量会更大。

0～45 cm表层土壤中的硝态氮浓度可以用来指示灌溉系统中氮素的有效性，特别是在质地比较粗的土壤中。叶柄和土壤硝态氮浓度结合分析是提高氮素管理措施的有效性、调控叶柄硝态氮浓度的良好指标。例如，当叶柄硝态氮浓度降低时，较高的土壤硝态氮浓度就意味着植株对硝态氮的吸收或转移受到了某些其他因素的限制。

雨养系统中的氮肥管理

在灌溉生产体系中，氮素分段管理法在晚熟品种中的应用效果很好，但在北美的雨养生产区等许多区域，这种管理方法还存在一些问题。例如，播前土壤硝态氮的含量往往不能很好地反映这个区域土壤氮的有效供应能力，基于土壤氮浓度的马铃薯氮素管理策略还没有在所有区域得到很好的开发和验证，所使用的任何诊断措施都必须能够在马铃薯生育早期检测到氮的供应情况，以保证在造成产量损失或品质下降之前及时采取有效的补救措施。因此，必须发展适宜于当地的肥料管理措施，以最大限度地提高氮肥利用效率。

在没有灌溉条件的地区，制订氮肥管理措施时应额外考虑到某些注意事项。在雨养马铃薯生产体系中，分次施氮可能是不现实的事情。在种植或播种前将全生育期的需氮量一次全部施用到田间可能是更有效的办法。在土壤水分变异较大的情况下，延迟施氮的效果可能更差，对早熟品种而言更是如此。

在水分供应不足影响到植株生长的情况下，氮肥的施用效应也会明显下降。在块茎膨大期，随着水分亏缺量的增加，预期获得的最高产量会明显下降，植株对氮素的需求也会相应降低。因此，为了获得最高的氮肥利用效率和产量，适宜的水分供应或者及时调整氮肥用量都是必要的。

然而，过量的水分和养分供应对马铃薯产量和品质的形成都是不利的，并会增加硝酸盐淋失的风险。在雨养马铃薯生产体系中高效的氮素管理也面临着挑战，因为在块茎膨大期，必须保证马铃薯根部适宜但不过量的水分和氮素供应，才能实现产量和氮素利用效率的最大化。

硝酸盐淋失

最大限度地将硝酸盐截留在根区，能使硝酸盐淋溶损失降低到最小。这一目标的实现必须保证与根区水分供应之间的平衡，以避免植株受到水分胁迫。过量灌溉会增加硝酸盐的淋失量，甚至如果不增加氮肥用量就会造成植株氮素的亏缺。实际上，即使过量施氮也不能完全抵消过量灌溉造成的损失。因为过度灌溉会降低根系活力，增加维管束病害，由此造成的产量和品质下降是通过其他措施都无法弥补的。

降低硝酸盐淋失和提高氮素利用效率的氮肥管理措施包括与植株氮素吸收特征相匹配的分次施氮和施用缓控释氮肥，与在种植马铃薯前施用传统氮源相比，这些方法可以实现在马铃薯整个生长季较长时间保证根区氮的供应，从而也会相应减少硝酸盐的淋溶损失。

冬季覆盖作物

在马铃薯生长季结束时，土壤中硝态氮的累积量一般很大。这是植物对氮的吸收效率较低，土壤有机质和植物残体的持续矿化，以及氮肥的过量施用造成的结果。覆盖作物，即在马铃薯收获后种植冬小麦或黑麦，可吸收利用一部分残留在根区的氮，并可用于下一个生长季生长发育的需要。覆盖作物根系吸收的氮在冬季储存在生物体中，在春季被翻耕到土壤中，就可以释放出储存的氮。以这种方式保存土壤氮，可以防止冬季的淋溶损失，并降低地下水污染的风险。冬季种植覆盖作物也可以减少风蚀，增加土壤有机质含量，改善土壤耕性。

磷 素 管 理

土壤中磷（P）的有效性对于马铃薯早期的生长发育、块茎的形成及促进块茎的成熟都具有重要意义。磷的缺乏会显著降低块茎产量、块茎大小和比重。磷在土壤中的移动性很差，因此磷肥的施用必须保证有利于根系的吸收。磷不容易淋失，但容易随着土壤侵蚀径流损失。土壤磷的有效性受土壤pH的显著影响，大多数土壤pH 6.5时磷的有效性最大，pH降低或升高，土壤磷的有效性均会降低。

土壤溶液中磷的浓度通常很低（0.01～0.3 mg/L），因此在马铃薯生长期间需要不断补充可利用的土壤磷源。不同品种马铃薯在块茎膨大期对磷的日吸收需求量为22～60 g/亩，如果土壤中可利用的磷浓度不足，则会出现严重缺磷现象。因此，根据土壤有效磷含量与作物产量的相关性来对土壤的化验分析结果进行矫正是非常重要的。

在碱性土壤中，决定马铃薯磷推荐量的主要因素是土壤磷含量、游离或过量的石灰的量及目标产量。土壤中过量的石灰（碳酸钙）会增加磷在碳酸钙（$CaCO_3$）表面的吸附量，也会促进土壤溶液中的磷以钙磷矿物形式沉淀。这些过程的综合作用必然导致磷的植物有效性下降。因此，在许多碱性土壤中，土壤磷有效性的相对减少量与土壤中游离的石灰量成正比。

在中性至酸性土壤中，磷肥用量的推荐通常只是考虑土壤的磷浓度和目标产量。磷的有效性随pH的降低而降低，这是磷与铁（Fe）和铝（Al）氧化物反应生成$AlPO_4$和$FePO_4$沉淀的结果。如果土壤pH小于5.2，则可能需要高于正常磷肥水平的施磷量来弥补磷有效性降低带来的不足。

磷肥可在秋季或春季撒施于田间，也可在起垄时或种植期间条带状施入。条带状施肥一般可以通过提高种子附近较小范围内的土壤磷浓度来提高马铃薯生育早期土壤磷的有效性；条带状施用含铵肥料还可通过降低土壤pH来提高碱性土壤磷的有效性；在pH低的土壤中，通过将磷条带状集中施用在生育初期的根系附近也是有益的。对于整个生长季磷的有效性而言，通过撒施磷肥增加磷肥和根系的接触面积，使根区土壤有效磷浓度维持到适当水平也是至关重要的。如果土壤磷浓度相对较高，在种植马铃薯时条带状施肥也是最适宜的；而在中低磷含量的土壤上，在马铃薯生育后期，除了通过条带状施用磷肥保持适宜的磷有效含量之外，撒施磷肥也是必要的。只要管理得当，液体肥料（聚磷酸铵等）和固体肥料（磷酸一铵或磷酸二铵等）对马铃薯来说都是同样有效的磷源。

当季磷的施用技术

叶柄磷浓度是指示马铃薯生长季磷素营养状况的很好指标。已有研究表明，块茎生长期间植株顶端的磷浓度与叶柄和功能叶的磷浓度显著相关。因此，生长点往下第四片叶的叶柄磷含量应保持在充足水平以上，以满足地上部营养生长和块茎生长的需要。测定磷时的叶柄取样应在块茎形成时或块茎形成不久之后即开始，并在块茎膨大期内每周连续进行取样。

生长点往下第四片叶的叶柄磷含量应保持在充足水平以上，以满足地上部营养生长和块茎生长的需要。

只要土壤表面有活性根，而且肥料溶于水后不产生沉淀，借助于喷灌系统施用可溶性磷肥对于矫正当季马铃薯磷的缺乏是非常有效的。一旦冠层开始遮阴，土壤表层马铃薯的根系密度就会增加。喷施的磷在土壤中仅移动约5 cm的距离。施用磷肥前，土壤表面湿润时渗透率最大。叶柄磷浓度通常在磷肥施用后的10～14 d做出反应，正是由于这种滞后性，通过喷灌系统施用磷肥就应该在植物组织分析发现缺磷之前进行。研究表明，通过灌溉系统施用1.5～3 kg/亩的磷可以增加马铃薯0.30～0.37 kg/亩的吸收量，并且能够在整个块茎膨大过程中保持适宜的叶柄磷浓度。

随灌溉水施入的液体磷肥必须有很好的水溶性才能有效。因此，施肥前应事先检查肥料在水中的溶解性（专栏8.2）。磷肥形成的沉淀会覆盖或堵塞喷灌喷头，使喷头无法正常使用。如果磷肥在灌溉水中的溶解度较低或使用表层灌溉，叶面喷施也是有效的，并且通常也是最佳选择。但是，由于马铃薯叶片对叶面喷施磷的利用率通常小于50%，因此需要重复喷施才能有效。

专栏8.2

磷肥与灌溉水的相溶性

液体磷肥通过喷灌系统注入含有一定浓度钙（50 mg/L以上）的灌溉水中时，就会形成不溶性的磷酸钙沉淀，这些沉积物可以堵塞喷嘴，降低喷头的使用寿命。灌溉水中钙浓度越高，喷灌障碍问题发生的可能性也就越大，液体磷源也会影响磷酸钙沉淀的形成。

磷肥的相溶性可以通过向1加仑（1加仑≈3.78 L）新鲜灌溉水中添加一定比例的专用液体磷肥来测试。

在指针式喷灌系统中，安全添加到灌溉水中的肥料溶液的量可以通过以下公式来估算：

$$X=\frac{0.0283\times F}{D\times P}$$

式中：X为灌溉水中肥料溶液的量（茶匙/加仑，1茶匙≈5 mL）；F为P_2O_5施用量（磅/英亩，1磅≈0.45 kg）；D为灌水量（英寸/英亩）；P为肥料溶液中的P_2O_5浓度（磅/加仑）。

如果计算的肥料溶液量与灌溉水充分混合后形成细小的白色沉淀物，则应降低磷肥施用量，反复测试，直到没有可见的沉淀形成。

对于平移喷灌、拆装移动式和固定式灌溉系统，可以通过以下公式来估算：

$$X=\frac{0.0283\times F}{W\times T\times P}$$

式中：X为灌溉水中肥料溶液的量（茶匙/加仑）；F为P_2O_5施用量（磅/英亩）；W为水的灌溉量（英寸/h）；T为灌溉时间（h）；P为肥料溶液中的P_2O_5浓度（磅/加仑）。

如果混合后形成沉淀，则应减少磷的施用量或延长注射时间，并反复测试。

钙、镁浓度较高或pH较高的灌溉水可以采取适当酸化的方法以提高与磷肥的相溶性。可以在喷灌系统中用适量的磷酸或尿磷酸来解决，或者也可以用硫酸或尿硫酸与多聚磷酸铵（10-34-0）同时施用以最大限度地减少磷酸钙沉淀的形成。

灌溉水的pH维持在5.0～7.0可以大大降低喷嘴堵塞的风险，最终的pH应保持在5以上，以防止对灌溉系统和喷嘴造成的腐蚀。

钾 肥 管 理

马铃薯生长需要大量的钾。整个生长季马铃薯钾素累积吸收量为15～30 kg/亩，且与块茎产量成正比。钾的有效性直接影响块茎产量、块茎大小和块茎的品质，包括块茎比重、黑斑挫伤的易感性、薯片和油炸的颜色及贮藏品质。缺钾会降低光合作用，导致干物质和淀粉累积减少；当钾吸收过量时，多余的钾会转移到块茎中，导致块茎含水量增加和干物质量的下降。

能达到最大干物质产量的块茎中最佳的钾浓度为1.8%，在此浓度下，生产1美担（约45 kg）马铃薯大约需要0.23 kg K_2O。块茎膨大期钾素吸收速率依马铃薯的品种和块茎生长速率而不同，为0.22～0.45 kg/（d·亩）。马铃薯每天每亩增长52 kg需要吸收0.22～0.26 kg/（d·亩）的钾以维持最佳的干物质生产量，较高的块茎膨大速率需要较高的钾吸收率。因此，在整个块茎膨大期，钾肥管理策略的重点是能够提供足够的钾素以保持植株最佳的钾素浓度。

马铃薯对钾素的需求量因土壤而异，特别是要考虑到土壤的质地和固钾能力。钾肥施用与马铃薯产量效应的相关性随着土壤砂粒含量的增加而增加，即砂土＞砂壤土＞壤土＞黏土。

一般来说，钾源对作物产量的影响还是较小的，尽管使用硫酸钾（K_2SO_4）比使用氯化钾（KCl）的大薯（U.S. No.1）比例和比重稍高，尤其是在播种前施钾量高的情况下。施用硫酸钾（K_2SO_4）和氯化钾（KCl）对块茎品质方面的影响通常随着施肥间隔和种植间隔的增加而减少。

在存在明显钾固定的土壤上，条施钾肥通常会提高钾的利用率。然而，条施钾肥量过大会导致潜在的盐分毒害，特别是肥料施在种子附近时。如果在种植前或播种时将全生育期所需钾肥的大部分施入土壤，条施钾肥通常不如撒施更加有效。较高的钾肥施用量应该在秋季和春季之间分次施用，以避免产量损失。秋季施用可能更有效，但在冬季降雨量较高的地方，在砂质土壤上可能容易造成淋溶损失。

当季钾肥的施用技术

播种前将所有的钾肥施入土壤中比将大部分或所有的钾肥都随灌溉水施入土壤中效果更好。与播前一次性施用钾肥相比，在块茎膨大期施用全生育期所需钾肥量的50%以上时，块茎产量和比重均会降低。因此，除非缺钾比较严重，否则在块茎膨大末期不应再施用钾肥。

通过灌溉系统施用KCl、K_2SO_4和$K_2S_2O_3$（硫代硫酸钾）的肥效没有明显差异。然而，当季通过灌溉系统施入土壤中的钾肥不应超过3.7 kg K_2O/亩，超过这个施肥量，会导致块茎质量下降。采用灌溉施肥时，当估算钾肥需求量时，必须要考虑到灌溉水中钾的含量。

随着块茎的生长，叶柄中钾的含量通常会降低，降低的幅度取决于土壤中钾的有效性和叶片、块茎的生长速率。当植物缺钾时，叶柄中钾的浓度将会随着当季施钾量的变化而变化。然而，随灌溉水施入钾肥后，叶柄中钾的浓度一般在2～3周之后才会有明显的变化。甚至在某些情况下，施用钾肥后叶柄钾浓度不会增加，也不是继续下降，而是保持基本稳定。作为一般指导原则，钾肥应在叶柄钾浓度估计降至低于充足水平的15～20 d前施用，并且在地上部衰老前至少30 d不应再施用钾肥。叶柄钾浓度可通过将之前的测试结果与时间作图并绘制趋势线的方法来估算，但叶柄钾浓度与时间的相关性变化很大，因此该施肥策略应视每个地块的情况分别考虑。

硫、钙、镁的管理

当土壤中硫浓度（SO_4^{2-}-S）低或前期累积量较少时，施用硫肥对保证马铃薯正常生长发育是必要的。灌溉水中较低的硫酸盐含量是另一个是否需要施用硫肥的衡量指标；其他植物可利用的硫包括从土壤有机质和作物残茬中矿化的硫及植物根区以石膏（$CaSO_4$）形式存贮的硫。

硫可以通过硫酸盐或元素硫的形式施入土壤，以硫酸盐形态存在的硫易被植物吸收，但也易于淋失；相反，元素硫在被植物根系吸收之前需要先被氧化成SO_4^{2-}。当施用元素硫时，由于初期硫氧化细菌活性较低，因此在转化为SO_4^{2-}时往往存在着一定的滞后性，在温度较低、较潮湿的土壤中这种氧化过程较慢，因此肥效滞后时间更长。

以硫酸铵、硫酸钾或硫酸的形式于种植马铃薯前施入SO_4^{2-}-S可满足马铃薯对硫的需求。马铃薯在块茎生长过程中通过喷灌施用可溶性硫肥的效果也不错。当叶柄中的总硫浓度在缺硫的浓度范围以下时，表明可能需要额外补充硫。与其他养分浓度一样，叶柄硫浓度也需要每周监测，才能对植株的硫状况和需求趋势进行可靠的估测。

通常石灰质、碱性土壤和灌溉水中钙（Ca）和镁（Mg）的含量均比较适宜，但在砂质土壤或酸性土壤中可能会出现一些缺素症状。可交换的土壤钙或镁浓度较低时，可能就需要在种植前或种植时补充钙和镁。钾肥施用量高而土壤含镁量低会增加缺镁的可能性，撒施或条施硫酸钙、硫酸镁或硫酸钾镁可满足作物对钙、镁的需求。如果土壤pH较低，可以使用白云石补充钙和镁，同时提高土壤的pH。在氮和钙均缺乏的情况下，可以施用硝酸钙。

一些块茎质量障碍，如薯块内部产生褐斑或薯块中心褐变，均与缺钙有关。为了促进块茎对钙的吸收，钙肥应施用在块茎形成区以便于马铃薯匍匐根茎的吸收。硝酸钙、硝酸铵钙、硫酸钙等肥料可在提高钙素营养的同时而不会显著增加土壤的pH。

喷施到叶片上的钙不能转移至块茎中，但当缺素症状发展时会满足叶片对钙素的需求。

土壤和植物中钙的难移动性也降低了喷灌施用的钙的有效性。当叶柄镁浓度较低时，叶面喷施硫酸镁可改善镁缺乏症状。

微量元素管理

微量元素主要通过土壤矿物质和有机质来满足植物的需求。锌、锰、铁、铜均带正电荷，可被土壤黏粒表面吸附和交换，随着土壤矿物质的风化和有机物质的降解而释放。硼也存在于土壤矿物质和有机质中，灌溉水中也含有相当数量的硼。当土壤pH在7.0以上时，这些微量元素的有效性均会随pH的增加而降低。

锌

在钙质土壤上一般需要施用锌肥，特别是土壤侵蚀或土地平整导致表层土壤迁移的地区。缺锌的土壤，应在种植马铃薯前撒施锌肥，与全田撒施锌肥量相比，条带状施肥因为肥料利用率较高，可以减少大约50%的用量。硫酸锌、二乙基三胺五乙酸螯合锌（DTPA-Zn）、木质素硫酸锌等水溶性锌肥的施用可最大限度地提高利用率。锌可以通过韧皮部从叶片移动到块茎，叶面喷施硫酸锌或螯合态锌也可以改善锌缺乏症状。

锰

在中性至酸性土壤上，在种植马铃薯前将锰肥撒施于田间可以改善或防止锰缺乏。在石灰质土壤中，可通过条状施肥或叶面喷施锰肥的方法，以尽量减少土壤固定。当土壤锰含量较低时，采用条状施肥方法将锰肥施用于种子附近，可以为马铃薯有效地提供足够的锰。采用叶面喷施时，锰也会从叶片转移到块茎，比较好的叶面喷施肥料为硫酸锰和螯合态锰。

硼

当土壤和灌溉水中硼的含量比较低时，施用硼肥是必要的，此时应在播种前将硼肥撒施于土壤中，而不宜采用条带状施肥法，因为这会增加植株硼中毒的可能性。硼酸钠、硼砂或硼酸均可以用作叶面喷肥，但叶面喷施的硼不会大量地从叶片转移到块茎。

铁

石灰质土壤铁含量比较低时，条施螯合态的铁是有益的。铁在土壤或植物组织中的移动性相对较差，因此叶面喷施硫酸亚铁或螯合态铁时得需要多次喷施才可以改善铁缺乏的问题。

铜

矿质土壤中铜的含量通常可以满足植物生长发育的需要。铜在植物组织中属于中等易移动性元素，在块茎膨大期，叶面喷施硫酸铜或螯合态铜可以增加叶柄铜浓度。铜还是某些马铃薯杀真菌剂的常见组成成分，因此喷施农药的过程中也可以为植物提供大量的铜。

氯

在灌溉水或氯化钾肥料中通常均含有足够的氯，可以为马铃薯提供充足的氯营养。当灌溉水含有的氯化物浓度偏低或施用K_2SO_4或硫代硫酸钾等不含氯的肥料时，可能会造成氯的缺乏。

第9章

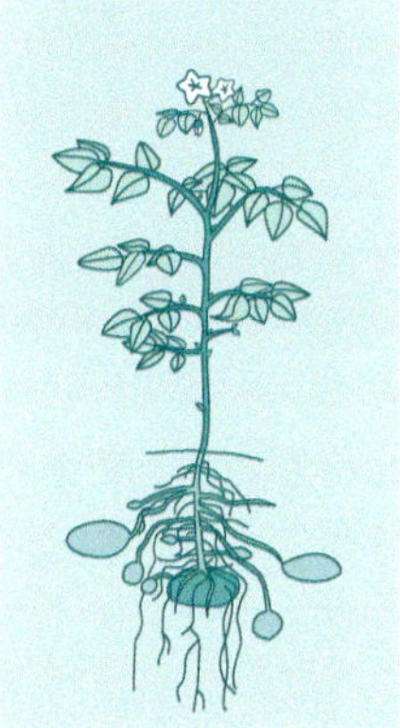

Neil C. Gudmestad 北达科他州立大学植物病理学系，法戈

马铃薯健康——从萌芽到收获

在马铃薯种薯播种并开始萌芽之时，就应该已经开始实施一些影响植株健康的措施了（第2章和第5~8章）。随着植株的生长，很多环境方面的变化会影响马铃薯的健康。生长季节的作物营养状况和水分管理对作物和病害的发展有很大影响。对于管理策略如何影响作物的健康状况有一个了解非常重要，这样才能更有效地执行管理策略，从而对马铃薯健康产生正面影响。

病害三角图表明，植物病害源于感病的寄主植物、致病性病原体和有利于病害发展的环境这三者之间的相互作用。实际上，经典的“病害三角”是一系列复杂的因素在各个层次上的相互作用（图9.1）。生产实践改变了环境并影响了病害的发展，如马铃薯生长的环境将受到播前整地、播种日期和灌溉管理的影响（图9.1）。灌溉管理对于在喷灌条件下生长的马铃薯很重要，因为它提供了有利于多种叶部病害的水分和高相对湿度。播前整体操作影响土壤的压实状况，也会影响水分渗透，一些根部和块茎病害会由于土壤压实导致积水而加重。播种时的土壤温度对幼芽生长速度影响很大，这反过来又会影响丝核菌溃疡（黑痣病）和烂种等病害的发生。品种的选择，除了影响施肥水平和农药的使用外，也会由于寄主的感病性而使某些病害更容易发生。

过量的氮素会刺激植物形成过大的植物冠层，使防控晚疫病的杀菌剂很难穿透。农场对于种薯的选择和轮作措施都会影响到需要防控的马铃薯病原体，轮作时间过短会增加许多病原体的数量，轮作作物的选择会影响土传病原体的存活。感染根部的土传病原体累积将最终导致水分和养分吸收效率降低，从而对作物健康产生不利影响。这些例子说明，马铃薯作物的总体健康状况直接受到管理决策的影响，并且所有导致马铃薯作物健康的变量之间复杂的相互作用需要采取全面的方法进行管理，从而实现作物生产的成功。本章的目标是对植物营养、水分管理和其他栽培措施等管理决策对马铃薯作物健康的影响形成一个基本认识。

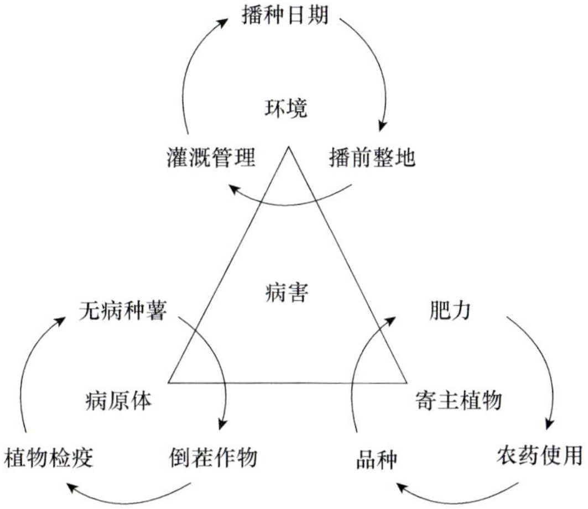

图9.1 生产措施与病害三角中的寄主植物、病原体和环境之间的相互作用。

肥 水 管 理

应对肥力和土壤湿度加以管理，以保持整个生长季植株生长的一致性。肥水管理毫无疑问是紧密相连的，特别是在灌溉条件下的马铃薯生产，植株的营养和水分状况将影响病害的发展及决定这些病害能够被防控的程度。

适当的养分管理应针对在整个生长周期维持养分的浓度（表8.1）。在非灌溉生产条件下，马铃薯所需营养（大量和微量元素）的大部分要么在整地播种前撒施并随后翻耕，要么在标记行期间或播种期间进行条施。在灌溉种植条件下，马铃薯所需的一部分氮（N）和磷（P）可通过中耕追肥或灌溉时加入液体肥料而获得。治疗微量元素缺陷也可以用叶面喷施螯合肥的方法。在灌溉条件下生产马铃薯时，通常大部分的氮是通过灌溉系统来施用的。氮过少和过多之间存在一个重要的平衡，这两者都可能对马铃薯健康产生不利影响。如果在作物发育的早期阶段（生长阶段Ⅰ～Ⅲ）未能施用足够的氮，就会增加植株对诸如炭疽病、早疫病和黄萎病的感病性。出苗后过量的氮施用可导致植株过度生长造成冠层郁闭，使植株更容易受到晚疫病、菌核病和细菌性茎腐病的危害。需要再次指出的是，平衡的施肥和灌溉计划对于有效的马铃薯健康管理至关重要。

感染根的病原体，如终极腐霉、立枯丝核菌、炭疽病菌和线虫，以及感染维管束组织的病原体，如大丽轮枝菌和尖孢镰刀菌可显著降低马铃薯植株内的养分吸收和转运。因此，在播种前实施必要的病害管理策略非常重要。如果不能有效地防控叶部病害，如早疫病和晚疫病，则植株叶面积会减少，从而光合效率将下降，最终导致植物吸收水分和养分所需的能量减少。水肥管理策略和病害管理策略必须进行整合，以生产健康的马铃薯并能够丰收。

水是马铃薯生产中最重要的投入物，它占绿色组织的90%～95%和块茎组织的75%～85%。在最佳生长条件下，浇水充足的马铃薯植株的蒸腾速率需要将植株体内的全部水分每天更换大约4次。这意味着如果缺水，马铃薯植物将在大约12 min内萎蔫。显然，水对马铃薯植株极为重要，但它也有利于许多马铃薯病害。

尽管在排水不良的土壤或雨养马铃薯生产地区，过多的水可能是一个问题，但最常见的水分管理问题是由于水太少造成的植物缺水。当土壤水被耗尽到一个临界水平以下时，就会出现缺水。土壤含水量常常表示为**土壤有效含水量**的百分比，也称为土壤有效水或有效水分保持能力。在马铃薯生长过程中，土壤水分在可利用的土壤湿度降至60%～65%及60%以下时达到临界期（图9.2）。换句话说，当35%～40%的可用土壤水分被作物使用后，对多数土壤来说马铃薯植株都会出现缺水现象。

水分管理受土壤类型的影响很大。不同的土壤接受和保持土壤水分的能力不同（表9.1和图9.3），这些差异必须考虑在内。例如，细砂至粗砂土每英尺[①]能保持的水少于1英寸，而每英尺壤土可保持的水超过2英寸。砂土地的灌溉频率要远大于壤土地。然而，在砂土地的土壤中硝酸盐淋溶威胁也远大于壤土地。每次灌溉的水量和灌溉速度对这两种土壤质地类型也会大大不同（表9.1）。对于砂土地来说，一次浇0.75英寸的水而不形成或很少形成径流是比较容易的，相同量的水不可能一次浇入壤土地而不出现负面影响。因此，充分了解农场的土壤类型对于正确进行灌溉非常重要。如果可能的话，应尽量避免同一个地块中土壤类型差异很大的情况，因为其对进行正确灌溉来说非常困难（第5章）。

① 1英尺＝30.48 cm

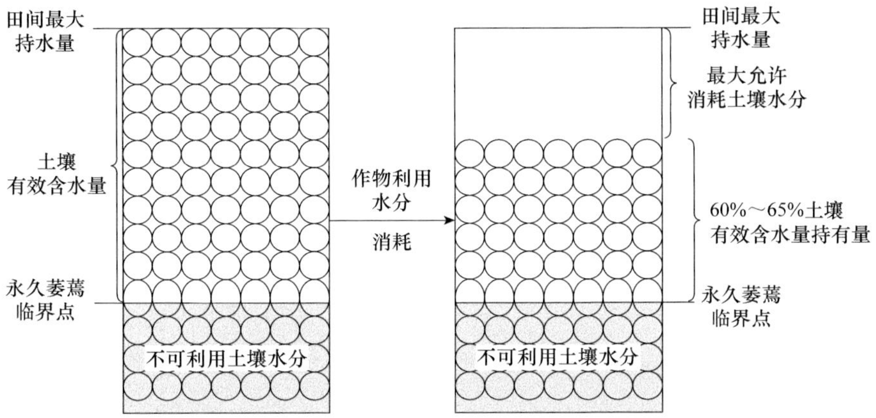

图9.2 土壤有效含水量是田间最大持水量（土壤排水后留在饱和土壤的总孔隙中的水量）和永久萎蔫临界点（植物不能再从土壤中获得水分的点）之间的差值。最大允许消耗土壤水分是在保证不对植物形成水分胁迫情况下不能进一步耗尽土壤有效含水量的点。对于马铃薯，土壤必须始终保持在60%以上的土壤有效含水量。（改编自Curwen，D. 1993. Water management. Pages 67–75 in：Potato Health Management，1st ed. American Phytopathological Society，St. Paul，MN）

表9.1 不同质地土壤有效含水量和大概渗透率[a]

土壤质地	土壤有效含水量（英寸/英尺）	渗透率（英寸/h）
砂土	0.4～0.7	0.5～1.0
粉砂土	0.7～0.9	0.5～1.0
壤质砂土	0.9～1.3	0.5～1.0
砂质壤土	1.2～1.9	0.5～1.0
壤土	1.8～2.6	0.3～0.5
粉砂壤土	2.0～3.0	0.3～0.5
黏壤土	2.0～2.6	0.1～0.3
黏土	1.8～2.4	0.1～0.3

[a]引自Curwen，1993。

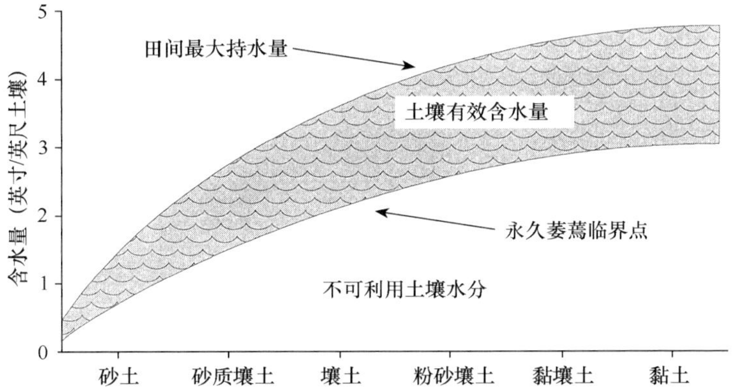

图9.3 不同质地土壤中大概的土壤有效含水量——通常土壤有效含水量随土壤中黏土含量的升高而升高。（引自Curwen，1993）

管理土壤水分应避免过度潮湿或干燥的条件，因为这些条件可导致病害或失调，进而影响块茎的产量和品质（专栏9.1）。例如，在块茎形成期（坐薯期）如果让土壤水分下降到土壤有效含水量的65%以下，便可增加疮痂病的风险，同时也会导致块茎的多种生理失调。叶片的潮湿有利于多种叶部病害的发生，如晚疫病和菌核病，并且生长季后期接近饱和的土壤湿度利于块茎病害的发生，如水腐病、粉腐病和细菌性软腐病（第18、19章）。此外，过量的土壤水分会导致氮素从根围淋溶，从而影响作物的整体健康。因此，在灌溉生产区，应该实施精准的水分管理计划，以满足但不能超过马铃薯作物的水分需求。虽然水分和养分胁迫不可能完全避免，但越接近这一目标马铃薯的产量和品质也就越好。

专栏9.1

不同生长阶段与土壤水分不足或过量相关的马铃薯病害和异常

	土壤水分不足	土壤水分过量
生长阶段Ⅰ：播种到出苗	阻碍芽块伤口适当的愈合，从而易导致芽块腐烂（烂种） 抑制萌芽和根系发育	播种过程中易造成土壤结块 容易导致芽块腐烂（烂种）
生长阶段Ⅱ：营养生长	抑制植株发育和对肥料的响应 可能导致叶片干尖儿和总叶面积减少，并抑制根系发育	在中耕过程中容易造成土壤板结和结块 可能有利于黄萎病菌（*Verticilhum dahliae*）的侵染
生长阶段Ⅲ：块茎形成	有利于疮痂病菌的侵染 增大糖末端和畸形等块茎异常的风险	有利于粉痂病菌的侵染 有利于一些块茎失调症状的形成，如心部褐变和尾部空心
生长阶段Ⅳ：块茎膨大	有利于疮痂病的发展 可能引发早衰，导致较重的早疫病和植株早死 断续的土壤缺水干燥有利于一些块茎失调症状的形成，如内部褐色斑点、表面裂缝和畸形	促进氮素淋溶，从而加重早疫病 促进冠层郁闭，从而有利于晚疫病、菌核病和细菌性茎腐病（气生茎腐病）的发生 促进块茎腐烂的发生，如水烂和粉腐病 可能有利于薯头空心的形成
生长阶段Ⅴ：块茎成熟	块茎脱水，使其在收获时更易形成黑斑挫伤 可能会导致薯尾维管束变色	导致皮孔扩大，利于软腐病菌和粉腐病菌进入 利于水烂和粉腐病菌的侵染 可能会延迟薯皮形成
收获	增加块茎黑斑挫伤的形成 增加土块结块，导致收获时挫伤增加	增加块茎挫伤和开裂 导致收获时块茎表面难以去泥 利于贮藏过程中块茎腐烂的发展

超过土壤保持能力的水将从根区淋溶氮，从而导致氮素缺乏，影响作物健康并限制产量。

土壤肥力和水分管理是相互关联的，任何养分管理计划的生产潜力只有在水分不受限制的情况下才能得到充分和有效的实现。养分吸收要通过水和蒸腾流，氮的吸收尤其与水的可获得性直接相关。马铃薯植株在水分缺乏胁迫下将表现对氮肥的响应减小，超过土壤保持能力的水将从根区淋溶氮，从而导致氮素缺乏，影响作物健康并限制产量。

田间调查

马铃薯是栽培较为复杂的作物之一，需要强化管理以确保成功，这主要是由于不断变化的生长条件和马铃薯从一个生长阶段到另一个生长阶段的变化（第2章）。危害马铃薯作物的病虫害也随环境条件和生长阶段的变化而变化。有效管理作物健康的最佳方法是有规律地定期在田间确定作物状况并检查是否存在病虫害。为了取得成功，必须不断地对马铃薯田进行调查，以做出有效的决定来保持作物健康。

提供作物和病虫害状况信息的监测工作可由种植者或具备知识的专业监测服务来完成。田间调查必须定期进行，以准确监测杂草状况、植物生长、昆虫种群和病害发展。此外，应经常进行叶柄取样，以确定养分状况；并且也应该进行土壤探测，以确定田间各部分的土壤有效含水量。农药或营养元素的及时施用必须基于田间调查中收集的信息。

在每个生长阶段，应该对每块农田的代表性区域进行彻底的监测。应挖掘和检查个别植株和植株群体，以评估从叶到根和块茎的植株所有部位的健康状况。同时，一个有知识的调查员可以确定薯块所在土层及其下部土层的湿度状况，这些信息对于未来灌溉的安排有很大的帮助。除了挖掘植株外，有效的监测还包括检查叶部和茎秆是否有害虫和病害症状，并全面清查冠层叶片，以确定不易通过直接检查单个叶片来确定的昆虫种群。

大多数马铃薯生产区都制订了重点病虫害的管理方案。一旦超过了某种病虫害的**防治指标（action threshold）**，就应该采取特定的管理措施，这通常包括根据标签施用农药，以及灌溉或施肥计划的调整。虽然很多植物病虫害可以通过非化学手段而非使用农用化学品来进行有效管理，但农药处理通常是及时应对病虫害暴发唯一有效的策略。使用农药时必须注意避免非靶标效应，应尽可能避免定期的农药施用，而只根据调查或病害预测模型确定的防治指标来进行施用。

有关特定病虫害管理的详细方法在本书的其他章节中介绍，下面的讨论将集中在马铃薯五个生长阶段（图2.1）管理实践的整合上。不同地区的营养、昆虫和病害管理策略各不相同，根据当地栽培技术的差异及灌溉与非灌溉生产的要求，接下来讨论的目标是建立一套健康管理的逻辑进程。我们的目标是提供一个整体管理计划设计模板，使其可用于建立一套整体管理计划，该管理计划可通过微调适用于特定的生产系统、生产区域和马铃薯市场类别。

生长阶段Ⅰ：萌芽期

在生长阶段Ⅰ，芽块萌芽和生根的速度受到种子生理状态、土壤水分含量和土壤温度的极大影响。在接近田间持水量的土壤中，芽的伸长速度比在干燥土壤中要快得多，这种现象在温暖的土壤中更加明显。芽的发育和伸长的速度在18～20℃下要比7～10℃下快得多。直接从冷库中取出的种薯或芽块，无论是尚发芽还是已明显发芽，其生理状态也将会影响芽进一步伸长的速率。在种薯切块和种植之前预热以促进芽的发育，比未预热的种薯发芽要快而且整齐。在出苗之前，种薯和芽块是植株生长的唯一能量来源。因此，管理种薯以促进其**快速出苗**对于从开始就建立一个健康的田块至关重要（第7章）。所有这些因素都会影响芽从土壤中出苗、长叶片直至成为不再依靠芽块（提供能量）的植株所需的时间。在此期间，发育中的芽苗特别容易受到腐霉菌猝倒病和丝核菌茎溃疡病的侵害。在适当的环境条件下，引起这些病害的病原体对幼嫩植物组织具有很强的侵染性，但对于经过木质化生理过程而增强了细胞壁的成熟马铃薯植株的侵染能力要小得多。此时，软腐细菌也可能造成麻烦，尤其是在土壤由于过度降雨或灌溉而饱和的情况下。冷凉的种薯播种在温暖土壤或容易快速变暖的轻质砂质土壤中更容易发生软腐烂种现象。当冷凉的薯块被温暖潮湿的土壤包围时，水会凝结在薯块上，造成有利于软腐细菌的厌氧环境。

水分管理在出苗前至关重要。大多数马铃薯作物管理通常建议不要在播种后、出苗前灌溉，以避免芽块软腐和腐霉菌猝倒病。然而，在许多轻质砂土生产区，为了降低风蚀和补充土壤水分，以确保发芽和出苗整齐，出苗前的浇水是必需的，否则会严重阻碍根系发育和芽的伸长。芽块播种时，土壤水分至少应为土壤有效含水量的75%，一旦芽长超过2.5 cm，芽块上方的土壤水分状况也应达到上述要求，以确保根和芽生长整齐一致。在非灌溉（旱作）田块，由于缺乏出苗前灌溉的手段，意味着必须认真考虑和注意播种前的整地、种薯处理及播种时土壤的温度和水分状况，以促进快速发芽。

在这个生长时期，根的生长速度比芽快得多。例如，如果在出苗时芽块在土壤表面下的深度约为15 cm，那么根系的深度可以达到其的1.5～2倍。出苗前，根系的侧向生长也非常可观，通常会达到垄的内部边缘。**中耕时损伤的根很少能够重新形成**。由于根系的减少会对水分和营养物质吸收产生不利影响，因此中耕应在出苗前或刚刚出苗后进行，以避免根部损伤而妨碍马铃薯植株的生长。播种后一次中耕足以控制生长季前期的大部分杂草。由于此时的中耕属于“闷耕”：此时还未出苗，拖拉机上使用的传统导航器作用不大，这就解释了为什么目前全球定位系统（GPS）技术被用于播种和出苗前的中耕。出苗前的中耕是一种很好的栽培管理策略，可以保证生长过程中的植株及其根系不会受到干扰或破坏。基于GPS的导航系统的优势在于，从播种到收获整个过程中都可以用到，在所有生长阶段通过减少对植株的机械损伤来间接改善马铃薯的健康状况。

垄形是马铃薯整体健康管理计划的重要组成部分。宽而平的垄通常比窄而尖的垄更好，尤其是在灌溉条件下种植马铃薯时。宽而平的垄比尖的垄更容易保住灌溉水，尖的垄容易使灌溉水流失，使得块茎周围的土壤较干，而干旱的土壤可导致块茎生理失调（第23章）。这种情况更容易发生在有机质含量低的砂质土壤中，但也能发生在任何类型的土壤中。使用Dammer Dikcr中耕打坑机进行中耕可以在垄沟内形成坑，这些坑作为收集池来保存灌溉系统施加的水和氮肥，从而防止径流造成的水和养分损失。

在中耕过程中，通常会进行**氮肥追肥**。氮素在生长季中的分次施用已被证明是一种有效的养分管理策略，这在容易出现硝酸盐淋溶的土壤类型中尤为重要。如果打算追肥，一定要在这次“闷耕”时进行，以避免伤根的风险，而不要推迟到植株快速生长期。常见的做法是在播种前到中耕追肥这段时间施用全生长季作物总氮素需求量的50%～60%，这当中的25%～50%是通过中耕追肥或苗前追肥来施用的。在这个生长阶段（以及生长阶段Ⅱ）实际施用氮素的量应该基于田块的产量目标和当地马铃薯生产建议。在此阶段最常见的氮肥施用形式为28-0-0（液体）或尿素（干），但在美国也有一些马铃薯生产区使用28-0-0和10-34-0的液体混合物来为生长中的植株提供磷的供应。磷的有效性受土壤pH（第8章）的影响很大，在pH很高（7.5以上）或pH较低（低于5.2）的地区，施用这两种液体肥料的混合物有益于作物健康。

大多数除草剂的施用应该在“闷耕”后至出苗前进行，以降低其可能对马铃薯幼苗造成伤害的风险。除草剂的损伤常常加剧茎和匍匐茎的丝核菌溃疡病，原因是除草剂减慢了植株的生长，从而使其长时间处于更为感病的幼嫩状态。除草剂的选择应基于其杀草谱和本地区特定的杂草种类（第22章）。许多种植者将播后氮素追肥和除草剂一起喷施，而不是在中耕过程追施，原因有两个：第一，如果施用的氮肥是液态的硫酸铵或硝酸铵，则可增强除草剂的杀草活性，以杀灭那些未被中耕杀死的杂草；第二，配合苗前除草剂进行施氮，进一步降低了中耕和追肥过程中常见的伤根风险。

生长阶段Ⅱ：营养生长期

在生长阶段Ⅱ，地面以上叶和次生茎开始发育，光合作用开始，地面以下根系继续发育，匍匐茎开始发育（图2.1）。根开始从土壤中吸收和转移养分，叶片开始蒸腾，为养分在植物体内移动提供所需的水流。如果进行**苗后中耕**，则应在该生长阶段的早期完成，以降低根系损伤的风险。此时也可进行追肥，尽管本生长阶段伤根的风险比生长阶段Ⅰ大得多。在生长阶段Ⅱ，植株将不再依赖种薯提供营养，因为植株进一步生长所需的能量由光合作用来提供。

> **未出苗的薯块可能是由于软腐烂种、苗前黑胫病、镰刀菌干腐病、丝核菌茎溃疡病，播种机性能差可导致芽块漏播或错位，抑或是因为种薯接触了抑芽剂CIPC（氯苯胺灵）。生理上"年轻"的种薯萌芽和芽的发育也是不一致的。**

在马铃薯出苗过程中，任何缺苗断垄现象都应查明原因。这只能通过踏查整个田块和挖掘缺苗的区域来完成。未出苗的薯块可能是由于软腐烂种、苗前黑胫病、镰刀菌干腐病、丝核菌茎溃疡病，播种机性能差可导致芽块漏播或错位，抑或是因为种薯接触了抑芽剂CIPC（氯苯胺灵）。生理上"年轻"的种薯萌芽和芽的发育也是不一致的。通过出苗率调查来确定实际出苗数量和播种芽块数量是否相符，进而确定是否需要重新播种是非常重要的。尽管此时基本无法改善这种状况，但是如果能够知道是否出现了严重错误或管理方案是否不足以解决潜在问题，将有助于将来的马铃薯生产。如果出苗数低于预期的70%，则应考虑重新播种。

在作物生长发育的这个阶段，水肥管理特别是氮的管理至关重要。播前的撒施基肥和播种时的肥料以及中耕时追施的肥料将确保植株的快速和持续生长。此时**充足的营养**也有助于抑制早疫病，该病容易在养分不足的情况下发生（第21章）。在这个生长阶段末期，可以开始叶柄采样以确定植株的营养状况。这是一个重要的步骤，因为它能为早期施肥方案的调整提供机会（第8章）。在某些地区，通常在出苗后30～35 d进行第一次叶柄取样并分析，以确定所有大量和微量营养元素的浓度。然而，在其他地区，叶柄取样直到块茎形成才开始（生长阶段Ⅲ）。如果检测到微量元素缺乏，若补充该元素会有一些益处，则必须在作物生长的早期进行补充，大多数微量元素的缺乏可以用螯合喷雾剂来进行补充。大量元素的缺乏也可以在该阶段予以弥补，这种现象很少出现在此阶段，此时施用P和K通常不如播种前的撒播或播种时沟施有效。然而，通过灌溉系统施用P是维持生长季内P充足的有效手段。如果苗后追施P与当地的建议相一致，则应尽可能早地在生长季前期追施，因为此时吸收根仍然在土壤表面附近（第8章），而P很少进入土层5 cm以下。无论什么品种，苗后N的追施通常会延迟到块茎开始形成后（生长阶段Ⅲ）。在进行叶柄测试和结果解读时应遵循当地的技术建议。

在生长季中本阶段的**水分管理**对作物健康至关重要，但经常被忽视。由于叶面刚刚开始生长，我们很容易想当然地认为植株不会消耗很多水，然而此时马铃薯田的水分流失非常大，必须密切关注植株的需求和土壤有效含水量。在未封垄的情况下，水分流失主要是由于土壤的蒸发，而非植物的蒸腾作用。当然，在这个生长阶段的马铃薯植株确实需要水分，所以很容易导致土壤缺水。关键的一点是充足的土壤水分对根系的持续生长发育至关重要，如果根不能充分发育，则水分和养分吸收的不足会严重损害马铃薯植株持续生长的能力。

在植株生长的这一阶段，缺水比水分过量更容易发生。土层上层30 cm内的水分不应低于土壤有效含水量的75%（专栏9.2）。如果此时土壤水分低于有效水分含量的65%，那么根部发育和叶片生长将会减缓，严重的情况下会停止生长。叶片生长不足会限制光合作用，根系发育受损会抑制植物吸收水分和养分的能力。光合作用的进行高度依赖于水和二氧化碳，在土壤水分亏缺下生长的马铃薯植物不仅缺乏光合作用所需的水分，而且为了应对水分胁迫，进而选择关闭气孔以防止水分进一步流失，从而减少它们对二氧化碳的吸收。水分和二氧化碳吸收减少的综合效应为光合作用速率降低，限制冠层进一步发育，最终减少可被转运和作为干物质储存在块茎中的糖分的量。

专栏9.2

水分管理通用指南

生长阶段Ⅰ：萌芽期

避免种植在过湿或过干的土壤中；土壤水分状况应处于适量水平，在土壤有效含水量的75%～85%。这种湿度范围可为播种提供良好的条件并为芽条生长提供充足的水分，同时也能够避免土壤板结。如果土壤过于干燥，应在种植前进行灌溉。除非因土壤温度低或土壤变干导致出苗延迟，或需要灌溉来控制大风期间的水土流失，否则不推荐种植后进行灌溉。

生长阶段Ⅱ：营养生长期

随着马铃薯植株出苗和继续生长，土壤水分应保持在有效含水量的75%～85%。在降雨量大的地区和砂土地，应稍微降低土壤湿度，以减少强降雨导致硝酸盐淋溶的可能性。

生长阶段Ⅲ：块茎形成期

在块茎形成过程中，土壤应保持80%～90%的有效含水量。这样的土壤湿度对最佳的坐薯条件是必需的，也可减少疮痂病菌对幼薯侵染的风险。如果天气变冷并且土壤温度低于15.5℃，应将土壤有效含水量保持在70%～80%。

生长阶段Ⅳ：块茎膨大期

此生长阶段对水分的需求量最高，在这个产量形成的关键时期，土壤有效含水量在大部分时间应处于80%～90%。块茎膨大过程中的水分胁迫会对产量和质量产生不利影响，过多的水分也会影响病害的发生，尤其是晚疫病、细菌性软腐病（气生茎腐病）和菌核病。在这个生长阶段的后期，土壤水分含量可以稍微降低到有效含水量的75%～85%，因为潮湿的土壤可以减缓块茎的膨大，并使块茎易患上腐烂病，如软腐、粉腐和水烂（leak）。

生长阶段Ⅴ：成熟期

随着自然衰老的开始，马铃薯植株的需水量会减少。在停止灌溉之前土壤有效含水量可降至70%～75%，这种水分水平会促进薯块表皮形成。超过90%的土壤有效含水量可导致由软腐病、粉腐病和水烂造成的贮藏期烂薯，原因是过高的土壤湿度造成皮孔扩张。也应避免土壤有效水低于65%的过度干燥，因为这样会导致脱水，从而容易发生黑点挫伤。

在此生长阶段，应认真开始**田间调查**，以监测害虫和昆虫的发生状况。昆虫调查包括巡查全田、检查整株植物，尤其是叶子下面，并使用扫网确定害虫的状况。在这个生长阶段可能引起麻烦的害虫种群会因马铃薯种植区域及自播种以来的环境变化而变化，异常温暖的天气通常会导致昆虫更早出现。重点要监测的害虫包括科罗拉多马铃薯甲虫、马铃薯叶蝉、木虱和跳甲。对于害虫防控的决定应基于源自整个生长季全面系统的田间调查做出的种群数量准确估计和防治指标（第15、16章）。

在这个生长阶段，病害也同样可成为一个生产问题。然而，与监测害虫不同，疾病监测的目的在于确定已经制订的病害管理策略的有效性及是否需要额外的农药施用。已有一些用于晚疫病和早疫病的病害预测系统，可有效地帮助确定施用杀菌剂的时间（第21章）。种植者可通过农场单机版系统，或通过作物咨询服务和大学来使用这些程序。通过使用这些病害预测模型来确定开始施用叶面杀菌剂的时间及后续施用频率。根据积温和生产区域的不同，根茎线虫的有效防控可能需要在生长阶段Ⅱ或生长阶段Ⅲ使用杀线虫剂（第20章）。

当在某一地块巡查晚疫病，应该将巡查重点放在最容易发病的区域，这些区域通常位于空气不易流通或叶片上容易长时间保持湿润的地方。靠近林带或林地、低洼处或喷灌圈的中心处都会保持较长时间的潮湿，因此也是需要重点巡查晚疫病的地方。

在这个生长阶段早疫病也开始发生，早疫病菌对衰老的叶子侵染性较强，所以在这个时期出现早疫病可能表明植株的营养缺乏，最有可能是缺氮，从而导致了植株高度感病。如果不对氮肥施用计划做出调整，早疫病的严重程度将会增加。

生长阶段Ⅲ：块茎形成期

在生长阶段Ⅲ，匍匐茎顶端的膨大意味着块茎开始形成，大多数品种开花。这是一个相对较短的生长阶段，通常持续10～14 d。水分管理对未来作物的质量至关重要，此期间的土壤湿度不合适可引起多种块茎生理性病害，如半透明末端、糖末端和黑色末端（专栏9.1）。

疮痂病是由链霉菌引起的，容易侵染在干燥土壤中生长的马铃薯块茎，通常土壤有效含水量低于70%利于发病。在这个生长阶段，马铃薯植株开始消耗大量的水。一种常见的管理策略是从块茎开始形成到直径为2.5～4.0 cm这个阶段保持土壤有效含水量在80%～85%。在这样高湿度的土壤条件下，每一个正在发育的块茎表面都会形成一层薄薄的水膜，从而限制疮痂病菌的侵染。然而，高土壤湿度会有利于粉痂病菌的侵染，这种病很容易与疮痂病相混淆。重要的是要知道田间存在哪种病害才能最有效地控制它，只有熟悉这两种病害的，才能进行准确的鉴定（第19章）。

在本生长阶段，如果土壤湿度太低，通常低于土壤有效含水量的65%时，会诱发**半透明末端**和**二次生长**等块茎生理性病害（专栏9.1）。这些病害不是由单独的土壤水分低引起的，而是由温度和土壤湿度相互作用引起的。如果在这个生长阶段没有封垄（地表未被100%覆盖），太阳辐射将被土壤而不是叶片截获，而干燥的土壤将会比潮湿的土壤更容易升温。因此，在块茎所在土层保持80%以上的有效土壤水分对于减少半透明末端和二次生长非常重要。

在土壤水分接近饱和的情况下，过高的土壤湿度也会在此阶段对作物的发育产生有害影响。潮湿的土壤有利于**褐心**和**空心**等块茎生理性病害的发生，特别是在此期间天气转凉的情况下（专栏9.1）。土壤低温是‘Russet Burbank’（‘布尔班克’）褐心产生的主要因素。在块茎形成和膨大早期，连续5～7 d土壤温度低于13℃，便可引起褐心和空心。土壤湿度也会影响褐心的形成，块茎形成期间土壤有效含水量越高，褐心病的发生率越高（第23章）。

对于灌溉条件下生产马铃薯，用于降低褐心和空心风险的通用准则较少。如果在块茎形成期土壤温度低于16℃，则应避免土壤有效含水量超过70%（专栏9.2）。如果天气条件允许，应等到土壤水分下降到有效含水量的65%再进行灌溉，以便在这一块茎形成的关键阶段使土壤变暖，对马铃薯田间的水分进行严格管理至关重要。如果天气条件导致土壤温度低于正常水平，则应保持土壤干燥，但不得低于65%的有效土壤水分，以减轻褐心的发生。关注天气预报对于确保在空气和土壤温度上升的情况下管理土壤水分非常重要，从而避免诱发半透明末端。

通常，一旦坐薯的数量足够，苗后**追N**就可以开始了。这些出苗后最早的追肥效果非常好，而且取决于产量目标、品种、叶柄N含量状态及播种后过度的降雨或灌溉可能导致硝酸盐淋失的可能性。大多数马铃薯品种在出苗后70～75 d的N吸收效率最高，因此，出苗后N的分次施用通常应在该时间点前后进行。重要的是追N的量不应过多，以避免刺激形成叶片徒长。过多的叶片使植株非常容易倒伏，并且还可造成冠层郁闭，不利于通风，导致叶片持续湿润的时间增加，从而有利于一些病害的发生，如晚疫病、早疫病、灰霉茎腐病、气生细菌性茎腐病和菌核病。

在灌溉条件下种植的马铃薯作物**叶部病害**的压力更高一些，这是由于频繁喷灌和茂密的冠层产生的影响。喷灌不仅有效地传播一些病原体，而且延长了每天侵染所需的湿润期。一旦马铃薯田块完全封垄，冠层内的小气候就变得非常有利于病害的发展。系统的田间调查对于持续监测叶部病害的发生状况非常必要，基于病害监测和预测的结果，可以增加或减少用于早疫病和晚疫病防控的叶面施药。田间病害发生率和严重程度的详细情况只有通过田间实地调查才能获得，无可替代。为了最大限度地控制一些病害，如菌核病，可能需要在花期喷施杀菌剂，这样的喷药应该以田块以往病史和植株生长阶段为依据，而不是依据田间调查（第21章）。

在**田间调查**期间，重要的是持续在整个田间挖取植株并检查其地下地上部分以评估其整体健康状况。在作物生长的这一阶段，任何会影响产量和品质的丝核菌茎溃疡和匍匐茎溃疡都将会很明显。丝核菌更易侵染幼嫩的植物组织，因此在这个阶段的明显侵染可能是最具经济损害性的。主茎严重感染会导致整个植株死亡；匍匐茎发病，症状不明显，这可能导致块茎数量的减少，或者（在不太严重的情况下，当病斑未对匍匐茎进行环绕时）导致块茎畸形。在作物发育的这个阶段，几乎没有办法改善这个问题。当很多匍匐茎被病斑环绕时，可导致块茎数量显著减少，从而影响总产量。在这种情况下，可能唯一能做的就是对施肥方案进行调整，如减少苗后N的施入量以降低产量预期。

如果需要使用苗后除草剂来帮助解决严重的杂草问题，在此生长阶段还应该密切巡查田间**杂草**发生情况，尤其是在完全封垄之前。由于许多土壤施用的除草剂都是高度水溶性的，因此容易被大雨淋溶而稀释，影响其对杂草的防控。杂草防控的失利对生长发育中的马铃薯作物的整体健康会产生诸多负面影响。只有少量的苗后除草剂被登记用于马铃薯，并且大多数的杀灭能力较弱（第22章）。一些除草剂，如二甲戊灵和甲草胺，必须在作物生长的早期施用（生长阶段Ⅱ或Ⅲ），以尽量减少药害。这些除草剂如果在作物生长周期中尽早施用，就能控制马铃薯田各种常见的杂草。苗后施用嗪草酮必须仔细考虑，因为已经知道它与黑点（black dot）严重程度的增加有关。表14.1列出了马铃薯生产中使用的部分除草剂的商品名。

生长阶段Ⅳ：块茎膨大期

在生长阶段Ⅳ，块茎细胞继续膨大并积累水分、碳水化合物和其他营养物质。块茎是碳水化合物积累的主要场所。块茎产量和品质可通过一致的生长条件和消除生物与非生物胁迫而得到提高，重要的是保持叶片健康，以使产量最大化。此时需要特别注意叶部病害，以确保它们不会抑制作物的光合作用能力。此时，很多害虫同样可以造成麻烦，包括那些通过破坏叶片（科罗拉多马铃薯甲虫和食叶毛虫等）或转移和积累碳水化合物（蚜虫、木虱和马铃薯叶蝉等）而直接阻碍光合作用的害虫，以及那些能够作为马铃薯病原体传播介体（各种蚜虫和叶蝉）的害虫。当季桃蚜传播马铃薯卷叶病毒可对‘Russet Burbank’（‘布尔班克’）等造成毁灭性结果，传播植原体和相关病原体的各种叶蝉对一些加工品种影响很大。这一时期，植株的营养状况会影响某些病害的发展，而水分的管理会对作物健康产生深远影响。本生长阶段是一个关键时期，需要重视以确保作物健康的恰当管理。

充足的营养对于块茎充分发挥品种的遗传潜力进行膨大至关重要。应该在生长阶段Ⅲ通过叶柄分析发现任何微量营养元素的不足，并予以补充。在生长阶段Ⅳ期间，N是唯一可以有效施用的养分，尽管在某些生产区域，只要土壤表层附近有吸收根，就可在此生长阶段的早期施用P（第8章）。由于块茎是这一阶段的生长核心，因此重要的是N的施用应避免刺激叶片过度生长。此阶段过多的叶片有利于叶部病害发生，如细菌性茎腐病（气生茎腐病）和晚疫病。将马铃薯植株从块茎膨大转变为营养生长或再生长，必然会对块茎产量和品质产生不利影响。我们的目标是促进作物的均匀生长，这将使块茎重量几乎呈线性增长。在这个生长阶段，马铃薯植株极有可能变得缺N，使得它们更容易受到早疫病的侵染，以及弱寄生菌的侵染，如赤星病菌（*Alternaria alternata*）和灰霉病菌（*Botrytis cinerea*）。不同品种的营养正常范围有所不同，但表8.1为生产者提供了一个常用的参考值。应该遵循当地技术人员的建议，以应对不同区域在气候、土壤类型、品种和产品最终用途方面的差异。

在这个生长阶段，高效的水分管理也很重要。作物的用水量通常相当高，每天6～10 mm的蒸散量很正常。要获得并保持所需的土壤有效含水量，需要每天进行管理决策，**避免植物缺水**是最常见的问题。土壤水分不足（60%～65%的土壤有效含水量），能够增加早死并创造有利于疮痂病发生的土壤环境而极大地影响作物健康和块茎品质。相反，土壤水分过多会促进硝酸盐淋溶，从而导致早疫病感病性上升及叶片茂盛，后者有利于某些叶部病害发生（专栏9.1）。在土壤水分接近饱和的条件下，块茎皮孔会增大或开放，利于软腐细菌进入，从而增加贮藏中腐烂的风险。此外，在生长阶段Ⅳ后期，土壤水分过多会使块茎容易被粉腐病、水烂和细菌性软腐病等的病原体侵染。异常的土壤水分（太湿或太干）有利于一些生理性块茎病害，如内部褐斑、生长裂缝和二次生长等发生，所有这些都会降低马铃薯的商品性。

至关重要的是每天仔细监测每个田块的土壤水分状况，以确定水是否不足、充足或过量。尽管在这个生长阶段的大部分时间内计算和预测的蒸散率可能很高，但在这个时期的后半段，马铃薯植株的实际用水量要少得多的情况并不少见。暴露于白天温度高于35℃且夜间温度高于21℃的马铃薯植株最终将“关机”，生长或块茎膨大基本停止。这些环境条件对马铃薯植株造成很大胁迫，如果这样的条件持续1～2周，甚至超过2周，用水量将急剧下降。在这种情况下，持续灌溉会增加田间土壤水分过多的风险，会导致土壤长时间处于饱和状态或接近饱和状态。因此，不建议使用计算或预测的蒸散量作为管理灌溉水的唯一方法。

喷灌的时间可影响叶部病害的发生，晚疫病和早疫病的病原菌的侵染都需要叶面上有自由水；早疫病菌孢子的形成需要干湿交替的条件（第21章）。因此，灌溉时间可影响这两种病害的发生。然而，灌溉时间的影响因生产地区和当地环境条件而异。例如，在爱达荷州、俄勒冈州和华盛顿州的干旱马铃薯产区，结露的发生频率比潮湿的中西部地区要低。在**干旱的美国西部**，晚疫病菌侵染所需的自由水通常是由喷灌提供的。如果在温度和风速较低的夜间灌溉马铃薯田，则喷灌所提供的湿润时间可能比白天灌溉长得多。因此，对于已经感染晚疫病的马铃薯田应在白天浇灌，以最大限度地减少病原体的生长和侵染。相反，在**美国中西部**的马铃薯产区，露水形成频繁，这也是晚疫病流行的主要驱动力，这就是晚疫病在美国中西部地区比干旱西部地区更值得人们关注的原因。既然结露经常发生，则在该地区受晚疫病感染的马铃薯田块应该在夜间浇水，而不是白天，因为夜间叶片即使不浇水也潮湿。在清晨灌溉，可能会延长当时正在灌溉的部分地块的湿润期。叶片湿润延长的这几个小时很可能就是病菌侵染的关键所在。在感染晚疫病的田块中改变灌溉时间将对病害发展产生影响，但与施用杀菌剂的时间相比，其影响要小。然而，这些轻微的影响很可能就是晚疫病能否有效防控的区别所在。结合有效的叶面杀菌剂施用，适宜的灌溉时间可以成为有效的病害管理工具。

细菌茎腐病（气生茎腐病）在许多马铃薯品种中可能成为问题，特别是那些生长习性不确定的品种或在高氮肥条件下容易产生过量叶片的品种。在生长季节的这个时期，用化学农药来控制这个细菌性病害几乎是不可能的。但是，通过灌溉管理可以控制该病进一步的传播和发展。一旦发生此病，通常建议进行少次多量的灌溉，从而使冠层下部的叶子在两次灌溉之间晾干。由于细菌需要水才能生存，因此水分管理往往是有效控制该病传播的唯一策略。

在这个生长阶段，大多数马铃薯品种在比前期（块茎形成期）所要求的土壤湿度稍干燥一些的土壤中膨大速度更快。因此，马铃薯田块在此生长阶段的后期采取“偏干”的策略，使土壤有效含水量处于75%～85%。维持这种**土壤水分状况**可以实现多种病害管理的目标，但最重要的是，这是一种最大限度地减少块茎腐烂、腐霉水烂和粉腐病风险的有效方法。稍低的土壤湿度使马铃薯植株能够从较深的土层中吸取水分，从而为生长季后期和收获前可能出现的降雨留下额外的土壤容量。这一点在美国东部和中西部地区更为重要，相比美国西部，这些地区在生长季节后期常常出现大量降雨。如果土壤处于较高的含水量，如土壤有效含水量超过90%，则不需要太多的降雨就能导致土壤饱和，从而促进块茎腐烂。

随着块茎在这个生长阶段继续膨大和增长，对二氧化碳（CO_2）跨细胞膜和通过块茎皮孔扩散到土壤空隙的需求越来越大。块茎是活的植物体，由于呼吸作用，CO_2自然会积聚在块茎组织中。随着块茎变大，CO_2需要更长的时间才能通过皮孔扩散并逸出。这就是为什么在这个生长阶段，**皮孔**会随着土壤水分的增加而迅速**扩大**和开放。在接近饱和的土壤（95%～100%的土壤有效含水量）中，块茎周围形成一层薄薄的水膜，从而抑制了CO_2从块茎中扩散出来和O_2的进入，其结果是皮孔继续扩大并直到水膜破裂，从而使CO_2进入土壤。扩大的皮孔是软腐细菌、粉腐病菌和水烂腐霉菌（极少数情况下）的重要侵染途径。如果在生长阶段Ⅳ后期和生长阶段Ⅴ放任过高的土壤湿度发生并持续存在，则马铃薯的可贮藏性将受到严重损害。

在此生长阶段，每周的**田间巡查**必须继续进行以确定害虫的潜在状况。在有利的环境条件下，一些咀嚼式口器和刺吸式口器的昆虫会显著增加，大多数生产区已针对这些害虫确定了防治指标。马铃薯叶蝉、马铃薯木虱、桃蚜、马铃薯蚜虫、科罗拉多马铃薯甲虫、粉纹夜蛾、黏虫和地老虎可显著影响马铃薯植株有效生长和块茎膨大的能力。此外，桃蚜可传播马铃薯卷叶病毒，导致一些品种的块茎网状坏死，造成块茎品质严重下降（第16、17章）。一旦这些害虫的数量达到防治指标，通常就可以用杀虫剂控制它们。天气条件可能会影响线虫，如对于短粗根线虫，在这一生长阶段可能需要额外施用杀线虫剂才能有效地抑制其危害。

正是在这个阶段，田间经常**施用杀菌剂**来控制叶部病害，包括晚疫病和早疫病。然而，关于杀真菌剂应用频率的决定应该与病害预测模型和监测报告相结合，以提高杀菌剂的效率。

生长阶段Ⅴ：成熟期

在生长阶段Ⅴ，叶子和枝蔓开始变黄并最终落叶死亡或被杀秧剂杀死。随着光合作用的速率降低，块茎生长开始减慢，干物质含量达到最大值。随着块茎的成熟，薯皮开始老化。**土壤水分**应继续降低，以确保块茎健康进入贮窖，降至70%～75%的土壤有效含水量再进行灌溉补水（专栏9.2）。必须避免过量的土壤水分，以减少粉腐和水烂（专栏9.1）。如果此阶段的土壤持续温暖（高于21℃）并且土壤有效含水量很高（高于95%），也可能发生一种病因不明的块茎病害——粉眼病。但是，土壤水分不要消耗得过多也很重要，因为干燥的块茎在收获过程中更容易出现黑点挫伤（第23章）。

由于马铃薯冠层随着收获的临近而开始缩小、地表覆盖度降低，阳光照射到地面会刺激杂草（尤其是一年生草类）种子的萌发。**杂草管理**对于减少收获时的挫伤和防止块茎被杂草根带出收获机是很重要的。

杀秧对许多马铃薯商品性状很重要，不仅能够保持外观，而且能最大限度地减少收获过程中挫伤和伤口的形成。引起早疫病块茎腐烂、镰刀菌干腐病和腐霉水烂等许多块茎腐烂病的病原体都需要通过伤口才能成功侵染块茎。杀秧将促进薯皮老化，有助于减少收获和贮藏操作过程中伤口的发生，从而降低各种块茎腐烂病原体侵染的风险。一旦块茎的周皮形成，就可以进行收获了。

第10章

N. Richard Knowles 华盛顿州立大学园艺与景观建筑系，普尔曼

Edwin S. Plissey 缅因大学植物、土壤与环境科学系，奥罗诺

在收获、贮藏和贮后操作中保持薯块健康

当马铃薯在田间健康生长成熟后，接下来的挑战是减少马铃薯在收获、贮藏和贮后操作中的损失。

马铃薯块茎是活的有机体，在贮藏、运输过程中容易出现品质下降的问题。我们的目标是通过采取一些措施，尽可能长时间地保持块茎品质。如果马铃薯在生长过程中因某些胁迫因素，如极端温度、病虫害等已经出现品质下降的情况，那这一目标就很难实现。

本章主要介绍收获后健康状况良好的马铃薯的最佳处理和贮藏方法，也会简要介绍“问题马铃薯”的一些处理准则。想要在收获、贮藏、贮后维持块茎品质，需要对马铃薯在田间的生长状况有透彻的了解，从而更好地预测其生理行为。只有这样才能制订有效的管理措施，以保持其品质与作为种薯、加工薯或鲜食马铃薯的最终用途相匹配。

块 茎 品 质

为了保证收获、加工和贮藏过程中的块茎品质，应当从整体上了解采收前和采收过程及贮藏前等能够影响种薯或者鲜食马铃薯品种的条件，如品种特性、生长条件、农事操作、胁迫因素等（图10.1）。苗子的状况、土壤和块茎温度及收获期间的机械损伤可能会极大地影响块茎品质和耐贮能力，这些都是确定收获时间的重要参考因素。另外，无霜期长短、目标产量和块茎大小也需要考虑。

从田间到餐桌的每一个阶段，都可以发现块茎品质下降的证据，而且质量下降的原因具有明显的阶段特征。例如，收获和运输过程中品质下降的原因主要是机械伤；贮藏期间的常见问题有挫伤、伤口愈合不当、淀粉分解、糖积累、失水、腐烂和发芽等；市场销售期间，块茎暴露于光照下变绿是最主要的原因。

鲜薯市场的经济回报很大程度上取决于块茎大小，满足特定市场需求的块茎级别可以享受一定溢价。在高档的直接或铝箔包装的烘烤马铃薯市场中，外观没有缺陷是至关重要的（图10.2）。如果不考虑品种本身的因素，薯面光洁和颜色鲜亮的马铃薯能够卖到更好的价格。

加工企业常年需要健康、无疾病、无损伤、大小合适的块茎。因此经过长期贮藏，仍能满足加工品质需求的能力十分重要。虽然不同加工类型，如薯片、薯条、全粉等对品种特性的要求不同，但是较高的出成率是共同要求，这通常需要较高的干物质含量。低水平的还原糖（葡萄糖和果糖）和高淀粉含量是薯片和薯条加工所必需的。加工企业经常向种植者提供

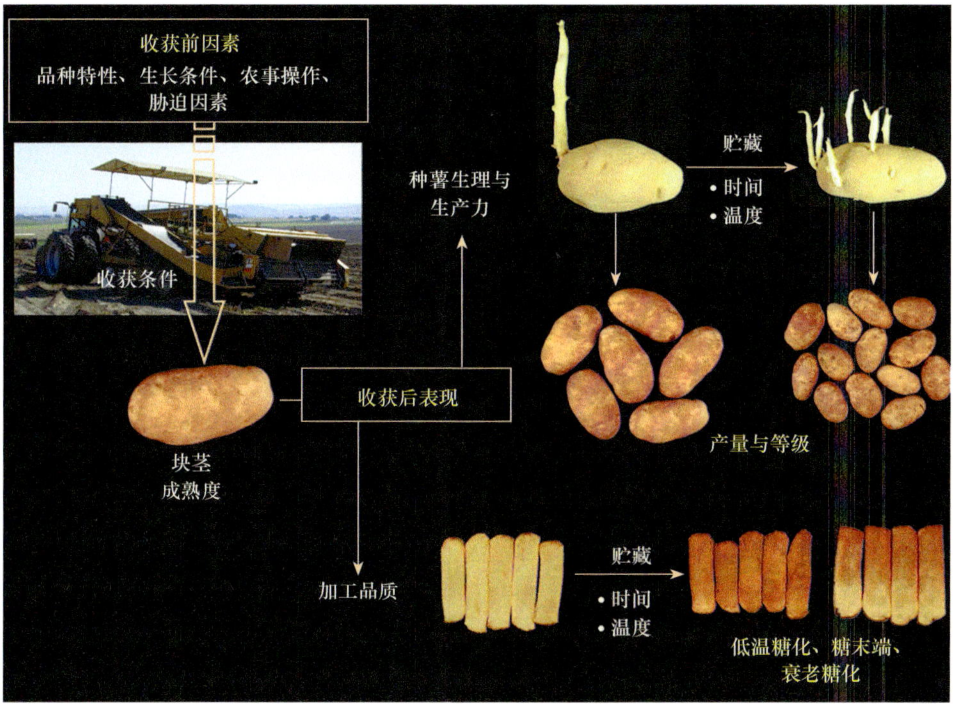

图 10.1　生产环境中的固有变量与贮藏期间的条件共同影响块茎成熟度，进而影响后续种薯和加工品质的采后表现。对于确定保持采后品质的最佳管理措施，需要充分了解作物的历史。

奖励，以鼓励优质块茎的生产和交付。

对于种薯而言，病害检测合格、没发芽的、大小合适、生理年龄恰当、具有高产潜力是至关重要的。

从收获后的角度来看，面临的挑战是如何通过妥善管理加工和贮藏环境，保持种薯、鲜薯和加工薯的质量特性。要实现这一目标必须从收获前开始对影响块茎健康的各个方面进行综合评估。

图 10.2　减少收获和运输过程中的机械损伤对于获得没有瑕疵的块茎至关重要，这可以使能够作为最佳等级直接烘烤或锡纸、微波烘烤的马铃薯商品产量达到最大。

收获准备

为了获得质量最佳和贮藏能力最强的马铃薯，收获时间应基于主茎状况、成熟度、目标产量、薯块等级及土壤和块茎温度等方面来确定。收获前通过杀秧可以促进薯皮老化，减少病害发生，利于机械收获。在无霜期较长的地区，一些品种会在收获时自然衰老。在块茎发育成熟期（生长阶段 V），生长季节较短或水分和相对湿度较高的地区，主茎的衰老会延迟，管理主茎状况和块茎的成熟可能更具挑战性。

马铃薯成熟度管理

收获前对作物进行适当的处理可最大限度地减少收获和加工过程中对块茎的机械损伤。在一些地区马铃薯收获时植株仍然是绿色的，块茎还未成熟。通常将这样的马铃薯直接运送到鲜薯或加工市场，在损耗发生之前立即使用完。由于收获时薯皮未老化导致薯皮破损增加，从而导致在干燥和贮藏时鲜重损失。未成熟的块茎还具有较高的呼吸速率，进一步导致运输和贮藏期间干物质的流失和热量的产生。

在美国和加拿大的马铃薯主产区，收获的大部分作物在销售前进行贮藏。为了保持品质和提高耐贮性，种植者必须生产成熟的块茎，以防止收获和处理过程中的机械损伤。成熟的块茎是自然或人为地设法达到完全生理成熟的块茎。生理成熟的块茎含有较高的总固体含量，即有很高的比重和高淀粉含量，以及低水平的还原糖和蔗糖（图10.3）与良好薯皮。在生长季结束时可以监测蔗糖和葡萄糖含量，以估计相对成熟度，这将在贮藏季节早期指导温度管理。在收获时，蔗糖含量大于块茎鲜重0.15%（约块茎干重的0.8%）的马铃薯在贮藏过程中容易过早增加还原糖（葡萄糖和果糖），这最终导致加工过程中的变色问题。

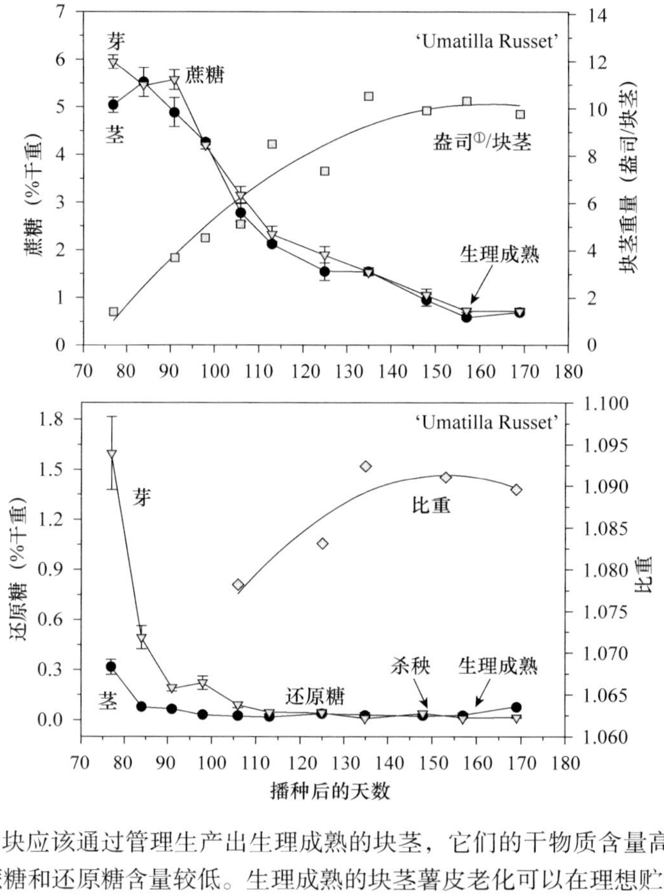

图10.3 一个田块应该通过管理生产出生理成熟的块茎，它们的干物质含量高，如比重较大，并且在收获前蔗糖和还原糖含量较低。生理成熟的块茎薯皮老化可以在理想贮藏条件下最长限度地保持其加工品质。可以通过监测蔗糖和葡萄糖来估计块茎的成熟度。（E. P. Driskill和N. R. Knowles友情提供）

采收时机对于收获健康、无损的马铃薯是至关重要的。早熟品种，如'Russet Norkotah'、'Norland'和'Shepody'（'夏波蒂'），通常采用较少的收获前处理进行低伤害收获。在北方产区尤其是晚熟和中晚熟品种，在收获之前往往会遭遇严重霜冻天气，使得块茎成熟和无损收获计划变得复杂。在这些地区，可以通过适时早播和促使早出苗来促使马铃

① 1盎司=28.349 523 g

薯在收获前到达完全的生理成熟。

通常情况下，对养分、灌溉、耕作和杀秧进行精心管理能够确保马铃薯的成熟。但是在生长后期施用氮肥会延缓成熟，降低马铃薯比重，提高还原糖含量。氮肥施用总体不能超过作物总需求量，同时在收获前4～6周应停止施用氮肥。

在马铃薯成熟期应当降低灌溉次数和灌溉量，土壤含水量保持在70%～75%，以促进块茎成熟和薯皮老化。成熟期过高的土壤含水量会导致粉腐病、红眼病和湿腐病（leak）的发生；土壤含水量过高也会导致块茎皮孔增大，这样也会增加贮藏过程中细菌性软腐病的发生。此外，收获时过度潮湿的土壤会使块茎带土，这会影响氯苯胺灵（CIPC）和后来在贮藏中施用的其他发芽抑制剂的渗透性。贮藏过程中块茎带的泥土会阻塞通气管道，影响通风效率和通风均匀度。因此为了确保马铃薯入库前尽可能干净，收获前控制水分是实现这一目标的第一步。收获时过干的土壤使块茎脱水，会增加对黑斑挫伤的敏感性（第23章）和贮藏期瘀伤，因此在有灌溉条件的地区应当通过浇水来防止因土壤过干而导致的块茎脱水。黏土含量高的土壤在干燥时会板结形成土块，土块可能是收获期间产生挫伤的重要原因，因此应该设法通过翻耕和其他田间作业（灌溉等），以尽量减少土壤板结和土块形成。

杀秧

马铃薯的秧进行光合作用，将产生的蔗糖转移到块茎中，在块茎中发生大量的碳水化合物相互转化。杀秧停止了这一过程，从而使可溶性糖降低，将固形物（比重）稳定在块茎中（图10.3）。杀秧会加快周皮组织和薯皮的老化（专栏10.1），从而减少收获和后续处理过程中的机械损伤。薯皮老化程度高还可以在一定程度上避免真菌和细菌性病害从伤口侵入。贮藏过程中因病害造成的大量损失，可直接归咎于采收前未能实现适当杀秧而导致的块茎成熟度不够。杀秧可以杀死有可能干扰收获的杂草，有助于阻止早疫病和晚疫病的病原孢子从叶面上扩散到块茎上（第21章），并能限制病毒在生长季后期通过蚜虫和机械手段传播，这对于种薯生产具有重要意义。

专栏10.1

薯皮形成

块茎的周皮组织是由木栓细胞组成的，分为木栓形成层和栓内层。在生长过程中，木栓形成层向外侧产生多层细胞分化成木栓细胞。木栓细胞被一种蜡状的脂肪物质所包裹，这种物质可以封住外膜，防止水分从木栓细胞流失。因此木栓层是负责保护薯皮的组织。

薯皮老化是随着块茎的成熟发生的，薯皮老化对于减少块茎在收获和处理过程中损伤的敏感性是非常重要的。绿色的主茎表明木栓层的分生细胞依然活跃，随着块茎的生长产生周皮组织。薯皮老化是由木栓形成层的分生组织停止活动开始的，通常这是自然发生的，如主茎叶片衰老，但是杀秧会加快这一进程。在薯皮老化过程中，木栓形成层细胞壁建构发生变化。这个过程构成了周皮的成熟，使块茎耐剥皮。收获和处理过程中所产生机械伤暴露了皮质下方的细胞，这将形成新的木栓形成层和皮下伤口周皮，从而在伤口愈合的过程中封闭内层组织。

在田间采集块茎样品，用手轻搓后观察薯皮脱落的容易程度来确定薯皮老化度。如果轻搓薯皮很容易脱落则表明薯皮尚未老化，应当延迟收获。反之则可以收获。

在杀秧后10～14 d薯皮完成老化，薯皮老化极大地减少了收获过程中的机械伤，从而能够降低各种致病菌的侵染。

薯皮老化过程中，由于地上茎死亡后周皮组织分生层细胞活动停止，木栓层结构发生变化（图10.4）。

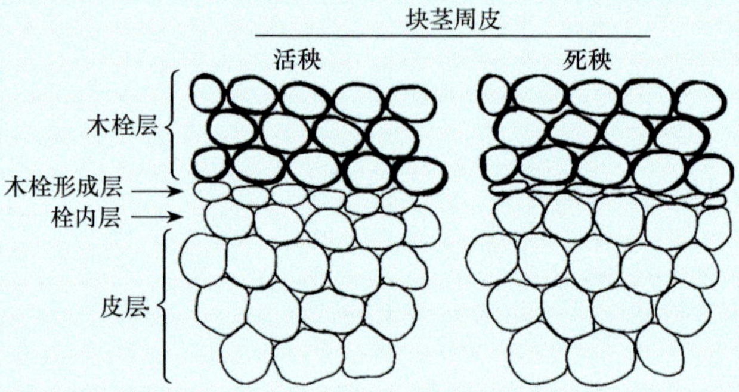

图10.4 马铃薯块茎周皮（薯皮）的细胞结构。在薯皮形成过程中，木栓形成层的结构发生变化，该层的分生活动在秧死后停止（右）。（G. N. M. Kumar绘制）

及时杀秧可通过减少收获时地上茎对机器的阻力及匍匐茎和块茎的连接力，进而提高收获进程。这样可以更容易地将块茎从藤蔓中分离出来，从而减少带着分离链的收获机的块茎损失。在需要控制块茎大小的时候，杀秧也很有用。

确定杀秧时机最好的办法是在田间取土采样并检查块茎发育状况。在评估成熟状态时，还应该考虑葡萄糖和蔗糖的监测。在大多数产区，通过机械或者化学手段（使用化学杀秧剂）或者两种方法组合来杀秧。杀秧机的切割刀可以有效切碎地上茎，对块茎的伤害小。主茎被切碎或者频繁翻动有利于增加化学杀秧剂的催枯效果。快速杀死地上主茎的缺点是偶尔会导致块茎和匍匐茎连接处发生褐变，变色的部位是块茎末端的维管束。当土壤干燥时使用化学杀秧剂，这种生理障碍会更为严重。茎端褐变会降低块茎品级，从而影响薯条和薯片的质量。

大多数品种薯皮会在杀秧后10～14 d充分老化，具备抵抗机械伤和破皮的风险。在此期间产生周皮细胞的分生组织不再活跃，这也导致薯皮的老化。在发生早疫病和晚疫病的田块应继续使用防治药剂直到地上部分全部枯死。对网状坏死敏感的品种，如‘Russet Burbank’（‘布尔班克’），应当继续使用杀虫剂，以防止蚜虫在生长季后期传播马铃薯卷叶病毒。理想条件下，主茎应该在收获前就已经枯死。如果地上茎已经完全死亡，再推迟两周收获就不明智了，因为这样会增加块茎感染立枯丝核菌和银屑病菌的机会。此外，一些加工品种（‘Ranger Russet’等）如果在地上部枯死之后保留太长时间，特别是在收获温度相对较高的地区，会老化并过度成熟，这种老化可能导致贮藏期间提前甜化和加工质量的下降。对于种薯而言，块茎杀秧后长时间留在土壤中并积累热量会导致种薯生理年龄过老，最终表现在主茎数量、结薯数和块茎大小的变化，从而影响后续作物的生产力（生理年龄过老的种薯，产生的主茎数量增加，结薯数增加，薯块大小降低）。

收获前贮藏库卫生和检查

干净的贮藏设施在贮藏期间对马铃薯的健康和品质至关重要。在收获开始之前，应对仓库的墙壁、通风区域、风管和地板进行彻底的清洁和消毒（第7章）。清理仓库后，应根据需要仔细检查所有操作系统并进行修复（专栏10.2）。隔热材料、防潮层、风扇和加湿器、管道系统、门、传感器和控制面板，必须全部功能齐全，以确保维持长期存放环境。

专栏10.2

收获前贮藏库检查清单

隔热材料

应检查马铃薯贮藏库的保温情况，以确保天花板、墙壁和门等完好无损。必须在每个组件中安装足够的隔热材料，以避免冷凝和热量损失。贮藏季内部和外部温度之间的预期差异越大，需要的隔热材料越多。对于北部地区的大多数马铃薯贮藏库，建议在墙壁上使用R-30，在天花板上使用R-40。墙壁和天花板上的冷凝及沿着周边墙壁的过度热损失通常是导致块茎在贮藏过程中损坏的主要因素。这些条件有利于细菌性软腐病和其他损害的发展，从而降低加工质量并可能导致整批产品被拒收。

防潮层

防潮层有两个目的：保持相对高的湿度以防止水分流失和萎蔫，并防止水蒸气渗入隔热层，从而降低隔热能力。它必须连续覆盖所有内部墙壁才能起作用。采前检查应包括对防潮层的彻底检查，防潮层可以是隔热的一个组成部分。在现代贮藏库中，隔热层通常专门配制和应用特殊的纹理以防止结露（图10.13E）。

风扇和加湿器

风扇和加湿器可交换空气并为贮藏环境增加水蒸气。这两种功能对维护贮藏期块茎健康至关重要。贮藏的块茎需要频繁地进行空气交换以降低呼吸作用产生的二氧化碳、热量和过量水蒸气。风扇应该在整个贮藏过程中使温度均匀和水蒸气分布均匀，风扇和加湿器的尺寸应该能够在最困难的贮藏情况下提供最大的输出量，风扇容量以立方英尺空气每分钟（cfm）为单位。每贮藏50 kg的马铃薯应提供至少1 cfm的空气。应检查相对湿度舱室甲板并清除沉积物。变频驱动器（VFD）是最先进的风机电机控制，通过该变频驱动器，只要外部空气可用，就可以根据回风温度调节风扇的速度。VFD防止过度换气，并且可以节约大量能源，与传统风机控制系统相比，它们可以减少块茎收缩并防止结露。

在贮藏之前，应确保所有轴承均已正确润滑并且传动皮带运转良好。装满贮藏库后，可以使用烟雾剂来检查通过贮藏堆的空气分布。在仅配备周边空气分配装置的贮藏设备中，必须进行仔细检查，以确保整个设施内的气流均匀，并从墙壁和天花板去除多余的冷凝水。咨询当地顾问，确定在特定贮藏设施中优化风扇运行的程序。

管道系统

管道系统包括一个通风室，通常容纳风扇、加湿器及管道，将空气均匀分配到所有的贮藏区域。管道通常由镀锌涵洞、木制部分或地板上覆盖的混凝土槽组成。在较新的设计中（图10.13C），出气口安装在混凝土地面内（图10.13D）。堵塞或破裂的管道会干扰气流，在阻塞气流的地方可能会影响块茎的质量。采前检查，确保所有管道已经修理，并且与风扇容量相适应，以提供均匀的空气分配。

门

仓库运行时，仓库门必须具有墙壁功能，因此必须配备足够的隔热层和防潮层，以保持贮藏期望的环境条件。仓库关闭时门必须密封，以避免冬季过多的热量损失，并避免温暖期从外部空气获得热量。由于使用频繁，门是最常需要维护和修理的贮藏组件。直到所有的门已经修好并正常工作之后，采前检查才算完成。

传感器和控制面板

在自动化贮藏中，传感器和控制面板对贮藏管理至关重要（图10.13B）。不正确的安装、故障或传感器故障可能会导致不利的环境条件迅速发展，从而导致对块茎健康的损害。应检查所有热电偶导线的位置和功能。确保自动化控制功能正常运行，并且所有的贮藏系统都能很好地集成。确定风门和风门马达能够根据控制面板的需求正常工作，以将贮藏环境保持在允许的公差范围内。

收获前设备检查

块茎的机械损伤可以在整个收获和处理操作中累积（图10.8）。所有的收获和处理设备都应在收获前进行检查，以确保在收获时产生的机械伤最少。明显的机械伤应当控制在3%～4%。通过识别问题区域并对收获设备进行“低损伤”改进，可以大大减少损伤（专栏10.3）。收获期间使用的所有收获机、料堆整形机、散装货车、码垛机和其他设备都应进行测试和维修以确保在高峰使用期正常运行。应更换磨损部件和损坏部件。对于磨损的轴承，应定期检查。应检查变速箱、变速器、液压管线和储液罐的泄漏情况并进行修理。电气系统应根据需要进行检查和修理。由于长期在户外存放并暴露在阳光下，橡胶链条会变得僵硬且脆化，不能再保护块茎免于受伤，因此需要替换这些橡胶链条。使用前，所有设备应彻底清洁和消毒，防止病害侵染新生块茎（第7章）。

专栏10.3

设备调整以减少收获挫伤

通过进行大量的研究，以确定收获过程中发生的最严重的块茎损坏环节和位置。可以对现有设备进行改造，以减少挫伤。当购买新设备时，最好把这些特性作为出厂设计的一部分加以考虑。

收获机

收获机是块茎机械损伤的主要来源（图10.8）。可以进行多种修改，以减少块茎在通过机器时的损坏。

收获机上的挖掘铲应与土壤质地相匹配，并使土壤和块茎流向薯秧分离链上方，而不是撞向薯秧分离链的前面（图10.5）。铰接式金属板可以安装在挖掘铲的后面，以桥接间隙，从挖掘铲上升到主筛土网。

在主筛土网上使用钩形链时，如果碰伤主要是由于块茎被夹伤而造成的，则链上的所有链环都应该是前部低于前一环的后部。然而，如果主筛土网上的挫伤产生主要是由于无法将土壤与块茎分离而没有过度摇动或回滚（主要是圆形块茎的问题），则一个直的连杆和三或四个向下的连杆的结构提供了积极的块茎运动并增加了土壤分离。理想的情况是，收获机上所有钩链都应该用带链取代，这样就消除了块茎的挤压。

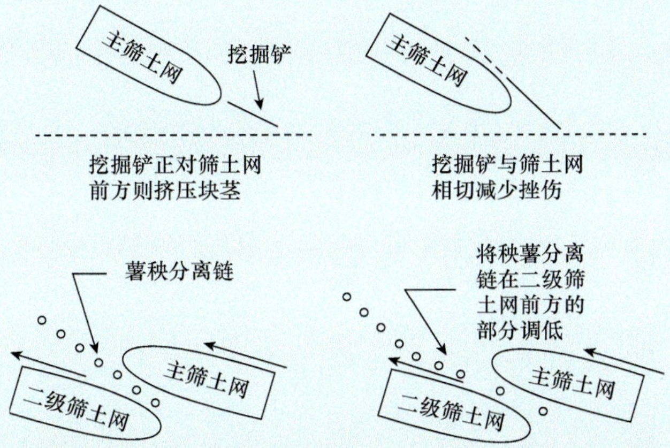

图 10.5　调整挖掘铲和薯秧分离链与主筛土网和二级筛土网的相对位置以减少块茎损伤。（引自 Hyde, G. M., Thornton, R. E., and Hermanson, R. E. 1983. Reducing Potato Harvesting Bruise. Extension Bulletin 1080, Cooperative Extension, College of Agriculture and Home Economics, Washington State University）

其他应考虑的改进是主筛土网上的液压活化振动器，以改善操作员对土壤分离的控制，同时需改进全幅式主筛土网，特别是当割晒机与收获机一起配合使用时。当收获机正在拾取行间薯块时，双床收获机链的吊钩会对块茎造成相当大的损坏，一个全幅式主筛土网，配有一个全幅式提升挖掘铲，将拾取的薯块运送到收获机上，且最低程度上减少了碰伤。传送带或橡胶化的导流板应沿传送带两侧安装，以使块茎从这些区域与传送带边缘之间的间隙处偏转。

收获机上有一个最重要的发条链。该装置应该与辅助输送机一起运行。它经常是收获机和挖土铲上块茎损坏的主要原因。如果先拆下第一组或第二组松开的链轮，则在主传送带下降后的前十几厘米处，链条会平稳地在第二传送带上运行（图 10.6）。在完成之前，必须对二级筛土网速度和传动链速度进行测量和调整，使它们相同。这种低成本的修改可以显著减少机械损伤。

图 10.6　从传送带降落的高度应该低于 15 cm。

从一台输送系统到另一台输送系统的跌落可能是挫伤的主要原因，要尽量减少跌落的高度。大多数收获机从次级链条到后部交叉输送机的落差是最大的。除了下降之外，马铃薯流动方向的 90° 变化增加了此时损害的可能性。可用的最佳填充链条应安装在后部横向输送机上，以帮助减少损伤。此外，辅助输送机的上端应该通过安装一个狗腿式驱动链轮进行调整，这可以将该下降量减少到 15 cm 或更小。如果在二级筛土网上使用了带式链条，则这种调整是最容易实现的。

后部横向提升器两端的调整可以显著减少挫伤。可以使用分体式辅助输送机，辅助输送机的内部延伸到后部横向输送机上；延长线应大约为后十字宽度的 1/3。类似地，后部横向输送机可以延伸到侧置升运器上方，恰好足以避免内部角落处的损坏，其中后部十字架的端部与侧置升运器的内部相遇。额外的填料和链条边缘偏转器也可以安装在侧置升运器上以减少挫伤。

在侧置升运器上，回滚造成的挫伤是一个非常严重的问题，因为此处流向角度比较陡。通过以能保持物料充足的速度运行输送机，可以减少回滚。如果做不到这一点，可以通过每八段长度的提升链安装一个塑料刮板链来减少回滚。塑料溶胶材料在刮板端处更硬并且因此减少了沿着提升器边缘的回滚。另一种减少回滚的方法是在侧置升运器上安装一个缓冲带。

从侧置升运器到前部交叉传送带的降落也是一个产生挫伤的关键部位，尤其是在有较多石块的情况下。应该尽可能减少这个下降高度（图10.6）。在分拣台上，偏转器传送带是必不可少的，可以覆盖钩状或带状链条边缘，在这里经常会出现挫伤。分拣台上暴露的链条边缘也是安全隐患，因为可能会挂住工人的手指。

应仔细检查收获机上马铃薯流动的所有区域，并尽可能安装填料装置，以减少块茎抖振，从而导致机械损伤。

收获机传送链速度校准

一个重要的低挫伤原则是收获机上的所有输送机应在运行过程中始终满载，以防止块茎的跳动、抖动和回滚。为了达到这个目的，输送机的速度和前方的地面速度必须协调一致，以便每个输送机上处理的材料量等于其容量。

传送带速度可以根据链条的长度和单位时间的转数来计算。首先，用软带测量传送带的周长。接下来，用喷漆标记链条，然后再完成一次完整的旋转时计时。传送带速度（单位为英尺/s）等于链长（以英尺为单位）除以一转所需时间（以s为单位）。为了用英里每小时来表示速度，将每秒英尺数乘以0.68。对于大多数地区，已经整理各种收获机传送带相对于地面速度的期望速度，并且可以从当地顾问那里获得。对传送带速度的调整应基于这些建议。

在美国马铃薯协会国家马铃薯防挫伤委员会与爱达荷大学和华盛顿州立大学合作编写的若干公报和4个视频中概述了收获机改造和输送机调整以减少挫伤的细节（参见书后主要参考文献）。应咨询当地顾问以获取这些信息来源。

散装卡车

在收获作业和仓库之间的运输过程中，块茎有很大的损伤风险（图10.8）。检查卡车车身，对于可能造成损伤的任何粗糙区域都应修理或填充以保护薯块。卸货输送机应进行调整或改装，以尽量减少卸货时的损坏。散装货车应该配备防水油布或机械罩，以使马铃薯在运输过程中免受风、雨或晒伤。当卡车需要被覆盖时，应该安装一个自动安装器以避免在马铃薯上行走（图10.7）。

图10.7 采用一个自动封盖设备来减少卡车防雨布封盖过程中在薯块上的行走。

仓库堆垛机

随着马铃薯被转移到贮藏库中，仓库堆垛机是另一个重要的损伤来源（图10.8）。所

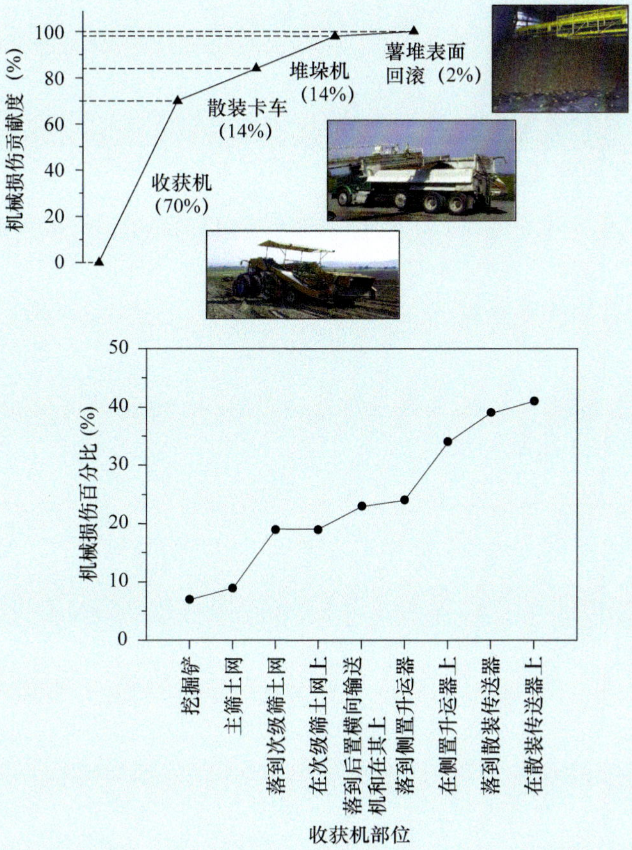

图 10.8 收获和转运设备对马铃薯块茎机械损伤的相对贡献度；在收获和转运操作过程中机械损伤逐渐累积；挫伤率3%～4%，甚至超过4%。（引自 Kleinschmidt, G. D., and Thornton, M. K. 1991. Bruise-free Potatoes: Our Goal. Bulletin 725, University of Idaho Cooperative Extension System）

有粗糙或磨损的表面应当用保护性泡沫或橡胶缓冲垫填充。应调整堆垛机以限制所有跌落降至15 cm或更小。如有必要，可以对堆垛机的接收端进行改造，使其能够在散货卡车的卸载带下充分抬升，以减少进入料斗的块茎。堆垛机上的所有控制杆应该方便操作员使用，以确保在对作物损害最小的情况下进行操作。应该调整堆垛机的链条速度和卸载散装货车的速度，以便堆垛机的输送机始终保持充满容量。为了适应不同的卸载率，可以在输送机系统中安装变速控制器。

购买新的堆垛机时，要选择可减少挫伤功能的。选择一个容量足够又相对宽一些、浅一些的料斗以防止溢出，并选择一个可调高度的装置，以尽量减少落差。卸载传送带上的橡胶皮带链条或皮带链是理想的，因为它允许在马铃薯流入贮藏箱之前将剩余的土壤筛出。悬臂输送机的长度应该是堆垛机计划深度的两倍。为避免回滚，悬臂输送机与地面之间的角度绝对不能大于45°。安装在堆垛机上的抱带也可以减少回滚。附加功能，如分拣台、分级区、伸缩臂、可变传送带速度和多个接收器可以使堆垛更加高效，并且可以显著减少操作过程中的块茎损坏。位于卸载传送带和堆垛机之间的均流箱可以在卡车未卸载时使传送带保持满载。

管理收获操作

用低损伤理念培训员工

培训参与马铃薯收获的员工对于减少损害同样重要。有必要以控制损伤为共同目标对员工进行培训，从而确保将健康块茎运送到贮藏库。所有收获人员必须明白，尽管通过最佳的田间管理马铃薯已经具备收获的条件，但是块茎薯皮依然很敏感，收获和处理过程中依然容易起皮和造成瘀伤。应该培养团队合作的态度，在马铃薯从田间到贮藏箱的每一步，团队的每个成员都要不断努力以确保质量。

应该培养团队合作的态度，在马铃薯从田间到贮藏箱的每一步，团队的每个成员都要不断努力以确保质量。

收获机、杀秧机、散装货车和码垛机的操作员是减少收获期块茎损伤的关键。他们应该确保所有坠落都保持在15 cm以内。应当意识到设备操作不当、疏忽和忽视维修可能造成的损害。应对所有员工进行培训，以便在日常维护和润滑停机期间检查设备，并识别和纠正任何可能导致块茎损坏的问题。

应该要求收获机和杀秧机操作员在主床上保持足够的土壤，以便在块茎移动时保护块茎并确保其均匀地流到第二层床上。同时提醒操作人员，应将主床链的搅动控制在将块茎与土壤充分分离的最低限度。应指导散装卡车操作员与收获机操作员密切协调，以避免块茎从高处坠落到卡车中，或者用装载吊杆将马铃薯装进卡车（图10.9）。一旦装载完成，应该用防水布仔细盖好，但是不要在块茎上行走。卡车和堆垛机操作员必须一起工作，以便使卡车出货流量与堆垛机的容量相匹配，从而使堆垛机保持满容量运行。

挫伤检测

检查时，一些瘀伤容易发现，但一些新鲜的挫伤常常是细线裂纹或难以目测的内部碎裂挫伤。可能发展成黑点的组织挫伤也可能发生在未破损的皮肤下，如果不削皮很难被检测到。

可以使用几种技术来检测收获时的挫伤，并指出造成挫伤的操作步骤，通过调整机械以尽量减少挫伤。在大型操作过程中，管理人员经常定期收集10～15 kg重的测试样本，并以重量百分比的形式确定挫伤的数量。在堆垛机前面安装一个自动取样器，非常适合在马铃薯入库时随机取样。然后培养样品，手工或蒸汽去皮，并记录挫伤。发生损伤后6～8 h，内部黑斑在挫伤组织中不会开始发展，并且其症状在一天左右不会完全发展。为了检测黑斑挫伤，块茎样品需要在室温下至少保持24 h，然后去皮检查。如果块茎样品保持在38℃，则保持期可缩短至8 h。黑点在薯皮下面显现为蓝灰色至黑色（第23章）。

当检查块茎黑斑时，首个样品应来自贮藏堆。如果发现黑点，则应在其他收获点和处理点收集样品以确定损害发生的位置（图10.8）。大块茎最容易受到黑斑的影响，应优先选样。如果发现明显的挫伤，再逐步检查小块茎。

许多加工商在收购合同中增加瘀伤条款，并惩罚交付过度机械损坏的马铃薯生产商。加工商通常从交付的马铃薯中收集样品，将它们保存1～2 d，然后蒸汽或磨损剥皮，以检测黑

图 10.9　收获机司机和散装卡车司机之间良好的沟通与协作对于避免块茎落入卡车的高度过高或收获机输送臂插入卡车薯堆内非常必要。［华盛顿州马铃薯委员会（上图）和M. J. Pavek（下图）友情提供］

斑挫伤。联邦或州检查员经常在生产者批准的情况下对所交付的马铃薯的挫伤损害程度做出公正的判断。

收获时机

收获时机可以显著影响贮藏和营销过程中的块茎健康。在美国北方地区，收获应该尽早开始，并在可能出现严重霜冻之前完成。对于许多品种而言，用于长期贮藏的马铃薯在地上茎死亡10～14 d之前不能收获，以让薯皮充分老化。在收获和处理过程中，未成熟的块茎容易起皮，并且更难以处理和贮藏。然而，最近对某些栽培品种绿秆收获的经验表明，通过在贮藏过程中严格控制破皮、挫伤和早期重量损失也可以实现长期贮藏。

收获开始后，必须密切监测土壤湿度和温度。最佳收获条件是60%～65%的相对湿度和10～16℃的薯肉温度。从低温潮湿的土壤中收获的块茎更容易产生挫伤且不易愈合，从而影响贮藏。

块茎含水量与土壤水分密切相关。从潮湿的土壤中收获的块茎含水量高，对撞击伤敏感，特别是当薯肉温度低于7.2℃时（图10.10）。从干燥的土壤中收获的少量脱水的块茎对撞击伤不太敏感，但对黑斑挫伤高度敏感（第23章）。中等水平的块茎含水量是最大限度降低总体损伤程度的中间方案（图10.10）。收获时土壤含水情况还会在其他方面产生影响，干燥

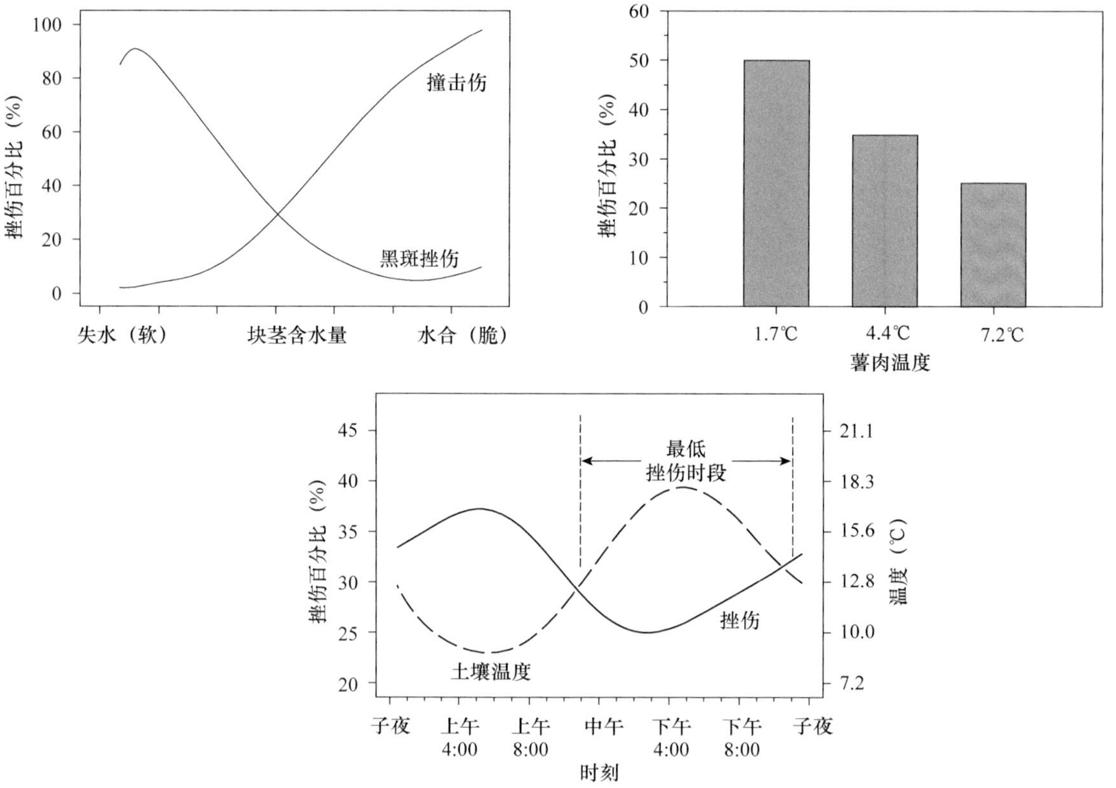

图10.10 块茎含水量、薯肉温度和一天中不同时间对薯块挫伤的作用。当薯肉温度在10～18℃时，挫伤最少。在北方产区，块茎薯肉温度通常在上午11:00到下午11:00土壤温度升高后达到最高。收获操作时间应相应调整以使挫伤最小化。[引自Thornton, R. E., and Timm, H. 1990. Influence of fertilizer and irrigation management on tuber bruising. American Potato Journal 67: 45–54（左上）；Kleinschmidt and Thornton, 1991（右上和下）]

的土块可能会导致更多的挫伤，过度潮湿的土壤则与块茎难以分离。潮湿土壤中的块茎也可能变得缺氧，其皮孔可能变大，进而增加对内部黑心病（由氧气减少引起的生理障碍）和腐烂的敏感性。理想情况下，土壤应该含有足够的水分帮助块茎缓冲，直到其被运送到收获机的二级筛土网，此时土壤应该与块茎完全分离。

收获时的块茎温度也非常重要。薯肉温度至少为7.2℃，最好是10～18℃，否则应停止收获。在块茎薯肉温度低于7.2℃时，对挫伤更加敏感（图10.10）。如果土壤结冰或气温接近或低于冰点，最好推迟收获；当温度升高后，可以连续工作到晚上。上午11:00到下午11:00，土壤温度通常最高（图10.10）。

薯肉温度也可能过高，如果高于18℃，应推迟收获。薯肉温度为21℃或更高时收获的块茎非常容易感染细菌性软腐病（第18章）或湿腐病（第19章），而且一旦它们入库，田间热量将很难散失。天气温暖的时候，清晨可能是收获的最佳时间。收获调度通常是不可预测的，天气是一个重要的因素，秋季降雨和早霜常常妨碍作业。收获时机的决策应基于土壤和作物条件、天气预报、长期天气记录和种植者经验。尽管计划安排得很好，但收获条件并不总是最佳的，有时必须做出妥协。但一定要知道，如果可以在适宜的环境条件下进行收获操作，就可以将更健康的块茎送入仓库。

操作收获机

在收获过程中，减少损伤的最重要的原则是，通过收获机的土壤、块茎和其他物料应保持在机器容量范围内。如果传送带或收获机作业时持载量不足，可使块茎过度反弹和翻滚，从而增加挫伤。在输送机过载的情况下操作，过度回滚也会增加挫伤。

收获机挖掘铲必须设置得足够深，从而以最小的损伤起出最大量的块茎。但是如果设置得过深，机器会变得过载，导致块茎分离不良。挖掘铲每深入1英寸，意味着收获机大约每行进1 min就会多处理1 t土。但是，如果挖掘铲运行得太浅，则会切伤许多块茎，并且使主筛土网上的土壤持有量不足。在筛土网上方的1/2～2/3处铺上一层土壤以缓冲块茎是很重要的。如果块茎发生反弹，则应密切监测并减少主筛土网的辅助转动。如果不能保持适当的土壤垫层，如干燥的砂土经常发生这种情况，则应该停止筛土网震动。

为了使收获机充满土壤和块茎，必须根据现场条件的变化调整前进速度和筛土网震动频率。一些收获机配备了速度可变的传送带，可以进行额外的调整。收获机操作员应该通过换挡来直观地判断变化的条件和调整前进的速度，而不是通过调整发动机的速度或挖掘铲的深度，以保持足够数量的土壤在主筛土网上。

在某些生产区域通常使用堆行机。用堆行机挖两垄或更多垄，并将块茎放置在相邻未挖的垄间地面上（图10.11）。然后，另一个收获机紧跟着收获这些块茎所在的垄。通过这一过程，不仅提高了收获效率，而且通过增加块茎输送的数量来帮助降低整体挫伤，从而使其更容易保持输送机始终满载运转。

图10.11　一个堆行机挖两垄或更多垄，并将块茎放置在相邻未挖的垄间地面上。随后，另一个收获机紧跟着收获这些块茎所在的垄，同时收起这些挖出的块茎。（N. Olsen友情提供）

天气条件决定了堆行机的操作。如果块茎挖被出时是潮湿的，可以将它们放在地上30～45 min；如果块茎干燥应立即收起，以避免脱水。如果薯肉温度接近10℃，并且高于空气温度，应立即收获以避免进一步冷却；如果薯肉温度接近18℃并且低于空气温度，也应该立即收获以避免进一步升温。块茎在堆行机上可能会加重指甲印裂纹（第23章）。不能将块茎放在温暖湿润的土壤上并暴露于强烈的阳光下；这些条件有利于块茎变绿和晒伤及贮藏期间湿腐的快速发展。淋过雨的马铃薯应该立即销售，这些块茎是无法贮藏的。

从地块中可能积水的低洼和排水不畅区域收获马铃薯是最严重的错误之一。指针式喷灌系统中心点水分含量过高，应尽量避免中心点周边25～30 m的地方种植马铃薯。从该地区收获的块茎可能由于过度浸水增加病害侵染的可能，容易感染黑心病、细菌性软腐病、湿腐病、粉腐病和晚疫病，因此这些块茎不能贮藏。如果将健康的块茎和来自潮湿地块收获的块茎混合在一起贮藏，来自过度潮湿区域的块茎可能是贮藏期间的主要病源。如果收获到来自过潮地块的块茎应当单独存放并尽快销售。

从地块中可能积水的低洼和排水不畅区域收获马铃薯是最严重的错误之一。

在石块较多的土壤中种植马铃薯的地区，一些收获机配备了真空吸收装置，以协助在输送机上将块茎与石块分开。真空吸收系统利用马铃薯较低的密度（马铃薯可能是同等尺寸石头重量的一半），将它们从石头中提起并放置在分拣台或悬臂输送机上。理想的土壤湿度下，配备真空吸收系统的收获机在分离马铃薯和石块时效率可达95%～98%。在这些条件下，配备有真空吸收系统的收获机已经显示出比一些常规装备的收获机造成更少损伤的优势。必须密切监控收获机操作。必须考虑石块加块茎的体积，以确定使薯块损伤最小化所需的前进速度与传送带速度的适当比例。通过真空吸收系统去除石块后，合适的输送速度只与块茎体积相关。由于石质土壤会增加收获期间挫伤损害的可能性，因此应制订管理计划以清除田间石块。

入库贮藏

装车后，货车应该用防水布覆盖，有以下几个原因：①保温作用，运输过程的冷害或者冻害会使马铃薯在贮藏时发生腐烂。②运输过程中暴露在阳光下可能会使块茎变得过热，并且容易造成块茎变绿。③轻度晒伤会干扰伤口愈合，并可能促进湿腐病或镰刀菌干腐病的发生。④防雨，淋过雨水的块茎在贮藏期很容易腐烂。

为确保贮藏过程中的块茎健康，卸货必须像收获一样谨慎管理。经过适当低挫伤操作培训的人员应负责堆垛机的操作。卸货时人员不得在马铃薯上行走。块茎应以均匀的速度从卡车中卸出。橡胶滑槽可以起到缓冲作用。从卸载输送机到接收输送机的坠落距离不应超过15 cm。装载输送机必须装满以防止弹跳和回滚。为了达到这个目的，输送机速度必须与卸货速度相匹配，并且每个连续输送机的速度必须与前一个输送机的输送能力相匹配。装在运输机上的抱带也有助于减少弹跳和回滚（专栏10.3）。当卡车卸载后，所有输送机应关闭，但仍保持满载。安装在卸货传送带之后的均流箱可以保证随后的传送带在未卸车时保持满载。

如果收获的马铃薯有明显的病害、遭受明显的霜冻、存在大量的石块和碎屑，则在入库前应将病薯、冻薯、石块和碎屑筛除。马铃薯入库不能洗涤，洗过的马铃薯容易烂薯。对于含有超过1%感染疫病和软腐病的块茎，应当将其剔除并尽快销售，因为这些马铃薯存在贮藏风险。如果需要进行杀菌剂喷雾，则要求高雾化超低量喷雾以防止块茎过度湿润。

在堆垛过程中，**渐进式或阶梯式堆垛**可以最大限度地减少垛面块茎的回滚（图10.12）。堆垛应保持均匀的速度，这样可以避免块茎的回滚。传送速度过高会导致块茎被扔出垛面，这种情况应当避免。堆垛机的悬臂应该靠近堆的顶部，以尽量降低坠落高度。短暂而频繁的移动限制了坠落高度，并使土壤和碎屑均匀地分布在垛面上部。垛内的土壤阻碍了气流的均匀流通，并增加了细菌性软腐病的发生。在堆垛过程中应保护位于输送机和堆垛机下方地板

图10.12　渐进式或阶梯式堆垛可以最大限度地减少垛面块茎的回滚。（引自Kleinschmidt and Thornton，1991。照片由Suberizer公司R. Hesse友情提供）

上的风道槽，防止风道被土壤阻塞，这样会干扰空气在仓库中的均匀分布。块茎不应堆放超过4.8 m深，以避免压力过大，这和品种也有很大关系。

在整个贮藏期间保持块茎健康

即使再好的贮藏条件和贮藏管理也只能保持块茎原有的质量，其健康状况不会在贮藏期得到改善。尽管在贮藏期马铃薯处于休眠状态，但是马铃薯依然能够进行呼吸作用产生热量、水分和二氧化碳。一个适当的贮藏环境对于管理呼吸作用、失水和发芽，促进伤口愈合和预防疾病发生和扩展、挤压伤、干物质流失和还原糖的过度积累都是至关重要的，这些因素都会降低块茎质量。

贮藏期间块茎经历几个不同的生理阶段：①愈合期，在此期间收获的块茎伤口愈合；②冷却期，块茎温度降低至合适的水平；③保持期，在此期间，块茎先是保持休眠并且呼吸速率低，然后休眠结束块茎开始发芽，发芽时，呼吸作用增加，热量和二氧化碳的产生也随之增加。现代贮藏库（图10.13）的设计目的是为管理人员提供在每个生理阶段控制温度、湿度和空气流动所需的设备（表10.1）。最大限度地减少块茎在贮藏期间的重量和质量损失，这对利润至关重要。在这些阶段，精确的温度管理对于控制马铃薯种薯的生理老化也是至关重要的，这将对其随后的生产力产生巨大的影响（第7章）。

图10.13 现代马铃薯贮藏设施（A）装备了控制面板和环境传感器（B）来控制温度、湿度和通风。新型的设计包括一个管道系统（C）在水泥地板内布设出风口（D）。管道系统的闸门（C）可以被选择性关闭来让空气直接对着薯堆特定的区域。将冷凝最小化是最重要的，这取决于充分与外界隔离。顶部的冷凝可以通过薯堆和库顶之间的小型通风扇来减少，但在隔离系统中装备了防潮层（E）的最新型贮藏库中不需要小风扇，因为它就是为防止冷凝而设计的。（B～E由Suberizer公司R. Hesse友情提供）

表10.1 在贮藏库中保持马铃薯健康的环境条件管理

环境条件	愈合期	冷却期	保持期	销售期
温度	薯肉温度保持在 • 12.8～15.6℃（如果块茎健康） • 10℃（如果出现块茎腐烂）	快速冷却种薯和商品薯至合适的保存温度 慢速冷却加工薯，使薯肉温度每周下降1.0～1.5℃	薯肉温度保持在 • 3.3～4.4℃（种薯） • 3.3～10.0℃（鲜食薯） • 6.7～10.0℃（薯条加工薯） • 10.0～12.8℃（薯片加工薯）	在几周内慢慢升温至10.0～12.8℃
相对湿度	保持在95%～99%	保持在95%～99%	保持在90%～95%	保持在90%～95%
通风	高速通风以去除田间热量，稳定薯堆温度，减少CO_2积累并为伤口愈合提供O_2	高速通风以控制冷却，并在冷却期间将薯堆底部和顶部的温差保持在0.3～1.1℃	低速通风，根据需要进行调整，以供入O_2排出CO_2，将薯堆底部和顶部的温差保持在0.3～1.1℃	低速通风以使呼吸热量提高薯肉温度至10.0～12.8℃，并在出库过程中将挫伤降至最低

愈合期

尽管在收获和处理过程中采取了一切预防措施，但仍会发生块茎损伤。块茎重量损失和对病原体的敏感性在贮藏期的头几个星期是最敏感的，并且这个时期块茎的缩水程度是整个时期的一半，所以初始阶段非常关键。必须控制环境条件，以尽量减少重量减轻，在愈合期最大限度地发挥愈伤组织的作用。愈合期产生愈伤组织并在长期贮藏期间有效地保护下层组织免受病原体的侵染。储存开始时正确的伤口愈合对维持块茎健康和减少贮藏后期的损失至关重要（第7章）。

在理想的条件下，伤口可以在几周内愈合，但许多贮藏库在数周内才能填满。入库的时间应尽可能短，且不宜超过7 d，以尽量减少块茎暴露于愈合所需的高温时间。新鲜的马铃薯具有很高的呼吸速率，这加重了贮藏初期的热负荷和重量损失。因此，随着贮藏库被装满，当务之急是尽快去除场地余热并稳定堆垛的温度。理想情况下，通过最大化冷却和对堆垛空气加湿，温度应在进入贮藏库的几天内降至10.0～15.6℃。当第一个马铃薯被放入贮藏库中时，愈合期开始，并且当放置在那里的最后一个马铃薯的伤口愈合完成时结束，通常共3～5周。这段时间的管理为整个贮藏季奠定了基础。

伤口愈合和木栓化与温度、氧气和二氧化碳含量和相对湿度密切相关。伤口愈合在21.1℃时最为迅速，但是为了减少块茎干裂和腐烂，建议愈合期温度为10.0～15.6℃。大多数病原体活性在较低温度时下降。如果作物较为健康，则可以将**愈合温度**安全地保持在12.8～15.6℃，持续2～3周。但是，如果存在明显的块茎病变，则愈合期温度应接近10℃。块茎温度应通过温度计或放在堆垛内部热电偶连续监测。无线温度传感器可放置在贮藏库的重要位置，以监测愈合期间和整个季节的温度。回风供应的温度也应该被监控，因为它指示堆垛顶部的情况。

在愈合期，堆垛内的**空气流动**至关重要。受伤的马铃薯具有较高的呼吸速率，伤口愈合是好氧过程。均匀分布的气流是控制温度和提供氧气同时去除二氧化碳和过量水分所必需的。现代马铃薯贮藏库中的通风系统可以提供每吨马铃薯每分钟（cfm）高达25立方英尺（约0.7 m^3）气流（图10.13）。气流和加湿应足以冷却而不引起块茎干燥。为促使伤口快速愈合，供应空气的**相对湿度**必须保持在95%以上，但是非常重要的是不要在块茎上产生冷凝水，块茎表面的自由水会阻碍氧气和二氧化碳的交换并导致细菌性软腐病的发生。

由于相对湿度和空气温度是相互关联的，因此必须密切监视供气温度和块茎温度之间的差异。如果饱和空气比块茎要冷得多，就会被块茎加热，相对湿度会大幅度下降，导致块茎脱水和压力增大。相反，如果饱和空气比块茎温度高，在块茎表面会出现冷凝现象，这将有利于细菌软腐病的发展。最好的做法是仔细监测贮藏块茎温度，并**将供气温度保持在比块茎温度低几摄氏度的温度**，直至堆垛达到所需的愈合温度。之后，应调整供气，以保持从底部到顶部0.3～1℃的温差。通过调节风扇转速来控制温度是最经济有效的方法，当温度上升到最佳范围的最高值时可以增加通风以降温。配备变频驱动器的风扇对此特别有效。

薯肉温度低于10℃的块茎不宜放入贮藏库。冷的块茎必须升温至伤口愈合的适宜温度（12.8～15.6℃），并且在升温过程中冷的块茎表面上的冷凝水是需要特别关注的问题。冷凝水（自由水）会增加块茎腐烂，特别是在伤口愈合发生之前的这个关键时期。冷块茎应该用干燥空气来升温（不加湿）。如果块茎没有发生霜冻，可以使用有限的空气自然升温。一旦达到愈合温度，应如上所述管理堆垛。

了解每批进入贮藏的块茎的病害数量，以便在愈合期正确管理每批次块茎。**发病程度较高的块茎**是很难贮藏的。如果超过2%的块茎具有细菌性软腐病、晚疫病、粉腐病或湿腐病（leak）的症状，或者相同比例的块茎遭受冻伤，则应在放入贮藏库后立即冷却至10℃以下（专栏10.4）。重量下降、挤压伤、还原糖积累被视为潜在的问题。在这种情况下，应避免使用加湿器，风机应连续运转以干燥病薯，并防止堆垛中冷凝水的产生。在温暖的天气里，除非能够把整个堆垛的块茎温度降低并保持在10℃以下，否则不要尝试存放严重感病的块茎。如果堆垛顶部的块茎不能正常冷却，则从此处开始腐烂，整个堆垛可能“融化”坍塌。最好在这种情况下对块茎进行仔细分级并直接从田间出售或延迟收获直到天气允许贮藏并迅速冷却。延迟收获也可以让染病块茎在田间完全腐烂，这样它们就不会被收获。

如果超过2%的块茎具有细菌性软腐病、晚疫病、粉腐病或湿腐病（leak）症状，或相同比例的块茎遭受冻伤，则应在放入贮藏库后立即冷却至10℃以下。

专栏10.4

有问题的块茎贮藏

J. P. McMorran，A. R. Mosley和M. I. Vales
俄勒冈州立大学作物和土壤科学系，科瓦利斯

有晚疫病、冻伤、潮湿或受到其他危害的马铃薯需要特殊的贮藏措施。有时为了保存块茎，必须绕开常规的贮藏方法。以下收获和采后处理指导方针应在管理有问题的马铃薯时予以考虑。

- 如果可以的话，直接在田间出售；否则，找合适的机会尽早出售。
- 避免问题的方法是在薯肉温度在7.2～18.3℃时收获干燥、无损的马铃薯。
- 在发生冻害和晚疫病的地块，如果可能的话建议等待一段时间，等到症状充分表现出来时再收获。
- 如有可能，将腐烂、受冻的薯块和残体留在田间，因为收获这些薯块可能要求在收获机上增加额外的工人。
- 块茎入库后马上进行分拣，提供充足的光线、人员和时间来做此项工作。
- 贮藏库准备并确定处于合适的温度，送风和控制系统工作正常。在库内所有地方提供足够的通风速度（25 cfm/t），为那些没有通风条件的贮藏库增加便携式系统。良好的空气流动对于保存有问题的马铃薯绝对至关重要。
- 在尽可能低的温度下（10℃）让块茎愈合伤口，或者干脆完全去掉愈合期，这取决于收获作物的情况。有问题的薯块通常较湿且被腐烂病原物侵染，因此应该尽可能快速冷却和干燥。
- 快速将薯堆冷却至最终贮藏温度（种薯3.3℃，鲜食薯5.6℃，薯条加工薯7.2℃，薯片加工薯10℃）。也许有必要将加工薯冷却和保持在低于正常推荐的温度下（薯条加工薯7.2℃，薯片加工薯10℃）。
- 不要加湿，这些薯块可能已经非常湿了。

- 保持风扇持续工作直到薯块变干且腐烂处于可控范围。启动风扇并非必须要求进行通风。在可能发生问题期间保持贮藏库中空气循环，即使在不引入外部空气时。
- 薯堆越浅越好，以促进空气流动和容易去除发热点的烂薯。腐烂的块茎和污垢可能阻碍空气流动。
- 每天查看贮藏库。插入薯堆不同深度的温度计可提供良好的薯堆平均温度指示。红外测温枪有助于在发热点塌陷和扩展之前确定其位置。
- 不要将冷的薯块暴露于外部温暖的空气，这样会导致薯块表面出现一层冷凝水。尽量使空气的温度不高于薯块理想温度2.7℃。薯块上的水可令其窒息并且有利于软腐细菌。
- 不要将冷的薯块暴露于冰点或冰点以下温度的空气。
- 出库时，不要用水清洗种薯，除非它们的表面被干泥覆盖。清洗将很可能导致种薯湿黏。如果使用喷枪而非放入水箱清洗种薯，尽量使用多喷头，以利于所有表面都清洗干净。推荐使用10%的次氯酸钠溶液（查阅针对你所在地区的标签）雾洗清洗后的薯块。使用之前，在通风良好的区域将1份漂白剂加入9份水中并充分混合。如果土壤条件适合，需要清洗的有问题的种薯应尽可能及时播种。

引自 Oregon State University. Potato Information Exchange. http://oregonstate.edu/potatoes/

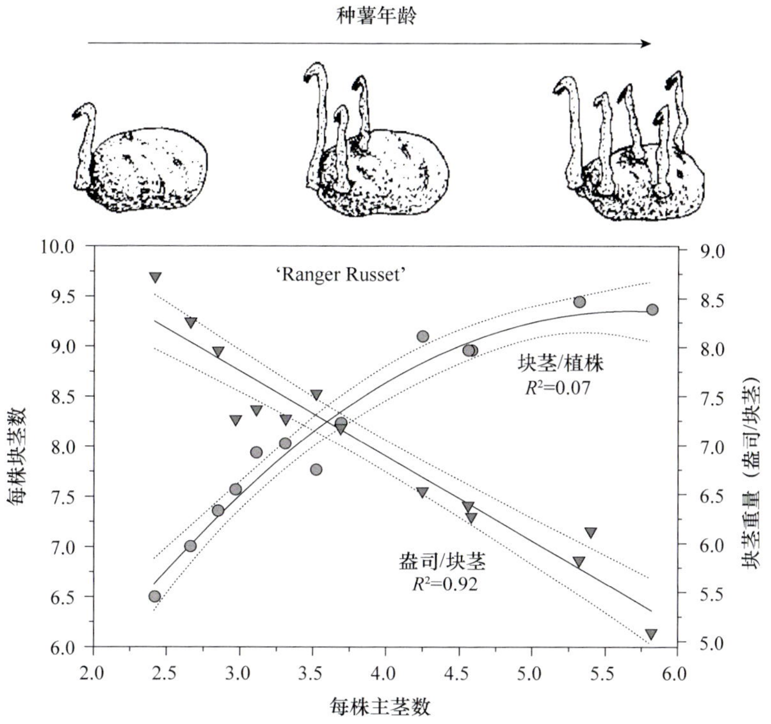

图10.14 华盛顿州哥伦比亚盆地‘Ranger Russet’种薯块茎长出的主茎数量和结薯数量及经过150 d生长季的薯块重量。主茎数量显示种薯的生理年龄，在贮藏和转运过程中随着热量单位的积累而提高。生理年龄反过来影响块茎大小分布（表10.2）。（G. N. M. Kumar绘制，引自Knowles, N. R., and Knowles, L. O. 2006. Manipulating stem number, tuber set, and yield relationships for northern-and southern-grown potato seed lots. Crop Science 46: 284–296）

冷却期

愈合期后贮藏温度应降至固定水平（表10.1）。如果希望种薯来年的主茎数最少，则种薯在贮藏库中应冷却到3.3～4.4℃。较高的温度会刺激种薯的生理老化，这可能影响来年植株的主茎数、块茎数、块茎大小和产量。种薯生理年龄会对生产力产生巨大的影响。虽然种薯生理年龄的生化基础尚未完全了解，但研究表明，高于3.9℃的热量积累导致早期休眠中断和顶端优势降低，这会导致来年作物产生的芽多和茎多（专栏7.2）。由此产生的对生产力的影响取决于品种，可以是正面的也可以是负面的，取决于生长季节的长度和市场对种薯、菜薯和加工薯的块茎大小的需求。

杀秧后，种薯田的热量积累具有叠加效应，不必连续。在杀秧后，随着块茎成熟和薯皮老化，以及在收获、运输、伤口愈合、贮藏、运输前保温、贮藏后运输和切薯过程都会影响种薯生理年龄和种子生产力的变化。

生理年龄老的种薯产生更多的主茎，从而影响结薯数和薯块大小（图10.14）。随着每个种子主茎数的增加，每株的结薯数增加。这增加了每株内水分和养分的竞争，导致产生更多小块茎。在生长季节较长的地区，如华盛顿州的哥伦比亚盆地，美国一级商品薯产量和总产量保持相对稳定，只是块茎大小分布受到影响（表10.2）。在其他产区，块茎产量和块茎大小受到种薯生理年龄的影响。因此，特定产量和块茎大小所需的种薯生理年龄将根据不同生

表10.2 华盛顿州哥伦比亚盆地马铃薯品种‘Russet Burbank’（‘布尔班克’）和‘Ranger Russet’的产量与每个芽块的主茎数量的相关性[a, b]

	平均主茎数量			
	‘Russet Burbank’种薯芽块		‘Ranger Russet’种薯芽块	
	3.2	5.4	3.2	5.4
总产量（t/英亩）	30.9	28.7	31.5	31.0
商品薯产量（t/英亩）[c]	28.8	27.2	31.5	31.9
美国一级商品薯（t/英亩）	25.8	22.1	28.4	26.6
块茎规格[d]				
＜4盎司（%）	10.8	18.5	10.5	16.3
4～6盎司（%）	17.4	23.4	14.4	22.4
6～10盎司（%）	32.8	32.9	29.5	31.7
10～12盎司（%）	12.1	9.1	11.1	9.9
12～14盎司（%）	8.4	5.8	9.4	7.2
＞14盎司（%）	18.3	10.4	25.8	11.1
每株块茎数	7.7	9.0	7.6	9.2
块茎平均重量（盎司）	7.0	5.7	7.7	6.1
每英亩块茎数	130 200	156 500	139 000	168 500

[a] 引自Knowles and Knowles，2006。

[b] ‘Russet Burbank’和‘Ranger Russet’种薯收获后直接在温度高于3.9℃条件下贮藏不同的时间，使每个种薯芽块产生不同数量的主茎（随种薯生理年龄的增加而增加）。在长生长季地区，如哥伦比亚盆地，块茎大小受影响的程度比产量大。

[c] 总产量减去剔除薯。

[d] 总商品薯的百分比。

产地区特有的生长条件而不同。

种薯生产单位应当记录马铃薯从杀秧开始，到贮藏期直至最后销售的积温。这将有助于回答种薯在田间的表现问题。积温是在特定时期内（如从杀秧到贮藏）块茎每日平均温度减去3.9℃累加的总和，用摄氏度・日表示，代表作物热量的累积。年复一年保持种薯积温一致有利于保证种薯在年际之间田间的表现一致，能够更好地指导种植者在特定的产区优化种植管理（如行间距）以获得更高的产量和品质。

鲜食薯的贮藏温度为3.3～10.0℃。较低的温度会延缓休眠，抑制发芽，并延长整个贮藏期。然而低温（3.3～5.6℃）下淀粉逐渐转换为还原糖，颜色变差，并导致许多鲜食薯品种中出现人们不希望的蜡状质地。保持鲜食薯最佳烹饪和烹调质量是在6.7～8.9℃下贮藏。与加工薯相反，种薯和鲜食薯可以通过小心引入外部空气或通过相对快地冷却。必须小心保持空气中高的相对空气湿度以防止块茎干燥失水。有关温度差异和固化期间冷凝的注意事项也适用于此处。在冷却过程中供应空气的温度决不能低于块茎温度1.1℃以上。

加工薯必须比种薯和鲜食薯冷却得更慢，最好每周不超过1.1～1.7℃。快速冷却至保温温度会导致随后的还原糖积累，这导致在加工过程中薯片和薯条变黑，这是人们不可接受的。为了保证加工质量，固化和贮藏期间不得允许还原糖累积（图10.15）。

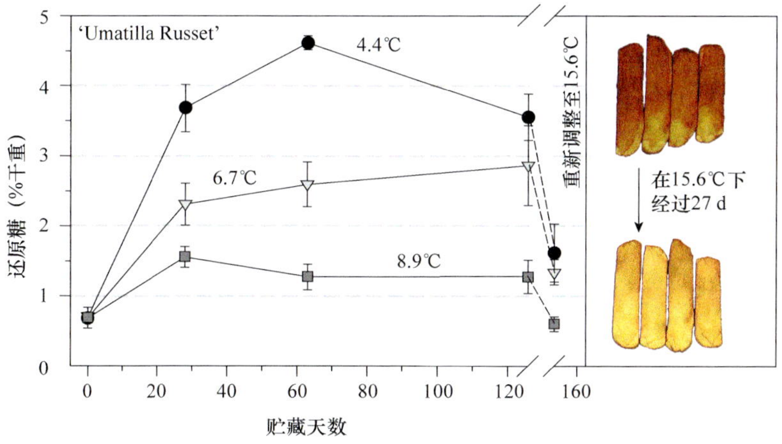

图10.15　贮藏温度对品种'Umatilla Russet'块茎中还原糖（葡萄糖和果糖）浓度的影响。低温糖化导致薯条和薯片加工过程中不可接受的颜色加深。当贮藏温度升高至15.6℃来重新调整贮藏条件以恢复加工品质时，还原糖含量下降。（引自 Knowles, N. R., and Knowles, L. O. 2002. Storage management and processing quality of Umatilla Russet potatoes. Pages 103–110 in: Proceedings of 41st Annual Washington State Potato Conference. Washington State Potato Commission, Moses Lake）

加工薯的最终保温温度由品种和预期用途决定。由于不同生产地区的环境和农艺条件不同，产地对贮藏能力有显著影响。因此，对于特定品种而言，用于保存加工质量的理想贮藏温度在地理区域之间可能略有不同。鼓励种植者咨询当地的作物顾问，以确定当地种植作物的品种特有保温温度。一般的贮藏温度指导如下。

贮藏加工成法式炸薯条的块茎通常应冷却至不低于6.7℃，个别加工者可能有特殊要求（通常在6.7～8.9℃），这取决于品种和预计的贮藏时间。加工成薯片的块茎对于糖化颜色形成的耐受性低于加工成法式炸薯条的块茎。因此，薯片加工的马铃薯必须贮藏在稍高的温度下，以避免还原糖的积累。通常，在13～21℃的土壤温度下收获的健康薯片加工薯可以贮藏在9～10℃，对于还原糖的关注程度最低。在较凉爽的天气下收获的炸片薯可能需要长期保持在10～12.8℃以确保可接受的油炸颜色。现已培育出在较低温度下贮藏后能很好地重新调理过来的品种。生长期的温度和降雨量及收获时的土壤温度可能影响从贮藏库中取出的炸片薯的性能。

贮存过程中**二氧化碳**（CO_2）的累积会对块茎品质产生不利影响。CO_2的来源是块茎呼吸作用，其随着温度和块茎的生理状态变化而升高。未成熟块茎、受伤块茎、受到胁迫（病害、寒冷或高温等）块茎的呼吸速率要高于成熟、优质、未受伤的块茎。块茎的CO_2生成量在愈合期最高，在休眠期最低；随着块茎的萌芽，CO_2生成增加。需要在呼吸频率较高时更频繁地使用外部空气进行通风，以防止CO_2在贮藏中积聚。空气管道堵塞和多余的土壤会限制堆垛的通风，使得CO_2在局部增加，导致块茎质量的损失。

块茎呼吸作用会导致贮藏库中CO_2水平从0.1%增长到4%～6%。研究表明当CO_2水平为4%时会促进软腐病的发生并刺激镰刀菌和其他真菌病原体的生长。如果CO_2维持在3%～4%，块茎葡萄糖和果糖含量也可能增加；然而CO_2诱导块茎糖化和品种有很大相关性并且糖化是可逆的。当CO_2水平恢复正常时，糖水平通常会下降。除了导致糖化和有利于腐烂之外，高水平的CO_2可以抑制薯皮木栓化，促进生理性病害，如黑心病的发生，并会刺激发芽。

为了防止CO_2引起的质量损失，应该设法通风保持CO_2浓度低于0.5%。但是在使用块茎产生的呼吸热来维持贮藏温度，如在冬季寒冷的地区或需要冷藏来维持温度的情况下，这可能是具有挑战性的。这两种情况都需要减少室外空气的通风，这会导致CO_2积聚。先进的贮藏设备配备了CO_2监测器，可帮助确定室外空气的通风频率，改善贮藏条件。

保持期：休眠

在达到适当的长期贮藏温度后，**通风**频率可以适当降低。但是在保持期内，有必要通过通风为块茎呼吸提供氧气，去除二氧化碳和多余的热量，并保持恒定的温度。温度应保持在理想保温温度±1.1℃。并且从堆的顶部到底部的变化应该不大于1.1℃，最好小于1.1℃。现代仓库中的通风系统在整个贮藏期能够保持0.3℃的变化。在整个保存期间，相对湿度应保持在90%～95%，以减少重量损失和压力挫伤。

冷凝在很多贮藏中是一个大的问题。多余的水分从天花板滴落到堆垛顶部，形成潮湿区域，有利于块茎腐烂。充分隔热是降低凝露的关键（图10.13）。即使外部空气温度适中，冷凝也会在隔热不充分的环境中形成。如有必要，天花板上的冷凝水可以通过一个恒定的空气流动来减少，这些空气可以通过小型循环风扇保持在堆垛顶部和天花板之间。如果室外的空气温度比马铃薯堆的温度高，则绝不能放入室内，因为这可能导致水分在马铃薯块茎表面直接凝结。

在保持期，大多数栽培品种处于休眠状态，其特征是呼吸速率非常低并且仅产生极小的热量和水蒸气。休眠期长短与品种特性相关。早熟品种，如‘Russet Norkotah’‘Norland’‘Superior’通常具有较短的休眠期，而晚熟品种，如‘Russet Burbank’（‘布尔班克’）具有较长的休眠期。休眠期的长短还取决于收获时的块茎成熟度和贮藏时的温度。‘Ranger Russet’、‘Umatilla Russet’和‘Russet Burbank’（‘布尔班克’）在7.2℃下贮藏时休眠期将分别为60 d、120 d和135 d，但在8.9℃时只有50 d、80 d和120 d。了解不同品种的休眠期长度有利于更好地掌握抑芽剂的使用时机。

抑制萌芽是保持超过自然休眠期的块茎质量的要求。登记的抑芽剂中最有效的是氯苯胺灵（CIPC）。它通常是作烟雾剂，通过贮藏通风系统均匀分布在整个堆垛中，通常这是在低空气流通下操作的。施用后，空气在贮藏库内循环，以促进产品在块茎上的均匀分布和沉积。通风循环直到药剂已经沉淀到块茎上，通常要持续2～12 h。然后应该用外部空气对贮藏室进行通风。较长时间没有外部通风，如超过24 h将导致二氧化碳累积，这会引起加工马铃薯的糖化和质量损失。

适当的用药时机对于块茎健康和抑芽控制至关重要。氯丙萘碱能够抑制细胞分裂，因此它不应该在愈合期应用，因为它会抑制伤口愈合。为了获得最大的功效，CIPC应该在愈合期后以及在块茎从休眠中到萌发前使用。在太平洋西北部，第一次使用通常在11月或12月。使用过程要保证气流均匀通畅使药剂均匀附着在块茎上。任何没有被CIPC烟雾剂充分覆盖的块茎的芽可能产生玫瑰花型的簇状芽，也可能向内生长产生内生芽，尤其是干燥的块茎会增加块茎瘀伤。为了保证药剂充分均匀覆盖，要在块茎入库之前对通风和管道系统（专栏10.2）进行排查并确保运转正常。CIPC严禁用于种薯，而且用过CIPC的贮藏库下一年仍不能用于存放种薯（第7章）。

其他登记的抑芽剂包括1,4-二甲基萘和二异丙基萘。这些化学物质的作用方式尚未完全明了，但它们很可能是通过一些激素的作用延缓发芽。这些化合物更适合称为延缓剂而不是抑制剂，因为它们的作用是暂时的。这些药剂的使用方法非常复杂，一般需要多次使用来抑制发芽。二异丙基萘与氯苯胺灵具有协同作用，以较高比例施用过二异丙基萘之后，氯苯胺灵可以降低用量。

保持期：打破休眠

在保持期贮藏的块茎开始打破休眠。打破休眠的时间取决于品种的休眠特性、收获时块茎成熟度、贮藏温度及是否用过抑芽剂。随着块茎打破休眠，呼吸速率增加，内部变化导致生长点细胞快速分裂，最终导致发芽。代谢活动的增加导致需氧量增加，产生热量，排放二氧化碳和水蒸气。

当休眠被打破后，恰当的贮藏管理变得至关重要，因为块茎健康可能更容易受到危害。在整个贮藏设施中保持均匀的低温可显著延长大多数栽培品种的休眠期。冷藏库在这个阶段是最有价值的。对于未经抑芽剂处理的马铃薯，特别是种薯，此时要小心管理**避免**因为贮藏库门频繁的开关导致**种薯发芽**。过早发芽会增加块茎失水和重量下降，加速种薯的老化，导致种薯的活力下降。

一旦休眠被打破，用物理方法“烤”芽，可用于限制芽的进一步生长。这些抑制剂包括薄荷、留兰香和丁香制成的精油，0.3 cm左右长度的芽对这些化合物最敏感。薄荷油的强制蒸发或灯芯应用比薄荷油的烟雾剂更有效；以商品名Biox-C出售的丁香油（丁子香酚）最好作为热雾剂使用。这些挥发性化合物需要在块茎周围的空气中维持足够高的浓度才能发挥功效，所以通常需要频繁使用（每2～3周1次）。作为植物衍生物，这些化合物被美国农业部批准用于控制有机马铃薯的萌芽。

在保持期，存储的块茎应被密切监测，尤其在因温度或湿度变化造成水分凝结的椽、较湿地面、堆垛凹陷的地方（图10.16），观察是否有闻到异味和果蝇出现。所有这些都是堆内块茎腐烂的迹象。大多数现代贮藏设备都在风道入口处设有可调节的气流阻尼器，以便将额外的通风空气输送到储料箱中的故障点（专栏10.2和图10.13）。一般而言，一旦发现有一袋块茎腐烂，则这批马铃薯将很难贮藏。如果检测到腐烂，应降低贮藏湿度，并马上分选、销售。

图 10.16　在保持期，存储的块茎应被密切监测，尤其在较湿地面、堆垛凹陷的地方，观察是否有闻到异味，这表明堆块内块茎腐烂。

根据品种，贮藏时间和贮藏温度的不同，马铃薯的品质可能因为**还原糖**的积累而导致下降，这会导致薯片和薯条在加工过程中的色变。由于块茎衰老而导致的还原糖积累是不可逆的。不同品种的衰老糖化时间不同。例如，在最佳的贮藏条件（8.9℃和95%相对湿度）下的块茎进行加工，'Umatilla Russet' 可以在收获后200 d出现衰老糖化，而 'Russet Burbank'（'布尔班克'）通常可以保持300 d或者更长时间。因此预期的贮藏时间应与品种相匹配以避免加工质量的损失。

在衰老糖化之前，由于在贮藏过程中的低温而使还原糖积累的块茎可以在加工前重新调整贮藏环境以降低还原糖浓度（图10.15）。**重新调整贮藏条件**包括在贮藏季节结束时提高块茎薯肉温度，以降低还原糖含量。贮藏期结束时贮藏温度为13.9～18.3℃，持续3～4周，通过增加呼吸作用使还原糖转换为淀粉。还原糖含量的降低可以提高块茎的加工质量（图10.15）。

修复过程中必须密切监测温度和堆垛状况。在长时间贮藏结束时提高堆垛温度会刺激发芽，增加呼吸速率和减轻重量，并有利于病害和腐烂的发展。修复是有风险的，只有在仔细考虑风险和潜在效益之后，才能用作提高加工质量的最后努力。此外，通过修复可以提高加工质量的程度取决于品种。我们鼓励经营者寻求当地推广专家或咨询顾问的意见。

保持加工质量的首选方法是贮藏季节开始之前根据市场确定存储品种，并根据品种和最终用途施加最适宜的温度和相对湿度。如果储存过程中可以保持块茎健康，就没有必要承担其他风险。

贮后处理过程中保持块茎健康

为了尽量减少块茎从贮藏库中取出时的机械损伤，必须在几周内将**薯肉温度**逐渐升高至10～12.8℃。这可以通过重新通风并允许呼吸的热量来增加堆垛的温度来实现。处理冷块茎通常导致中途的瘀伤或内部黑斑增加。粗暴的操作将会对块茎造成压力，并且可能会导致炸片薯中大量还原糖的积累，从而导致加工过程的色变。鲜食薯可能产生内部黑斑，烹饪后变黑或其他外部问题导致去皮太多造成浪费。薯条加工商通常会拒绝粗暴处理的货物或者进行重罚。

一旦达到所需的块茎温度并开始出库，**挫伤控制**是人们主要关心的问题。出库时必须同入库时运用相同低挫伤处理的办法。批量卸载设备的仔细操作是至关重要的。料斗和卡车中倾倒高度不能高于15 cm。如果使用装载机将马铃薯移入卡车，则在装载开始时通过后部装载以最小化掉落，然后在装载过程中不断调整装载机。同入库一样，出库时传送带必须满载，并且用橡胶填充设备上所有尖锐和粗糙的表面以减少挫伤。

使用前，所有设备应清洁和消毒，防止细菌性病原体的传播。如果用**水槽输送系统**来输送块茎，其必须经常清理和消毒，水槽的水要经常更换。在输送时，水不能淹没块茎超过2.5 cm，因为水的压力可以促使细菌进入皮孔。在包装流水线上必须用清洁的水清洗鲜食薯，这些水不能循环使用。在包装前清洗完的块茎必须干燥，因为块茎上的水有利于细菌性软腐病在销售链条中进一步发生。有孔或穿孔的通风袋有助于确保完全干燥。

从贮藏库取出**种薯**需要严密的预防措施以保持种子质量。如果使用非农场卡车运输散装或袋装种子，车子必须彻底清理并妥善消毒。

包装后，**袋装薯**主要在装货和卸货时受损。从大于75 cm的高度落到坚硬的表面上时，袋装马铃薯可能会遭受严重的碎裂挫伤。在运输马铃薯时，应仔细观察外部温度。如果温度低于冰点，必须采取预防措施以防止运输过程中的霜冻损坏。

正确**处理废弃马铃薯**是保证未来马铃薯作物健康的重要管理措施。在包装处理之前，必须准备好适当的方案。被淘汰的马铃薯不应该堆放在外面，因为有些马铃薯可以在低温下存活。废弃马铃薯堆是晚疫病病原孢子的重要来源，它是在从幸存的块茎芽上形成的。它们也可作为某些病毒的宿主。可接受的废物处理方法包括将淘汰品用作牲畜饲料，堆肥并在冬季抛洒在下一季不种植马铃薯的田块里。一种昂贵且不太理想的方法是将剔除的马铃薯埋到深度至少1.8 m深的土里，这种方法可能导致地下水污染。

机械损害仍然是马铃薯健康管理的一个主要因素，不仅是机械伤本身，而且还有病原物入侵。健康的种薯对马铃薯产业至关重要，它们是马铃薯持续生产的关键。能否在加工厂和鲜食薯市场供应链上连续拿到订单取决于块茎的健康状况。马铃薯种植者、雇员、田间顾问和债权人，必须保持警惕，以确保块茎健康管理计划通过收获、贮藏和销售而持续进行。在马铃薯种植过程中持续的盈利取决于通过马铃薯健康管理来完成该目标的能力。

第 11 章

Bryan G. Hopkins 杨伯翰大学植物与动物科学系，犹他州普罗沃

Ronda E. Hirnyck 爱达荷大学植物、土壤和昆虫科学系，博伊西

有机马铃薯生产

有机农业被美国国家有机标准理事会定义为能够增强生物多样性、生物循环和土壤生物活性的生态生产管理系统。它是基于最小限度的额外投入及经营管理以达到恢复、保持和加强生态平衡的一种农业生产方式。“有机”是一个标签术语，表示产品是在美国《有机食品生产法》授权下生产完成的。有机生产的首要方针是采用能够维持自然系统生态平衡的材料和方法，从而将农业系统的各个部分整合为一个生态整体。在生产实践中，如果用于种植的土地及用于农业生产的投入品得到有机认证机构的认证，那么生产出的农产品就被认为是有机食品。

“有机”一词不止一个含义，可能会导致混淆。化学品分为有机化合物（含碳）和无机化合物（不含碳）。然而，通过这种分类方法，许多有机化合物，如尿素和大部分农药，在有机农业生产中却是禁止使用的。这种含义的区分是非常重要的，以避免有些物质虽然是有机化合物，但未经国家或地区有机认证机构认证而应用于有机农业生产的情况发生。

通常情况下，有机农业生产所实施的管理方法与传统生产有很多相同点，以使植物健壮并最大限度地提高产量。然而，相比于传统种植者，有些做法对于有机种植者更为重要，因为在有机生产中，预防或纠正问题的选择较少。本章介绍了有机马铃薯生产的一般准则 。但是，有机生产者需要向相关组织和认证机构咨询有机标准、指导方针及被允许使用的生产资料。美国农业部通过其国家有机农业计划，为在美国生产和销售的有机农产品提供认证标准，由认证机构（通常是国家农业部门）进行标准解释和产品批准。其他政府、消费者和种植组织可能会有更为严格或者不严格的标准，但是必须遵循美国认证机构的认证标准。

地块选择和轮作

由于在有机农业生产过程中许多在常规种植中使用的农药不允许被使用，因此选择历年来病虫害发生较少的地块至关重要。害虫、杂草及土传病害侵染马铃薯的程度会随着该地块上种植马铃薯频率的增加而加重（第 15，19～21 章），所以所选地块**距上次种植马铃薯的年限**是有机马铃薯生产地块选择的一个重要因素。对于有机生产来说，在同一地块上种植马铃薯的最小间隔时间为 4 年，7 年以上的间隔时间效果更佳。若在地块上使用了未经批准的农药，则在施用以后必须经过规定的间隔期（美国要求 3 年），这块田地才能达到有机认证标准。

某些**轮作作物**可以成为侵害马铃薯的害虫和病原菌的寄主。为了有机马铃薯的生产，需要将这些作物排除在轮作选择之外。例如，干扁豆、向日葵和油菜容易被菌核病感染，而与马铃薯一起轮作种植这些作物会增加马铃薯感染菌核病的严重程度。牧草是线虫的寄主，如果某地块曾被线虫感染，那么牧草就应避免被纳入轮作作物之中。作为有机系统中常见氮源的三叶草，也是线虫的寄主之一。

被纳入轮作作物之中的**绿肥作物**可减少土壤侵蚀，增加土壤中的有机质，同时捕获和回收土壤中的剩余养分。这些绿肥作物所释放的挥发性物质（fumigant），能够抑制一些杂草、害虫和病原菌，包括线虫（第3、20章）。如果采用压青的方式将绿肥作物混入土壤，则这些挥发性物质会从腐烂的作物中释放出来。绿肥作物可以种植在夏季、秋季，或春季马上要种植马铃薯之前。如果绿肥作物没有达到每英亩数吨的产量，则不会产生生物熏蒸效果。绿肥作物需要充足的水分和营养，尤其是氮，来维持其大约8周的持续生长。绿肥中的杂草也会成为某些害虫、病原菌的寄主，潜在地削弱生物熏蒸效果（第5章）。

在选择有机生产的地块时，**地块隔离**是十分重要的。某些昆虫和病原菌（如科罗拉多马铃薯甲虫、马铃薯卷叶病毒和晚疫病病原菌）可以在马铃薯上越冬，然后侵染相邻地块。有机马铃薯地块应该选在距离其他马铃薯地块或任何有自生薯生长的地块400码[①]以外。这种距离的隔离会限制一些害虫和病原菌的引入。因为风可以将气传病原菌携带到数十英里以外，所以通常情况下有机马铃薯地块与其他马铃薯地块的绝对隔离是十分有益的。地块隔离不仅保护了有机作物，同时也降低了害虫和病原菌从“无人管理”的有机田地蔓延到周边普通地块的概率。地块隔离还有助于防止飞防将农药施用到错误的地方，从而导致有机认证不复存在。有机田地和普通地块几英里内的废弃马铃薯块茎都应被销毁。

有机生产应选择供水条件（第5章）和土壤状态良好的地块。马铃薯对营养的需求相对较高，但是根系较浅，而用于有机生产的许多肥料养分释放较为缓慢，如果土壤肥力水平低的话，植株就会出现缺素症状。对土壤进行土壤检测（第8章），可**避免地块营养物质缺乏**或土壤盐碱化。同样，应测试灌溉用水中的钠、钙、镁、钾、硝酸盐、氯化物、硫酸盐、碳酸氢盐和硼的含量。冲洗牲畜后的废水常被用于灌溉与施肥，应对这些废水中的有害物质进行检测，如废水中十分常见的铜离子。

气候是有机马铃薯种植中的一个关键因素。对于有机生产者来说，如果有机种植的区域不会出现或很少出现由某些害虫或病原菌，如马铃薯块茎蛾、螨类或晚疫病菌引起的问题，那么此区域种植有机马铃薯具有更大的优势。许多病原菌的侵染过程需要潮湿的条件，所以对于有机生产者来说，在半干旱的气候条件下进行种植是很有优势的。马铃薯生长季长短是另一个影响因素。在一个长的生长季中，害虫有更多的时间寻找自己的栖息地，从而危害马铃薯植株和块茎。生长季长且温暖的冬天，有利于害虫和病原菌的侵染。而生长季短又会造成产量低，但是种植有机马铃薯及轮作所带来的收益足以抵消减产带来的经济损失。

土壤和养分管理

土壤条件对于作物的健康种植十分重要（第3、5章）。在健康土壤中种植的马铃薯，在与杂草、害虫及病菌的竞争过程中能表现出更强的竞争力。有机生产最难解决的问题之一即养分管理，然而大多数营养可通过认证的商用有机肥料，或植物和动物残体堆肥，以及种植

---

① 1码≈0.9144 m

豆科植物来提供。施肥量高的肥料，尤其是有机肥料，不能立即弥补土壤肥力的不足。许多**有机肥料**以很难预测的**缓慢速度释放**营养物质。如果土壤已被培肥地力数年，那么土壤将在整个生长季沿着整个根系提供相对充足的养分。对于大多数营养元素，在有机农田土壤中的含量测试水平应处于被认为足以满足马铃薯生产的含量范围之上。然而，许多营养元素（特别是氮、磷、硼和铜）可以积聚到过量的水平，会对土壤和水质产生潜在的负面影响。

施用大量肥料不能立即弥补土壤肥力的不足。

氮素是植物中浓度最高的矿质营养元素，其次是钾、磷、氯、硫。钙、镁在植物中的含量相对要少，其余微量元素（锌、铁、锰、铜、硼和钼）在植物中的含量则非常少。有机生产者通常使用粪肥、堆肥、一些动物副产品（血粉和鱼粉）、矿物质肥料（硝酸钠、磷矿粉、氯化钾、硫酸钙、碳酸镁、可溶性硼及镁、锌、铁和硫酸铜），以及其他各种被认证的可用于有机生产的材料。

有机标准禁止在马铃薯生长季的90 d或120 d（取决于种植区域）内使用原料废弃物产品，如粪肥。但是，从认证机构获得批准、通过堆肥处理的原料废弃物可以被使用。在温暖的天气里，通过添加充足但不过量的水，在数月内定期搅拌材料可实现**堆肥**。当堆内气温下降且几乎没有刺激性气味，更像是土壤的气味时，堆肥就完成了。但是，如果不遵循认证程序，堆肥不会被认证为有机肥料。

有机肥料，尤其是动物粪便和植物残体堆肥，其中的氮含量与其他营养元素含量比起来很低。这种不平衡会导致长期使用后的环境污染。首先应对作为肥料的有机物进行养分分析，以确定其养分含量，然后根据作物的需氮量施用。多施堆肥以满足氮肥需求，可能会提供某些超过作物需要量的其他营养物质（经实验分析证实），抛开这一点，其算是培肥地力的一种好方法。但是，一旦土壤中的磷含量达到国家或地方管理机构制定的环境敏感阈值，就需要改变这种做法。从根据作物对氮的需求量施用有机肥转向根据对磷的需求量施用有机肥，总体施用量将大大降低。作物所需的一些氮将以这种低速率供应，但其余氮的需求必须通过一种含高浓度氮和低浓度磷的肥料来满足。例如，一种有机粪肥若按氮需求量的比例来施入，施用量就会变得相当大。每英亩将需要20 t的粪肥，每吨中含有10磅氮素，能满足每英亩作物200磅的需氮量。然而，持续使用这种肥料会造成其他营养元素的积累，如磷。土壤中的磷含量将会达到一个过高水平，随着田间的水和土壤径流成为污染地下水的潜在风险。因此，肥料施用量需要降低以达到合理的磷肥施用量。通常情况下，这种施入方式比按照氮肥需求量来施肥的方法，肥料用量减少到20%～30%。在上面的例子中，每英亩只需4～6 t的肥料而不是20 t。剩余需氮量必须由一些低磷的肥料（少数有机认证的肥料符合这种要求，但是价格通常很高）或豆科植物来提供。

豆科植物包括青豆、豌豆、大豆、三叶草和苜蓿等作物，可将大气中的氮转化为植物可利用的形式。大多数豆科植物可向每英亩作物提供40～60磅的氮（大概是马铃薯作物需氮量的25%）。如果要100%满足马铃薯对氮的需求，需要密植健康的苜蓿。氮元素也会在种植苜蓿后的第二年，以每英亩30～50磅的量供给在马铃薯上。伴随着苜蓿植株的减少及杂草的增加，氮的潜在储备量也相应减少。在马铃薯生产之前，苜蓿应该在早秋翻耕到土壤中，使种植马铃薯的土地达到最佳状态的同时加快苜蓿残体的分解速度，因为这种苜蓿残体会对马铃薯的种植和收获造成问题。

许多马铃薯品种在整个生长季中因为这种“勺喂”式的摄取氮素的方法受益，在马铃薯萌发以后，有50%～75%的氮素以这种方式被提供。其他营养元素也以此种方式提供，如果在生长初期就以此种方式提供全部所需的营养元素，马铃薯的产量和质量就不会降低。有机肥料通常情况下分解缓慢，在整个生长季释放与植物生长需求相吻合的营养元素。每隔7～10 d应采集叶柄和土壤样品，以判断土壤植物系统的营养状况。植物中营养元素的浓度不能降到不足的水平（表8.1）

某些元素的过度积累，尤其是氮，是有害的。应保证经过认证的肥料施入植物中可以吻合植物生长所需，避免过度的营养施入。然而，根据作物的营养需求来提供堆肥有机肥会更加困难，因为堆肥中的营养元素浓度是有变化性的，很难实现堆肥的均匀施用，且难以预测各元素的释放速率。堆肥原料需要被混合且通过专业实验室的检测。通常情况下，从肥料中吸收的有机氮和硫，有30%～50%在施入后的第一年内被植物吸收利用，但是被利用的氮只有大约10%源于全部腐熟的堆肥肥料。其他干燥的有机肥料很有可能有着相同的被吸收比例。无论这些肥料处于哪一个分解阶段，肥料中60%～80%的磷和微量营养元素及90%～95%的钾，能够在施入第一年被植物吸收利用。在种植开始之前的几个月就将这些肥料混入土壤之中，将会使营养元素尽早地释放出来，同时也避免了生长后期过量氮素释放不利于块茎膨大。应避免在晚秋或春季种植之前施入碳含量高的有机肥料，如稻草、刨花和其他高纤维素材料。随着施用有机肥料和植物生长期之间的间隔缩短，更可能发生碳、氮的缺乏。比起在秋末和春季种植作物之前将秸秆施入土壤中，在夏末秋初施入会更好。

使土壤肥力达到较高水平将会满足大多数营养元素在整个生长季中的需求。如果有机认证肥料以一种可立即被植物吸收的形式施入，则可以从当季土壤和叶柄分析中发现营养元素的缺失并加以补充。在马铃薯生产中，**当季氮监测**是常见的有效措施，但是这种方法很难应用在有机生产中，因为要预测许多有机肥的释放率是相当难的。虽然如此，还是要进行季节内取样，并且营养元素需要有依据地施入，但是施氮率需要降低（通常比非有机马铃薯减少25%～75%）。通常情况下，缓慢腐烂的有机肥料不能够及时地供应营养元素以弥补季节内的营养元素不足。因此，可应用既通过了有机认证又可以立刻被植物吸收的商业生产的有机肥料。

土壤的物理性质同其化学性质一样重要。在有机生产中，土壤物理性质的管理与常规种植系统中的管理大部分都是相同的。向土壤中加入大量有机物通常可以改善土壤的物理性质，但操作中使用的重型设备会导致土壤被压实（第5 章）。

土壤的生物性质也很重要（第3章）。健康的土壤有活跃的微生物、蚯蚓和其他生物体。这些土壤中的生物体要求的条件与植物的生存条件相似，有适当的温度、营养、水、氧气及pH。通常情况下，最好的情况是通过有序地种植适当的作物和向土壤中添加有机物质，来提高土壤生物的多样性与丰富性，使得有益的土壤微生物在与马铃薯上的害虫和病原菌竞争时表现出更强的竞争力。

杂 草 管 理

马铃薯田间杂草控制的最佳措施之一是让马铃薯快速生长。尽可能快速达到地面之上的**冠层覆盖**非常重要，来遮盖杂草使之无法见光，以使杂草萌芽期错后并且生长速度变慢。通过疏松土壤，提高土壤透气性，播种健康并催芽后的马铃薯，适当浅播，调整合适的株距使马铃薯快速生长以达到封垄的状态。

马铃薯可以**平播**，而不仅仅是传统意义的起垄播种，可调整株行距，使植物形成交替格子状分布，以形成更均匀的间距并快速封垄（图11.1）。平播与传统的起垄种植比起来，会使植株提前10～20 d封垄。这种种植方式也可以更有效地利用阳光和土壤资源。起初平播种植是有挑战性的，因为它们需要改变栽培和管理方式，在一些情况下，收获装备也需要进行改进。在平播种植中，植株的种植间距与深度也像在普通起垄种植中一样重要。马铃薯品种'Russet Burbank'（'布尔班克'）的植株间最佳种植间距是18～20英寸，以交错网格模式种植。可通过减小植株行间距的方式缩小马铃薯块茎的大小，这种方式可应用于红皮马铃薯的种植，或者一些对大小有特殊要求的马铃薯种植。

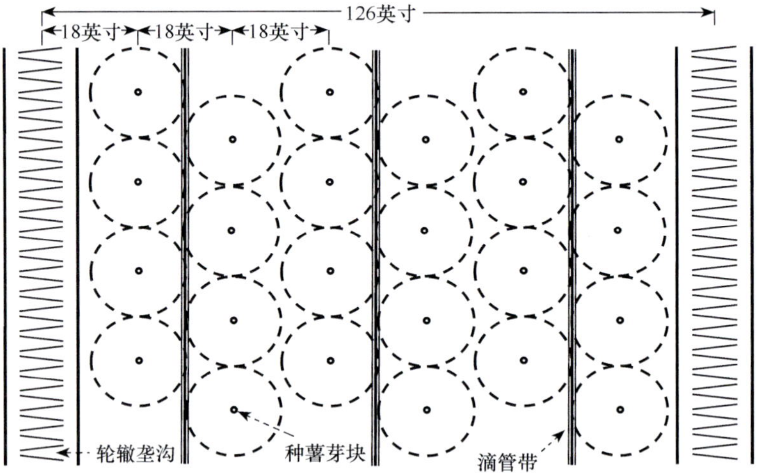

图11.1 以18英寸（约45 cm）穴距交错网格播种的马铃薯垄面。图中的圆形代表每个马铃薯植株的冠层。在垄上采用滴灌，每条滴灌带浇灌两排马铃薯。这种种植系统可以促进快速封垄，并有效利用阳光、土壤、营养物质和水。

尽快使马铃薯封垄以遮光，对于延迟杂草萌发与减缓杂草生长非常重要。

传统的低成本的除草剂是不能应用于有机生产的，只能通过**中耕**或人工除草来治理杂草。在马铃薯出苗前立即进行中耕是最有效的除草方法。幼小植株（4～6英尺）在被中耕时不会受到太多伤害，但是后期中耕会伤害马铃薯的根，减缓冠层的生长，并且降低产量（第22章）。轻微至中度杂草竞争造成的产量损失小于后期中耕所造成的损失。

其他有机治理杂草的方法是焚烧、覆盖和人工除草。在马铃薯未萌芽时或萌芽初期，杂草能够立即焚烧除去。然而，较高的能源价格使人们几乎放弃了焚烧控制杂草这一选项。**焚烧**对刚萌芽马铃薯的轻微损害不会对块茎产量产生负面影响。使用塑料薄膜或无纺布覆盖可以将杂草带来的影响降低到最小，但这种方法需要高强度作业且花费昂贵。最常用的控制杂草的有机方法是手工**拔除**。

许多经过有机认证的除草剂，如乙草胺，是可以被应用于马铃薯种植的。然而，所有的除草剂都会产生药害，它们会损伤植株，只能被应用在植株还十分幼嫩的时期。一些一年生的杂草（如狗尾草、藜、苋、藜、苘麻）能够被乙酸抑制，并且多年生的加拿大蓟也能被乙酸防除杀除。想要抑制蓟，用浓度为5%～7%的乙酸是不够的（家用乙酸浓度为5%），当乙酸浓度达到10%～20%时，其抑制效果通常会增加，但这样会对喷雾器造成严重危害。在马铃薯出苗后立刻实施喷药可能会造成药害，但植株会逐渐再生，并不会影响最终马铃薯块茎的生长。

杂草竞争在有机马铃薯生产中是最严重的问题之一，在马铃薯田及边界处甚至周边地块中，都需要进行全年的严格杂草管理。在**马铃薯生产前一年的杂草管理**对于减少草籽量至关重要。虽然中耕在多年生植物和密植植物栽培中几乎是不可能的，但在马铃薯种植中所应用的杂草管理技术通常可以被应用于轮作作物上。频繁地刈割一些多年生作物，如苜蓿，能够有效地抑制一些杂草。从夏末至早春种植的绿肥作物，如芥菜或冬豌豆，在马铃薯播种之前掺入土壤，在一些马铃薯产区也是一种很好的杂草管理方法。降低进入土壤的杂草籽数量和种类是十分重要的。种植经过认证的不含杂草籽的轮作作物，并且减少马铃薯种薯的带土量，将会有助于减少杂草籽，也会降低引入从未出现过的杂草种类的风险。此外，应给地面灌溉水安装过滤器以除去杂草种子。

害虫和啮齿动物管理

马铃薯种植季之间间隔时间长短对于土栖昆虫的抑制是十分重要的。某些在上一个种植季里充当寄主的作物或者杂草的存在也有利于土壤害虫的繁殖。马铃薯植株不应该种植在前6年有**金针虫**发生历史的牧草种植田块。丁香、谷物、玉米和杂草也是金针虫的寄主，这些作物应避免种植在已知存在金针虫问题的田地里。不是金针虫寄主的紫苜蓿可以被种植在田里以替代以上作物。在凉爽的春季和秋季，可通过引起土壤干燥的耕作活动使土壤变干燥，以减少金针虫的数量，这样还可以使金针虫暴露出来，使其受到鸟类、啮齿类动物和其他食肉动物的捕食。在土壤温度低并且土壤表面有蛹存在时，进行休耕也可减少金针虫种群数量（第15章）。

科罗拉多马铃薯甲虫（Colorrado potato beetle）也是有机生产中很严重的害虫。在进行有机种植的1～2年，甲虫所青睐的寄主（如茄科、番茄或者野生马铃薯）不应被种植在有机马铃薯种植田中。在雨水充沛的地带，甲虫可以在马铃薯田边缘处的郁郁葱葱的原生植被上越冬，且越冬后的甲虫就可以转移到邻近的马铃薯植株上。与这些源头保持至少400码的隔离有助于控制甲虫。对于拥有茂密原生植被作为边界的领域而言，这种邻近建议通常不实用，但是如果用沟壑作为边界则甲虫可得到控制（第15章）。当一只甲虫想要靠近马铃薯植株时，它就会掉落到坡很陡的沟壑中无法逃离。

多杀菌素是一种选择性杀虫剂，可在适当控制科罗拉多马铃薯甲虫的同时保护益虫。许多苏云金芽孢杆菌（*Bacillus thuringiensis*，*Bt*）株系可抑制甲虫幼虫的数量。印楝素是被认证的可用于有机生产的杀虫剂。另外，可以在马铃薯田的边缘处种植陷阱式植物，科罗拉多马铃薯甲虫和其他害虫可以被窒息、焚烧或喷洒杀虫剂而杀死，从而降低了可迁移到马铃薯田中的甲虫数量。如果陷阱式植物离有机认证试验田足够远，传统农药是可以喷洒在这些植物上的，尽管这可能与有机生产的精神相违背。另一种控制科罗拉多马铃薯甲虫的方法是“甲虫银行”，它们呈条带状分布在附近的原生植物或马铃薯农田中，这些植物和马铃薯田可以为不同种捕食科罗拉多马铃薯甲虫的甲虫提供交配场地。捕食性昆虫，如步甲，可以通过商业化的昆虫繁育获得，而且它们被释放到田中可以与本土捕食性昆虫竞争，使得对手的数量下降。其他自然捕食者包括瓢虫、草蛉、海盗虫、捕食螨、蜘蛛和地面甲虫。

桃蚜是传播马铃薯卷叶病毒的一种介体，可以随着苗床上的植株与苗圃中贮藏的植株一起转移。隔离桃树等寄主，可以降低蚜虫危害的概率。茄科植物及野生马铃薯是绿桃蚜比较喜欢的寄主，对这些杂草的控制可以降低感染病毒的概率（第16章）。印楝素已被认证可用于防治蚜虫。矿物油已被认证可用于有机马铃薯种植中的马铃薯Y病毒（potato virus Y，PVY）的防治，因为它会干扰蚜虫传播病毒（第17章）。

通过合适的播种深度、培土和灌溉方式来避免土壤开裂，可将**马铃薯块茎蛾**引发的危害降到最低（第15章）。在一些地区，含有杆状病毒的生物杀虫剂被用来防治马铃薯块茎蛾；生长季时在植株上及在贮藏的马铃薯表面可以喷洒这种杀虫剂。

马铃薯叶蝉在一些地区是十分严重的害虫，它们必须被控制，否则将会毁掉所种植的作物。许多所列出的防治科罗拉多马铃薯甲虫的方法，同样适用于马铃薯叶蝉的防治。如果马铃薯叶蝉的数量过多，可以用被认证的除虫菊酯产品及拟除虫菊酯产品来防治。某些形式的颗粒剂（除虫菊和硅藻土的组合）是被认证的可用于有机生产的且对于叶蝉有一定抑制作用的药剂。然而这些产品都是广谱性杀虫剂，在降低害虫数量的同时也会降低益虫的数量。

可选择使用的有机认证的**杀虫剂**是十分少的，它们一般没有毒性，也不像在非有机生产中使用的那些杀虫剂一样有广谱的使用范围。多杀菌素及苏云金芽孢杆菌（*Bacillus thuringiensis*，*Bt*）是被有机认证的且已被登记的可用于抑制害虫数量的药剂，尽管一些苏云金芽孢杆菌的株系是没被有机批准的。其他被有机批准的杀虫剂包括印楝素、拟除虫菊酯、鱼藤酮、冰晶石、单质硫、石灰硫、天然油脂和杀虫皂，这些也可以帮助抑制害虫，但是在马铃薯生产中关于这些杀虫剂的杀虫效果的信息很少。作为杀虫剂，它们必须要通过认证才可以被使用在马铃薯有机生产地块上。害虫的防治方法要能够将对有益生态种群的伤害降低到最小，这点很重要。因此，避免过度使用杀虫剂，对于维持马铃薯害虫的天敌数量的生物防治是至关重要的。指导方针是仅在可能出现经济损失时才采取的措施（第1、4章）。在净收益受到影响之前，马铃薯植株可以遭受一些伤害。通常，昆虫食叶不会对块茎产量与质量产生负面影响，除非作物冠层减少到无法遮盖住整个植物。然而，马铃薯植株对于那些传播病毒的昆虫的耐受性却很低（第15、16章）。表14.4给出了选定的杀虫剂的商品名。

啮齿动物管理可通过使用二氧化硫和维生素D_3丸来实现。一些有机种植者为了尽量减少田鼠的伤害，以放养、部分喂食的方式养猫。另外，通过滴灌施入大蒜粉也可以驱除啮齿动物。

病 害 管 理

在种植有机马铃薯时病害管理很大程度上依赖于预防措施，即种植前降低初始感病率，也依赖于耕种习惯，这样才能降低在种植季和贮藏季病害发生和发展的风险。**预防措施**包括生物熏蒸、土壤曝晒、有效轮作、田块筛选、消除交叉感染，以及使用认证的杀菌剂。**降低感病率**的措施包括种植抗性（半抗性）品种、合理密植使田间保持通风干燥、灌溉管理及化学防治。种植成熟的具有良好外观的马铃薯，可以降低马铃薯腐烂率（第10章）；适当调控贮藏室的温湿度和通风，也可以降低马铃薯的腐烂率。在贮藏之前给马铃薯施用含有细菌丁香假单胞菌（*Pseudomonas syringae*）（Bio-Save）的已注册的生物杀菌剂，可以减少镰刀菌干腐病及银屑病的发生。

生物熏蒸，在土壤中加入大量的绿肥，能有效抑制线虫的数量（第20章）。土壤曝晒将会降低线虫及其他土传病害基数，包括黄萎病菌（*Verticillium dahliae*）（第20章）。在两季马铃薯种植之间相隔一个比较长的周期的话，也会降低一些土传病原菌。然而，进行轮作的作物不能是病原菌的寄主，并且也需要控制杂草寄主的数量。农田中如果有中高程度的寄生害虫，或者历史上发生过土传病害，如黄萎病（第19章），在有机生产中应避免使用这样的田地。

避免因使用被感染的工具而**造成地块交叉感染**。对在田间使用的所有工具进行清洗和消毒，有利于降低害虫和病原菌从其他田地转移过来的概率（第7章）。某些生物碱、次氯酸盐、过氧化物及其他应用于有机农业的试剂可以被用来进行种薯和农事工具的消毒。

如果条件允许的话，选择**抗病品种**。例如，'Defender'就是晚疫病的抗性品种，并且也是早疫病的中抗品种，尽管叶子是敏感的。'Ranger Russet'是对黄萎病的中抗品种，一些品种的块茎对疮痂病也有抗性（第6章）。如果块茎需要被贮藏数月的话，选择休眠期长的马铃薯品种。例如，'Ranger Russet'的贮藏期是大多数赤褐色品种贮藏期的一半。白色和红色表皮的马铃薯比大多数赤褐色马铃薯的贮藏期短。

在有机生产中，只种植**经过认证的马铃薯种薯**，如果可以的话，选择有机栽培的种薯。在田间与贮藏过程中都要检查种薯，并且查阅认证记录以筛选出因病害造成的经济损失较小的种薯（第6章）。早期一代被认证的种薯比后一代种薯有更低的病害水平，并且应该被认证为有机农产品。应该种植整个的、未被切割的马铃薯块茎，使得被感染与病害传播的概率最小化。如果种薯被切割，被切割处需要进行消毒。我们需要查看和检测种薯，以此来估计主要病害的严重程度（专栏7.1）。有三种方法来降低种薯腐烂并保持出苗一致：选择高品质种薯；精细作业；催芽（第7章）。

需要控制**喷灌**的水量、频率和时间以减少叶片的持续潮湿时间，因为潮湿最容易引起叶面病害，如晚疫病和白霉病（第9章）。合理灌溉可以降低作物种植过程中的许多叶面病害。然而，在一些情况下，叶片过干又会引起白粉病及受到螨类的危害。有机农田需要经常调查病害与虫害的发生动态（第9章）。

几个世纪以来，硫及铜类**杀菌剂**已经成为病害控制的一种方法。在有机生产中，硫酸铜与氢氧化铜被用于早疫病和晚疫病的防治。然而，铜离子可以在土壤中随着时间的推移而积累，从而达到一定水平来毒害马铃薯和轮作的作物。因为可能存在毒性，铜制剂已经被欧盟从一些被认证的可应用于有机生产的产品中移除了。然而，这些杀菌剂在大多数地区仍然被认可用于有机生产，并且可以通过一定的管理方法来避免毒性积累。

被有机认证机构认证的其他用于病害管理的产品包括熟石灰、石硫合剂、碳酸氢钾、过氧化氢及各种天然油脂。尽管这些产品已经允许被使用了，但是关于它们在马铃薯上的使用功效的信息还很少。在使用之前，就应该开展有关于它们作用效果的实验。与认证机构核实这些产品是否已被注册可以应用于目标病原菌的防治。

收获与贮藏期间的管理

没有一种应用于马铃薯常规生产的催枯剂是被认证为可以应用于有机生产的。如果马铃薯冠层不易衰老，有机种植者可以卷起植株，使作物迅速生长并在适当时期衰老（大多数品种在死秧50%时产量最高）。翻土有助于减少土壤开裂，以防病原菌孢子及块茎蛾通过裂痕飞入土壤中，以及防止阳光对马铃薯的照射。

杀秧对于适时收获和块茎表皮发育是必要的，机械杀秧也是一种管理方法。在晚疫病发生的某些地区，早期杀秧是十分必要的（第21章）。避免在潮湿天气收获，并且避免在已知的有感染的马铃薯或土壤过湿的区域收获。

有机种植的马铃薯需要理想的贮藏环境。因为与普通生产相比，有机种植的马铃薯的贮藏中，可用于防止贮藏过程中病害发生与传播的方法很少。

因此，在有机生产中进行精细的蒸汽与消毒剂消毒是特别重要的。需要监测作物，并且需要把已被感染的马铃薯从收获机与堆料传送机上移除。这种操作对于所有的马铃薯种植者都十分重要，但有机种植者需要十分警惕，因为可应用于贮藏期的病菌防治方法很少。

在普通马铃薯生产中所应用的化学抑芽剂一般在有机生产中是不被允许的。然而美国农业部（USDA）国家有机计划已经允许一些来自某些草药和香料的精油，如丁香和各种薄荷油来抑芽。这些化合物是可挥发的植物衍生物，可用于杀除新生芽。过氧化氢也可以用于抑制萌芽，但一些配方含有辅剂，这些辅剂并未通过有机生产的认证。丁香油和枯草芽孢杆菌都可以抑制常见的贮藏过程中的银屑病问题。丁香假单孢菌（*Pseudomonas syringae*）（Bio-Save）也许可以抑制贮藏过程中的银屑病与干腐病。

有机马铃薯生产清单

这一清单与第2章中的生产清单是平行的，重点讲有机马铃薯管理实践的特别之处，以及在有机生产中比普通生产中更重要的东西。下面列出的措施不都是必要的，并且一些措施可以被其他的方式所取代。

马铃薯前茬作物的管理

选择一个具有良好土壤和水分资源的地块，没有毒害物质和养分缺乏。控制马铃薯自生苗和马铃薯近源杂草（如龙葵）。选择不是最严重的马铃薯病虫害的寄主植物作为轮作作物。避免土壤压实，掺入大量作物秸秆，确保只允许干净的设备进入田块。

1. 使地块与桃树和其他李属植物、花坛植物及剔除薯堆（cull piles）隔离开。
2. 选择一块至少7年没种过马铃薯的田块进行生产。
3. 选择一个之前没有轮作过本地区主要害虫或者病原菌的寄主作物的地块。
4. 在轮作作物中使用经过认证的没有杂草的种子，过滤地表灌溉水来除去杂草种子。
5. 全年使用有机的方法来管理有机地块、邻近地块及地块边界处的杂草，减少杂草种子库。
6. 如果在马铃薯生产之前的至少两年种植多年生豆科植物（如苜蓿），就可以减少一年生杂草，并且可以在土壤中固氮。
7. 种植和掺入一些适宜的绿肥作物。

播种前的管理

施用充足（但不过量）的有机肥或经过有机认证的肥料。选择认证的马铃薯种薯。处理种薯时要仔细，以避免造成种薯破坏及病原菌扩散。

1. 选择一个对叶面病害、土传病害及种传病害都有抗性的品种。
2. 如果块茎会被贮藏的话，选择一个休眠期长的品种。
3. 选择有限代次内已经过认证的且在种植季以外测试中表现优异的马铃薯种薯。
4. 如果条件允许的话，选择有机种植的种薯。
5. 每天都要对种薯处理工具进行消毒，并且在使用其处理每个新种薯批次前也要消毒。

6．采用整薯而不是切种播种。

7．如果块茎蛾十分严重，用杆状病毒杀虫剂处理种薯。

8．根据土壤测试结果及产量潜力在种植前施用有机肥料作为基肥。

生长季中的管理

播种

在湿润（75%～85%的土壤有效含水量）的土壤和适当的土壤温度（10～12.8℃）下均匀播种，并且播深适宜。

1．去除感病的、个小的或者受损伤的种薯。

2．在田间或靠近田边的位置种植一种诱捕作物，并且定期焚烧、销毁、喷洒农药（如针对科罗拉多马铃薯甲虫和蚜虫）。

生长阶段Ⅰ～Ⅴ

促进快速冠层覆盖。在马铃薯幼苗高于10 cm之前中耕除草。灌溉土壤以防止土壤含水量下降到土壤有效含水量的70%以下（第9章）。

1．如果有必要的话，使用二氧化硫和维生素 D_3 丸来防御啮齿动物。

2．布设塑料内衬沟槽，让科罗拉多马铃薯甲虫在从田边植被中移动到田块的过程中掉入其中。

3．施用多杀菌素、苏云金芽孢杆菌（*Bacillus thuringiensis*，*Bt*）及其他经认证的有机杀虫剂。

4．考虑释放商业化繁殖的捕食性昆虫，以加强自然有益昆虫的种群数量。

5．考虑在田块周边或内部设置带状的本地植物昆虫繁殖区或“甲虫银行”。

6．在马铃薯将要出苗或刚刚出苗时进行中耕或者焚烧除草。

7．考虑使用塑料或植物纤维网防除杂草。

8．拔除带病植株和杂草。

9．依照预测模型或防控阈值，施用氢氧化铜、硫黄、硫酸铜来减少一些叶面病害和虫害。

10．如果块茎蛾是一个严重的问题，用杆状病毒杀虫剂喷洒进行防治。

收获期间的管理

在适当的土壤湿度（60%～65%的土壤有效含水量）下，并且当块茎薯肉温度为10～18.3℃时进行收获（第10 章）。避免挫伤和霜冻损伤。当马铃薯在收获机械上时，尽可能多地去除薯块上的土。

1．对于绝大多数块茎膨大速度随衰老而提高的品种，在杀秧前几天辊压植株和土壤。

2．如果杀秧对于该品种或销售市场有利，在收获前至少18 d机械杀秧。

3．如果存在土壤裂缝问题，机械杀秧后马上对地表进行辊压。

4．在收获机上去除发病和受损伤的薯块。

贮藏期间的管理

在搬运期间避免损伤薯块。入库贮藏的过程中移除感病与受损伤的薯块。保持薯堆高度在5.0～5.5 m及5.0 m以下。在10～12.8℃及高通风量和高相对湿度条件下，让薯块愈合14～21 d，然后逐渐降低温度直到合适的水平，使之低至该品种和目标市场推荐的温度。

1．运用蒸汽和有机许可的生物碱、次氯酸盐、过氧化物清洗消毒贮藏库。

2．考虑使用氢氧化铜或过氧乙酸控制病原物。

3．当休眠期过后，每2～3周使用薄荷、薄荷油、丁香油等来抑制萌芽。作为替代，也可用过氧化氢来抑制萌芽。

4．考虑使用丁香油或枯草芽孢杆菌来抑制银屑病。

5．使用丁香假单胞菌来抑制银屑病和干腐病。

第 12 章

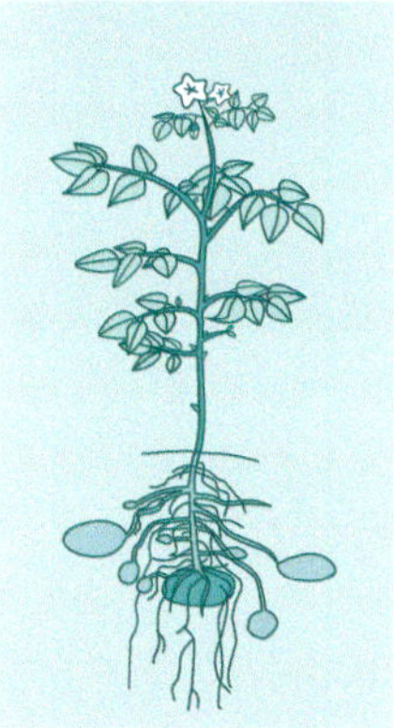

Thomas F. Cummings 华盛顿州立大学植物病理系，普尔曼

Robert E. Thornton 华盛顿州立大学园艺与景观建筑系，普尔曼

庭院马铃薯管理

庭院种植马铃薯在北美地区有广泛的基础，庭院种植不仅能收获果实也能愉悦身心。像正常的商业种植一样，全面健康的管理方案在庭院种植中也十分重要。与广大的农场种植一样，在本书其他章节提到的许多方法也可以使用在庭院种植中。另外，庭院中的马铃薯也能够成为影响商业种植马铃薯的害虫与病原菌的寄主。马铃薯、番茄、辣椒、矮牵牛及其他茄属（*Solanaceae*）植物包括杂草，是马铃薯生产中最受关注的植物。例如，在温室中育苗之后移栽到庭院中的番茄已成为晚疫病的初侵染源，这种病害无论是在商业马铃薯的生产上还是庭院马铃薯的种植上都会暴发。其他可以从庭院种植转移到商业马铃薯生产的害虫或病害有蚜虫、叶蝉及一些病毒。

场地准备和营养

马铃薯种植适宜的土壤环境非常广泛（第5章）。要选择一个排灌良好、阳光充足、土壤肥沃的地块来种植马铃薯。不要选取有大量石灰或木材灰烬的地点，因为二者都可以降低马铃薯品质。在播种之前需要进行翻地，翻地深度为15～20 cm，如果需要施用堆肥或者化肥，需要在翻地之前将肥料撒入土壤。还没有腐熟的有机肥，如生牛粪，由于没有微生物的充分发酵分解，所以释放的营养物质较少。另外，施用这些肥料不利于调节土壤pH，并且它们当中可能含有杂草籽、害虫卵和病原菌。鸡粪，对于马铃薯来说是最好的有机肥，有很高的营养价值，但是需要经过堆肥或其他方式充分腐熟（第11章）。这些肥料在整个生长季可以给马铃薯释放出足够的养料。

通常庭院种植马铃薯是不需要对土壤进行测试的，但是庭院中出现营养缺乏或营养失衡时，进行土壤测试是有必要的。肥料的需求随着其他因素的变化而变化，如栽种的品种、土壤类型及生育期长短。在马铃薯种植中氮是最重要的限制元素。将有机氮肥与无机氮肥结合起来，按照每1000平方英尺4～5磅的实际用氮量来施入，对于大多数庭院土壤是足够的。马铃薯植株同样需要磷、钾及某些微量元素（第8章）。这些营养元素通过普通的N、P、K（氮、磷、钾）配方施入，如10-10-10、16-16-16或16-8-12，或者通过有机肥修正来满足。通过施用有机肥或者与绿肥作物相结合，非有机肥料的施用率可通过此法降低1/3或1/2。如果马铃薯因为缺氮而表现出变黄萎蔫，那么可以通过叶面喷雾补充氮素，按照每1000平方英尺0.5磅的氮施入量。过量施用氮会引起植株徒长，易于损块茎生长和引发块茎疾病（第9、

12章）。一般情况下，植株开始变黄以后，如果块茎达到一个可取的大小，最好让植物自然死亡。

播种和中耕

在经过施肥与翻地之后需要平整土地。在种植之前，土壤需要造墒但不能过湿，达到手握成团的程度即可。最佳的土壤种植温度为10～12.8℃，在此温度区间进行种植，并且提高地温有助于薯块快速发芽。

只有经过认证的种薯才能用来种植；小心搬运种薯**避免挫伤**，挫伤是造成缺苗和弱苗的主要原因。播种的三个主要管理方法是使用认证种薯、小心操作和促进**快速出苗**（第7章）。种薯可切成55～60 g的**芽块**，每个芽块需要有一或两个芽眼。一旦种薯切完，没有必要去晾干或处理，可以立即种植在距离土表8～10 cm的深度。种薯可以在一排中按15～30 cm的间隔种植。通常来说，种植较近的马铃薯会长出更多但是更小的薯块，这对于小餐桌来说是可取且受欢迎的；种植在更大的间隔下的马铃薯会得到相对较少的产量但马铃薯块茎的个头偏大，这样的马铃薯被大型厨房所青睐。行间距应为60～90 cm。

起垄是马铃薯种植的重要环节，在垄内植株接触之前将垄沟内的土培于植株基部，保证种薯距离垄面15～20 cm。

杂 草 管 理

庭院种植的马铃薯行间的杂草管理方式可通过拔除或者用锄头清除。中耕除草也是一种快捷的方法。需要谨慎操作以防伤害到马铃薯植株或者伤害畦中的根系（第22章）。庭院种植不推荐使用除草剂，因为可能会伤害到马铃薯，并且可能会产生漂移影响到其他作物。在马铃薯封垄之前要去除掉大部分杂草。一般封垄时间在播种以后60 d，这取决于温度、行间距、耕作及一般的生长条件。

杂草在较小时容易去除。

病虫害管理

庭院马铃薯病害和虫害管理的第一步是种植健康的种薯（专栏12.1）。不要种植上一年在庭院中种出的马铃薯，或者从菜市场买来的马铃薯。经过认证的种薯已经做过病害检测，并且只种植经过认证的马铃薯种薯可以减少许多病毒、细菌、真菌、线虫及害虫的引入（第6章）。

庭院中的**轮作**区域从一种植物换到另一种植物，并且在生长季节结束时处理掉马铃薯、番茄和茄子的茎，将减少后来在那里生长的马铃薯感染黄萎病和其他病害的概率。绿肥作物翻耕到土壤中，在土壤微生物作用下进行发酵并配合晒田能够抑制线虫和土传病害的发生（第20章）。对疮痂病、黄萎病及其他病害有抗性的马铃薯品种可以在带病土壤中种植（第6、19章）。

只有**正确诊断**庭院中的问题，才能有效地对其进行控制。庭院种植中的许多问题都与非生物因素有关，如极端天气（霜冻和高温日灼）、水分极端（包括不当的浇水）及错误施肥。

这些情况容易招致害虫和某些病害的发生，并增加生理性问题的发生（第23章）。

专栏12.1

在庭院中种植马铃薯的关键管理策略

- 马铃薯可以适应多种土壤环境，但是不要在庭院土壤中加入石灰和锯末。
- 只能种植经过州或省认证的种薯，不要种植前一年由菜园种植出的马铃薯及商店里购买的马铃薯。
- 当温度升高以后开始种植马铃薯，播种最适温度为10～12.8℃。
- 人工除草，不要在庭院中使用除草剂。
- 通过适当的管理措施保持植株的生长势。
- 当马铃薯薯块达到期望的大小时进行收获。
- 在凉爽（理想的温度为4.4～10℃）、避光、干燥的环境中贮藏健康的马铃薯。

灌溉水管理，包括灌溉频率、灌溉时间和灌溉水量，尤其是喷灌的水量对于病害的管理十分重要（第9章）。在马铃薯生长到Ⅱ和Ⅲ阶段时，土壤湿润最易导致黄萎病和粉痂病的发生，而疮痂病在此阶段能够通过高土壤湿度来部分控制住。病虫害管理的具体信息可以在本书的第15～21章中获得。在庭院中遇到的普通害虫和病害及管理准则会在下文进行详细介绍。

庭院种植中的许多问题都与非生物因素有关，如极端温度（霜冻及高温日灼）、极端湿度（包括不当浇水）及肥料的错误使用。

马铃薯跳甲（potato flea beetle）是十分微小、圆形、棕黑色昆虫，当跳动起来时像一个跳蚤。由于跳甲的繁殖能力强，所以要在跳甲发生早期进行防治。已经有庭院专用并经过登记的用来防治跳甲的杀虫剂，在使用时应当严格按照说明和蜜蜂保护警告来使用（第15章）。

马铃薯叶蝉是十分微小、柠檬绿色、体长并能快速移动的害虫，通常在下部叶片发现。如果发现每株植物上有多于两只的马铃薯叶蝉，使用已登记的杀虫剂进行防治（第16章）。

成年的**科罗拉多甲虫**是椭圆形、后背上有黑黄相间纵向条纹的甲虫。幼虫是像子弹一样的橘黄色或红色虫子，在两边有两行黑色的圈点。幼虫期是最具破坏力的时期，可以吃光植物的叶片。对于庭院来说，这种昆虫能够有效控制，方法很简单，在第一次发现甲虫时戴着手套用手将甲虫挤碎即可。生物防治药剂苏云金芽孢杆菌像其他登记的家用杀虫剂一样有效（第15章）。

叶螨是很小的螨，用手持放大镜可见。它们在叶片背面结一疏松的丝网，使得叶片变黄、变棕及产生黑点。杀虫肥皂可以减少螨虫的数量（第15章）。

晚疫病斑开始于水浸状斑点，在叶片和茎上快速增大。湿度大时也在背面长出白色霉层。如果这一种植区有晚疫病菌侵染，最好在潮湿天气之前或者病害初次显症时使用杀菌剂。减少喷灌，缩短植物叶片的湿润时间，可以帮助控制晚疫病。在中午灌溉不会像在清晨或晚上灌溉那样容易引起晚疫病。清除所有的发病植株。检查番茄上是否发生晚疫病，因为晚疫病既可以侵染番茄也可以侵染马铃薯。早春时要清除自生薯和废弃马铃薯，防止病害在这些马铃薯上繁殖（第21章）。

早疫病的病斑为椭圆或角状带有同心轮纹的斑点。它们通常在较老的叶片上出现。氮肥的使用对于预防早疫病至关重要。同其他病害一样早疫病也需要尽早防治。早疫病菌可以从其他茄科植物，如番茄或青椒上扩散到马铃薯植株上（第21章）。

病毒病引起许多症状，包括植株的发育迟缓、叶片蜷曲、叶片皱缩及花叶。为了将感染病毒病的概率降到最低，只种植经过认证的马铃薯种薯。移除和销毁发病植株，控制病毒传播介体，如蚜虫（第16、17章）。

疮痂病病斑为块茎表面出现近圆形至不定形木栓化疮痂状的淡褐色病斑或斑块，手摸质感粗糙。目前没有对于疮痂病特别有效的杀菌剂。种植抗病品种（表6.2），并且通过提供绿肥来增强庭院土壤中的微生物之间活动（第3章）。不要在种植马铃薯的土壤中施用未腐熟的有机肥或者石灰。并且需要合理灌溉（第9、19章）。疮痂病只是影响外观不影响食用（第19章）。

收获和贮藏

最佳收获马铃薯的时间依据你想要得到的马铃薯块茎的大小而变化。马铃薯块茎可以从种植后不到3个月到种植后6个月收获，这取决于马铃薯品种和种植环境。如果想收获小的马铃薯，可以在植株开花封垄后收获。要想收获足斤重的或大个的马铃薯，错后收获直至马铃薯植株自然死亡或者是在一年中第一次霜冻之前进行收获。定期挖出马铃薯，以确定块茎大小，并且可在整个季节得到新鲜的马铃薯。

庭院中种植的马铃薯在贮藏时可以延长贮藏时间。当植株枯死以后，马铃薯可以留在土地中直到需要时被挖出，只要温度不会降到−1℃以下数天。马铃薯在任何时间段都不能够留在湿润的土壤中。对于收获以后的长时间贮藏来说，只挑选在植株死亡后留在土地中至少14 d的，干净未受伤的马铃薯进行贮藏。这样可以确保薯皮充分老化。

粗麻布、网袋或部分打开的盒子能够使块茎“呼吸”并减少块茎腐烂，不要在完全紧闭的容器中或紧闭的塑料袋子中贮藏马铃薯（第10章）。马铃薯块茎应该贮藏在凉爽、干燥、无光的环境中，理想的温度是4.4～10℃。低温环境确保了更长的贮藏时间，并且降低发芽率。低温但未达到冰点的地下室或者车库能够成为令人满意的贮藏地点。不要贮藏湿的块茎，每几周检查一下块茎是否腐烂，并且立刻移除有病害的块茎。

第13章

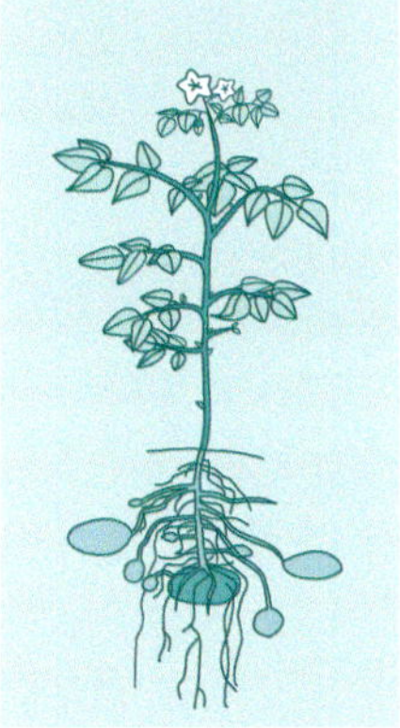

Philip B. Hamm 俄勒冈州立大学植物学与植物病理学系，赫米斯顿

Rick A. Boydston 美国农业部农业研究局，华盛顿普罗瑟

Casey W. Hoy 俄亥俄州立大学昆虫学系，伍斯特

Walter R. Stevenson 威斯康星大学植物病理学系，麦迪逊

Pamela J. S. Hutchinson 爱达荷大学阿伯丁研究与推广中心，阿伯丁

农药施用

农药是马铃薯病虫草害管理的重要组成部分。药剂选择、施用方法和用药时机对于防治效果有重要影响。本章将重点讨论施用方法。

农药通常可通过以下三种方式施用：①打药机；②飞机或者直升机；③灌溉系统，如通过指针式喷灌机或者滴灌系统用药。需要充分了解不同施药方法的特点，以便获得经济高效的防治方法。这些施药方法会受风速、湿度、降雨和气温等不同环境条件的影响。此外，施用靶标包括植株叶片（施用触杀性杀虫剂或杀菌剂）、杂草（在马铃薯冠层以上或以下）、叶上或叶内（施用触杀性杀虫剂）的害虫，全田土壤（施用除草剂、杀虫剂或土壤熏蒸剂）或者根际土壤等（第7章）。

施用农药之前，必须考虑哪种施用方法最适合。正确的施用方法可以降低有害生物抗药性的风险，这对于那些在同一生长季多次施用的新的单一位点或残效期较长的药剂尤为重要（第14章）。

施用方法

没有一种施用方法可以适用于所有情况，并且很多产品也不会针对所有的施用方法或施用区域进行登记。每种农药都有独特的施用方法，充分了解每一种施用方法有助于为一些特定任务选择最佳的施用方法和时间。例如，虽然单位面积施用的实际量差异不大，但载体体积差别很大。航空施药用水量为2～4 L/亩，灌溉系统施药用水量为1680～4050 L/亩。这种载体体积的差异主要影响沉降和保留在植物表面的药量，在土壤熏蒸的情况下，它决定了农药向土壤中移动的深度。此外，载体用量与药剂有效成分含量、植株覆盖度和有害生物的发生程度直接相关。

可以从以下三个方面去考虑药剂的覆盖：①施药时有害生物的群体数量（主要是害虫和杂草）；②在植物体（作物或者杂草）或者土壤上的初始覆盖面积；③通过灌溉、降雨或耕作而重新分配的作物或土壤的覆盖面积。这些关于农药覆盖的观点从根本上是不同的，但都可以成功地控制目标生物，特别是当了解了具体应用方法与覆盖率和农药性能的关系之后。

无论哪种方法，正确地操作和校准施药设备对于合理施药、提高覆盖和施药效率都是至关重要的。在使用航空或地面设备之前，请检查喷嘴和喷嘴间距是否合适，以确保均匀和完整的覆盖范围。每个喷嘴都要检查，以确保所有的喷嘴都是相同的尺寸，并且每个喷嘴都应单独进行校准。

喷嘴的供水量应在制造商说明书规定的额定值的10%以内。对于地面应用，应在现场检查悬臂高度和位置及速度表或转速表的准确性。检查中心枢轴系统以确保辅助泵、回流阀和洒水喷头工作正常。喷头需要适当定位。应对系统进行校准以确保用水量正确。喷雾器校准不当、在空中或地面喷洒时没有适当重叠或喷洒器工作不良，可导致药害或者防效较差。使用农药的目标是安全、高效、经济和有效地对靶标进行防控。要做到这一点，可以在保证最佳覆盖率的同时，保持活性成分在靶标区域的最高浓度，但这有时是相互冲突的目标。

无论哪种方法，正确地操作和校准施药设备对于合理施药、提高覆盖和施药效率都是至关重要的。

地面喷药

地面施药包括三个常见的喷施区域：①地上部；②垄沟；③进入垄内的特定深度或距离（当采用土壤注射施药时）。

地上部喷药。有多种地面打药机可供选用，包括带状施药器和定向喷雾施药器，但大多数情况下它们作用相似。无论使用哪种方法，都必须保持准确、恒定的田间速度，以提供精确的农药剂量。除非使用监控系统来调节喷雾量或农药量，否则恒定速度对于坡度大或地势崎岖的区域尤为重要，因为变换齿轮或发动机转速可能会导致喷雾量发生显著变化。

一般而言，地面打药机（图13.1）的技术参数为喷水量12～120 L/亩；打药机行进速度8 km/h；杀虫剂和杀菌剂的工作压力为100～400 psi，除草剂的工作压力为20～50 psi。地面喷雾器类型主要有**鼓风式喷雾器**，强制空气以相对高的速度驱动药剂喷雾到植株冠层；**吊杆式喷雾器**，以高压强制药剂通过各种喷嘴喷雾到植株冠层；**风幕式喷雾器**是最近发展起来的较新型喷雾器，增加了风幕吹开植株冠层，使药剂能够覆盖到冠层以下的叶片。这些类型的喷雾器作用相似。无论使用何种设备，都应仔细考虑和平衡水量、压力、行进速度、喷嘴和喷雾器类型，以达到有害生物管理的喷雾要求。载体的用量可以大大影响苗后除草剂的药效。例如，施用除草剂时应按照推荐用水量的最高量并增加压力来施用。

图13.1 地面打药机在施药。（G. Secor友情提供）

地面打药机喷药有很多**优点**（专栏13.1）。如果进行合适的喷雾操作，即使是在封垄以后也能使药剂均匀地覆盖在叶片上。此外，如果选择合适的喷头并调整压力以使微小雾滴产生的量最小化，农药便可随中等风速而分散，会使因飘移导致的农药损失降至最小。如果对漂移要求严格的话，地面喷雾是首选。此外，打药机的喷幅应当与种植垄数相匹配，以减少漏喷和重喷（图13.2），并且应经常检查喷嘴输出是否正常。

地面打药机的**缺点**是设备成本太高，大面积用药的话时间过长，封垄后机械对作物有损伤，土壤湿度大时无法下地作业，风速大时或者风向偏时无法作业，打药机在不同地块作业容易造成病原体和杂草的传播，打药机在田间作业会压实土壤，以及长时间阴雨天气设备无法作业。大多数芽前除草剂需要在打药机中混合，有些需要在施用时立即混入。如果是种植者自有的打药设备，则使用时间可能更多地取决于需求，反之使用时间会受到设备调度能力的影响。

图13.2 一个地块的边缘处因漏喷杀菌剂导致晚疫病发生。（D. Preston友情提供）

专栏13.1

马铃薯作物生产过程中所用施药方法的比较

	地面施药	航空施药	灌溉施药
冠层中药剂的初始量[a]	高	中	低
初始冠层覆盖[b]	很好	中等	非常好
液滴或沉积浓度[c]	中～高	很高	很低
需要重新分布[d]	某些	是	否
施药时药剂沉积到土壤表面的量[e]	低～中	低	高
施药7 d后冠层中药剂的量[f]	中	中	低
喷液（水）量	中	低	很高
施药所需时间[g]	中	短	长
土壤压实或植株机械损伤	高	无	低
在土壤较湿的情况下施药	差	非常好	好
脱靶漂移风险	低	高	中
处理田块中小片区域的难易度	易	难	难
施药所用人工量	高	低	低
花费[h]	高	中	低

[a]施药后冠层中活性成分的总量。
[b]施药后整个冠层的初始农药覆盖度。
[c]施药后有效成分在药液残留痕迹处或叶片上的浓度。
[d]施用后药剂在雨水或灌溉水中从冠层上部重新分布到冠层下部。
[e]施药时穿过整个冠层到达土壤表面的药剂量。
[f]施药7 d后马铃薯冠层中保护性药剂的总量。
[g]每亩施药需要的相对时间量。
[h]当三种施药方法都可选用时的总花费，包括时间和设备花费。

该比较是基于有经验的施用人员使用现代且经良好维护和校准的设备进行地面或航空施药；灌溉施药用水量为2550 L/亩，施用相同的剂量（每亩有效成分施用量），在封垄后多次浇水。施药方法的使用可能取决于靶标有害生物：地面或航空施用保护性杀菌剂可提供长期保护，而其他方法可能对于内吸性杀虫剂或土壤活化除草剂更为高效。本表格不包括土壤熏蒸剂的施用方法。

图13.3 播种时喷头调整为正对种薯芽块下落位置的后方。这种方法会使施用的农药在种薯芽块被土盖住之前就被包裹。（G. Secor友情提供）

沟施用药。沟施农药通常以相对较低的压力和较大的液滴尺寸（图13.3），用相对较少的水施用于种子侧面、顶部和下方。沟施颗粒剂可以在种子落下之前或者之后，具体在种子之上或者之下根据药剂特性以最有利于药剂吸收而定。沟施产品往往针对地下害虫和土传病害。有些产品具有系统吸收性，可以通过植物根部吸收并转移到地上部保护植株免受害虫危害。沟施用药成功的关键在于药剂最大限度地接触到地下害虫或者被马铃薯植株高效吸收。根系发育前的过度灌溉或大量降雨可使水溶性产品在土壤中向下移动，造成药剂利用率降低和对地下水的污染。沟施药剂通常不受环境因素（如风）的影响，但由于校准不当，喷嘴堵塞或磨损和土壤潮湿等因素会影响药效发挥。

撒施并掺入土壤。农药也可以在土壤表面撒施，然后掺入土壤使药剂达到规定的深度。药剂在土壤中的均匀分布是保证药效的重要因素，因此机械装配的准备工作应包括检查所有装配工具，以确保旋耕刀或旋耕齿正常工作，以便将药剂混入规定的土壤。如果施药混土后造成了药剂堆积，则需要确认旋耕刀或旋耕齿的行距是否合适。使用前机械应进行深度和间距试验。有些产品，如威百亩和威百亩钾，施用以后需要密封土壤，因此遵守产品标签说明是很重要的。如果采用高架喷灌系统进行土壤药剂处理，则应对其进行检查和校准，以确保满足特定农药产品所需水量的均匀分布。确定好灌溉系统类型和用水量之后，应遵循产品标签的建议，特别是与土壤类型和水分有关的建议。

航空施药

航空施药有几种不同的类型。与地面施药一样，航空施药的效果通常不是由航空器的类型决定的（图13.4），而是由使用过程中设备运行和校准及环境条件决定的。航空施药的用水量通常在2～4 L/亩（尽管它可以高达6 L/亩）。根据喷嘴类型的不同，用水量越多可能在叶片上产生的可见雾滴就越多。这些雾滴是农药在植物叶片上的沉积物。随着水量的增加，农药浓度逐渐降低，但雾滴数量增加。当马铃薯封垄以后，航空施药通常导致施用于植

图13.4 航空施药。（D. A. Johnson友情提供）

株上层的产品多于中下层。

航空施药相对于灌溉施药的**优点**包括：可以施用更高浓度的药剂到马铃薯冠层（专栏13.1）；大面积施药可以在相对短的时间内完成；此外，因为没有接触地面，航空用药不会造成土壤板结，不用考虑土壤湿度问题，不会造成对植株的机械损伤。

航空施药的**缺点**包括：设备能力有限（如果不是由种植者拥有和经营），无法及时应用；与灌溉施药相比，应用成本更高；增加了由于跳行或喷嘴故障而导致的大面积未被处理的可能性（图13.5）。全球定位系统有助于避免漏喷和错喷的发生。

图13.5 红外航拍照片显示航空喷施杀菌剂过程中漏喷的区域发生晚疫病（黑色区域），健康的植株表现为红色。

航空施药的其他缺点包括：难以在附近有障碍物的田块施药，如电线、树木、建筑物及公共道路。航空施药可能因为气团造成药剂在空中滞留，或者因为强风导致漂移，从而影响药效。此外，由于航空施药造成药剂在植株冠层的分布高于中下部，药剂的重新分布（特别是杀菌剂）取决于随后的降雨或灌溉。水将药剂冲到中下部的叶片和茎上。在施药后，通过灌溉或小雨，中下部叶片的病害和虫害问题可能得到改善。制剂类型、助剂、产品溶解度对于除草剂、触杀性杀虫剂和杀菌剂的覆盖率起关键作用。

达到植株冠层的药液数量受温度、湿度、飞机速度、液滴尺寸、喷嘴压力、现场地形的不规则性及飞机与树冠之间距离的影响。一般来说，当空气较冷或湿度较高时，液滴尺寸较大，施药时靠近植株时会有更多的药剂覆盖到植株冠层。即使在理想条件下，航空施药（农药再分配前）的初始冠层覆盖率通常低于地面施药或灌溉施药（专栏13.1）。使用除草剂时由于用水量低，对杂草不能进行有效覆盖尤其是群体密度比较大的地块，从而影响药效。

灌溉施药

灌溉施药是通过将农药注入灌溉系统的水流从而施入田中。马铃薯灌溉施药虽然也使用平移轮式喷灌系统和固定式/手动灌溉系统，但通常通过指针式喷灌系统完成（图13.6），设计合适的中心枢轴系统可以提供比前两者更均匀的产品应用和药剂分配。指针式喷灌系统施药用水量大，有时超过3700 L/亩，一般用水量为1200～2600 L/亩。这些用水量是平衡喷嘴尺寸、操作压力和枢轴速度的结果，通常需要在指定时间内施加所需灌溉量。系统必须首先满足作物的需水量，施用农药是次要目的。指针式喷灌系统行进速度越快，每转的水量就越少。用水量会影响药剂在马铃薯冠层或者杂草叶片上的滞留量；由于冠

图13.6 灌溉施药——将农药注入灌溉系统的水流来施用，此处用的是指针式喷灌系统。（D. A. Johnson友情提供）

层或叶子上的产品可以被水洗掉，所以用水越多留在叶片上的药剂就越少。使用固定式或手动灌溉系统进行施药通常需要在浇水临近结束时注入农药，以减少径流损失。农药的施用方式也会影响其挥发散失。挥发散失随着气温的升高而增加，但当指针式喷灌系统上的喷嘴尽可能靠近地面时可以减少挥发散失。

无论灌溉施药用水量如何，一般情况下灌溉施药在马铃薯冠层或杂草叶上滞留的药剂要少于地面施药或航空施药。如果在指针式喷灌系统中多安装一个改良的悬臂，可以相对减少用水量（30～60 L/亩），只有这样灌溉施药的用水量才能与地面施药或航空施药的用水量相当，并且滞留在马铃薯冠层或杂草叶片上的药剂也相当（图13.7）。

图13.7 指针式喷灌系统额外增加的第二套喷杆来采用较低水量进行施药。（D. A. Johnson友情提供）

灌溉施药的**优点**包括：亩成本低，在植株冠层或土壤中施药均匀，以及能够（取决于喷嘴）在低至中等速度的风中施药。与航空施药不同，灌溉施药不需要随后的降雨或灌溉来对药剂重新分布或完全覆盖密集的杂草种群，因为在施药期间药剂已经均匀覆盖。另外，需要混土的产品不需要随后的机械操作、降雨或灌溉。灌溉施药可以为除草剂提供足够土壤水分（土壤水溶液被目标杂草吸收）。由于灌溉施药用水量大，可以将产品从马铃薯植株上冲洗到土壤上，所以某些药剂在地面施药或者航空施药不安全时，可以使用灌溉施药。

与航空施药和地面施药相比，灌溉施药的**缺点**包括：施药所需时间更长；由于设备故障而造成漏喷（图13.8）；使用过程中由于使用大量的水而造成冲洗，因此与其他施用方法相比，马铃薯冠层或杂草叶子上残留的产品更少。触杀性除草剂、保护性杀菌剂和触杀性杀虫剂在灌溉施药时可能不如地面或航空施药那样有效，因为叶面药剂存留和覆盖是药效的关键。可以使用轮式或手动喷灌系统来施用药剂，但应认识到两个限制：①水和农药产品混合不均匀；②无论何时注入药剂，都不能实现适当的施用量。例如，如果药剂在开始注射时或整个灌注期间注入，通常会持续6～12 h，产品将被大量稀释并从马铃薯冠层上被清洗下去。如果产品在灌溉结束时注入，它可能几乎立即从离灌溉系统最近的喷嘴喷出，但根据灌机的长度，药剂可能需要很长时间才能达到最后一个喷嘴。最大的困难在于何时注入药剂及注入多长时间以确保灌机各个喷嘴喷出药剂均匀一致。

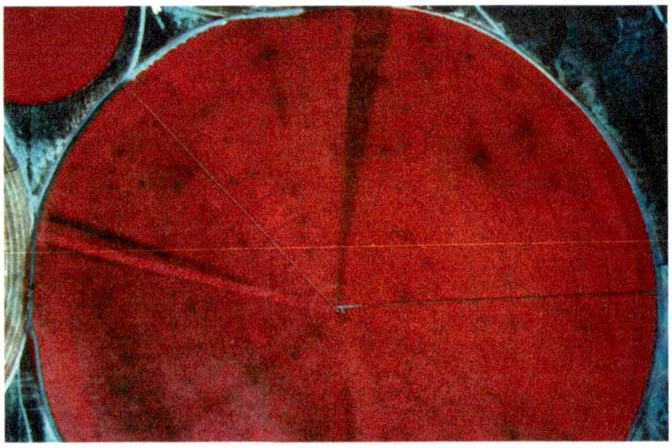

图13.8 红外航拍照片显示喷灌施用杀菌剂过程中由于堵泵造成漏喷的区域发生病害（黑色区域），健康的植株表现为红色。

如果减少灌溉的时间，也可以利用轮式或手动喷灌系统有效施用药剂，主要是由于灌溉量的减少对植株冠层药剂的冲洗也会相应降低。必须特别注意挥发性药剂的应用，如除草剂EPTC（扑草灭）。药剂在潮湿土壤的挥发性损失大于干燥土壤中的损失。如果EPTC在灌溉系统的最后阶段注入，那么在已经湿润的土壤表面药剂挥发损失会很大。相比之下，如果在灌溉开始时将EPTC注入灌溉系统，它将遇到初始干燥的土壤，土壤会吸附药剂，药剂挥发损失会低于在潮湿土壤中的损失。当在灌溉早期施用水溶性除草剂，如施用砜嘧磺隆（Matrix）或嗪草酮（Sencor或其他产品）时，如果用水量合适，除草剂将被冲入土壤表层以下2.5～5 cm处杂草发芽区的土壤中，从而提高除草剂药效。然而，如果除草剂在灌溉刚开始时施用，随后施用过多的水，则除草剂可能移动到杂草发芽区以下并进入马铃薯根部吸收区，这样会增加除草剂对马铃薯的危害。请务必仔细阅读农药标签以了解具体的应用信息。

土壤熏蒸剂的施用

土壤熏蒸剂是在马铃薯种植前的几周施入土壤，主要针对土传病害、杂草和地下害虫及线虫（第5、20章）。马铃薯生产中最常用的熏蒸剂是威百亩和1,3-二氯丙烯（1,3-D）。威百亩通常通过灌溉系统施入，但可以用注射器将药剂注入一定深度的土壤中。当通过灌溉系统施药时，灌溉用水量通常决定了熏蒸剂渗入土壤的深度。可以用一个和多个注射器用少量的水向土壤中注入威百亩。向土壤中注药后需要密封土壤表面，以减少药剂从注射孔挥发出去的量。在风速较大和温度较高时不能使用灌溉系统施用土壤熏蒸剂，以减少挥发和漂移的风险。无论使用何种方法，保持低的土壤湿度和温度才能很好地发挥药效。

熏蒸剂1,3-D主要用于控制土壤中的线虫。这些药剂通常是被注入45～60 cm深的土壤中（图13.9）。除非前茬作物的残留量已经统筹考虑，并符合一定的土壤温度和湿度要求，否则不应施用。土壤密封也是必需的。在一些马铃薯产区，常见的处理方式是同时应用威百亩和1,3-D，降低单品的用量。当两者都使用时，首先使用1,3-D，然后使用威百亩，间隔不超过一周。这种方法在保证效果的情况下可以降低单品用量。威百亩和1,3-D是限用农药，需要特别注意处理和施用。

图13.9 采用长注射管来施用1,3-二氯丙烯（1,3-D）。

航空施药和灌溉施药交替使用

在药剂频繁使用的情况下可以交替使用航空施药和灌溉施药，这样能够利用两种方法的优点并能减少成本。航空施药让马铃薯植株冠层保持高剂量的药剂，灌溉施药有助于将药剂分配至整个植株并保持到下次航空施药。这种方式在植物新生组织生长旺盛需要频繁用药保护的时期非常有效，并且比航空施药成本要低。

应该用什么方法施药?

选择何种方法应基于农药相对于靶标生物的理想分布和浓度。

内吸性药剂

对于内吸性药剂来说，覆盖整个马铃薯冠层或杂草植株不是很重要，因为它们能够通过叶片或者根系进入植株体内。与之相反，触杀性药剂因为不能移动因此需要全面覆盖以保护植株，确保被靶标昆虫吃到，或有效控制杂草。

杀菌剂

叶面杀菌剂在整个植株冠层内的分布常常是影响药效的重要因素。例如，晚疫病通常最先发生在冠层内部，所以杀菌剂在整个冠层的分布是非常重要的。**地面施药**可以将有效浓度的杀菌剂分布在整个冠层，这种施药方法是许多晚疫病常发地区常用的方法。

航空施药在半干旱的美国西部和中西部的规模化产区非常普遍。在潮湿天气地面打药机无法使用时，航空施药特别有用。这种方法可以提供冠层的有效覆盖，并且通过选择合适的喷嘴、助剂及设备调试，药剂能够覆盖植株中下部，但是这种覆盖水平低于地面打药机施药。在航空施药后一周内马铃薯植株冠层存在高剂量的药剂，但是随着降雨和喷灌，杀菌剂向下移动，提高对下部冠层的保护能力。无论使用什么样的施药方法，都需要多次施用杀菌剂，以确保在新生叶片和马铃薯冠层的所有位置保持有效浓度的杀菌剂。

通过**灌溉施药**能够为马铃薯提供及时的保护。但是当灌溉频繁时，用药一周后只有少量的药剂留在植株上。这为叶部的病原菌提供了有利的生存环境，因此每周使用地面打药机施药保证药剂在植株上全面的覆盖是必要的。

杀虫剂

在使用触杀性杀虫剂时，药剂覆盖整个植株或者至少覆盖害虫危害部位是非常重要的。杀虫剂与害虫之间的接触是必需的，可以通过提高喷雾压力、减少雾滴大小，使雾滴能够覆盖植株的叶片和茎部，从而可以接触到害虫。但是，随着雾滴尺寸减小，漂移的风险增加。另外，一些杀虫剂必须被害虫吃掉才能起作用，因此使植株上部和下部叶片能被药剂充分覆盖十分重要。了解农药的作用方式及有害生物的习性和生活史对于选择适当的施药方法非常重要。

除草剂

地面施药是施用覆盖度要求高的苗后触杀性除草剂的最佳方法，尤其是当杂草匍匐生长而不是直立时。**灌溉施药**是芽前土壤活性除草剂最便利的施用方法和最佳选择，因为土壤活性除草剂需要达到杂草种子萌发区（2.5～5 cm深处），并且需要通过水“活化”才能被靶标杂草吸收。如果杂草的密度不是太大，在除草剂可以有效触达所有杂草的情况下，可以通过**航空施药**喷施内吸性除草剂防治已经出苗的杂草。大多数芽前除草剂对已经出苗的杂草不起作用，所以及时起垄培土作业可减少播种后出苗的杂草。

由于除草剂对植物具有生物活性，因过度施用或误用而导致马铃薯出现药害的风险高于其他农药。作物和杂草之间对除草剂选择性通常是以代谢为基础的，并且与代谢速率相关。所以过度施用或者在受胁迫的马铃薯上施用，可能导致药害出现（图13.10～图13.20）。马铃薯对多数咪唑啉酮类、磺酰脲类、苯氧酸类和吡啶羧酸类除草剂极为敏感，这些除草剂可能会在先前施用于耐受作物的打药罐中存在。当使用航空或地面施用设备时，喷雾罐、喷杆、喷射系统和喷嘴应在每次使用后彻底清洁，以确保不存在可能损害马铃薯作物的除草剂残留。此外，一些芽前除草剂，如丙炔氟草胺，不应用于已出苗马铃薯田，并应用足够的覆土保护正在出苗的马铃薯幼苗所有绿色部分，以减少药害风险。

图13.10 二氯吡啶酸（Stinger）残留或漂移导致药害的琴颈症状。

图13.11 草甘膦（Roundup）残留或漂移药害导致的新叶褪绿。

图13.12 咪草烟（Pursuit，普施特）或咪草酯（Assert）残留或漂移药害导致的船形或矛形、拉长、浅绿色叶片。

图13.13 嗪草酮（Sencor）对敏感品种‘Shepody’（‘夏波蒂’）植株的药害导致老叶叶脉褪绿，这与阿特拉津（AAtrex）残留导致的叶脉间褪绿是不同的。

图13.14 苗后施用精二甲吩草胺导致的马铃薯叶片扭曲，苗后施用异丙甲草胺也会导致类似的症状。

图13.15 根部吸收甲磺草胺（Spartan）导致的药害造成的叶片坏死区域。

图 13.16 氯磺隆（Glean）残留导致的哑铃形和弯曲块茎。

图 13.17 唑嘧磺草胺（Python或Broadstrike）、嘧磺隆（Oust）或灭草烟（Arsenal）在块茎形成期漂移所致药害的典型症状为爆花玉米薯，即幼薯上形成很多疙瘩。

图 13.18 草甘膦（Roundup）漂移药害导致的每个芽眼长出多个芽条。（W. T. Cobb友情提供）

图 13.19 咪草烟（Pursuit，普施特）残留或噻吩磺隆（Harmony）、烟嘧磺隆（Accent）漂移药害导致的块茎生长裂缝和折叠。

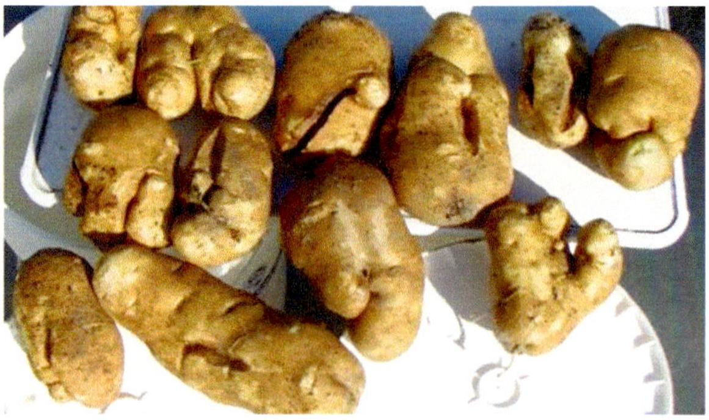

图 13.20 嘧磺隆（Oust）药害导致品种‘Ranger Russet’块茎生长裂缝和折叠。

第 14 章

Philip B. Hamm 俄勒冈州立大学植物学与植物病理学系，赫米斯顿

Casey W. Hoy 俄亥俄州立大学昆虫学系，伍斯特

Pamela J. S. Hutchinson 爱达荷大学阿伯丁研究与推广中心，阿伯丁

Walter R. Stevenson 威斯康星大学植物病理学系，麦迪逊

Rick A. Boydston 美国农业部农业研究局，华盛顿普罗瑟

Juan Manuel Alvarez 爱达荷大学植物、土壤和昆虫科学系，阿伯丁

Andrei Alyokhin 缅因大学生物科学系，奥罗诺

Galen Dively 马里兰大学昆虫学系，学院公园

Neil C. Gudmestad 北达科他州立大学植物病理学系，法戈

William W. Kirk 密歇根州立大学植物病理学系，东兰辛

农药抗性管理

农药抗性是指害虫或病原体种群在原种群敏感的农药作用下生存下来的遗传能力，它发生在昆虫、植物、真菌和细菌的种群中。无论害虫或病原体的类型如何，农药抗性发展和管理的原则都是相似的。农药已经按照其作用方式（农药控制有害生物的一系列过程）进行了分类。昆虫、杂草和病原物的种群在遗传上各不相同，**生物型**一词用于表示一个种群中具有一个或几个遗传特征（如对特定农药的抗性或敏感性）不同的个体或小群体。大多数害虫种群中都包含少数对一种特定农药或作用方式相同的一类农药具有天然抗性的生物型，没有证据表明农药会引起生物个体发生变化，从而导致抗药性，一个地块中抗药性的发展是一个选择的过程。在没有农药的情况下，抗性害虫生物型产生的后代也可对农药具有遗传抗性，因此当重复使用同一种农药或具有相同作用方式的农药时，种群中的抗性生物型的数量便会增加（图 14.1）。害虫或病原体种群对作用方式相同的不同农药具有的抗性称为**交互抗性**，当一个害虫或病原体群体对两种或两种以上不同作用方式的农药具有抗性时，就会产生**多重抗性**（表 14.1～表 14.5）。在讨论农药抗性时，不敏感性和耐受性这两个术语常被用作抗性的同义词。

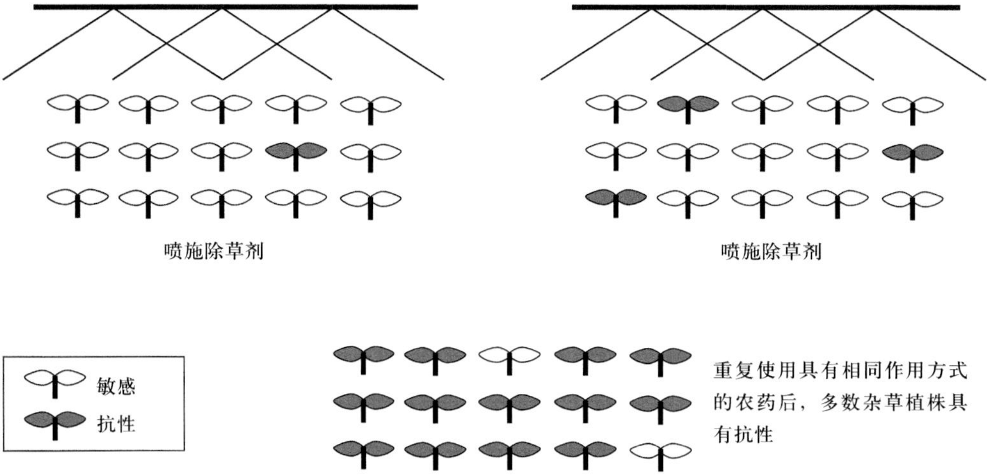

图14.1 重复使用同一种农药或具有相同作用方式的农药时抗药生物型选择和增多的过程。

表14.1 马铃薯生产中使用的除草剂——按作用方式分类[a, b]

组别	作用方式	化学分类	通用名	商品名	抗性风险
1	抑制乙酰辅酶A羧化酶（ACCase）	环己二酮	烯草酮 烯禾啶	Select 稀禾定	中高
2	抑制乙酰乳酸合成酶	磺酰脲	砜嘧磺隆	Matrix	高
3	抑制微管组装	二硝基苯胺	二甲戊灵 氟乐灵	Prowl 氟乐灵	中低
5	抑制光合系统Ⅱ位点A	三嗪酮	嗪草酮	嗪草酮	高
7	抑制光合系统Ⅱ位点A（结合特性与第5组不同）	尿素	利谷隆	利谷隆	中高
8	抑制脂质合成（不抑制乙酰辅酶A羧化酶）	硫代氨基甲酸酯	扑草灭	扑草灭	低
9	抑制EPSP合成酶	甘氨酸	草甘膦	农达	低
10	抑制谷氨酰胺合成酶	膦酸	草铵磷	Rely	中
14	抑制原卟啉原氧化酶（卟啉原氧化酶）	N-苯基邻苯二甲酰亚胺 苯基吡唑 三唑啉酮	丙炔氟草胺 吡草醚 唑酮草酯	Chateau ET Aim	低
15	抑制细胞分裂（极长链脂肪酸）	氯乙酰胺	精二甲吩草胺 异丙甲草胺 精异丙甲草胺	Outlook Stalwart Dual Magnum、Dual Ⅱ Magnum	低
22	光合系统Ⅰ电子转移	二吡啶	敌草快 百草枯	敌草快 百草枯	中

[a]引自除草剂抗性行动委员会，2005，按照作用方式对除草剂进行分类（http://www.hracglobal.com/herbicide-resistance）。组别编号根据美国杂草学会审核的分类系统（Mallory-Smith, C. A., and Retzinger, E. J. Jr. 2003. Revised classification of herbicides by site of action for weed resistance management strategies. Weed Technology 17:605-619）。

[b]该表中的除草剂清单并不全面。列出的商品名称仅为示例。在此表中提及的产品不表示认可。

表 14.2　谷类作物生产中使用的除草剂——按作用方式分类[a, b]

组别	作用方式	化学分类	通用名	商品名	抗性风险
1	抑制乙酰辅酶A羧化酶（ACCase）	环己二酮	三甲苯草酮	Achieve	中高
		芳氧苯氧丙酸酯	炔草酯	Discover	
			禾草灵	Hoelon	
			噁唑禾草灵	Puma	
2	抑制乙酰乳酸合成酶（ALS）	咪唑啉酮	咪草酯	Assert	高
			甲氧咪草烟	Beyond	
		磺酰脲	氯磺隆	Finesse、Glean	
			甲基二磺隆	Osprey	
			甲磺隆	Ally Escort	
			氟磺隆	Peak	
			磺酰磺隆	Maverick	
			噻吩磺隆	Harmony GT	
			噻吩磺隆＋苯磺隆	Harmony-Extra	
			醚苯磺隆	Amber	
			苯磺隆	Express	
		磺酰胺羰基三唑酮	氟唑磺隆	Everest	
			丙苯磺隆	Olympus	
4	吲哚乙酸类作用（合成生长素）	苯氧羧酸	2,4-D，二甲四氯	Many products	低
		苯甲酸	麦草畏	Banvel	
		羧酸	二氯吡啶酸	Stinger、Curtail	
			氟草定	Starane	
		喹啉羧酸	快杀稗	Paramount	
6	抑制光合系统Ⅱ位点B	苯基哒嗪	哒草特	Tough	中高
		腈类	溴苯腈	Buctril	
6/4	抑制光合系统Ⅱ位点B＋合成生长素	腈＋苯氧羧酸	溴苯腈＋二甲四氯	Bronate	低
7	抑制光合系统Ⅱ位点A（结合特性与第5组不同）	尿素	敌草隆	Karmex	中高
8	抑制脂质合成（不抑制乙酰辅酶A羧化酶）	硫代氨基甲酸酯	野麦畏	Far-Go	低
14	抑制原卟啉原氧化酶（卟啉原氧化酶）	三唑啉酮	唑酮草酯	Aim	低
26	未知	无	野燕枯	Avenge	中

[a]引自除草剂抗性行动委员会，2005，按照作用方式对除草剂进行分类（http://www.hracglobal.com/herbicide-resistance）。组别编号根据美国杂草科学学会审核的分类系统（Mallory-Smith, C. A., and Retzinger, E. J. Jr. 2003. Revised classification of herbicides by site of action for weed resistance management strategies. Weed Technology 17:605-619）。

[b]该表中的除草剂清单并不全面。列出的商品名称仅为示例。在此表中提及的产品不表示认可。

表 14.3　甜菜生产中使用的除草剂——按作用方式分类[a, b]

组别	作用方式	化学分类	通用名	商品名	抗性风险
1	抑制乙酰辅酶A羧化酶（ACCase）	环己二酮	烯草酮	Select	中高
		芳氧苯氧丙酸酯	精喹禾灵	Assure Ⅱ	

续表

组别	作用方式	化学分类	通用名	商品名	抗性风险
2	抑制乙酰乳酸合成酶	磺酰脲	氟胺磺隆	UpBeet	高
4	吲哚乙酸类作用（合成生长素）	苯氧羧酸	二氯吡啶酸	Stinger	低
5	抑制光合系统Ⅱ位点A	苯氨基甲酸酯	甜菜安 甜菜宁 甜菜安＋甜菜宁	Betanex Betanel Betamix	高
		哒嗪酮	甜菜灵	Pyramin	
5/16	抑制光合系统Ⅱ位点A＋未知作用方式	苯氨基甲酸酯＋苯并呋喃	甜菜安＋甜菜宁＋甜菜呋	Progress	中
8	抑制脂质合成（不抑制乙酰辅酶A羧化酶）	硫代氨基甲酸酯	草灭特	Ro-Neet	低
9	抑制EPSP合成酶	无	草甘膦	Roundup	低
15	抑制细胞分裂（极长链脂肪酸）	氯乙酰胺	精甲酚噻草胺	Outlook	低
16	未知	苯并呋喃	甜菜呋	Nortron	低

[a]引自除草剂抗性行动委员会，2005，按照作用方式对除草剂进行分类（http://www.hracglobal.com/herbicide-resistance）。组别编号根据美国杂草科学学会审核的分类系统（Mallory-Smith, C. A., and Retzinger, E. J. Jr. 2003. Revised classification of herbicides by site of action for weed resistance management strategies. Weed Technology 17:605-619）。

[b]该表中的除草剂清单并不全面。列出的商品名称仅为示例。在此表中提及的产品不表示认可。

表14.4 按作用方式分类的杀虫剂[a, b]

组别	亚组	作用方式分类	化学分类	通用名	商品名	抗性风险
1	A	乙酰胆碱酯酶抑制剂	氨基甲酸酯	涕灭威、杀线威、灭多威、西维因、呋喃丹	Temik、Vydate、Lannate、Sevin、Furadan	低至高
	B		有机磷酸酯	乐果、二嗪农、乙拌磷、灭线磷、马拉硫磷、对硫磷、亚胺硫磷、甲拌磷、甲胺磷、保棉磷	Dimethoate、Diazinon、Di-Syston、Mocap、Malathion、Methyl Parathion、Imidan、Penncap-M、Thimet Monitor、Guthion	中高
2	A	GABA-门控氯离子通道拮抗剂	环二烯有机氯	硫丹	Thiodan	中
3		钠通道调节剂	拟除虫菊酯、除虫菊素	S-氰戊菊酯、氟氯氰菊酯、氯菊酯、联苯菊酯、氯氰菊酯等	Asana、Baythroid、Pounce、Ambush、Leverage	高
4	A	烟碱乙酰胆碱受体激动剂/拮抗剂	新烟碱	噻虫嗪、吡虫啉、噻虫胺、啶虫脒、呋虫胺	Platinum、Admire、Cruiser、Gaucho、Genesis、Leverage、Actara、Provado、Venom	低

续表

组别	亚组	作用方式分类	化学分类	通用名	商品名	抗性风险
5		烟碱型乙酰胆碱受体激动剂（非第4组）	多杀菌素	多杀菌素	Success、SpinTor、Entrust	中
6		氯离子通道激活剂	阿维菌素	阿维菌素	Agri-mek	低
9	A	未知或非特异性作用方式化合物（选择性拒食剂）	冰晶石	冰晶石	Kryocidc	低
	B		吡蚜酮	吡蚜酮	Fulfill	?[c]
	C		氟啶虫酰胺	氟啶虫酰胺	Turbine	?[c]
11	B2	昆虫中肠膜微生物紊乱剂（包括表达苏云金芽孢杆菌毒素的转基因作物）	苏云金芽孢杆菌库斯塔克亚种	Btk	Javelin、Dipel	低
	C		苏云金芽孢杆菌黄粉虫亚种	Btt	M-One、Novador	低
12	C	镁刺激的ATP酶抑制剂	炔螨特	炔螨特	Comite	中低
15		几丁质生物合成抑制剂，0型	苯甲酰脲	双苯氟脲	Rimon	低
18	B	蜕皮激素激动剂/蜕皮干扰物	印楝素	印楝素	Azadirect、Ecozin	低
22		电压依赖性钠通道阻滞剂	茚虫威	茚虫威	Avaunt	低
25		神经元抑制剂（未知作用方式）	联苯肼酯	联苯肼酯	Acramite	?[c]

[a]引自杀虫剂抗性行动委员会，2007，IRAC作用方式分类，版本5.3（http://www.irac-online.org/modes-of-action/）。并非所有具有相同作用方式的化合物都显示出交互抗性。可能常见的情况是对属于同一组的化合物，存在并非与作用靶点相关联的不同抗性机制，如代谢增强。交替使用同属一组具有相同作用方式的不同亚组中的化合物可能是抗药性管理策略中一种可接受的做法。

[b]该表中的杀虫剂清单并不全面。列出的商品名称仅为示例。在此表中提及的产品不表示认可。

[c]对这种物质的作用方式或毒理学的知识还不足以估计抗性风险。

表14.5　按作用方式分类的杀菌剂[a, b]

组别	作用位点	化学分类	通用名	商品名	抗性风险
1	有丝分裂：β-微管蛋白组装	苯并咪唑	噻苯唑	Mertect	高
		硫菌灵	硫菌灵、甲基硫菌灵	Tops、Topsin M	高
2	脂质过氧化中的NADH细胞色素c还原酶（建议）	二甲酰亚胺	异菌脲	Rovral	中高
4	RNA聚合酶Ⅰ	苯酰胺	甲霜灵	Ridomil	高
			精甲霜灵	Ridomil Gold、Ultra Flourish	
7	真菌呼吸复合体Ⅱ	甲酰胺	啶酰菌胺	Endura	中
			氟酰胺	Moncut、Moncoat	
9	甲硫氨酸生物合成（建议）	苯胺基嘧啶	嘧霉胺	Scala	中

续表

组别	作用位点	化学分类	通用名	商品名	抗性风险
11	真菌呼吸复合体Ⅲ：Q_oI位点	甲氧基丙烯酸酯	嘧菌酯	Quadris、Amistar、Quadris Opti	高
		甲氧基氨基甲酸酯	吡唑醚菌酯	Headline	
		肟基乙酸酯	肟菌酯	Gem	
		噁唑烷	噁唑菌酮	Tanos（也含霜脲氰）	
		咪唑啉酮	咪唑菌酮	Reason	
12	渗透信号转导中的MAP蛋白激酶	苯基吡咯	咯菌腈	Maxim	中低
14	脂质过氧化（建议）	芳烃	五氯硝基苯（PCNB）	Blocker	中低
15	细胞壁合成	肉桂酸	烯酰吗啉	Acrobat、Forum	中低
21	真菌呼吸复合体Ⅲ：Q_iI位点	氰基咪唑	氰霜唑	Ranman	中高
22	有丝分裂：β-微管蛋白组装	苯甲酰胺	苯酰菌胺	Gavel（也含有代森锰锌）	中低
27	未知	氰乙酰胺肟	霜脲氰	Curzate	中低
28	细胞膜通透性，脂肪酸（建议）	氨基甲酸酯	霜霉威盐酸盐	Previcur Flex	中低
29	氧化磷酸化解偶联剂	2,6-二硝基苯胺	氟啶胺	Omega	低
30	氧化磷酸化抑制剂	有机锡化合物	三苯锡	SuperTin	中低
M	多作用位点	M1：铜	氢氧化铜	Kocide、Champ	低
M	多作用位点	M3：亚乙基二硫代氨基甲酸酯（EBDC）	代森锰锌	Dithane、Manzate、Penncozeb	低
			代森锰	Maneb	
			代森联	Polyram	
M	多作用位点	M4：邻苯二甲酰亚胺	克菌丹	Captan	低
M	多作用位点	M5：邻苯二甲腈	百菌清	Bravo、Echo、Equus	低

[a]引自杀菌剂抗性行动委员会（FRAC），2006，FRAC代码列表1：按照FRAC代码分类的杀菌剂（http://www.frac.info/）。2001年，美国环境保护署提出了一项农药标签方案——在杀菌剂标签上增加FRAC作用方式分类。在该方案中，所有已注册的农药均按作用方式进行分类，每一种作用方式都有一个组符号（数字或字母），目前有40多个组，随着新作用方式的发现或明确，会增加更多的组。当作用方式未知（U）或作用方式涉及多位点（M）时，即用字母表示。在美国，已注册用于马铃薯的有15组加几组多位点接触的产品，目前可用于病害管理。

[b]这张表中杀菌剂的清单不全面。列出的商品名称仅为示例。在此表中提及的产品不表示认可。

对杀虫剂的抗药性涉及杂草和病原体所不具备的昆虫的一些特性。昆虫会主动扩散，并有多个生长阶段，在这些阶段中它们可能会也可能不会接触杀虫剂，并且在传给后代的基因方面有很大差异。昆虫的行为，特别是在种群之间、田间和自然庇护所之间的主动扩散，可以决定杀虫剂的暴露水平和与易感个体交配的机会，这两个因素都是影响抗药性发展的关键因素。科罗拉多马铃薯甲虫在越冬时不会远离农田，因此具有抗药性的甲虫倾向于此时交配，并可能在第二年在同一块农田再次暴露于作用方式相同的杀虫剂。相反，马铃薯叶蝉每年迁徙距离很长，并且取食许多野生植物，因此叶蝉种群之间的混合非常多，只有一小部分种群会再次暴露于在马铃薯田使用的具有相同作用方式的杀虫剂。昆虫卵和蛹很少受到杀虫剂的影响，而大多数马铃薯害虫的成虫、幼虫或若虫的摄食阶段都可能受到杀虫剂的影响。例外情况包括马铃薯跳甲的幼虫，它们以根和块茎为食，可能不接触叶面喷施的杀虫剂；马铃薯块茎蛾的成虫不以马铃薯为食。蚜虫在生长季节进行无性繁殖，每头蚜虫都是其雌蚜的基因克隆体。大多数其他马铃薯害虫都是进行有性繁殖，因此后代可以具有来自父母双方的特性，这些特性可以是显性的和表达出来的，也可以是隐性的和未表达出来的。

科罗拉多马铃薯甲虫种群因对多种杀虫剂产生抗药性而臭名昭著，迄今为止也主要因为杀虫剂抗性备受关注。抗性的高发生率是由科罗拉多马铃薯甲虫的高繁殖潜力、群体间的低基因流动及可能产生抗性的倾向所致，这种倾向是它与茄科寄主植物共同进化的结果，后者叶片中有高浓度的有毒龙葵素。1952年出现了第一例科罗拉马铃薯甲虫对合成杀虫剂的抗药性，从那时起，来自8个不同化学类别的40多种化合物对这种害虫的新品系都失效了，在某些情况下，杀虫剂的效果在投入使用的第一年就丧失了。即使在一个相对狭小的地理区域内，科罗拉多马铃薯甲虫的抗性机制也是高度多样化的。目前，美国东部不同地区的甲虫对有机磷和氨基甲酸酯类农药表现出交叉抗性，对这两种杀虫剂和拟除虫菊酯表现出多重抗性，因此这些杀虫剂的混剂是无效的。科罗拉多马铃薯甲虫种群可以对杀虫剂混剂的所有成分产生抗药性，因此与对单个化合物的抗药性相比，所得的抗药性将更加持久并且更难控制。科罗拉多马铃薯甲虫种群可以对杀虫剂混剂的所有成分产生抗性，而由此产生的耐药性将比对单个化合物的耐药性更加持久和难以控制。科罗拉多马铃薯甲虫的大多数种群目前对新烟碱和多杀菌素类杀虫剂敏感。然而，自2001年以来，在纽约、特拉华和缅因州南部的商业化马铃薯农场已有新烟碱抗性的报道，报道显示抗性产区的数目持续扩大。

全世界50多个国家已记录近300种抗除草剂禾本科杂草和阔叶杂草的生物型。（美国）马铃薯生产区已形成对除草剂具有抗性的种群，如普通灰菜、地肤、红根藜、俄罗斯蓟和野燕麦等。抗性杂草从一个生产区传播到另一个生产区受到杂草种子扩散机制、授粉方式和设备卫生措施的影响。

随着时间的推移，对某种作用方式的除草剂具有抗性的杂草分布已发生变化。例如，杂草对抑制乙酰乳酸合成酶（ALS）类除草剂（如咪唑啉酮和磺酰脲类）的抗性在1984～2005年从22%增加到30%。与其他除草剂组相比，杂草对ALS抑制型除草剂的抗性更强。这种现象是由许多因素造成的。自1984年以来，采用这种作用方式的除草剂产品商业化越来越多，目前在许多作物上广泛使用。在推荐剂量下，ALS抑制型除草剂对敏感生物型的活性非常高，因此也就对抗性生物型造成了很高的选择压力。抑制ALS的除草剂具有单一位点作用模式，影响ALS的活性。在大多数情况下，ALS抑制型除草剂抗性是由一个杂草生物型中ALS的改变引起的，这种改变很容易通过编码ALS的基因内的几个点突变发生，从而产生一种抗除草剂的ALS。编码ALS的基因是核遗传的，因此对除草剂的抗性通过种子和花粉传播。

过去，全生长季杂草防控是一种非常理想的除草剂特性。然而，就抗性的发展而言，这一特性目前并不理想，因为经验表明，除草剂在土壤中保持活性的时间越长，对抗性生物型的选择压力持续时间就越长。换句话说，使用持久性除草剂类似于在其持续存在期间内重复使用具有相同作用模式的除草剂。

杀菌剂抗性也是一个重要的生产问题。自20世纪70年代早期引入具有单一位点作用模式杀菌剂以来已经发生过几个（抗性）事件，包括用于管理镰刀菌干腐病和银屑病的噻苯唑（第1组）和用于防控晚疫病、粉腐病和腐霉溃烂病的甲霜灵（第4组）的功效丧失（表14.5）。最近，早疫病菌茄链格孢（*Alternaria solani*）对醌外抑制剂（Q_oI）杀真菌剂组

（第11组）中的化合物敏感性降低。所有这些杀菌剂都具有单一位点作用模式，也就是说，它们会影响特定病原物的单一、明确的生化过程。

Q_oI杀菌剂组包括Strobilurin杀菌剂，如嘧菌酯、吡唑醚菌酯和肟菌酯，以及具有相似作用模式的物质，如噁唑菌酮和咪唑菌酮（表14.5）。该组的所有化合物影响真菌病原物的相同代谢位点（线粒体中细胞色素bc_1复合体的Q_o位点）并抑制呼吸。对该组中的一个化合物表现出抗性的病原物对该组的其他化合物具有不同程度的抗性。保护性杀菌剂，如百菌清和亚乙基二硫代氨基甲酸酯（如代森锰和代森锰锌），具有多个作用位点（影响许多通用生化过程），因此不太容易在靶标病原体中选择抗性。

认识抗性

对于可减少害虫或病原体种群的农药，尽管按照标称剂量进行了正确施用，但未达到作物病虫害管理预期时，人们第一次认识了农药抗性。防效可能随着时间推移逐渐下降或突然下降，失去控制作用。如果发现以下情况，便表明已经出现农药的抗性。

- 农药的施用没有明显问题，但病虫害种群减少不明显。
- 通常对这种农药敏感的其他物种的种群数量减少明显。
- 有在相同的田地中使用相同的农药或相同作用方式的农药防控同一种有害生物的历史。
- 重复使用一种农药或均有相同作用方式的农药。

未能对一种害虫、杂草或植物病原物进行有效防控，并不一定意味着抗药性已经形成，因为防控失败可能是由于抗药性以外的原因引起的，具体如下。

- 使用了通常对当前害生物无效的农药。
- 喷药器械校准不良。
- 无效的施用方法，如压力或喷液量不足，导致覆盖率差（第13章）。
- 漏喷。
- 在需要调节喷药用水的pH时未进行调节。
- 施药后降雨过多。
- 不利的环境条件。
- 病虫害压力太大。
- 施用的时机不对，如当害虫处于不敏感的生长发育阶段或与杂草出苗前或出苗后的时间不正确。
- 外来迁入的害虫在当前田块快速重新建立种群。

在田间防效问题明显表现之前，杀虫剂的抗性通常已经发展了一段时间。昆虫抗药性监测程序通常可以检测到种群对一种杀虫剂敏感性的变化或耐受性的增强，尽管该昆虫过去仍能够被该杀虫剂有效控制。这类程序已经很成熟了，特别是对于科罗拉多马铃薯甲虫，这对于及时发现抗药性的早期阶段以实施抗性管理措施至关重要。如果怀疑有抗药性，请联系大学或行业专家，获取有关收集和提交待测样品以验证抗性的建议。

影响农药抗性发展的因素

影响农药抗性发展的因素包括所用农药的类型，施用频率，农药单独施用还是桶混或与其他具有不同作用方式的产品交替施用，施用质量；靶标害虫或病原体的遗传多样性，初始数量、繁殖潜力和抗性生物型的适应性，有利于病原体和害虫种群增加的天气条件，以及轮作。影响抗农药生物型从一个地区传播到另一个地区的因素包括局部和远距离的天气模式，这些模式通过气流影响昆虫、杂草种子或真菌孢子的传播。

对某些农药类别的抗药性比对其他农药的抗药性更常见，并且某些种类的害虫和病原体比其他种类更容易产生抗药性。例如，之前ALS抑制型除草剂的抗性实例，与多位点作用方式的农药相比，具有单一位点作用方式的农药施加的选择压力更可能导致抗性害虫种群的发展。有害生物种群的成员可能只需要一种特定的突变，就能规避单一位点作用方式农药的活性作用。相比之下，对多位点农药的抗性不太可能发生，因为它需要几种特定突变的完全正确组合。

农药抗性主动管理策略

由抗药性导致的农药防效丧失使得防控失败并增加了生产风险和成本。因此，积极的抗药性管理对于在马铃薯种植系统中保持令人满意的农药功效至关重要。农药抗性管理计划的总体目标是尽量减少对害虫或病原体种群的选择压力。作物和病虫害综合管理策略将有助于降低在害虫和病原体种群中选择抗药生物型的风险。了解作用方式和杀虫剂分类是规划管理策略的关键，该策略将降低抗药性害虫和病原体种群的发展潜力（表14.1～表14.5）。为了减缓抗性种群的发展，具有不同作用方式的农药应逐年轮换，并且在一个生长季内应使用具有不同作用方式的药剂组合来控制相同种类的害虫。对于昆虫而言，保护群体中的敏感个体也很重要。

农药抗性的预防比治疗要容易得多。下面列出的大多数做法都是为了降低选择压力，从而限制抗性的发展。以下是主动的农药抗性管理策略。

- 使用有害生物综合管理措施，包括选择对病虫害具有抗性的品种。
- 实施良好的田园卫生措施以消除初始害虫种群或初始菌源的来源，如清除自生苗、正确处理块茎垃圾、管理替代寄主及为马铃薯选择适当的轮作间隔。
- 最大限度地减少农药施用次数，并使用行动阈值或病害预测模型指导仅在需要时施用农药。
- 轮换使用具有不同作用方式的农药，或使用具有不同作用方式有效成分的混剂，或将具有不同作用方式的农药桶混使用。为了有效地进行抗药性管理，混合药剂必须对目标病原体具有活性。
- 按照标签规定的剂量使用农药。
- 当害虫或病害的压力很高时，避免使用具有单一位点作用方式的农药，如第11组杀菌剂（表14.5）。
- 遵守所有农药使用标签的说明。最近注册的农药标签包括有关抗药性管理及农药作用方式或组代码的详细信息。例如，甲酰胺杀菌剂（如啶酰菌胺）属于第7组；Q_oI杀菌剂属于第11组；代森锰锌属于M3组；而百菌清属于M5组（表14.5）。
- 施用农药后监测田块，以发现存活的、可能具有抗药性的生物型。
- 准确记录农药的施用情况及各个地块害虫种群或病害发生情况的意外变化。
- 注意防控失败，并向大学或行业代表报告防控困难，以便监测和评估抗药性的可能性。
- 在局部和区域范围内合作，以确保制订一个有效的全区域抗药性管理计划。局部和区域内合作在抗药性管理中至关重要。

针对杂草的策略

- 杂草综合管理，包括中耕、竞争作物和作物品种的使用，生物防治和适当选用的除草剂。
- 尽可能延长轮作间隔，以避免与特定作物有关的优势杂草物种的积累。
- 在轮作中，使用多种作物，以便采取多种杂草管理方法，包括使用具有不同作用方式的除草剂（表14.1～表14.3）。
- 将夏季一年生作物与冬季一年生或多年生作物轮作，以允许不同的耕作和除草剂施用时间。
- 利用适当的施肥和灌溉方法确保有作物对杂草的竞争优势。
- 通过卫生措施消除新的杂草种子来源，如在不种植马铃薯的轮作年份种植认证的种子，管理田边和路边的杂草，在机械进入不同田块前进行清洁，以及设网拦截灌溉水中的杂草种子。
- 正确识别田间的杂草，选择合适的除草剂和其他防控方法。
- 防止未除尽的杂草结籽，进行手工除草、中耕、割草、火烧、移除。在结籽前控制未除尽的杂草，不要使用与之前用过的未达到有效防控的除草剂具有相同作用方式的除草剂。
- 绘制田间杂草发生区域图，并监测其变化，包括杂草种类转变和新杂草的出现。

针对昆虫的策略

- 使用对捕食和寄生昆虫种群影响小的化合物，这些有益昆虫可使害虫的种群减小，即使是对杀虫剂具有抗性的种群。
- 建立不施药的避难区，供敏感昆虫在没有选择压力的情况下生存。通常建议的避难区占马铃薯种植面积的5%～20%。避难区的目的是保护敏感昆虫，使其在发生抗性后起到对抗性种群的稀释作用。敏感科罗拉多马铃薯甲虫的避难区应位于具有抗性甲虫的田地附近，以便抗性甲虫与敏感甲虫交配。在第15章讨论的周边屏障处理是另一种在田间建立不施药区域作为杀虫剂敏感昆虫避难区的方法。在这些避难区，应尽量减少害虫防控，最好不要使用杀虫剂。因为抗性基因型通常是不完全显性，抗性基因型和敏感基因型之间杂交的后代通常对按推荐剂量施用的杀虫剂是敏感的。因此，在避难区外使用杀虫剂的推荐剂量可以帮助杀死抗药性和敏感性基因型之间杂交的后代，并降低种群中抗药性基因的频率。
- 抗药性管理的一个基本策略是在昆虫的上一代到下一代轮换使用不同种类的化学农药（表14.4）。对于一年多代的害虫，特别是科罗拉多马铃薯甲虫，制订杀虫剂轮换计划非常重要。考虑特定类别的杀虫剂对生长季早期和后期害虫的相对优势，并为每个特定类别的杀虫剂选择一个适宜的施用时间，以使其发挥最大作用。在中北部各州使用新烟碱类药物就是一个很好的例子，早期使用这类药剂对于第一代科罗拉多马铃薯甲虫非常有效，但是后期使用对于第二代马铃薯甲虫和蚜虫更有效。在生长季早期可以使用一些替代杀虫剂来防控第一代马铃薯甲虫，保留在后期使用新烟碱类防控第二代甲虫和蚜虫的机会。要获得有关特定杀虫剂和施用剂量信息，请从大学或行业代表那里获取您所在地区的最新建议。

针对病害的策略

- 第11组杀菌剂（表14.5）在一个季节中使用不应超过两次。其他作用方式组内的杀菌剂标签上也有产品特定的使用说明，这些信息需要纳入有效的病害和抗性管理计划。
- 对于Q_oI组和其他位点特异性杀菌剂组的药剂，应在植物被侵染之前施用，避免治疗性施用（在侵染之后施药）。

- 选择有效的、不易产生杀菌剂抗性的多位点杀菌剂混合使用，特别是在通常病害压力最大的生长季节后期。
- 避免在马铃薯种薯生产中单独施用具有高抗性风险的杀真菌剂，因为在种薯生产田产生抗性的病原体将随种薯的运输扩散到其他种植区。

如何应对已确认的抗药性

杂草的抗药性

- 在田块间转移之前，通过清洁机械设备限制抗性种群在田块间的移动。
- 在可能的情况下，避免使用与已确认抗药性的除草剂具有相同作用方式的除草剂。如果必须使用具有相同作用方式的除草剂来防控抗性杂草种群以外的其他杂草种类，则将该产品与具有不同作用方式且对抗性杂草种群有效的另一除草剂混合使用。
- 如果将具有抗性杂草种群田间的作物进行放牧或割草作饲料，请注意不要通过动物粪便传播抗性杂草的种子。
- 如果在生长季节结束前已经确认了抗性的存在，则铲除剩余的杂草以减少抗性种子的产生。
- 寻求大学和行业专家的建议，以协助制订这些田块的长期杂草管理计划。一种策略是改变作物轮作顺序，以便在种植非马铃薯作物的过程中使用有效对抗目标杂草的除草剂（表 14.2 和表 14.3）。
- 一旦抗性杂草生物型的数量达到需要管理的水平，实施除草剂抗性管理策略的杂草综合治理措施将有助于确保令人满意的杂草减少、经济有效的杂草管理和马铃薯生产。

昆虫的抗药性

- 转移到距离已发现抗性昆虫种群田块尽可能远的田块种植马铃薯。
- 在种植过程中，避免在发现新烟碱类杀虫剂抗性的农场中使用此类杀虫剂。监测田间情况、运用行动阈值和施用不同作用方式的叶面杀虫剂（表 14.4）。
- 及时了解邻近田块的情况，在已发现抗药性的地区进行区域内合作以降低选择压力。一种策略是在区域范围内计划作物和杀虫剂的轮换计划，以减少抗药性昆虫种群的增加及其与同一杀虫剂的接触。
- 寻求大学或行业专家的帮助，收集和提交昆虫样本，以追踪抗性水平的变化。重要的是了解在采取缓解措施之后种群是否已从抗性水平恢复到敏感水平。

病原体的抗药性

- 避免使用具有相同作用方式或属于同一组的杀菌剂（表 14.5）。由于许多植物病原体可能很容易传播到广阔的种植区域，因此建议做一个生产区域内所有的种植者遵守抗性管理计划。
- 避免在生长季节后期施用具有单一位点作用方式的高效杀菌剂，特别是在发现病害症状后的治疗性施用。
- 在一个生产区域内的所有种植者都应混用或交替施用具有不同作用方式的杀菌剂。
- 寻求大学或行业专家的帮助，以监测抗性病原体种群。对防控效果降低的情况进行报告，以便调整管理策略。

第15章

Casey W. Hoy 俄亥俄州立大学昆虫学系，伍斯特

Gilles Boiteau 加拿大农业和农业食品部，新不伦瑞克省弗雷德里克顿

Andrei Alyokhin 缅因大学生物科学系，奥罗诺

Galen Dively 马里兰大学昆虫学系，学院公园

Juan Manuel Alvarez 爱达荷大学植物、土壤和昆虫科学系，阿伯丁

害虫和害螨的管理

在马铃薯田里会发现许多昆虫、螨类和蜘蛛，这些昆虫和小动物在食物链中是有益的，发挥了重要的生态作用，如营养循环，取食杂草、昆虫或其他土壤和植物上的微生物等。只有少数种类通过直接取食为害马铃薯植株或者传播植物病原体而影响植物生长。

每年都需要制订一系列方法或策略来控制害虫的虫口数量，从而达到保护马铃薯植株健康生长的目的。这些策略包括第一章中讲到的三个步骤：①确定以往害虫的发生历史；②确定可管理的因素；③选择管理方案。成功的害虫综合治理的主要因素包括：害虫发生期的预测、害虫虫口数量的监测、估算防治经济阈值和多种策略方法结合。通过北美洲的生长季节和地理位置的变化，了解相关防治技术的变化可用于调整害虫综合治理措施，以适应任何特定地点的马铃薯作物健康管理计划。

重要害虫概述

科罗拉多马铃薯甲虫（Colorado potato beetle），是马铃薯作物上最重要的食叶类害虫（图15.1），在过去的140年里，没有一种防治方法可以作为防治马铃薯甲虫的长久之策。科罗拉多马铃薯甲虫具有繁殖力高、成虫幼虫取食时间长（图15.2和图15.3）、生活史多样及对杀虫剂的高抗性，都使该虫的防治成为一项巨大的挑战。

马铃薯作物上也发生4种**跳甲**（flea beetle）（图15.4），其中最常见的两种为马铃薯跳甲［potato flea beetle（*Epitrix cucumeris*）］（图15.5）和块茎跳甲［tuber flea beetle（*Epitrix tuberis*）］，它们以成虫虫态越冬，是在美国北方马铃薯种植区春季最早发生危害的种类，其成虫在叶片取食为害形成小的圆“枪眼”（图15.6），但是很少影响产量。然而，如果成虫大量取食就会损害植株，使薯块生长减慢，严重受害的叶片变为褐色干枯。幼虫在薯块表面取食而影响薯块品质，为害严重的情况下，幼虫在薯块内钻蛀深达1.3 cm的孔洞，使薯块不再适合加工使用（图15.7）。然而，美拉马铃薯跳甲［western potato flea beetle（*Epitrix*

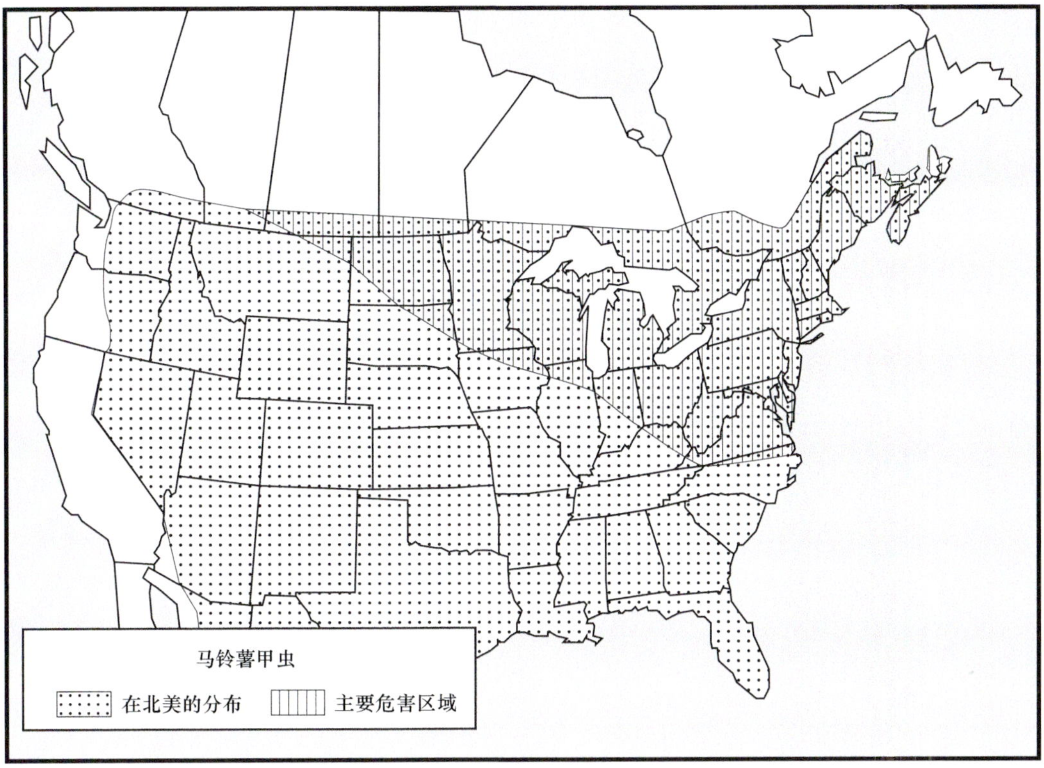

图 15.1　马铃薯甲虫在北美的分布。（©2007 加拿大公共工作和政府服务部，授权使用）

图 15.2　马铃薯甲虫的成虫、幼虫和卵块。

图 15.3　马铃薯甲虫的幼虫及其为害的马铃薯植株。

科罗拉多马铃薯甲虫（Colorado potato beetle）

马铃薯甲虫以成虫在马铃薯田周围土壤中越冬，春季成虫越冬结束取食马铃薯叶片，一周后在马铃薯叶片上产卵。幼虫经过4个龄期发育后钻入土壤中化蛹。受气候影响马铃薯甲虫一年发生1～3代。其他替代寄主植物包括茄科杂草，如龙葵、北美刺龙葵、刺萼龙葵。

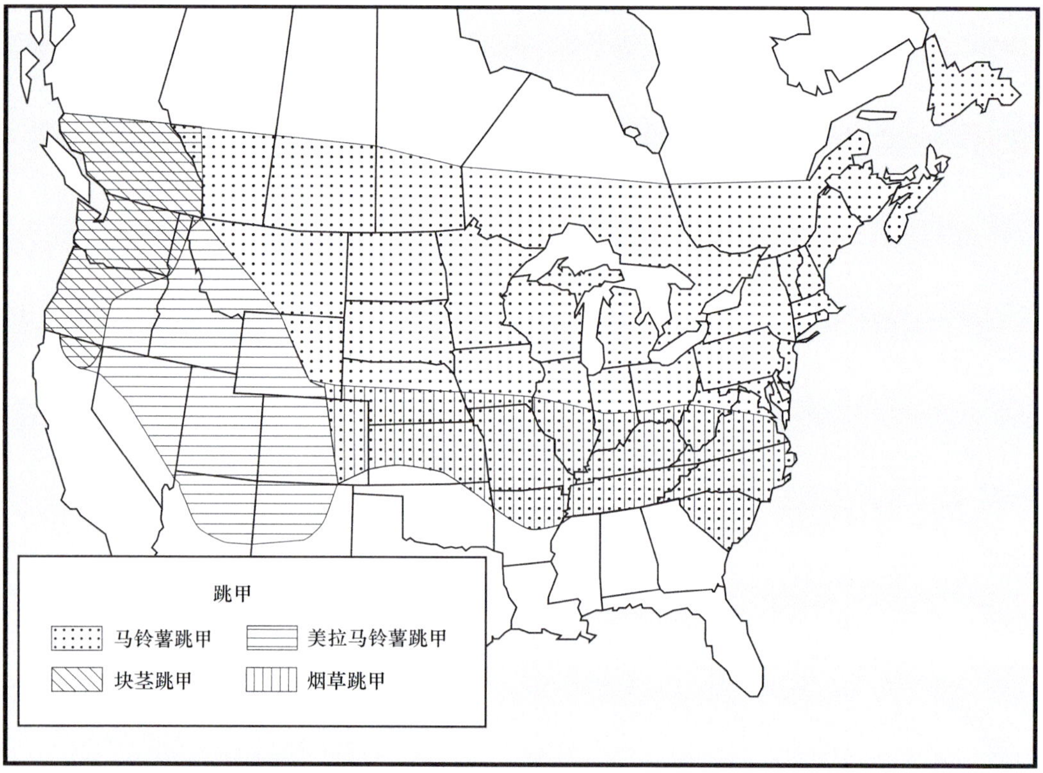

图 15.4 北美地区马铃薯跳甲常见种类的分布。（©2007 加拿大公共工作和政府服务部，授权使用）

图 15.5 马铃薯跳甲（potato flea beetle）成虫。（Ken Gray 摄，俄勒冈州立大学友情提供）

图 15.6 跳甲成虫取食马铃薯叶片造成孔洞和坏死的症状。（D. A. Johnson 友情提供）

跳甲（flea beetle）

跳甲是一类小型黑色的甲虫，有粗大的后足，善于跳跃。在叶片上取食的为害状就像枪击形成的枪眼。跳甲以成虫在土壤中越冬，第二年春天在作物根系周围的土壤里产卵。幼虫在作物根系周围生长发育，取食为害薯块形成疤痕。夏季出现第二代成虫并继续取食为害。

subcrinita)]的幼虫仅在薯皮下钻蛀为害，但孔洞深度很少超过0.6 cm。跳甲可传播植物病原体，如纺锤块茎类病毒（spindle tuber viroid）和细菌，成虫取食叶片造成的伤口也是其他病原体的侵入途径（第18章）。

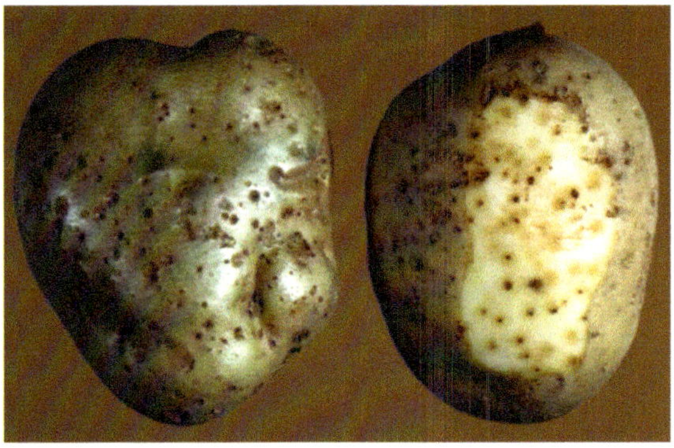

图15.7　跳甲幼虫在薯块上钻蛀的孔道。（Ray Kriner 摄，罗格斯大学友情提供）

欧洲玉米螟（European corn borer）（图15.8）的幼虫通过钻蛀茎秆为害马铃薯植株（图15.9），阻碍植物营养和水分的输送，并且欧洲玉米螟幼虫的为害可为软腐细菌（soft rot bacteria）的侵入提供通道。通常欧洲玉米螟在马铃薯上只是零星发生，其危害程度主要与其危害时间距离薯块膨大期的相对关系有关，如果在薯块发育早期发生欧洲玉米螟的为害，会造成严重影响。欧洲玉米螟为害马铃薯茎秆直接影响产量，并引发细菌性软腐病和真菌病害从伤口侵入。

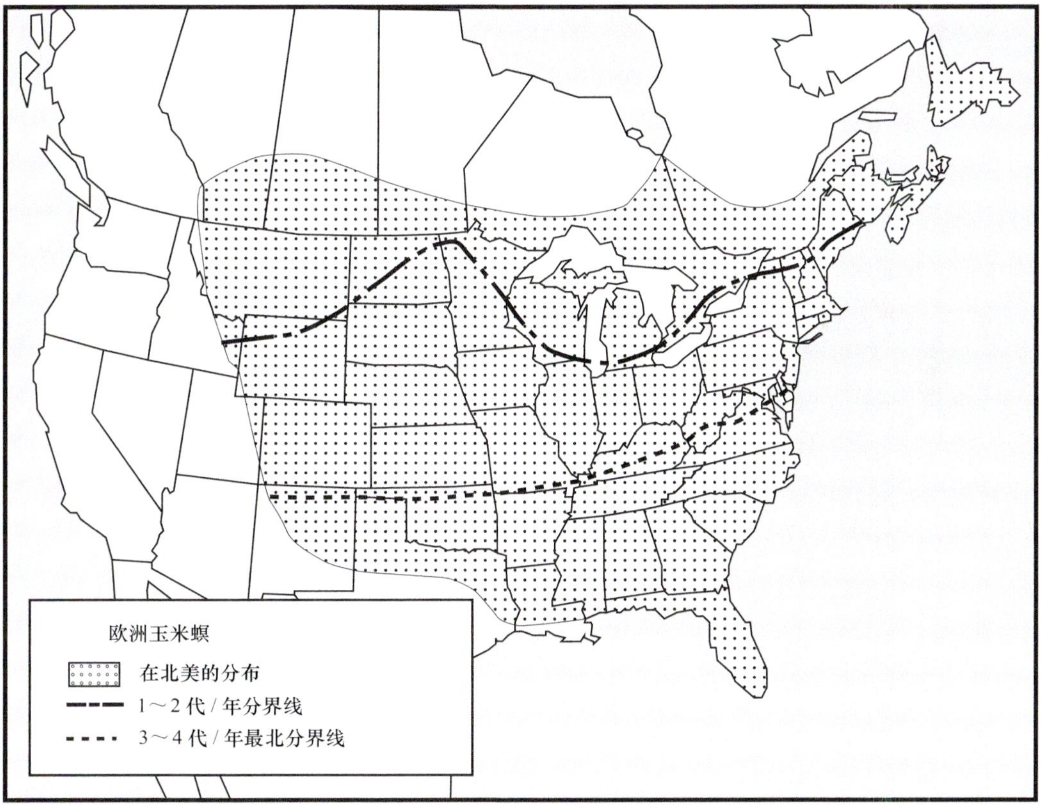

图15.8　欧洲玉米螟（European corn borer）在北美马铃薯种植区的分布。（©2007 加拿大公共工作和政府服务部，授权使用）

地老虎（cutworm）是土栖毛毛虫类，为害马铃薯叶片或薯块，主要为害马铃薯作物接近地表的部分。杂色地老虎 [variegated cutworm（*Peridroma saucia*），毛毛虫的虫体背面有

图15.9 欧洲玉米螟幼虫钻蛀马铃薯茎秆。

一排线状小灰白点，和头部相比这是更明显的特征］是发生数量较多的所谓“攀爬地老虎”中的一类，夜间取食为害马铃薯茎秆和叶片，白天在土壤中潜藏。小地老虎（black cutworm，虫体前半部分灰白至黑色，外观油腻）在土壤中生活取食薯块造成危害。其他毛毛虫类，如八字地老虎（spotted cutworm，虫体最后4个亚节背面有成对的黑色倾斜斑点）、美国行军虫［army cutworm（*Chorizagrotis anxiliaris*），头部两侧有褐色粗纵纹，虫体灰白色］和红背地老虎［red-backed cutworm（*Euxoa ochrogaster*），头部红色，与胸部以黑带相接］，也是夜间取食为害马铃薯叶片。西部黄条粘虫夜蛾（western yellow-striped armyworm）和粘虫相类似，从相邻作物上特别是玉米田中大量迁飞到马铃薯田，白天取食为害。严重的地老虎危害是点片分布的，但是当其虫口密度达到足够高时，就会蔓延开来。

欧洲玉米螟和地老虎（European corn borer and cutworm）

欧洲玉米螟和地老虎类都是毛毛虫类害虫。欧洲玉米螟为害玉米、四季豆和包括马铃薯在内的其他作物。欧洲玉米螟卵块白色，单层产于叶片背面。幼虫钻蛀茎秆取食为害，破坏作物营养物质输送，导致危害部位以上部分萎蔫。地老虎类成虫也在马铃薯等作物上产卵，幼虫白天在土壤中躲藏，夜间取食为害。

盲蝽（plant bug）是盲蝽属（*Lygus*）昆虫，在马铃薯作物上少量发生，以刺吸茎秆或叶片幼嫩组织的汁液并注入毒素造成危害。常见的种类有美国牧草盲蝽［tarnished plant bug（*L. lineolaris*）］、西部牧草盲蝽［western tarnished plant bug（*L. hesperus*）］和灰豆草盲蝽［pale legume bug（*L. elisus*）］。盲蝽在马铃薯田或者马铃薯田周围的枯枝落叶中越冬，其飞行能力强，能从一块田地飞到另一块田地。在马铃薯田地周围的作物收获后，盲蝽便飞入马铃薯田内，马铃薯田块边缘受危害最为严重。

马铃薯块茎蛾（potato tuberworm）自从1856年在加利福尼亚州第一次发现以来，在过去的20年里多次在俄勒冈州哥伦比亚盆地和华盛顿州被发现，但是在美国或加拿大其他地区都无发生分布（图15.10）。远距离传播不是由于马铃薯块茎蛾成虫的飞行造成的，而是由被块茎蛾侵染的薯块调运造成（图15.11）。雌性成虫产卵150～200粒，卵产在下部叶片、下部的茎秆、田间露出土的薯块或者仓库贮藏的薯块芽眼处等部位。幼虫在薯块内的取食造成主要的经济损失（图15.12和图15.13）。在田间和仓库内，幼虫在薯块内蛀食，虫粪排泄到蛀道外侧。除了造成直接经济损失外，蛀道还有利于细菌和真菌的寄生。块茎蛾的幼虫也损害地上部分，钻蛀叶片的叶柄形成明显的叶片鼓泡。受害的植株可以通过幼虫钻蛀叶片和茎秆造成的危害状进行辨认。

金针虫（wireworm）是几种土栖-叩头甲幼虫的总称（图15.14）。成虫对马铃薯作物不

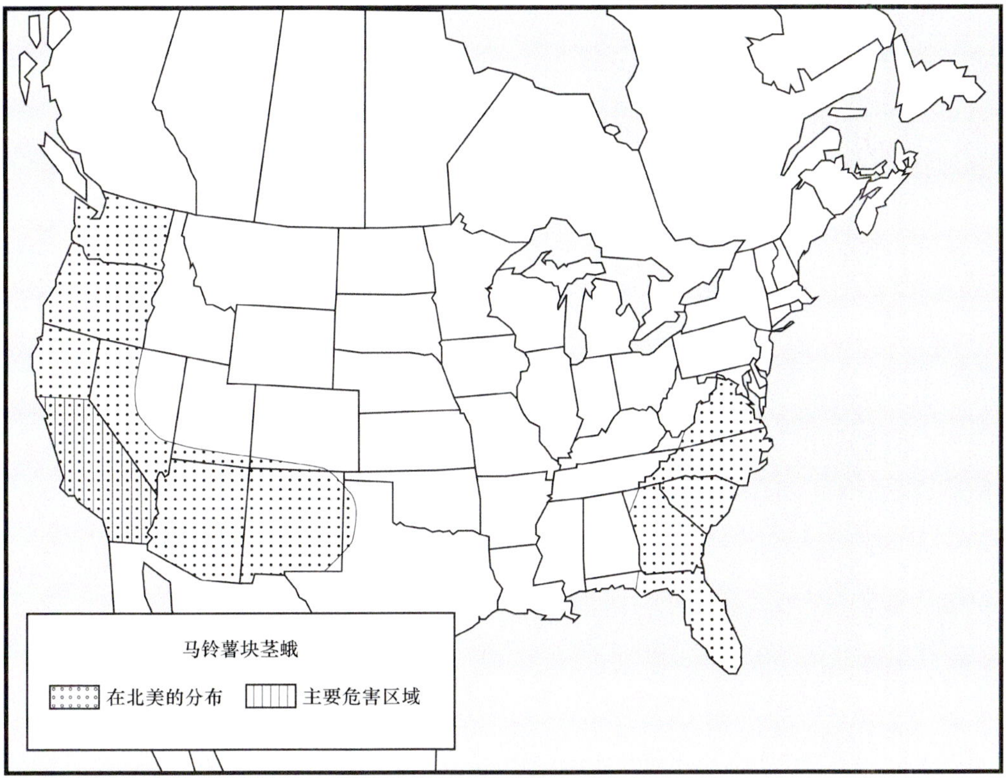

图 15.10　马铃薯块茎蛾（potato tuberworm）在北美的分布。（©2007 加拿大公共工作和政府服务部，授权使用）

图 15.11　马铃薯块茎蛾（potato tuberworm）成虫。（A. Jensen 友情提供）

图 15.12　马铃薯块茎蛾（potato tuberworm）在薯块外部形成的蛀道。（A. Jensen 友情提供）

造成影响，但是幼虫取食危害马铃薯块茎和根（图 15.15）。12 属 40 种金针虫可危害马铃薯，但是只有少数几种造成重要的经济损失（表 15.1 和图 15.16）。许多种类都是本土昆虫，但是有少数种类是从欧洲传入的，并且成了主要害虫，如暗色叩甲（*Agriotes obscurus*）、直条叩甲（*A. lineatus*）、大田叩甲（*A. sputator*）。在北美地区金针虫发生种类变化较大，主要是由

图15.13 马铃薯块茎蛾（potato tuberworm）在薯块内部形成蛀道的危害状。（A. Jensen友情提供）

图15.14 金针虫（wireworm）幼虫。（A. Jensen友情提供）

图15.15 金针虫（wireworm）在薯块内形成的蛀道。（A. Jensen友情提供）

于栽培技术的变化和杀虫剂的使用。由于金针虫危害造成的马铃薯产量损失差异较大，在佛罗里达州的某些区域产量损失可高达25%，但在缅因州北部地区产量损失低于5%。

表15.1 美国马铃薯作物上常见的金针虫种类

地区	种类
太平洋西北地区	*Ctenicera pruinina*（盆地叩甲）
	Ctenicera lobata
	Limonius canus（太平洋沿岸叩甲）
	Limonius californicus（甜菜叩甲）*
	Limonius infuscatus
	Agriotes obscurus（暗色叩甲）*
	Agriotes sparsus
	Agriotes lineatus（直条叩甲）*

续表

地区	种类
中部地区	*Agriotes mancus*（小麦叩甲）*
	Melanotus communis（玉米叩甲）
	Melanotus depressus（扁胸梳爪叩甲）
	Limonius canus（太平洋沿岸叩甲）
	Limonius californicus（甜菜叩甲）*
	Limonius dubitans
	Limonius subauratus
	Hemicrepidius memnonius
	*Ctenicera destructor**
东北部地区	*Agriotes mancus*（小麦叩甲）*
	Hypnoides abbreviatus（短叩甲）*
	Hemicrepidius decoloratus
	Agriotes obscurus（暗色叩甲）*
	Agriotes lineatus（直条叩甲）*
大西洋中部地区	*Melanotus communis*（玉米叩甲）
	Conoderus lividus
	Conoderus vespertinus（烟草叩甲）
东南部地区	*Melanotus communis*（玉米叩甲）
	Conoderus rudis
	Conoderus amplicollis
	Conoderus falli
	Conoderus vespertinus（烟草叩甲）
	Conoderus scissus

*也分布于加拿大。

注：改编自Kuhar, T. P., Speese, J., Whalen, J., Alvarez, J. M., Alvokhin, A., Fhidiu, G., and Spellman, M. R. 2003. Current status of insecticidal control of wireworms in potatoes. Pesticide Outlook 14: 265-267.

译者注：未在我国发生的害虫无对应中文名。

金针虫（wireworm）

金针虫完成从卵到成虫的生活可能长达7年。多年一代的种类，如玉米叩甲（corn wireworm）和小麦叩甲（wheat wireworm），在草地或者谷类作物上产卵，孵化的幼虫取食草根部，在土壤中越冬，第二年再转移到马铃薯田内为害，幼虫在薯块内蛀食，严重影响薯块品质。有的金针虫1年完成一个世代，如短叩甲［abbreviated wireworm（*Hypnoidus abbreviatus*）］，在春季或初夏化蛹，羽化为成虫，然后在草地上产卵。有杂草的马铃薯田内，短金针虫直接在杂草上产卵，孵化出的幼虫为害薯块。

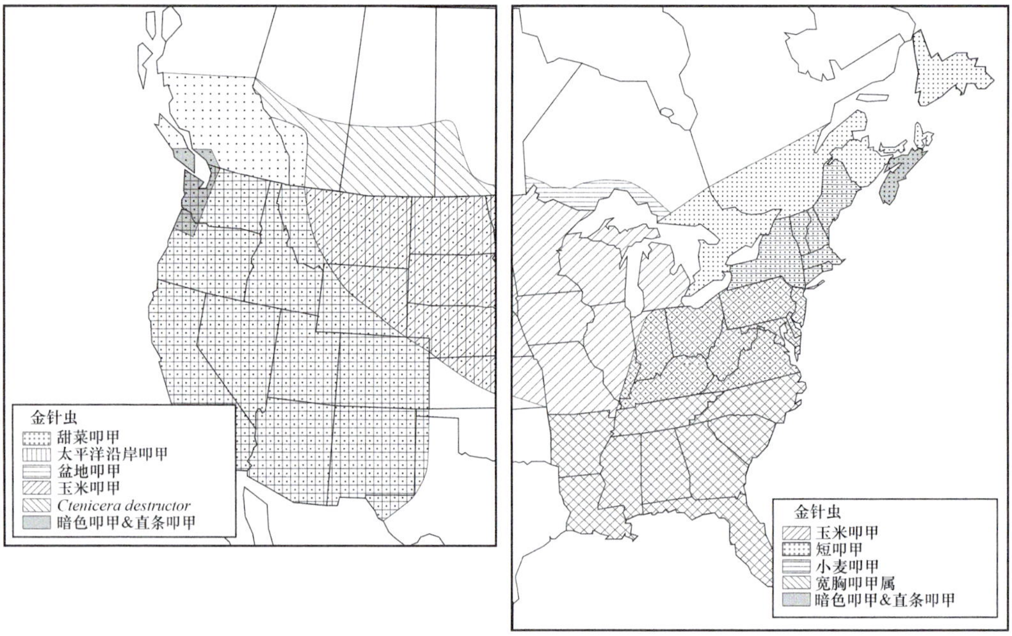

图15.16　几种常见的金针虫在北美地区的分布。（©2007加拿大公共工作和政府服务部，授权使用）

图15.17　马铃薯薯块内的蛴螬（white grub）。

蛴螬（white grub）是几种蛀食薯块的甲虫的幼虫总称（图15.17），特别是马铃薯作物和牧草轮作时，蛴螬发生量更多。在美国西部危害马铃薯的蛴螬主要有两种：胡萝卜利犀金龟［carrot beetle（*Ligyrus gibbosus*）］和十条云斑鳃金龟［tenlined June beetle（*Polyphylla decemlineata*）］。在砂性土壤中，如播种前将大量覆盖草或者其他有机质如动物粪便翻耕入土，这两种蛴螬会非常常见。胡萝卜利犀金龟1年发生1代，而十条云斑鳃金龟在土壤中的幼虫期就需要2～3年。日本金龟子（Japanese beetle）和其他金龟子种类在美国东部地区也为害马铃薯薯块。

蛴螬（white grubs）

蛴螬是一类金龟甲科幼虫的总称，包括马铃薯鳃角金龟［june beetle（*Amphimallon solstitialis*）］、鳃角金龟亚科和日本金龟子（Japanese beetle），与金针虫相似，蛴螬主要取食杂草根部，也可取食马铃薯块茎。在马铃薯作物种植前一年，成虫在杂草上产卵，幼虫在土壤中越冬至第二年夏季继续取食为害块茎。

马铃薯作物上主要发生危害的**螨类（spider mite）**是二斑叶螨［twospotted spider mite（*Tetranychus urticae*）］。太平洋西北部地区偶尔会发生危害，通常出现在受害的豆类、玉米、苜蓿或三叶草种子田的下风向或土路沿线。螨类更喜欢为害受胁迫的植株，通过口针刺吸叶片组织汁液为害植物；在叶片上刺吸部位出现斑点，叶片颜色由微黄变为褐色，严重的情况下，整个田块内的叶片都变为褐色。螨以成螨在田块内或田块周围的栅栏、土壤或枯枝落叶上越冬；雌性成螨于第二年春末在马铃薯植株下部产卵，每头雌螨每天产卵20粒，共产卵大约300粒；卵的孵化时间为3～5 d；在炎热天气条件下，若螨发育到成螨需要7～9 d。雌性成螨在叶片上吐丝结网来保护卵和若螨不受降雨和捕食性天敌的攻击。当种群非常拥挤时，害螨就会爬到植株或篱笆的最顶端，分泌丝线“空降”到一个新的地点，这就是危害严重的地块下风向田块突然发生严重危害的原因。

种植前的管理

利用害虫扩散和作物轮作来规避

在了解害虫从上茬作物扩散转移到下茬作物的基础上，选择适宜种植的田块位置，这样既能降低害虫的危害程度，也能提高害虫问题的可预测性。

马铃薯甲虫和**跳甲**在马铃薯田内周边越冬，第二年春季再转移到新种植的马铃薯田内。当季马铃薯田与去年的马铃薯田拉开距离，被证明是防治马铃薯甲虫最有效的预防措施；轮作田越冬害虫的虫口基数明显低于非轮作田，随后迁移过来的马铃薯甲虫的成虫可能出现，但因为日照时间的缩短而停止产卵，降低了第二代幼虫危害的风险，第二代幼虫和后来迁移过来的成虫只有很少的时间准备越冬；与非轮作田相比，轮作田需要更少的其他补救措施来防控。同样，当季的马铃薯田块与前一年种植马铃薯的田块离得越远，防治马铃薯甲虫就越容易。轮作对块茎跳甲的防控同样有效。

金针虫从一个田块转移到另一个田块很慢，而且幼虫期很长，多年才能完成一代，所以对于该虫考虑的重点是轮作的作物中是否为金针虫的寄主植物，而不是今年种植马铃薯的田块距离去年发生金针虫的马铃薯田块有多远。在轮作体系中引入苜蓿可以减轻金针虫的发生，但要避免选用三叶草与禾本科牧草来轮作。因为干燥的土壤可以提高金针虫的死亡率，所以休耕有助于降低田块中金针虫的数量，但是这种措施是否划算要与休耕期间减少的收入来进行权衡。

通过治理马铃薯田周围的害虫栖息地来降低其虫口数量。越冬后的**马铃薯甲虫**成虫需要取食获得营养后才具备迁飞的能力，因此减少马铃薯自生苗和其他茄科杂草，如北美刺龙葵和龙葵，也是很重要的防治方法，因为这些植物都可以为越冬后的马铃薯甲虫提供营养。这一策略并不能完全防控该害虫，但是可以降低其从马铃薯种植田块周边的越冬地点迁移过来的虫口数量。

监测地下害虫

可以从一个田块的作物种植史来估计**金针虫**和**蛴螬**的发生情况。这类害虫更喜欢草地，所以在谷类作物、草坪、牧草茬口之后种植马铃薯时，此类害虫的发生危害就会更为严重。许多土壤因素（湿度和质地）和耕作因素（地块之前是旱作、采用牧场地或新近开垦地块）等，都会影响金针虫的数量。尽管有少量种类可以一年完成一代，但大多数为害马铃薯的金针虫需要在土壤中合适条件下3～4年完成一代。金针虫的扩散主要靠成虫的迁飞，之后成虫就会在草下面的土壤中产卵。

因为金针虫的虫口数量是不稳定的，所以其抽样调查和防治阈值的可靠性都低于食叶类害虫，最准确的用于评价是否需要防治的方法是调查该田块及作物轮作历史情况。如果前茬作物因该虫造成了严重的经济损失，那么本季种植就需要防治；也可以通过估计该地块或者本地区具有相同轮作顺序的其他地块之前种植马铃薯时造成的薯块受害率来确定本季是否需要防治。如果得不到田块历史种植信息，那么土壤取样可以为金针虫防治提供粗略的依据，该方法对于虫口密度较高的地块很有用；然而，如果虫口密度较低，土壤取样就检测不到害虫，但这种情况下害虫的数量也许会造成危害。

检测土壤中的金针虫可以通过直接观察、诱集或者挖土过筛等方法。如果一个田块从牧场或草坪轮作为马铃薯时，最好先完成土壤检测，可以在秋季霜冻前，金针虫幼虫往土壤下部转移越冬之前完成检测。检测一块地是否有金针虫发生最简单的方法是在早春或秋季土壤温度高于10℃时，通过翻地观察是否有该虫，因为这时金针虫通常在土壤表层活动。挖土过筛法是检测金针虫和蛴螬最直接的方法，也是很费劳动力的方法。每一个田块最少随机取样20个点，取样深度至少要达到25 cm，在夏季高温时取样深度要达到45 cm。如果土壤易碎且易于过筛，也可以用16目的筛网筛土来检测金针虫，否则就需要手工检测每个土样来找虫子。

诱集法就是在周围的土壤里埋上饵料，饵料有胡萝卜、玉米粒或马铃薯薯块等，来引诱金针虫并统计发生数量。引诱方法的原理是发芽的种子散发的CO_2气味对金针虫具有吸引力，因此这一方法会受到土壤湿度、温度和土壤中可散发CO_2气味的其他食物源的影响。如果土壤太干、太湿或者温度较低，均不利于金针虫的活动，那么饵剂就不会发挥作用。诱集袋是一种带有网眼的袋子，里面可以放入约30 g面粉、发芽的玉米粒或谷粒、燕麦片或胡萝卜片等，诱集袋埋入土壤10 cm的深度，每一诱集点在地面插一个旗子作为标记。对灰毛叩甲［Pacific Coast wireworm（*Limonius canus*）］和甜菜叩甲［sugarbeet wireworm（*Limonius californicus*）］这两种金针虫而言，燕麦片作为饵剂的吸引力和发芽的种子是一样的，并且燕麦片还很容易使用和处理。每亩地设2或3个诱集点，得到的结果才具有可靠性；3～4 d后，打开诱集袋统计金针虫的数量。诱集法仅限于检查地里是否存在金针虫，为是否需要防治提供粗略的判断。在土壤温度较低的生长季早期，可以使用1 m见方的塑料薄膜覆盖地面来增加土壤温度，提高诱集点周围金针虫的活力。即使应用塑料薄膜覆盖，地面以下25 cm的土壤温度也要至少达到4℃，才能开始金针虫诱集工作。

以上任何一种取样调查的准确度都较低，因此相关的**防治指标**（action thresholds）应该看作为防治提供的粗略指导。此外，一个地区和另一个地区的防治指标也不相同，应咨询当地顾问来决定对某一地区具体情况下的防治指标。在美国和加拿大东部马铃薯种植区，每20个土样中如果发现超过8头金针虫，那么这块地在种植马铃薯之前就需要进行土壤杀虫剂处理，或者不用于种植马铃薯。在加拿大的大西洋沿岸地区，如果每个诱集点平均多于1头金针虫，就会对马铃薯造成严重损失，建议对金针虫进行防治。然而，防治金针虫比较困难，土壤杀虫剂处理经常不能发挥有效或者完全的防控作用。如果在播种时沟施杀虫剂，那么在整地之前，需要用除草剂彻底清理地面的杂草或其他遮盖作物，因为如果金针虫被腐烂的植物残体所吸引的话，它就会远离杀虫剂处理的土壤，随后金针虫就会以腐烂的植物残体为中心扩散到周围的土壤中取食马铃薯，那时沟施的杀虫剂在土壤中的残留量就不足以有效地控制金针虫来保护薯块。因此，应预测金针虫可能带来的危害，并通过作物轮作来预防其发生。

调整播种时间以预防害虫危害

许多害虫为害比较严重的问题，都是由于增长的害虫虫口数量和作物敏感期相吻合。常见害虫的危害盛期都已经比较清楚，因此就可以通过调整作物播种时间，来避开害虫和作物生长发育同步的问题。例如，在北美的长生长季种植区，早种植或晚种植马铃薯都可以避免第二代或第三代**马铃薯甲虫**幼虫危害的风险。早种植马铃薯，特别是对于早熟品种，能够减少第二代马铃薯甲虫幼虫危害的风险，因为当第二代幼虫发生高峰期时马铃薯通常已经收获。早种植马铃薯，在马铃薯开花期或者收获期，甲虫也会发生危害，但是在那时候马铃薯作物即使受到食叶类害虫的危害，也不会影响产量。越冬的马铃薯甲虫成虫从不会取食晚种植的作物，而是早就分散到其他寄主植物上取食。分散到其他植物上的甲虫也会取食为害马铃薯作物，但是这已经充分地拖延了下一代成虫的发生期，随着日照时间变短，成虫不再繁殖。

土壤肥力与害虫

土壤中的有机质和微生物活性都能够在植物生长、繁殖和对食叶类害虫防御等方面提供营养平衡。化肥提供的营养，比土壤微生物分解释放提供的营养让植物生长得更快，可能将这种平衡偏向促进植物的生长和繁殖，而不是促进植物防御害虫危害。以马铃薯甲虫为例开展的大量相关研究结果表明：取食施用粪肥田块的马铃薯植株会使该虫表现出繁殖力降低、死亡率增加、发育减缓、食叶量降低等现象。

播种期间的管理

选用抗（耐）虫性品种

虽然没有商业上可用的对任何害虫具有完全抗性的马铃薯品种，但昆虫对不同的马铃薯品种的危害程度存在差异还是很常见的。寄主植物对害虫的抗性是任何害虫综合治理方案成功的关键因素。与其他害虫相比，一些马铃薯品种对**金针虫**的为害更为敏感。例如，‘Shepbody’（‘夏波蒂’）受害严重，‘Irish Cobbler’ 和 ‘Superior’ 受害相对较轻，‘Atlantic’（‘大西洋’）、‘Russet Norkotah’ 和 ‘Norgold’ 受害程度中等。

早熟品种对于提早种植和延后种植都更有用；晚熟品种通常具有更大的株冠，就更能容忍一些食叶类害虫的取食为害，早熟品种（如 ‘Superior’）受**跳甲**取食为害就比晚熟品种［如 ‘Russet Burbank’（‘布尔班克’）］严重。

内吸性杀虫剂及其抗性治理

用内吸性杀虫剂处理种薯和土壤已经成为防治马铃薯甲虫、蚜虫和叶蝉的常规预防措施，这些杀虫剂被植物的根所吸收或者通过叶面喷施后被叶片吸收。这些杀虫剂在植物体内的系统性运输使之对植株的覆盖分布最大化，并显著增加了药剂在植物叶部的存留时间。不幸的是，全田施用内吸性杀虫剂又增加了害虫对这些杀虫剂产生抗性的选择压力，特别是马铃薯甲虫，其是一个对很多杀虫剂都产生了抗性的臭名昭著的害虫（第 14 章）。

诱集作物和障碍植物

种植诱集作物可以吸引昆虫远离主栽作物，并且使之聚集到相对小的区域，在这一小区域使用化学或物理的方法进行有效防治。在正式播种前10 d，将整个田块的四周大约5%的面积播种上马铃薯，作为马铃薯甲虫越冬成虫的诱集植物，并在此诱集带对害虫进行集中消灭，已经被证明可以减轻整个生长季整个田块的马铃薯甲虫虫口数量及压力。这一策略利用了越冬的马铃薯甲虫主要靠爬行从田块周边进入取食，并喜欢选择较大植株取食。在田块边缘危害的马铃薯甲虫几天后就会转移到田块内部，所以要及时使用杀虫剂防治田块边缘的成虫。

一个不需要在田块边缘提早播种的方法就是在与前一年种植马铃薯的田块相对较近的田块边缘播种过程中沟施新烟碱类杀虫剂。这一**边缘屏障**是通过在边缘几行和中间行的两段部分（通常是距离地边30 m之内）进行沟施来建立的。沟施的行可作为马铃薯甲虫爬行进入田块内部的屏障，因为马铃薯甲虫即使少量取食新烟碱类杀虫剂，也会被杀死。这一措施需在田地内部设有未处理区来减少内吸性杀虫剂的用量，且未处理区还可以作为敏感昆虫的庇护所（第14章）。这种边缘屏障处理技术的实施非常简单，不需要特殊技术方法或其他作物管理模式的调整。唯一需要注意的就是在播种时做好屏障内部边缘的插旗标记，以便播种机走到此处时关闭或打开沟施喷头的开关。

另一个诱捕方法就是在马铃薯田的四周布置**塑料隔离沟**，为从越冬地点迁移过来准备进入田块的成虫设置陷阱。这种障碍可以减少50%马铃薯甲虫成虫的虫口数量，减少70%的产卵量。尘土覆盖着非常光滑的塑料表面，塑料在地面上倾斜成60°角，陷入的甲虫有效拦截率达95%，40%～90%的成虫在夏季迁移到越冬场所时也会被拦截。长期使用隔离沟可以减少在后续年份的虫口数量。这种隔离沟已经有商业化的产品，而且安装后可以非常方便地去除或重新安装，以便于车辆进入田块作业。最好的方法就是田块的四周都设置隔离沟，这一策略最适合大量越冬的马铃薯甲虫从越冬场所迁移到新的马铃薯田块。隔离沟的布设和维护花费较高，但是如果田块面积增加，那么相对于整个田块而言单位面积的花费就会减少，还可以减少化学农药控制秋季成虫迁移扩散的花费。

另一种对付昆虫的局部屏障就是使用**秸秆覆盖物**，这一方法有许多好处：延长马铃薯甲虫找到马铃薯作物的时间，减少迁飞甲虫找到马铃薯作物的可能性，增加甲虫飞行离开田块的概率，增加马铃薯甲虫卵和幼虫及其他害虫被捕食的概率。总之，使用秸秆覆盖物可以减少马铃薯甲虫幼虫的虫口数量，拖延幼虫达到密度高峰期的时间。覆盖5～10 cm厚的作物秸秆，可以减少50%～75%的马铃薯叶片免受害，但结果存在变化。使用秸秆覆盖物还可以降低蚜虫的虫口密度，减少马铃薯田内病毒的传播（第16、17章），但是可能会在某些年份增加植物病害的发生。

生长阶段Ⅰ～Ⅲ的管理：萌芽期到块茎形成期

食叶害虫的监测

马铃薯田从出苗后到开花期，都要定期取样调查来估计害虫的数量。在出苗期，每个田块每周都要调查**马铃薯甲虫**的数量和危害程度。虽然在种薯处理或播种时使用的内吸性杀虫剂可以防治马铃薯甲虫，但田间调查仍然是很重要的，田间调查可以明确之前施用的杀虫剂的失效时间并且可以同时调查其他害虫的发生情况。马铃薯甲虫不是每年都发生的，最好的方法是在出苗后进行田间调查，必要时叶面喷施杀虫剂来防治。田块的种植历史信息和周围田块是否种植了马铃薯或者其他寄主植物等信息，都有利于帮助决定田间取样调查从哪儿开始。生长季早期的害虫发生主要集中在临近去年种植马铃薯田块的区域，最早要检查这些区域来判断马铃薯甲虫成虫是否从这里迁移到田块中，整个生长季每次到田间都顺便查看马铃薯甲虫造成的损失。虽然在生长季早期可以区分单个马铃薯植株，但是在几周后就很难确定哪个茎属于哪个植株了。因此，取样调查时可以选取一个主茎上的所有叶片进行调查，或者直接调查一定行长范围内的所有叶片。防治阈值也会随着取样单位（如每茎的害虫数量，或每片复叶上害虫的数量，或每英尺行长内害虫的数量，或茎的危害率等）的变化而发生相应变化。如果是选取叶片或茎进行调查，那么叶片或茎需要随机选择，而不是根据为害的程度进行选择，因为昆虫有取食转移的习性，并且昆虫并不只在危害的地点活动。一个田块内，至少调查10个点，这10个点内再选择一定数量的叶片或茎进行调查。如果这块田超过250亩，还需要增加调查点。在每一调查点，都需要记录每个茎秆上甲虫的成虫数量、卵块数量、低龄幼虫数量（体长短于0.5 cm）和老龄幼虫数量（体长超过0.5 cm），估算由于取食为害造成叶片面积减少的百分率。在调查马铃薯甲虫发生的同时，也调查田内其他害虫的发生情况。

对于**欧洲玉米螟**的监测，可以通过调查最近的黑光灯或者性诱剂诱集到的蛾子数量，来帮助确定通过田间调查评估初期危害程度的时间。当黑光灯每晚诱集到蛾子数量超过10头时，记录萎蔫茎秆（最终叶片干枯）的数量，茎秆萎蔫即表明已经出现玉米螟的危害。用于调查马铃薯甲虫为害的取样植株，也可以同时用于欧洲玉米螟危害情况的调查。另外一个方法是在发现成虫后开始进行田间调查，采用10℃作为发育起点温度，成虫发育需要200～300℃·d的积温；400～800℃·d之后幼虫就会出现。对于可能存在欧洲玉米螟危害的田块，一个高效监测雄蛾活动的方法就是在马铃薯田内或田块周边的草丛每隔30 m放置一个性诱器。另一种方法是步行穿过杂草区、岬角和沟渠，观察从植物上飞出的欧洲玉米螟的情况。当成虫出现后，应开始调查卵块数量，需要连续定期调查才能准确判断卵的孵化时间。对卵块的调查应持续几周，因为成虫在持续产卵。

地老虎类害虫较难监测，因为它们通常白天躲藏在土壤中。如果近期在植株的叶片和茎部出现为害状但没有发现害虫的话，可在被害植物周围挖15～20 cm深的土壤来检测是否有地老虎的幼虫。

螨类的调查可以在疑似受害的植株下面放一张白纸，然后通过摇晃或振动白纸上部的叶片进行检测。如果在纸上有移动的小点就说明可能有螨类发生，也可以用手持放大镜帮助检测。二斑叶螨的成螨体长约1 mm，黄色，在虫体两侧各有一个黑斑，具有8只足；若螨看上去和成螨相似，但是比成螨小，只有6只足；在其取食为害部位的附近能发现球形、透明的卵。几种有效杀螨剂可以应用于害螨防治。

跳甲为害状的监测比甲虫本身的监测更容易，因为跳甲很活跃，当人类接近时容易跳离。每块田地至少调查30株植物，从顶端数第四个叶片为调查叶片，可以使叶片对着光来检查跳甲为害形成的“枪眼”的大小。过去，用于防治马铃薯甲虫和蚜虫的广谱性杀虫剂也可以控制跳甲的虫口数量，但是随着依赖于化学杀虫剂防治马铃薯甲虫，跳甲也产生了抗药性，虫口数量经常达到需要防治的水平。在美国东部地区和加拿大大西洋沿岸地区，建议在6月和7月末到8月初这两个时间段，进行跳甲发生情况的田间调查。

危害和防治指标

昆虫取食叶片和茎秆导致作物产量的损失，取决于品种、植物生长阶段、植物生长状况、植物对损害的耐受性和自身补偿生长能力。马铃薯植株可以补偿生长季节早期的适量落叶；在薯块膨大期，如果生长条件比较好的话，也能耐受或补偿一部分产量。从封垄早期到开花期，当刚开始结薯时，食叶类昆虫的危害可以减少结薯的数量，对产量造成相当大的损失。因为植物在早期生长阶段，相对比较小，在此阶段少量昆虫就可以造成大量叶片受害，因此，在作物生长早期，昆虫的防治指标比较低，到作物开花期，防治指标才有所增加（表15.2）。昆虫取食危害和作物产量的关系是变化的，除了本地推荐的防治指标外，还要考虑作物生长条件和品种。一旦超过防治指标，必须使用杀虫剂来降低虫口数量（表15.3）。然而，使用内吸性杀虫剂可导致昆虫产生抗性，反过来也影响生物防治的效果，且内吸性杀虫剂价钱比较贵。因此，首先应考虑使用其他防治措施和下面所列的生物合理性杀虫剂。

表15.2 几种重要的马铃薯害虫不同产区的防治指标[a]

害虫	加拿大大西洋沿岸地区	美国东部地区	美国中北部地区	美国西部地区
马铃薯甲虫	每株作物上平均1.5头	叶片损失率10%且每10株作物上有5头成虫或40头低龄幼虫或15头大龄幼虫	每株作物上1～10头成虫	幼虫为害作物的被害率为2%～14%
欧洲玉米螟	10%～25%的植株上有卵块	茎秆被害率和产量损失之间相关性不稳定	每25个叶片上有1个卵块	
跳甲	每个叶片上有50个洞或叶片被害率为10%	每个叶片上有15个洞	每25次扫网中有50头跳甲	叶片被害率为10%
金针虫	每个诱集点1头	每20个土样中有8头[b]	每个诱集点1头	每个诱集点1头

[a]在北美不同地区防治指标有所不同，需参考当地的指南，并根据马铃薯生长条件调整阈值。
[b]每个土样是1英尺见方，10～13英寸深，在高温季节深度为18英寸。

表15.3 马铃薯生产过程中常用的杀虫剂[a]

杀虫剂和使用时间[b]	金针虫	蛴螬	跳甲	马铃薯甲虫	地老虎	欧洲玉米螟	蜻象	马铃薯块茎蛾	螨类
种薯芽块处理									
新烟碱类杀虫剂[c]	…	…	×	×[d]	…	…	…	…	…
播前土壤处理或沟施									
涕灭威	…	×	×	×	…	…	…	…	…
二嗪磷	×	×	×	…	…	…	…	…	…
甲拌磷	×	…	×	…	…	…	…	…	…
灭克磷	×	×	…	…	…	…	…	…	…
二硫松	…	×	×	…	…	…	…	…	…
新烟碱类[c]	…	…	×	×[d]	…	…	…	…	…
茎叶处理									
拟除虫菊酯	…	…	×	×[d]	×	×	×	×	…
亚胺硫磷	…	…	×	×[d]	…	…	…	…	…

续表

杀虫剂和使用时间[b]	金针虫	蛴螬	跳甲	马铃薯甲虫	地老虎	欧洲玉米螟	蝽象	马铃薯块茎蛾	螨类
甲胺磷	…	…	…	×[d]	…	…	…	×	…
杀线威	…	…	…	×[d]	…	…	…	…	…
克螨特	…	…	…	…	…	…	…	…	×
新烟碱类杀虫剂[c]	…	…	×	×[d]	…	…	…	…	…
双苯氟脲	…	…	…	×	×	×	…	×	…
阿维菌素	…	…	…	×	…	…	…	…	×
茚虫威	…	…	…	×	…	×	…	…	…
多杀菌素	…	…	…	×	×	×	…	…	…
螺旋藻	…	…	…	…	…	…	…	…	×
Bt	…	…	…	×	×	…	…	×	…
氟铝酸钠	…	…	…	×	…	…	…	…	…
印楝素	…	…	…	×	…	…	…	…	…
鱼藤酮	…	…	…	×	×	…	…	…	…

[a]查看当地建议指南获得最新信息，特别是要考虑马铃薯甲虫的抗性，并且始终按照使用说明书使用。
[b]杀虫剂所属组别和一些商品名称见表14.4。
[c]用于种薯芽块处理或者茎叶处理，但不能两种方式都应用。
[d]可能已产生抗性，查看当地建议指南。
…表示不适用。
× 表示适用。

针对**马铃薯甲虫**，人们已经计算出其为害马铃薯作物的防治指标范围。在许多地区，马铃薯甲虫的防治指标不仅要考虑单位面积甲虫的数量，也要考虑甲虫不同发育阶段对马铃薯作物的危害程度。在很多地区，防治指标表示为甲虫单位或甲虫当量，其计算公式对于不同发育阶段的虫体分配不同的权重，如在爱德华王子岛地区，甲虫单位的计算公式为春季成虫数量＋（低龄幼虫×0.125）＋（大龄期幼虫×0.33）＋（夏季成虫×0.625）；在俄亥俄州，计算公式为成虫数量＋（低龄幼虫×0.5）＋大龄期幼虫。对爱德华王子岛地区，建议使用的防治指标是每株作物上平均有1.5科罗拉多马铃薯甲虫当量（Colorado potato beetle equivalents，CPBE），但是如果作物发育不良（受胁迫），防治指标应减少至每株作物上有0.75～1.0 CPBE；俄亥俄州的防治指标从初花期的每株1头甲虫单位到生长季后期的每株10头甲虫；在中大西洋地区，防治指标为叶片受害率达10%，并且每10株作物上超过5头成虫，或40头低龄期幼虫，或15头大龄期幼虫。其中任意两个发育阶段甲虫的数量各超过上述数值的一半，且至少10%的叶片受害，就需要采取防治措施。在任何一种情况下，在发育阶段后期都会增加取食危害的程度，这一点需要考虑在内。特定的防治指标为害虫防治提供指导，当作物生长状况好时，防治指标可以上调；但是当作物生长状况不好时，就需要降低防治指标。

每个叶片上**跳甲**形成的“枪眼”与马铃薯产量的关系变化很大，因此建议防治指标也是变化的（表15.2）。在加拿大大西洋沿岸地区，防治指标是每叶片有50个“枪眼”，而在缅因州则为每叶片有15个“枪眼”。在爱德华王子岛地区，是根据叶片上“枪眼”的面积占叶片面积的比例来确定防治指标：叶片上“枪眼”的面积低于叶片面积的5%为低；5%～10%的为中；大于10%的为高。平均每个叶片超过10%，建议采取防治措施。如果植物受到干旱胁迫或者马铃薯甲虫危害，在防治马铃薯甲虫之前有少量跳甲的危害是可以容忍的。

有关**欧洲玉米螟**的直接危害与产量损失的关系还未确立，玉米螟幼虫严重危害造成的产量损失与风害、干旱和细菌性软腐病等二次危害密切相关。一般来说，对于早熟品种或种薯田没必要防控欧洲玉米螟，因为它并不造成明显的产量损失。在加拿大大西洋沿岸地区，欧洲玉米螟的防治指标是调查植株的20%～25%上有卵块，对于受胁迫生长不良的作物，防治指标降低至10%。当卵块到达孵化高峰期时，应启动防治措施。

物理防治措施

物理防治使用热、抽吸或机械作用消灭害虫或阻止害虫为害。丙烷火焰喷射器是非化学除草的常用设备，能减少80%的**马铃薯甲虫**越冬成虫的数量，正确的时机很重要，在温暖、晴朗无风天气时，很多成虫聚集在幼苗上，这时使用丙烷火焰喷射器效果最好。当植物超过20 cm高时，不再推荐使用丙烷火焰喷射器，因为茂盛的枝叶吸收足够的热量而降低防治效果。丙烷火焰喷射器可以用于杀死或消灭诱集植物上的甲虫，但是这一措施需要多次重复，多次使用丙烷火焰喷射器可导致薯块减产和土壤压实。不同类型捕虫器的使用取得了很多成功的案例，真空收集器使用空气负压吸入叶片上正在危害的不同虫态的马铃薯甲虫，把虫子吸入后并粉碎。真空收集器可以消灭39%的低龄幼虫、27%的大龄期幼虫和48%的成虫。翻耕土地可机械性地破坏跳甲卵和幼虫，并且跳甲成虫减少产卵，因为雌虫更喜欢在板结的土壤里产卵。机械防治措施和其他防治措施结合使用，在大多数商品化种植区都能减少有害生物水平。

培育和引入生物天敌

在马铃薯作物生长早期，选用防治害虫的方法或措施时要考虑到天敌，因为有可能该措施随后会减少天敌的种群数量。例如，许多昆虫和蜘蛛类捕食者会捕食或攻击叶螨，但是大多数杀虫剂都可以杀死这些捕食者，所以在使用杀虫剂防治蚜虫或其他害虫之后，通常会有叶螨的暴发。保持有效的天敌数量可以减少杀虫剂的使用来降低生产成本。马铃薯作物害虫的自然天敌包括节肢动物（主要是昆虫和蜘蛛类）、鸟类、真菌和线虫。

一些种类的节肢动物都会捕食**马铃薯甲虫**，如二点益蝽［twospotted stink bug（*Perillus bioculatus*］和斑腹刺益蝽［spined soldier bug（*Podisus maculiventris*）］捕食甲虫的幼虫；十点瓢虫［tenspotted lady beetle（*Coleomegilla maculata*）］捕食卵和低龄期幼虫；步甲科成虫*Lebia grandis*捕食马铃薯甲虫的卵和幼虫，而其幼虫能寄生马铃薯甲虫的蛹；短角寄生蝇*Myiopharus doryphorae*和*M. aberrans* 寄生马铃薯甲虫的幼虫和成虫。一些其他常见的捕食者，如除*L. grandis*之外的其他步甲、蜘蛛和harvestmen（daddy longlegs），也会偶尔捕食马铃薯甲虫的卵。从欧洲引进的天敌*Pterostichus melanarius*在太平洋西北地区是步甲的优势类群。据调查，*Pterostichus melanarius*既能捕食马铃薯甲虫幼虫，也能取食或捕食**蚜虫**，如桃蚜、马铃薯长管蚜（*Macrosiphum euphorbiae*）和蔷薇谷蚜（*Macrosiphum dirhodum*）。

欧洲玉米螟的天敌更多，许多天敌在北美地区是本土昆虫，然而也有许多天敌是在害虫治理过程中专门引进的种类。常见的节肢动物捕食者，如瓢虫和草蛉，取食卵和还未进入植株内部蛀食危害的低龄幼虫，也捕食马铃薯块茎蛾；鸟类（主要是绒毛啄木鸟和乌鸦）捕食茎秆内的大龄幼虫；大多数寄生性天敌寄生不同发育阶段的卵和幼虫。

在不使用广谱性杀虫剂的情况下，马铃薯田内自然天敌的数量会大大增加。然而，其种群通常不足以完全控制所有害虫，一种更好的控制害虫数量的方法是释放从商业供应商处购买的天敌。大量释放捕食性蝽象可以减少**马铃薯甲虫**的数量，在保护马铃薯植株方面能达到杀虫剂的同等功效；昆虫病原线虫也具有减少马铃薯甲虫数量，保护植物免受危害的潜力；同样，大面积释放卵寄生性天敌玉米螟赤眼蜂（*Trichogramma ostriniae*）可有效地防治欧洲玉米螟。有益天敌可以从多个厂家购买，但是引入型生物防治的投入-产出比需要进行评价（第4章）。

生物合理性杀虫剂

因为害虫的天敌人工引入释放很困难，但其自然培育非常有效，那些对天敌不利影响最低的杀虫剂值得特别关注。生物合理性杀虫剂就是一类对非靶标生物的影响较小，且多为生物源的杀虫剂。白僵菌（*Beauveria bassiana*）是一种天然存在的真菌，对**马铃薯甲虫**具有很高的致死率；用亚致死浓度的吡虫啉处理甲虫后，能增加甲虫感染该真菌的概率。白僵菌也可以侵染**欧洲玉米螟**，但其对玉米螟虫口数量的影响效果还没有详细的定量研究。该真菌的孢子已有商业化的产品，且可以用标准喷药机械来喷洒，在有机农场中已经使用很多年。尽管和大多数化学杀虫剂（包括经过有机认证的杀虫剂）相比防效要低一些，但是应用商业化生产的白僵菌也有助于控制马铃薯甲虫的发生。现已有商品化的昆虫病原线虫出售，并可使用通用喷药设备喷施进行土壤处理，已经证明这种线虫可以防控马铃薯甲虫的蛹，但是结果不稳定，并且线虫花费较高。

Bacillus thuringiensis var. *tenebrionis*（*Btt*）的商业化产品在保护天敌的同时，也可成功控制马铃薯甲虫发生危害。*Btt*是一类细菌性杀虫剂，由芽孢和破坏昆虫消化系统的杀虫蛋白组成。*Btt*菌株与*Bt*库斯塔克（*kurstaki*）菌株不同，该菌株只对包括马铃薯甲虫在内的一些食叶类甲虫有效，而库斯塔克菌株已经商业化应用于毛毛虫类害虫的防治。*Btt*只有被甲虫幼虫取食后才能发挥作用，使用的时间决定其效果的发挥，在卵孵化高峰期和低龄幼虫取食期施用，才能发挥最好的效果。*Btt*在减少害虫虫口数量特别是减少害虫取食为害方面可与化学杀虫剂达到相同的效果。最新的真菌源杀虫剂多杀霉素（spinosad），可有效地控制马铃薯甲虫和毛毛虫类害虫，但是对它们的天敌也有毒性。

生长阶段Ⅳ和Ⅴ（块茎膨大期和成熟期）的管理

在块茎膨大期，**金针虫**和**蛴螬**的蛀食可降低薯块用于加工和鲜食销售的品质。在一些年份，由于金针虫的危害，在美国西北部地区某些田块收获的薯块中有45%由第一等级降低到第二等级。由于金针虫为害导致马铃薯产量的损失差异较大，爱达荷州和佛罗里达州产区减产25%，缅因州北部地区减产低于5%。温度影响田地里金针虫的虫口数量，同样影响金针虫生物学特性及其在土壤中的垂直分布。高温时，金针虫幼虫活跃、取食量大且生长快。在夏季，金针虫从地表向地下转移是对土壤高温或湿度降低的反应。当土壤表层温度达到30℃或更高温度时，金针虫就往土壤下层移动，在灌溉地块且完全封垄后，土壤可能会保持低于30℃。在马铃薯生产过程中，金针虫对薯块的危害似乎多发生在土壤温度较低的生长季后期。

马铃薯块茎蛾（potato tuberworm）对薯块的危害几乎都发生在马铃薯植株衰老或者化学杀秧后。任何减少马铃薯块茎与产卵期块茎蛾成虫或幼虫接触的措施，都能减少产量损失。该虫不能穿过5 cm的土壤去危害块茎，因此通过额外的培土来增加土壤覆盖能减少薯块受害。土壤开裂能增加马铃薯块茎蛾进入的机会，所以要及时灌溉减少土壤开裂，喷灌可密封土壤，比沟灌减少土壤开裂效果更好。在生长季节，田间马铃薯块茎蛾的数量可以反映其危害程度。商品化的性诱剂可应用于监测雄蛾的活动，粘胶诱捕器应放置在田块周边，以保证性诱剂诱饵不易被弄湿；诱捕器应高于地面或者作物冠层30 cm。目前还没有确定根据诱捕器诱集到的雄蛾数量来确定防治指标的方法，但是早期监测在减少害虫危害和防治其传播扩散等方面是关键。

尽管生长季节后期害虫经常会从马铃薯田向外分散，但也可以偶尔把害虫集中起来消灭，以使下一季作物上的虫口数量降低。如果时机合适，在喷施杀秧剂时每30～60 m跳过4～8行用作马铃薯甲虫的诱集作物，田间残存的马铃薯甲虫的成虫在几天之内将被诱集到这些少数绿色的马铃薯植株行里，然后就可以集中消灭以减少来年成虫的数量。消灭的方法可以是喷药，也可以使用甩刀式收割切碎机或用丙烷火焰喷射器，或者使用杀秧剂一同杀死。此外，也可以在田边设置塑料隔离沟来诱集在生长季后期从田块内部向地边越冬场所转移的成虫。

收获和贮藏期间的管理

薯块成熟后要及时收获，以减少薯块暴露给**马铃薯块茎蛾**等害虫的机会。薯块放置在地面或者成堆地放在地里过夜，都能加重马铃薯块茎蛾的危害，所以应避免这些情况。在收获后，要粉碎土壤表面或内部残存的马铃薯秧和薯块，以消灭其中的害虫。例如，**欧洲玉米螟**的幼虫可以在马铃薯秧中越冬，所以需要切碎马铃薯秧并翻入土中。秋季早一些翻耕干燥的土壤可以破坏金针虫的蛹。

在**马铃薯块茎蛾**危害严重的地区，冬季薯块的贮藏条件会影响来年的虫口数量。马铃薯块茎蛾的蛹可以在土壤、薯堆、贮窖或其他温度在冰点以上的地方的薯块内越冬。在温暖环境下贮藏马铃薯，可使马铃薯块茎蛾周年取食发育。此外，马铃薯块茎蛾的数量会在冬季贮藏室内得以维持，因为此处被害薯块与健康薯块直接接触。马铃薯块茎蛾幼虫在死亡的马铃薯叶片、土壤或者贮窖中的薯块里化蛹。如果没有这些场所，马铃薯块茎蛾就会寻找其他庇护场所化蛹，如墙、地板的裂缝和包装箱。

一旦薯块被收获并入库后，就应该经常检查是否有害虫危害，这对于华盛顿州的哥伦比亚盆地地区和俄勒冈地区的马铃薯贮藏尤为必要。预防马铃薯块茎蛾危害贮藏薯块的建议包括检测最初进入的害虫，以便在其大量繁殖之前使用杀虫剂或其他措施进行防控。早期成虫的检测可以用性诱剂，薯块检查可以发现幼虫的危害，尽管在幼虫为害初期，蛀道很小很难发现。对于可疑的薯块，应该切开仔细检查块茎蛾的为害状，以及是否有幼虫或蛹；去除被害的薯块，并用注册在贮窖应用的杀虫剂处理剩余的薯块，这对于防治马铃薯块茎蛾而言至关重要。拟除虫菊酯可以用于种薯，而生物杀虫剂，如*Bt*库斯塔克亚种和多角体病毒，都可以用于鲜食薯块，并且在全世界许多地区都取得了很好的防治效果。在块茎蛾潜在的入口点处安装纱网，防止块茎蛾成虫进入；所有使用过的周转箱和麻袋都要彻底清理，去除植物残体。

种植前年份的管理

生长季结束之时，也是为种植下一季作物更新害虫综合治理方案的时间（专栏15.1）。在通过作物调查获得害虫的虫口密度之前，就需要确定大部分可用来防控马铃薯害虫的方法和技术。这些方法的应用，取决于害虫发生历史和虫口密度的预测，该预测是基于本地区刚结束的这季作物上害虫的数量。收获后是计划地区或农场下一季地块分配以最大限度发挥害虫可持续治理方法的时间，早期规划将确保预防性病虫害防治技术在下一季作物种植之前得以实施。

专栏 15.1

北美几种马铃薯害虫整体防控方案的关键措施

害虫	播种前	播种时	出苗到开花	成熟和收获
马铃薯甲虫	种植历史 轮作计划 播种日期 土壤肥力	内吸性杀虫剂[a] 诱集作物 障碍	监测 防治指标[b] 叶面杀虫剂 物理防治 生物防治 生物合理性杀虫剂	用诱集作物防控正在扩散的成虫或物理防治
欧洲玉米螟	种植历史	…	监测 防治指标[b] 叶面杀虫剂 生物防治	秸秆粉碎
跳甲	轮作计划	品种选择 土壤杀虫剂	监测 防治指标[b] 叶面杀虫剂	…
金针虫	种植历史 轮作计划 土壤监测 防治指标[b]	品种选择 土壤杀虫剂	…	翻耕

[a]种植者应咨询当地杀虫剂抗性治理建议指南。

[b]在选择防治指标时，种植者应查看当地推广指南并考虑当前生长条件。

…为不适用。

第16章

David W. Ragsdale 明尼苏达大学昆虫学系，圣保罗

Edward B. Radcliffe 明尼苏达大学昆虫学系，圣保罗

Kathy L. Flanders 奥本大学昆虫和植物病理学系，奥本

蚜虫和叶蝉的管理

蚜虫和叶蝉都具有刺吸式口器，通过刺吸取食直接影响，也通过传播病毒和植原体及分泌唾液毒素间接影响马铃薯作物的健康生长。作为病原体的载体，蚜虫和叶蝉是种薯生产中的重要害虫，因为薯块携带病原体限制其作为种薯的商品性，也会造成后续作物减产。在生长季节，植物病原传播到马铃薯作物上会导致减产，特别是在马铃薯作物营养生长期，而且病毒和植原体也会导致薯块维管束组织坏死或变色，更影响马铃薯的商品性。本章主要讲述在北美主要马铃薯种植区春播作物上的蚜虫和叶蝉。

蚜　　虫

蚜虫可通过刺吸取食维管束或韧皮部组织直接损害马铃薯作物。然而，蚜虫虫口数量通常达不到取食危害的水平。蚜虫作为传播载体会造成更严重的危害，如传播病毒导致马铃薯病害。

蚜虫种类和生物学特性

马铃薯作物上蚜虫的不同种类，在取食危害程度和传播病毒种类方面有所不同。在北美地区，马铃薯作物上常见的蚜虫有5种：桃蚜（*Myzus persicae*）（图16.1）、马铃薯长管蚜（*Macrosiphum euphorbiae*）（图16.2）、鼠李马铃薯蚜（*Aphis nasturtii*）、茄沟无网蚜

图16.1　桃蚜（*Myzus persicae*）。（D. N. Ferro友情提供）

图16.2　马铃薯长管蚜（*Macrosiphum euphorbiae*）。（A. Jensen友情提供）

（*Aulacorthum solani*）和棉蚜（*Aphis gossypii*）。在美国东北部和加拿大地区，桃蚜、马铃薯长管蚜和鼠李马铃薯蚜是马铃薯作物上最常见的蚜虫，但是棉蚜也可达到造成危害的虫口数量；在中西部地区，以桃蚜和马铃薯长管蚜为主，但是鼠李马铃薯蚜也是整个生长季中常见的蚜虫。鼠李马铃薯蚜对杀虫剂最敏感，因此使用杀虫剂防治其他害虫的同时，也控制了鼠李马铃薯蚜的发生危害。在东北部和中西部地区，茄沟无网蚜是最少见的种类。在太平洋西北地区和山区，桃蚜是主要类群，马铃薯长管蚜是第二常见的蚜虫类群。

大多数蚜虫都有有翅型和无翅型，无翅型蚜虫是整年中为害马铃薯的主要虫态。通过用10倍手持放大镜观察无翅型蚜虫，可以对马铃薯作物上常见的5种无翅型蚜虫进行区分。专栏16.1中描述的主要特征可用于区分这些蚜虫，如体型、体色、足和腹管的长度、头、尾和腹管的形状（图16.3）。

专栏16.1

马铃薯作物上常见的5种蚜虫无翅型检索表

1a. 虫体卵圆形或泪滴形，尾片短…… 2

1b. 虫体长条形，额瘤向外，尾片长且尖，腹管长，足明显，体色绿色、黄色或粉色，偶尔会有深色的背侧条纹（图16.2），蚜虫活动能力强…………………… **马铃薯长管蚜**

2a. 触角额瘤突出，体厚…………………… 3

2b. 触角额瘤不突出，虫体扁平……… 4

3a. 虫体梨形，腹管基部最宽；触角额瘤突出并有几乎平行的边缘；腹管锥形，顶端黑色并有明显的轮缘；体色浅黄绿色至深绿色，腹管基部黑色，足和触角的节部黑色……………………………… **茄沟无网蚜**

3b. 虫体卵圆形，从中足基部到腹管基部宽度几乎相同；触角额瘤突出并向内；腹管肿胀；体色浅黄绿色至几乎半透明、粉色或桃色；足与腹管与身体颜色相同（图16.1）………………………………………… **桃蚜**

4a. 腹管苍白或昏暗；后足上有细长的毛，最长的可以超过后足基部的直径；特色为不透明的柠檬黄至绿色，在秋季变黑……………………………………………… **鼠李马铃薯蚜**

4b. 腹管黑色；足上的毛都很短；体色多变，从深绿到浅黄大，但多数通常为深绿与浅绿相间的斑驳…………………… **棉蚜**

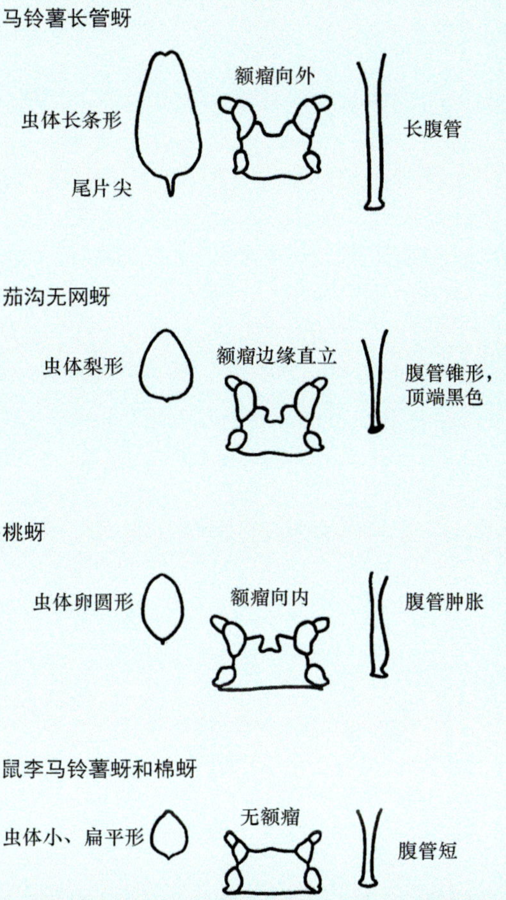

识别特征信息基于MacGillivray, M. E. 1979. Aphids Infesting Potatoes in Canada: Life Cycle and Field Key. Publ. 1678. Agriculture Canada, Ottawa, Ontario和Blackman, R. L., and Eastop, V. F. 2000. Aphids on the World's Crops: An Identification and Information Guide, 2nd ed. John Wiley and Sons, New York。图片引自MacGillivray，1979。

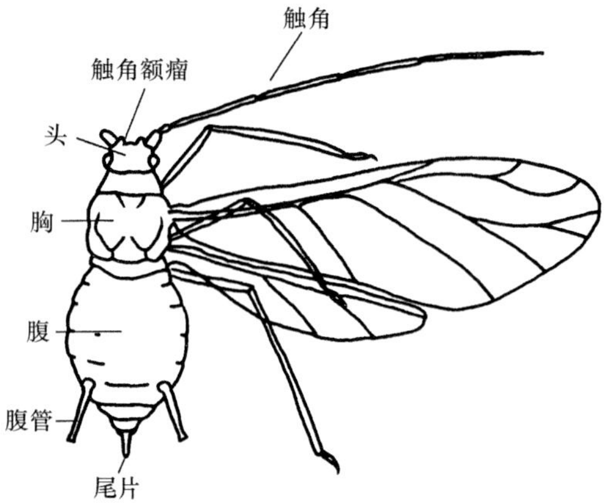

图16.3 蚜虫种类区别特征图。这些特征主要在有翅蚜上表现，颜色和明暗也是。腹管是腹部后端两侧产生的管状结构。尾片是蚜虫的“尾巴”，从腹部末端长出。触角从头部前端称作触角额瘤的隆起上长出。

在太寒冷不能周年进行室外繁殖的地区，为害马铃薯作物的蚜虫进行有性生殖和无性生殖的世代交替，在一种作物（第一寄主）上产越冬卵，其他时间在种类较多的寄主植物（第二寄主）上进行无性生殖。所有为害马铃薯的蚜虫的第一寄主是高度局限的，在一些情况下只局限于某种作物，一般是树木类。第二寄主变化较大，是生长季节蚜虫主要为害的植物。春季，无翅蚜（干母）从第一寄主的越冬卵中孵化（图16.4）。在春季和夏季干母及后代蚜虫都通过无性生殖大量扩繁，无性生殖需要更短的生活史（7～10 d）。这种繁殖方式再加上相对较低温度时的繁殖能力，能够保证蚜虫种群数量快速增加。在有利环境条件下，蚜虫数量在短短2 d就可以翻倍增长。干母的第一代后代都是无翅型，在第一寄主上发生的第二代或第三代，大多数是有翅型，也就是春季的乔迁蚜。乔迁蚜，就像它的名字一样，离开第一寄主寻找合适的第二寄主（主要是一年生草本植物）。在这一迁移过程中，蚜虫从多年生杂草、马铃薯自生苗或者其他寄主上获得植物病毒，然后传给马铃薯作物。到春季后期，第一寄主不再适合蚜虫进一步生存，在这些寄主上就见不到蚜虫了。在气候暖和的地区，冬季也有草本植物，蚜虫就可以持续进行无性繁殖。

春季乔迁蚜在低空急流的作用下会传播很远的距离。已知**桃蚜**迁移传播的距离可以超过1500 km，并且这种传播主要发生在海拔900～15 000 m的高度。当春季乔迁蚜开始寻找寄主植物时，乔迁蚜无法从远距离处区分寄主植物和非寄主植物，而是落到植物上并取食很短时间，主要是刺吸植物表皮组织的汁液，然后再决定是否选择这一植物作为繁殖寄主。只有当蚜虫在试探取食时接受了合适的取食刺激后，蚜虫才会留在该第二寄主植物上。蚜虫会在相对较低的高度和较小的范围内移动，通常只飞行几米，来完成寄主植物的选择。在寻找寄主过程中，蚜虫在不同植物间随机移动，找到合适的寄主就会固定下来。试探性刺吸取食的方式利于获得和传播非持久性的病毒。实际上，许多蚜虫都与马铃薯Y病毒的发生流行相关，因为马铃薯并不是这个病毒的自然寄主。蚜虫短暂的取食会对马铃薯种薯生产构成挑战，因为常规杀虫剂已经证明不能有效阻止蚜虫向马铃薯传播病毒。

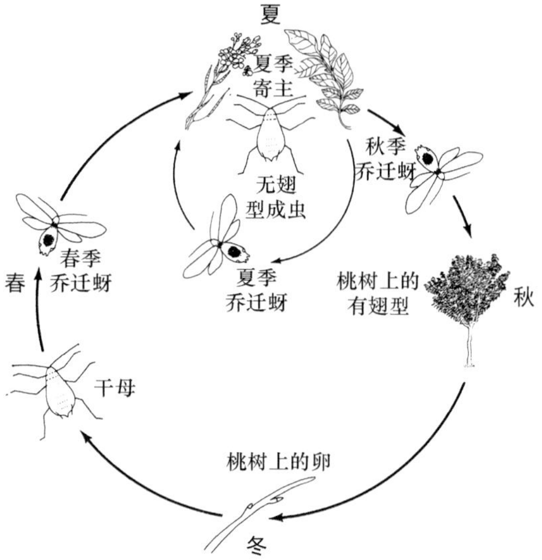

图16.4 桃蚜在冬季寒冷地区的生活史。（引自Western Regional IPM Project. 1986. Integrated Pest Management for Potatoes in the Western United States. Publ. 3316. University of California，Division of Agriculture and Natural Resources，Oakland）

一旦蚜虫发现合适的寄主，春季乔迁蚜就会在这一寄主上固定下来取食繁殖。有翅蚜的后代最初都是无翅型，但是连续繁殖几代后就会出现少部分有翅型。一些环境因子和寄主植物品质的变化等因素，都会引发蚜虫产生有翅型后代，这些蚜虫称作夏季乔迁蚜。夏季乔迁蚜离开这些寄主植物，开始寻找其他的第二寄主。随着季节的进展，白天逐渐缩短，日最低温度逐渐下降，蚜虫便开始进入有性生殖阶段，产生雌性和雄性的秋季乔迁蚜。秋季乔迁蚜寻找第一寄主（越冬寄主），并且在第一寄主上孤雌生殖产生无翅型雌虫。这些无翅型雌虫和有翅型雄虫交配，但是它们并不直接繁殖产生若虫，而是繁殖产生授精的越冬卵，越冬卵产在第一寄主植物芽苞的周围。

鼠李马铃薯蚜和**马铃薯长管蚜**，与大多数蚜虫一样，在第一寄主和第二寄主交替繁殖并在秋季产生有性蚜。这两种蚜虫的第一寄主分别为常见的药鼠李［common buckthorn（*Rhamnus cathartica*）］、野生或人工种植的玫瑰（*Rosa* spp.）。茄沟无网蚜和桃蚜也有多种生殖方式，这些生殖方式的变化高度依赖于天气状况和寄主植物的变化，它们都是温室内常见的害虫。这些蚜虫都有典型的第一寄主和第二寄主交替繁殖的生活史，或者这些蚜虫也能以无翅蚜的形式在温室内或其他带有第二寄主残枝落叶的庇护所内越冬。

桃蚜的生活史在马铃薯生长季内和生长季之间有所不同。在（美国）西部州内春季乔迁蚜主要是来自第一寄主桃树和杏树上的蚜虫，也包括其他李属植物上的蚜虫；从第二寄主上迁移来的乔迁蚜可以越冬。果园内的桃树和杂草是春季乔迁蚜（干母的第二代或第三代蚜虫）来源的主要场所。家里后院的一棵桃树上足可以产生对3000 亩马铃薯田造成重要经济损失的有翅型桃蚜。在气候温和的地区，如太平洋西北部地区，越冬代的成虫可以发育成有翅蚜，这些蚜虫可以在庇护所的植物上进行无性繁殖，如排水沟周围的杂草、冬天的大白菜或其他十字花科蔬菜上。

在冬季严寒地区，温室内种植的植物是春季桃蚜种群的重要来源。已知桃蚜在美国北方大平原地区不能越冬，且很少在加拿大新不伦瑞克地区越冬。在这些地区，春季乔迁蚜都是从很远的地方或者从温室培育的植物上迁移过来的。在缅因州的部分地区，桃蚜以卵的形式在加拿大梅［Cananda plum（*Prunus nigra*）］上越冬，但是春季桃蚜虫口数量的暴长主要是长距离迁移过来的蚜虫造成的。在华盛顿州雅基马山谷地区，在桃树上越冬的蚜虫很常见，蚜虫虫口数量多于在缅因州加拿大梅上的虫口数量。有翅型桃蚜的第二寄主植物可达1000种，包括马铃薯和其他作物及常见的一年生和多年生杂草。

马铃薯长管蚜在所有马铃薯种植区都是以卵的形式越冬，6月出现有翅蚜，开始为害马铃薯、番茄、酸浆（*Physalis* spp.）和毛龙葵（*Solanum sarrachoides*）。当大量马铃薯长管蚜取食为害马铃薯植株的上部时，可以导致一些品种出现上部卷曲的为害状。

在缅因州，**茄沟无网蚜**整年都在第一寄主上繁殖危害，第一寄主植物有山柳菊（*Hieracium* spp.）和毛地黄（*Digitalis purpurea*）。在夏季，少部分蚜虫转移到包括马铃薯在内的其他寄主植物上。在新不伦瑞克地区，该蚜虫在第一寄主和第二寄主上交替繁殖，冬季以雌虫在温室内繁殖无性蚜的形式越冬。在新泽西州，茄沟无网蚜整年都是以无性方式进行繁殖，在第一寄主和第二寄主上都能越冬。在所有地区，马铃薯都是第二寄主并且繁殖很少量的有翅型蚜虫。茄沟无网蚜主要在湿度特别大、潮湿避光的老叶片上发生危害，蚜虫在刺吸取食时注入毒素，少数茄沟无网蚜就会比其他蚜虫造成更严重的经济损失。

鼠李马铃薯蚜是在马铃薯作物上最早发生危害的蚜虫，春季乔迁蚜在6月就从鼠李科植物转移到马铃薯作物。在马尼托巴（Manitoba）地区，诱集带在整个作物种植季节都能诱集到夏季乔迁蚜。从8月开始，秋季乔迁蚜又开始迁移回鼠李科植物。虽然在马铃薯作物上鼠李马铃薯蚜的虫口数量一直较低，但是在马铃薯作物早期营养生长期，鼠李马铃薯蚜为害马铃薯会传播病毒，这一点需要特别注意。

有翅蚜的产生主要受天气因素影响。对桃蚜而言，繁殖产生有翅蚜的主要因素是虫口密度太大导致的拥挤，同时寄主植物营养物质的变化也很重要，如衰老的植物就会诱发繁殖有翅蚜，高温不利于繁殖有翅蚜，短日照是调控蚜虫性比和秋季迁移的主要因素。光照时间不影响夏季乔迁蚜的繁殖。

有翅蚜和无翅蚜发育所需要的时间有所不同，当然也受到温度和寄主植物质量的影响。蚜虫可被看作冷凉害虫，在较低温度下繁殖速度最快，通常低于21℃。据报道，桃蚜的最佳发育繁殖温度稍高，这也是为什么桃蚜在一定范围的环境条件下是重要害虫。在最佳温度下，从卵到第一代无翅蚜虫的时间短于一周，发育时间因不同种类而有所不同。所有蚜虫在发育为成虫前都需要蜕皮4次。平均每头无翅型雌虫一生可产生60～100个后代。蚜虫在相对低的温度时，繁殖力最强，这一特性有利于蚜虫的繁殖，因为捕食天敌和寄生天敌需要更高的温度来获得最佳的增长率。

在马铃薯作物上也会发现**其他种类的蚜虫**，包括豆卫矛蚜［black bean aphid（*Aphis fabae*）］、百合新瘤蚜［mottled arum aphid（*Aulacorthum circumflexum*）］、冬葱缢瘤蚜［shallot aphid（*Myzus ascalonicus*）］、马铃薯囊管蚜［bulb and potato aphid（*Rhopalosiphoninus latysiphon*）］、红腹缢管蚜［rice root aphid（*Rhopalosiphum rufiabdominalis*）］和菜豆根蚜（*Smynthurodes betae*），除了最后两种蚜虫外，所有蚜虫都能携带传播马铃薯病毒。

棉蚜对许多杀虫剂都已产生抗性，在美国东北部和加拿大沿海地区该虫曾经暴发成灾。对桃蚜和马铃薯长管蚜非常有效的杀虫剂，可能对棉蚜没有效果，所以必须小心仔细地识别马铃薯上的蚜虫种类。

蚜虫传播病毒

成功的马铃薯生产依赖于种植健康的种薯，获得病毒感染率低于可忍受水平的种薯是种子认证计划的主要目标之一（第6章）。

在北美地区，蚜虫可以传播6种常见的马铃薯病毒：马铃薯卷叶病毒（potato leafroll virus，PLRV）、马铃薯Y病毒（potato virus Y，PVY）的多个株系、马铃薯A病毒（potato virus A，PVA）、马铃薯S病毒（potato virus S，PVS）、马铃薯M病毒（potato virus M，PVM）和苜蓿花叶病毒（alfalfa mosaic virus，AMV）（第17章）。马铃薯卷叶病毒和马铃薯Y病毒是影响马铃薯产量和品质的重要病毒。

马铃薯卷叶病毒和马铃薯Y病毒都是由几种蚜虫传播的，但是在整个北美地区，桃蚜是主要携带和传播病毒的蚜虫种类。桃蚜也是危害马铃薯的蚜虫中最常见的种类，其有翅型和无翅型都能传播病毒。

马铃薯长管蚜也传播马铃薯卷叶病毒和马铃薯Y病毒，但是传播病毒能力低于桃蚜，实验室检测发现一些马铃薯长管蚜种群不能传播病毒。

鼠李马铃薯蚜很少传播马铃薯卷叶病毒（PLRV），但在马铃薯Y病毒、马铃薯A病毒和马铃薯S病毒的传播中起重要作用。

豌豆蚜［pea aphid（*Acyrthosiphon pisum*）］不危害马铃薯作物，但它是传播苜蓿花叶病毒的关键介体，在一些地区豌豆蚜也传播马铃薯Y病毒。

自从2000年在北美地区发现大豆蚜［soybean aphid（*Aphis glycines*）］以来，其已传播扩散到北美和加拿大主要的大豆种植区。大豆蚜可以携带马铃薯Y病毒并传播到马铃薯作物上。在东北部和中西部地区，大豆蚜种群可达到极高的密度，夏季乔迁蚜很常见。大豆蚜和马铃薯Y病毒流行之间的关系尚未明确。

茄沟无网蚜和棉蚜与马铃薯病毒病流行的关系还不清楚，这两种蚜虫零星暴发的特点使它们不太可能每年都起重要作用。但是，这两种蚜虫也是马铃薯Y病毒的传播介体，所以它们的作用也不能完全被忽视。

除了蚜虫种类之间传播病毒的效率差异不同外，蚜虫种内传播病毒的效率也有很大差异。蚜虫以两种基本方式传播病毒（表17.1）。在**非持久性传播**中，蚜虫获得病毒后保持传染性的时间很短，主要通过口针传播病毒，通过这种方式传播的病毒叫作“口针传病毒”（stylet-borne viruses）。在**持久性传播**中，这种病毒可以扩散到蚜虫的肠道，最终到达唾液腺，所以蚜虫在很多天内都可以通过唾液来传播病毒，通过这种方式传播的病毒叫作“循回型病毒”（circulative viruses）。马铃薯卷叶病毒是唯一一个蚜虫持久性传播的病毒，即循回型病毒；其他蚜虫传播的感染马铃薯作物的病毒，都是非持久性传播，即口针传病毒。

蚜虫只有取食已染病毒的植物的维管束（韧皮部）组织才能获得马铃薯卷叶病毒。蚜虫摄取被马铃薯卷叶病毒感染的植物的汁液后，病毒粒子通过蚜虫的肠道进入体腔。在体腔内，病毒粒子通过唾液腺膜运输。当蚜虫再取食时，病毒粒子就会通过蚜虫唾液注射到植物中。只有以马铃薯作物为寄主并刺吸植株维管束组织的蚜虫才能获得马铃薯卷叶病毒。一般而言，不携带病毒的蚜虫刺吸韧皮部只需要几分钟到几个小时就能获得病毒，蚜虫获得病毒后几小时或1～2 d后，就可以传播病毒。马铃薯卷叶病毒在蚜虫体内不复制，但是昆虫会终生携带病毒（这就是“持久”一词的由来）。不像其他马铃薯病毒，马铃薯卷叶病毒不能通过器械传播或植物到植物的机械传播，只能通过蚜虫从染病植物传播到健康植物上。

在**非持久性传播**中，病毒粒子主要集中在蚜虫的口器和消化道前部。蚜虫从携带非持久性病毒到失去传播病毒能力之前，只能够感染一个植株或者最多几个植株（因此称作“非持久性”）。不携带病毒的蚜虫取食染病植株，刺吸取食几秒钟后就可以从植物表皮组织获得病毒粒子。一旦获得病毒，蚜虫就会立刻传播病毒到其他植株上。

非持久性传播的口针传病毒有马铃薯Y病毒、马铃薯A病毒、马铃薯S病毒、马铃薯M病毒和苜蓿花叶病毒，这些病毒主要集中在植物的表皮组织。因为蚜虫通过试探性取食来寻找寄主植物，所以不管该蚜虫是否能在马铃薯上定居和繁殖，它都可以很容易地将这些非持久性病毒传播到马铃薯上。

种群数量监测和防治指标

在马铃薯生产中，经济阈值（economic thresholds）的概念并没有广泛应用于蚜虫的管理，因为蚜虫的种类与马铃薯病毒、马铃薯品种和作物胁迫之间的复杂关系难以量化。然而，在加工、鲜食和种薯生产中，都已经提出防治指标用于蚜虫管理。这些指标随地域和马铃薯的生产用途的不同而有所差异（表16.1）。

表16.1　美国不同种植区加工薯、鲜食薯和种薯作物上蚜虫的取样调查方法和防治指标

	取样方法	防治指标	参考文献[a]
加工薯和鲜食薯			
北部大平原	从作物的中下部调查叶片（每块地五点取样，每个点调查10个叶片，每块地共调查50个叶片）	生长季早期，每50个叶片上平均有15头无翅蚜 开花后，每50个叶片上平均有100头无翅蚜	Sexson et al., 2005

续表

	取样方法	防治指标	参考文献[a]
加利福尼亚州	马铃薯卷叶病毒（PLRV）症状学	5%叶片有马铃薯卷叶病毒症状	Bacon et al.，1976
爱达荷州	从作物的中下部调查叶片（每块地五点取样，每个点调查10个叶片，每块地共调查50个叶片）	在爱达荷中南部地区，连续两周每50个叶片上有10头无翅蚜 在爱达荷西南部地区，每50个叶片上有40头无翅蚜	Byrne and Bishop，1979
种薯			
北部大平原	从作物的中部向下部调查叶片（每块地中随机调查100个叶片）	马铃薯卷叶病毒敏感品种，每100个叶片上有3～10头无翅蚜 马铃薯卷叶病毒抗性品种，每100个叶片上有30～100头无翅蚜	Flanders et al.，1991 DiFonzo et al.，1995
爱达荷州	振落或叶片取样调查	第一次发现桃蚜	Mowry，2001

[a]所有参考文献见书后主要参考文献。

在种薯生产中，蚜虫防治指标的确定要比鲜食薯和加工薯更困难。欧洲种薯生产商长期以来，依靠不同的装置和方法监测蚜虫的迁飞确定杀虫剂的施用时间，或建议提前杀秧和收获。这种方法在北美也试用过，在新不伦瑞克地区，对种薯生产来说，任一个黄板上累计诱集到5头桃蚜，就确定为杀秧时间。然而，这一方法不切合实际，当黄板诱集到蚜虫数量指示需要杀秧时，种薯产量还未达到经济上可以接受的水平，这一现象在美国北部大平原地区和太平洋西北部地区经常出现。对于生长季早期的迁飞，使用杀虫剂是防治桃蚜的唯一方法。如果有翅蚜来自未感染病毒的植物，黄板诱集除了预测作物上有翅蚜虫口数量增长外，没有任何实际意义，因为虫口数量也可以很简单地通过抽样调查叶片上的蚜虫数量而获得。

对马铃薯Y病毒的侵染来源而言，种薯携带病毒要比杂草和附近植物带毒更为重要。很显然，如果种薯田感染了一定数量的该病毒，早期去除染病毒植株，并控制蚜虫种群数量的增长是非常关键的。

采用每100片叶片上有3～10头无翅蚜作为防治指标，就可以减少马铃薯卷叶病毒（PLRV）在田块内的传播。如果采用更低的防治指标，会导致过多杀虫剂的施用，蚜虫防治总体收益很小，但增加了昆虫对杀虫剂抗性的风险，且可杀死大量自然天敌。再有，上述指标的害虫密度对多数种植者而言，都可以进行调查。实际上，在马铃薯种薯田内第一次发现桃蚜时，田块内的虫口数量通常已经超过这个指标。在爱达荷州，这已经作为防控桃蚜的指标，通过这种方法防治蚜虫成功阻止了过多的块茎网状坏死发生。

叶片检查是调查无翅蚜数量最简单的方法，可为田块是否需要防治蚜虫或者评价防治措施是否成功提供依据。例如，对无翅型桃蚜，随机选取植物下部的叶片进行调查是很有效的方法。扫网调查并不是适合蚜虫的调查，因为扫网只能得到少量蚜虫，并且收集到的蚜虫可能会挤压而不能辨认种类。在太平洋西北部地区，振落法已被用于检测作物上出现夏季乔迁蚜（有翅型成虫）的数量。

叶　蝉

叶蝉是楔形的昆虫，头和胸部较宽，翅部呈锥形。叶蝉具有强飞行力，比蚜虫更易活动。与蚜虫不同，马铃薯作物上的主要叶蝉，即**马铃薯叶蝉**［potato leafhopper（*Empoasca* *fabae*)]（图16.5和图16.6）的直接取食造成危害更为重要。其他叶蝉直接取食危害较小，主要是作为植物病原物的介体被认为是害虫。在北美东部地区马铃薯叶蝉一直就被确定为主要害虫，其重要性完全被重视是与马铃薯田开始使用DDT和1605杀虫剂有关，这两种杀虫剂是马铃薯田最先使用的真正有效的杀虫剂。1946～1950年，美国马铃薯平均产量增加超过60%，主要是防治马铃薯叶蝉直接带来的效果。

图16.5　马铃薯叶蝉成虫（*Empoasca fabae*）。（D. N. Ferro友情提供）

图16.6　马铃薯叶蝉成虫（左）和若虫（右）。（A. Al-Dawood友情提供）

马铃薯叶蝉长时间取食可造成所谓的“叶烧”症状，叶蝉取食最初造成的明显症状是被害小叶的尖端出现褐色三角形的坏死，随着为害状的发展，坏死从叶尖向叶内部扩展，最终整个叶片死亡。叶蝉危害马铃薯作物时，在最初症状清晰可见之前，就已经对植株造成伤害。叶片细微卷曲和叶脉变白是为害初期的标志，但是这些症状很容易被忽略。有许多品种，如‘Russet Burbank’（‘布尔班克’），虽然在田间发现很少叶蝉，但是产量损失和其他已经出现为明显为害状的田块一样。目前商品化的马铃薯品种，在承受马铃薯叶蝉的危害方面，还没有很大的区别。成虫和若虫都是危害虫态，但是末龄期若虫造成的产量损失，比同等数量的成虫的危害还要严重。

马铃薯叶蝉必须取食植物的韧皮部，直接破坏植物的韧皮部组织。韧皮部组织是植物光合作用合成的营养物质的运输通道，马铃薯叶蝉取食后，其唾液中留下一种化学物质，导致一些韧皮部细胞肿大和增生，最终导致韧皮部组织破裂。马铃薯叶蝉造成不可逆转的危害，鉴于此原因，马铃薯叶蝉的防治指标较低，为每10片叶上有1头若虫。

马铃薯植株在各生育时期均易受马铃薯叶蝉危害，特别是在薯块膨大早期，危害最为严重。马铃薯产量和马铃薯叶蝉虫口数量成反比，并呈线性关系，因为很少量叶蝉就会造成经济损失。

叶蝉种类和生物学特性

为害马铃薯作物的常见叶蝉种类，在不同种植地区间存在差异。**马铃薯叶蝉**只在落基山脉东部地区发生危害，此害虫虽然也在美国西部大部分地区普遍发生，但不是主要害虫。在加拿大安大略省东部地区，马铃薯叶蝉是马铃薯作物上的重要害虫，但是在沿海地区和马尼托巴西部地区，叶蝉却很少发生。在美国南部地区，**茄叶蝉**[southern garden leafhopper（*Empoasca solana*）]是马铃薯作物的次要害虫。

在美国西部地区，其他小绿叶蝉（*Empoasca* spp.）也偶尔会影响马铃薯的产量，但是防治其他害虫时，使用的杀虫剂也会将叶蝉的虫口数量压低。这些叶蝉只刺吸取食叶片组织，

图16.7 “绿化病原物”（virescence agent）植原体的传播介体——甜菜叶蝉（*Circulifer tenellus*）。（A. Jensen友情提供）

造成叶片上典型的小白点。与马铃薯叶蝉（potato leafhopper）相比，其他小绿叶蝉造成的产量损失要低，这是由这些叶蝉取食方式不同造成的。在落基山脉和内华达山脉之间的高海拔干旱地区，**山间叶蝉**［intermountain leafhopper（*Empoasca filamenta*）］是马铃薯作物的主要害虫。在太平洋沿岸地区，**西部马铃薯叶蝉**［western potato leafhopper（*Empoasca abrupta*）］和**旱地马铃薯叶蝉**［arid potato leafhopper（*Empoasca arida*）］是马铃薯作物的主要害虫。

三种其他叶蝉——**翠菊叶蝉**［aster leafhopper（*Macrosteles quadrilineatus*）］、**甜菜叶蝉**［**beet leafhopper**（*Circulifer tenellus*）］（图16.7）和**苜蓿叶蝉**［clover leafhopper（*Aceratagallia sanguinolenta*）］也是植物病原体的传播媒介，所以也是重要害虫。这三种叶蝉不直接影响植物，而是间接影响植物生长。在美国北部地区主要发生翠菊叶蝉和苜蓿叶蝉；甜菜叶蝉是主要在沙漠地区发生危害的种类。甜菜叶蝉在美国西部地区发生数量大，尽管在南达科他州东部到佛罗里达地区发现此害虫，但是在落基山脉东部地区是次要害虫。近年来甜菜叶蝉主要和植原体（phytoplasma）的传播有关，已证实在太平洋西北部地区甜菜叶蝉传播的“绿化病原物”（virescence agent）会导致薯块品质下降。此类害虫的管理方案还未完全建立，但可采用设置低虫口密度的防治指标，在早期需要多次施用叶面杀虫剂降低虫口数量，以防止薯块品质下降。如果叶蝉作为例行叶面喷施杀虫剂的主要防控对象，就需要注意，因为在北美东部和中西部马铃薯种植区的经验发现，多次施用杀虫剂防治叶蝉后会导致桃蚜的大暴发。

所有叶蝉种类都有非常广的寄主范围，**马铃薯叶蝉**、**翠菊叶蝉**和**甜菜叶蝉**都可以取食为害100多种植物，**苜蓿叶蝉**至少为害38种植物。**马铃薯叶蝉**和**苜蓿叶蝉**是豆科作物上常见害虫；**甜菜叶蝉**主要在十字花科植物（芥属）和藜科（藜属）植物上造成危害；**翠菊叶蝉**主要在小粒谷类作物上造成危害。所有这些叶蝉都可在多种杂草上保持种群，其中一些杂草是马铃薯病原体的替代寄主。**山间叶蝉**主要为害马铃薯、豆类和甜菜。**西部马铃薯叶蝉**和**旱地马铃薯叶蝉**在加利福尼亚地区主要为害蔬菜作物，**西部马铃薯叶蝉**更喜欢为害葫芦科作物（葫芦属的作物，包括甜瓜、黄瓜和南瓜），而**旱地马铃薯叶蝉**更喜欢为害马铃薯和甜菜。

在马铃薯作物上常见的4种叶蝉成虫可以通过仔细观察进行区分：马铃薯叶蝉主要通过它的颜色（很明显的柠檬绿色）和大小（3 mm左右）来识别；苜蓿叶蝉身体坚固强壮；翠菊叶蝉和甜菜叶蝉之间的区别在于，翠菊叶蝉在头部背面有6个斑点作为很明显的识别标志，而甜菜夜蝉在头部没有识别标志，而且体色高度多样化。

叶蝉一生经过三个发育阶段：卵、若虫（5个龄期）和成虫。在马铃薯作物上，它们通常一年发生多代，其虫口密度取决于温度和它迁移到该作物上的时间。在北部地区，马铃薯叶蝉在马铃薯作物上每年发育2～4代；在所有寄主植物上，甜菜叶蝉一年发育3～5代，苜蓿叶蝉2～3代，翠菊叶蝉一年可能会发生5代，但与其他危害马铃薯的叶蝉不同，该叶蝉不能在马铃薯作物上繁殖。

所有危害马铃薯的叶蝉都是成虫，通常在距离马铃薯生产区很远的地方越冬。翠菊叶蝉还可以卵在本地越冬，尽管其对中北部州的叶蝉总体虫口数量贡献很小，但在东北部地区是该叶蝉的主要来源。

马铃薯叶蝉的成虫在从路易斯安那州南部到佛罗里达州北部的沿海地区，特别是密西西比河三角洲地区的永久繁殖区越冬。在春季，马铃薯叶蝉虫口数量增长，可以在上升气流中看到飞行的成虫，高空气流可携带成虫飞行到更远的距离，使之遍及美国东部2/3地区及加拿大南部地区（图16.8）。威斯康星州经常被这种长距离飞行迁入的叶蝉成虫入侵。能使叶蝉飞行到美国中西部地区的天气条件包括：东海岸的高气压、大平原上的低气压、南北向锋面向东移动、中西部地区上空东西向锋面静止及降落区内出现降水。已有观测表明，在持续36 h以上的南风和伴随降水的天气条件下，迁飞的马铃薯叶蝉进入了伊利诺伊州。当天气情况导致高空气流从墨西哥湾沿岸向东移动时，马铃薯叶蝉就会被携带到美国东部地区。在马铃薯出苗前，通常马铃薯叶蝉就已经到达北部地区，繁殖后的第一代就开始为害马铃薯作物。一般认为在苜蓿收割后，马铃薯叶蝉即转移到马铃薯作物上，但在明尼苏达州，马铃薯作物上叶蝉虫口数量的增长与叶蝉在不受危害的寄主上生长发育成熟有关。在夏季，叶蝉成虫一般存活30～40 d，也有的能存活超过90 d，所以会出现世代重叠现象。雌成虫平均每天产卵2～3粒，雌成虫一生共产卵200多粒。叶蝉产卵时把卵插入叶脉中，这样卵就可以避免接触杀虫剂。在夏季的温度条件下，卵大约10 d就能孵化，初孵若虫浅白色，再变为淡黄绿色，但是末龄若虫体色和成虫体色相似，若虫经过12 d便可发育为成虫，成虫到6日龄时便开始产卵。

翠菊叶蝉最喜欢的寄主植物是禾本科植物，它可在小粒谷类作物特别是燕麦和小麦上繁殖大量种群。当天气状况适合远距离迁飞时，大量的翠菊叶蝉就能从美国中南部成熟期的谷类作物上通过高空气流迁飞到中西部的最北部地区（图16.8）。在北部的中部各州，迁移过来的翠菊叶蝉主要为害燕麦等小粒谷物并繁殖种群。当谷类作物成熟后，翠菊叶蝉就转移到包括马铃薯在内的其他寄主上取食。翠菊叶蝉可在马铃薯作物上取食并产卵，但这些卵不能孵化。在美国西部地区，翠菊叶蝉主要在沙漠中的俄罗斯蓟［Russian thistle（*Salsola* spp.）］上越冬。在加利福尼亚地区，此叶蝉以成虫在多种沙漠植物上越冬。

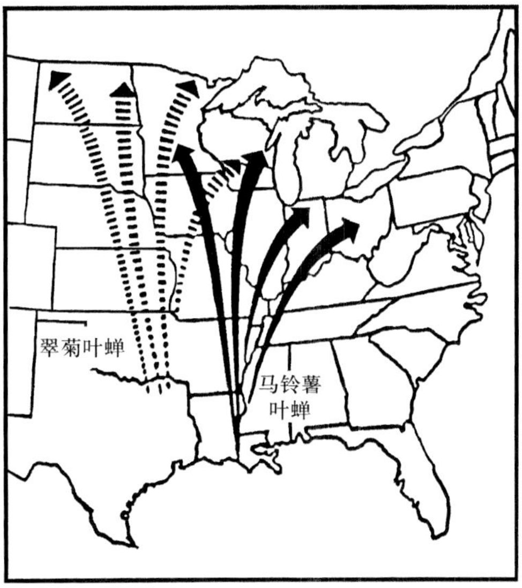

图16.8 翠菊叶蝉和马铃薯叶蝉长距离迁飞路线。（引自Medler, J. T. 1962. Long-range displacement of Homoptera in the central United States. Pages 30–35 in: Proceedings of the 11th International Congress of Entomology）

在北部地区，**苜蓿叶蝉**以成虫在寄主植物如苜蓿等的残枝落叶内部或下面越冬。在中部和南部地区，任何温暖的天气都会出现越冬成虫，在纽约州南部地区，一年中的任何月份都会有叶蝉发生危害。苜蓿作为主要的饲料作物，是苜蓿叶蝉繁殖的主要寄主，红色三叶草［red clover（*Trifoloum pratense*）］和深红三叶草［crimson clover（*Trifoloum incarnatum*）］也是主要寄主。在三叶草上，苜蓿叶蝉的卵5～12 d就能孵化，若虫需要25～30 d完成发育，若虫是奶油白色，有黑色的斑点和条纹。

在西部各州，**甜菜叶蝉**能直接在本区域内的夏季寄主植物上越冬，也能季节性迁移。在具有远距离迁移特性的地方，甜菜叶蝉能发育成熟并在每年秋季离开其夏季寄主植物，转移到永久性繁殖地点，在西部沙漠地区已经发现7个这样的永久性繁殖地点。甜菜叶蝉繁殖用的野生寄主植物会随着季节、地点和降雨量的变化而变化，一般的野生寄主植物有冬季的俄罗斯蓟、春季和秋季的野生芥类植物。在一株合适的寄主植物上，甜菜叶蝉主要在叶脉上产卵2～5排，每头雌虫能产300～400粒卵，当平均温度为38℃时，大约5 d卵就能孵化，但平均温度为16℃时则需要40 d才能孵化。低龄若虫呈白色，若虫发育成熟时有红褐色斑点。当温度为35℃时，若虫需要13 d发育为成虫；当温度为18℃时，若虫需要75 d发育为成虫。成虫产卵时间也会随着温度的变化而变化，温度为32℃时产卵期为5 d，温度为20℃时产卵期为13 d。

叶蝉传播病毒和植原体

一些叶蝉种类对于马铃薯健康很重要不是因为它们取食，而是因为它们传播植物病原体。在历史上，**翠菊叶蝉**被认为是最主要的介体，因为其能传播**翠菊黄化病**（aster yellows，AY）植原体；在太平洋西北部地区，甜菜叶蝉传播的“绿化病原物”已经出现并逐渐加重。这两种病原体都可导致**马铃薯紫顶萎蔫病**（potato purple top），该病害会影响植株所结薯块的加工品质，被感染的薯块内还原糖积累，导致薯片和炸薯条的颜色异常。

翠菊叶蝉在从小粒谷类作物迁移到马铃薯作物的过程中，取食带菌的寄主植物便可获得AY植原体。翠菊叶蝉刺吸已感染的马铃薯作物并不能获得该植原体，因此去除AY感染的马铃薯植株，对于防控该病没有任何意义。已有超过350种植物被证明是AY植原体的寄主。当叶蝉获得植原体后，植原体必须在叶蝉体内繁殖扩增一段时间才能传给另一个健康的植株；带菌（具有传染性）的叶蝉需要在感染植物上刺吸取食数小时才能成功传播植原体。较长的巡回期和较长的传病取食期使叶蝉防治成为马铃薯紫顶萎蔫病的重要防控措施。甜菜叶蝉传播“绿化病原物”的传播周期还不清楚，但是可能与翠菊叶蝉传播AY植原体的传播周期相似。

苜蓿叶蝉是马铃薯黄矮病毒（potato yellow dwarf virus，PYDV）的传播媒介。PYDV曾经是马铃薯作物上非常流行的病毒，但是现在处于次要地位。红色三叶草和深红三叶草是PYDV的寄主，也是苜蓿叶蝉最喜欢的寄主。现在比三叶草种植面积更大的苜蓿，是苜蓿叶蝉不太喜欢的寄主植物而且对PYDV免疫。目前各地的苜蓿叶蝉都携带该病毒，但历史上马铃薯黄矮病主要在美国东北部和加拿大阿尔伯塔地区发生。环境因素分析表明PYDV的传播主要和干旱有关，因为干旱环境会迫使叶蝉从三叶草转移到马铃薯作物上。

种群监测和防治指标

马铃薯叶蝉的虫口数量相对比较容易监测，成虫可以通过扫网调查，若虫主要通过从植物中部随机选取叶片进行调查。为了取得满意的调查结果，田间调查取样的样本数取决于虫口密度和取样精度的要求程度。在明尼苏达和威斯康星地区，用网口直径38 cm的捕虫网在两行作物中扫网25次，或者每块地在作物中部随机取35片叶进行调查，可估计叶蝉的虫口数量，能为管理决策提供足够准确的依据。在明尼苏达州，当虫口密度超过每叶片10头若虫时，建议采取防治措施。因为在威斯康星州，马铃薯叶蝉发生量更多，叶蝉成虫会快速转移到作物上造成危害，所以扫网调查叶蝉成虫是关键技术。实际上在威斯康星州，如果农场主观察到大量突然迁飞的叶蝉成虫，则在第一代若虫刚发生时就推荐喷施杀虫剂。如果每次扫网中捕捉到的成虫数量低于1头，延迟使用杀虫剂直到每25片叶片上有10头若虫时。对特定马铃薯生产区，在采取防治措施之前，可以咨询当地植保顾问获得准确恰当的防治指标。

管 理 措 施

有三个关键因素对于专门管理马铃薯上的**蚜虫**非常重要：①在种薯生产过程中，消灭传毒介体；②在生产对块茎网状坏死敏感的品种如‘Russet Burbank’（‘布尔班克’）时，在田块内防止马铃薯卷叶病毒（PLRV）的传播；③防止前期使用的杀虫剂导致蚜虫数量暴发。蚜虫和蚜传病毒不同防控措施的恰当与否会随生产目的、品种、蚜虫种类和必须防控的病毒种类的不同而不同。例如，在鲜食薯生产过程中没必要专门防治蚜虫，至少对薯块品质不受当季PLRV感染影响的品种是这样的。相反，对种薯生产而言，蚜虫的防治是非常重要的。

即使病毒传播是主要的考虑对象，防治方法也必须针对具体情况具体分析，因为每个病毒与介体的关系都有所不同。例如，杀虫剂可更有效地阻止PLRV的传播，而对于非持久性病毒的传播则基本无效，叶片上杀虫剂的残毒可以杀死蚜虫，但并不会避免非持久性病毒的传播。一般来说，对控制非持久性病毒而言，杀虫剂起到很小的作用或者不起作用。一个复杂的因素是PVY（马铃薯Y病毒）的新株系，特别是导致薯块坏死的PVY^{NTN}（与PLRV引起的块茎网状坏死不同）越来越普遍。防控非持久性病毒的第一道防线是种薯认证计划，其可降低种薯的带毒率（专栏16.2）。生长季的管理重点是防治介体昆虫，而对于其传播病毒的防控还远未达到有效可言。如果种薯的带毒率超过了种薯认证机构规定的允许限，上述管理措施就很难奏效。

专栏16.2

对蚜虫和叶蝉的关键防控措施

蚜虫和蚜传病毒

施用杀虫剂前需要正确识别蚜虫种类。

桃蚜、马铃薯长管蚜和棉蚜可能高抗大多数杀虫剂，使用恰当的杀虫剂以获得有效防控。

防控其他害虫（马铃薯甲虫和叶蝉）的杀虫剂与频繁的杀菌剂施用相结合可导致桃蚜种群的快速上升。

对于马铃薯病毒的防控，如果可能就要总是使用不带病毒的种薯。

马铃薯卷叶病毒防控

对于种薯和对网状坏死敏感的品种，将蚜虫的数量控制在每百叶3～10头无翅蚜的防治指标以下。

杀虫剂可以防治介体，因此可以阻止病毒的传播。

马铃薯Y病毒防控

杀虫剂并不能阻止病毒的传播。

每周定期喷施矿物油可有效阻止病毒传播。

田块边缘的隔离带能够阻止蚜虫，因此减少病毒传入马铃薯田。

叶蝉和叶蝉传病原体

施用杀虫剂前需要正确识别叶蝉种类。

叶蝉的防治指标为每10片叶1头若虫。

用扫网法监测或注意马铃薯叶蝉成虫的突然增多。

在叶蝉的种群密度超过每网平均1头成虫且已出现若虫时喷施杀虫剂。

对于病原物传播风险的确定需要正确识别。

甜菜叶蝉和苜蓿叶蝉是最重要的传病介体。

对于只防控叶蝉来说，施用杀虫剂时降低剂量，以避免桃蚜种群快速上升。

农业防治

在太平洋西北部地区，调查桃蚜生活史发现，蚜虫在第一寄主植物上的虫态是整个生活史中最敏感的阶段，所以桃蚜的防治采取了多种农业防治措施。防治策略包括：秋季在桃树叶片上喷施化学杀虫剂来杀灭秋季乔迁蚜，在树上绑诱集带为天敌提供庇护所，剪枝去除大多数越冬卵。并且剪掉的嫩枝必须处理掉，否则越冬卵还会孵化，果园的杂草为蚜虫提供了春季寄主，蚜虫就会继续繁殖。在没有地面覆盖物的果园，杂草是春季蚜虫种群的重要来源。在华盛顿州雅基马谷地区，有翅蚜可以在沟渠周围和温暖的泉水周围的杂草上越冬。

寄主植物抗性

寄主植物抗性目前并不是一项有效的防控措施。目前可用的马铃薯栽培品种对蚜虫的敏感性没有差异。即使培育出对蚜虫有抗性的马铃薯品种，但是该品种对病毒没有抗性，只是减缓PLRV的传播，对非持久性病毒则没有影响。人们正在尝试把野生马铃薯作物上对蚜虫和蚜虫传播病毒的高抗基因转移到马铃薯上，构建转基因马铃薯，这种对蚜虫和病毒都高抗的转基因马铃薯，在农艺学上是可以接受的栽培品种，但是目前还没有进行商品化供应。在一些马铃薯种类中，对昆虫的抗性都与其茎干、叶片上的腺体、黏性绒毛等有关，这些黏性绒毛对很多种害虫都能起到有效的屏障作用，如蚜虫、叶蝉、其他小昆虫及马铃薯甲虫低龄幼虫。已经构建获得具有抑制病毒复制功能的转基因植株，但是目前在市场上还不被接受。

杀虫剂

许多登记在马铃薯作物上的杀虫剂对蚜虫都没有很好的防效。杀虫剂导致的桃蚜暴发经常发生，主要原因是该蚜虫早就对使用的杀虫剂产生了抗性。根据经验，桃蚜对大多数有机磷类、氨基甲酸酯类和拟除虫菊酯类杀虫剂都已产生抗性（第14章）。尽管世界上很少有关于马铃薯长管蚜抗性问题的报道，实际上马铃薯长管蚜和桃蚜一样，对这些杀虫剂也都产生了抗性，报道较少是因为马铃薯长管蚜只能危害很少几种作物。棉蚜也对许多杀虫剂产生了抗性。所以，正确识别危害马铃薯作物的蚜虫种类非常重要，在正确识别的基础上，再选择合适的杀虫剂进行使用。

一类新型杀虫剂——新烟碱类杀虫剂，自1995年起开始在美国上市。一般来说，新烟碱类杀虫剂具有低剂量高活性（每亩用量百克以下）、土壤处理或种薯处理持效期很长（持效期超过70 d）等优点，与叶面喷施杀虫剂相比，土壤或种薯处理对蚜虫防效高且对自然天敌的伤害更小。登记注册使用的第一个新烟碱类杀虫剂是吡虫啉，第二个是噻虫嗪。这些活性成分可被加工成内吸拌种剂、土壤处理剂或叶面保护性杀虫剂。新烟碱类杀虫剂在紫外线照射下可以快速分解，因此与土壤或种薯处理相比，叶面喷施使用新烟碱类杀虫剂的半衰期非常短。

另一类可有效防治桃蚜的新型杀虫剂是吡蚜酮（吡啶甲亚胺类），它可以非常容易地杀死对杀虫剂有抗性的桃蚜。蚜虫一旦接触吡蚜酮类杀虫剂，就立即停止取食，并且不会再取食，但是要在喷施药剂多天后，蚜虫虫口数量才会出现降低。目前为止，马铃薯作物上的蚜虫还没有对新烟碱类杀虫剂和吡蚜酮杀虫剂产生抗性问题的报道。常见的杀虫剂种类见表14.4。

即使杀虫剂可以控制田块内蚜虫的虫口数量，但其在防止马铃薯病毒传播方面的作用不能一概而论。土壤施用的系统性杀虫剂能在生长季早期到中期对蚜虫起到很好的防治效果，也能控制马铃薯卷叶病毒（PLRV）在田块内的传播，但是对非持久性病毒（如PVY）的传播则没有任何控制作用。

喷施矿物油可有效降低非持久性病毒的传播。在蚜虫试探性取食时，矿物油可明显地干扰病毒的传播。然而，这一技术也并不是完全有效的，因为许多病毒的传播介体，如蚜虫，都喜欢取食新展开的嫩叶，这些新叶上没有矿物油的保护。与空白对照区相比，矿物油控制马铃薯Y病毒传播的防效很少超过60%。矿物油和其他防控马铃薯Y病毒的药剂一样，永远也不会像通过种子认证计划消除带毒的种薯那样有效，它们更应该被看作一种补充效果。在使用矿物油时，覆盖度是非常关键的，在马铃薯植株快速生长时，需要每周喷施矿物油，以保证新长出来的嫩叶上也有矿物油的保护。对马铃薯作物而言，每亩地喷施60～80 L 1%～2%矿物油溶液一般是安全的，但是如果矿物油与含有铜离子或锌离子的杀菌剂混合使用，或者在高温下（高于32℃）使用，对马铃薯产生药害的风险就会增加。最近在北达科他州和明尼苏达州的使用效果表明，矿物油可以和杀菌剂桶混使用，不会影响杀菌剂对早疫病和晚疫病的防控效果。

矿物油和其他防控马铃薯Y病毒的药剂一样，永远也不会像通过种子认证计划消除带毒种薯那样有效，它们更应该被看作一种补充效果。

最常用的防治马铃薯上叶蝉的杀虫剂是拟除虫菊酯，实际上有机磷类杀虫剂或氨基甲酸酯类杀虫剂也有一定的防效。在播种时土壤施用新烟碱类杀虫剂，可以在一定程度上防治马铃薯叶蝉，但是该药效不能持续很长时间，一般在作物出苗4～6周后就没效了。土壤施用的新烟碱类化合物是否能减少病毒病的发生尚不清楚，但已有研究表明，播种时施用甲拌磷能减少翠菊叶蝉传播的马铃薯紫顶病的发生。在鲜食薯生产过程中，通用的叶蝉防控措施是叶面喷施杀虫剂，但是这也增加了其他害虫，如桃蚜和马铃薯甲虫，对杀虫剂产生抗性的选择压力。

杀虫剂抗性和叶蝉防治

由于马铃薯叶蝉是一种迁飞性昆虫，并具有很广的寄主范围，但是在其越冬区域并不造成重要的经济损失，所以越冬期间基本没有杀虫剂抗性选择压力。在防治马铃薯叶蝉的过程中，真正的担心是桃蚜种群的暴发。在中北部地区提倡使用低于标签推荐剂量的杀虫剂来防治叶蝉，虽然通常不应使用低于标签推荐剂量，但对于叶蝉独特的生物学特性这种降低用量的效果还是值得肯定的。即使叶蝉在本季马铃薯作物上可能会产生抗药性，但该抗性不会持续到下一季。在马铃薯作物上喷施低于标签推荐剂量杀虫剂的优点是，既避免了桃蚜虫口数量的暴长，又避免了将马铃薯叶蝉暴露在亚致死剂量杀虫剂下所带来的风险。使用那些可有效防控蚜虫和马铃薯甲虫的新烟碱类杀虫剂或其他杀虫剂防控叶蝉时，则不能采用低于标签推荐的剂量，因为那样可以导致那些非靶标昆虫抗性的发展。

天敌

很少使用杀虫剂的马铃薯作物上蚜虫通常是低密度害虫，因为天敌可以有效地控制蚜虫的虫口密度。在缅因州，蚜虫捕食者比寄生者对控制蚜虫虫口密度更有效。瓢虫、草蛉、小花蝽、食蚜蝇、姬蝽和长蝽都是重要的捕食性昆虫。许多寄生蜂都能寄生马铃薯长管蚜，并且在北部大平原地区寄生蜂在控制桃蚜虫口密度中发挥了重要作用。几种昆虫病原真菌，包括新蚜虫疠霉（*Pandora neoaphidis*）、普朗肯虫霉（*Entomophthora planchoniana*）、根虫瘟霉（*Zoophthora radicans*）和暗孢耳霉（*Conidiobolus obscurus*），都能侵染马铃薯上的蚜虫。在马铃薯作物上常用的杀菌剂对这些昆虫病原真菌非常不利，然而，商品化的马铃薯种植很少不用例行的广谱性杀菌剂。在杀菌剂和广谱性杀虫剂混合进行多次叶面喷施的情况下，桃蚜虫口数量经常“死灰复燃”。

自然界存在的生防因子可以有效地控制蚜虫的种群密度。当叶片喷施杀虫剂防治蚜虫时，只选择那些对蚜虫有效且多次使用才会导致抗性的药剂是非常重要的，以避免蚜虫种群“死灰复燃”。

对大多数种类的叶蝉来说，能对其有效控制的天敌很少。根虫瘟霉（*Erynia radicans*，*Zoophthora radicans*）在威斯康星和明尼苏达地区通常侵染马铃薯叶蝉，但是在伊利诺伊州则很少，这可能是因为那里的温度，因为该真菌的孢子在高于30℃时不能萌发。甜菜叶蝉对该昆虫病原真菌同样敏感，但翠菊叶蝉则不敏感。根虫瘟霉（*Erynia radicans*）具有多样性，可能包含了好几种，它似乎是一个很有价值的生防因子。昆虫病原真菌受许多因素影响：有的有严格的温度要求，有的萌发和侵染只能在高湿度下才能完成，有的只能在寄主虫口密度足够大时才能传播，有的对常用的广谱性杀菌剂比较敏感。目前，生物防治并不是叶蝉防控中一个可行的选择。

小　结

最恰当的蚜虫管理方法的选择取决于种植地点、栽培品种和作物的预期用途，仔细分析对蚜虫防治的需求和不同防治方法的局限性至关重要。咨询当地的农业顾问将有助于制定有效的防治方法，以应对地理区域间差异对蚜虫防治的影响，并能有效解决防治措施的局限性。

第 17 章

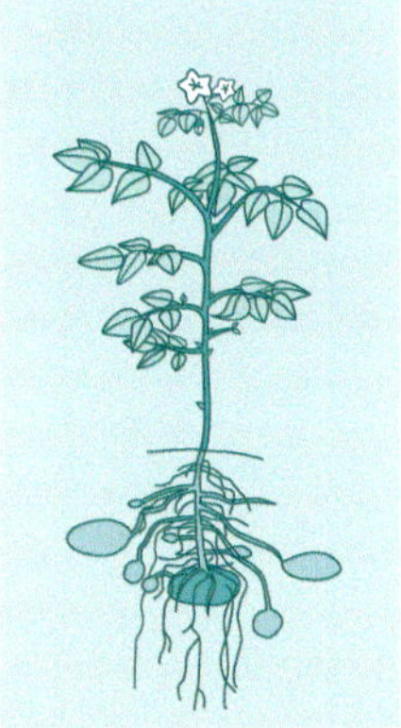

James M. Crosslin 美国农业部农业研究局，华盛顿普罗瑟

Phillip B. Hamm 俄勒冈州立大学植物学与植物病理学系，赫米斯顿

Keith S. Pike 华盛顿州立大学昆虫学系，华盛顿普罗瑟

Thomas M. Mowry 爱达荷大学帕尔马研究与推广中心，帕尔马

Phillip Nolte 爱达荷大学爱达荷瀑布研究与推广中心，爱达荷福尔斯

Hassan Mojtahedi 美国农业部农业研究局，华盛顿普罗瑟

病毒、类病毒和植原体病害的防控

病毒为超微、非细胞生物，只能在活的寄主细胞中繁殖复制，结构简单，植物病原病毒包含一个或多个由一个或多个片段组成的基因片段，是DNA或者RNA，外围包被着蛋白质外壳。类病毒是小的RNA片段，与病毒相似，但缺乏蛋白质外壳。植原体是与细菌有关的单细胞生物，但是与细菌不同的是它们缺乏细胞壁。由病毒、类病毒和植原体引起的马铃薯病害造成了严重的减产和薯块质量的下降，但这些损害经常被种植者忽视。

病毒的主要传播方式是种薯和介体，如蚜虫和线虫。病毒侵染种薯经常导致植株感染最终导致新生薯块的感染。很多马铃薯病毒是由蚜虫传播的，蚜虫能够使病毒快速从侵染点传播到其他植株和其他地块。两个重要的蚜传病毒是马铃薯Y病毒（potato virus Y，PVY）和马铃薯卷叶病毒（potato leafroll virus，PLRV），马铃薯X病毒（potato virus X，PVX）也能够通过种薯传到子代植株，它能够通过机械摩擦在植株间传播，没有昆虫介体，马铃薯A病毒（potato virus A，PVA）、马铃薯M病毒（potato virus M，PVM）和马铃薯S病毒（potato virus S，PVS）及苜蓿花叶病毒（alfalfa mosaic virus，AMV）也是通过块茎传播和蚜虫传播的，但是在马铃薯种植区这些病毒要比PVY和PLRV的传播概率小。马铃薯T病毒（potato virus T，PVT）是通过马铃薯的实生种子从一代传到下一代的。番茄斑萎病毒（tomato spotted wilt virus，TSWV）是由蓟马传播的，能够降低薯块的质量。烟草脆裂病毒（tobacco rattle virus，TRV）由土壤中的线虫传播，严重影响薯块的质量。马铃薯帚顶病毒（potato mop-top virus，PMTV）是由土传粉痂病菌（*Spongospora subterranea* f. sp. *suberranea*）传播的。

唯一一种在马铃薯上危害严重的类病毒为马铃薯纺锤块茎类病毒（potato spindle tuber viroid，PSTVd），这种病原可以通过机械摩擦传播，也能通过马铃薯的实生种子传播。

多数侵染马铃薯的植原体是通过叶蝉传播的。

马铃薯病毒、类病毒和植原体的传播介体、传播方式和诊断方法见表17.1。

表 17.1 马铃薯病毒、类病毒和植原体的传播介体、传播方式和诊断方法

病原物	传播介体	传播方式	摩擦接种诊断	是否可用ELISA[a]	分子诊断方法[b]
马铃薯卷叶病毒（PLRV）	蚜虫	持久性	否	是	RT-PCR
马铃薯Y病毒（PVY）	蚜虫	非持久性	是	是	RT-PCR
烟草脆裂病毒（TRV）	短粗根线虫	持久性[c]	是	是	RT-PCR
马铃薯X病毒（PVX）	无	…	是	是	RT-PCR
马铃薯帚顶病毒（PMTV）	粉痂病菌	被侵染的游动孢子	是	是	RT-PCR
马铃薯A病毒（PVA）、马铃薯S病毒（PVS）、马铃薯M病毒（PVM）、苜蓿花叶病毒（AMV）	蚜虫	非持久性	是	是	RT-PCR
马铃薯纺锤块茎类病毒（PSTVd）	无[d]	…	是	否	HA，RT-PCR
植原体	叶蝉	持久性	否	否	HA，RT-PCR

[a] 酶联免疫吸附测定。
[b] HA为杂交检测；PCR为聚合酶链反应；RT-PCR为反转录PCR。
[c] 线虫蜕皮即失去病毒，线虫成虫可长时间保持传毒能力。
[d] 当与PLRV复合侵染的情况时，蚜虫可以传播PSTVd。
…表示不适用。

病毒和类病毒引起的病害

马铃薯卷叶病毒（PLRV）对马铃薯造成了严重的威胁，正如其名，该病毒主要引起马铃薯叶片明显卷曲（图17.1），还伴随叶片的黄化、黄紫色变色，节间缩短、直向生长和梦生薯的产生。病毒在田间最初的来源是感染的种薯和自生薯。病毒也能够通过外来的带毒迁移有翅蚜引入。当初侵染植株出现并生长后，无翅蚜虫，特别是绿桃蚜（*Myzus persicae*）能够获得病毒并且传播到其他植株，其他蚜虫种类，包括马铃薯蚜虫也能传播PLRV，但是绿桃蚜是主要的有效介体（第16章）。PLRV为蚜虫持久性传播，一旦蚜虫获得了病毒，它们能长期传播病毒，通常是终生传毒。从生长期的中后期，有翅蚜在马铃薯地块生长繁衍，能够快速传播PLRV，如不及时控制，将危害更大区域。

图17.1 马铃薯卷叶病毒引起的小叶褪绿纵卷。（D. A. Johnson友情提供）

除了造成严重的减产，当季侵染敏感品种，如‘Russet Burbank’（‘布尔班克’）和‘Shepody’（‘夏波蒂’），也会引起薯块**网状坏死**症状（图17.2），内部坏死是一种位于块茎纤维组织内部及附近的黑色纤维状病变，通常集中在茎端，马铃薯品质会随之降低，受到严重危害的马铃薯失去商品价值。块茎症状在收获时并不总是很明显，但是在贮藏1～2个月后会变得明显。所以应定期检测易感品种贮藏块茎的症状发展。贮藏在10℃条件下的块茎中的坏死

部分可能较贮藏在3.3～5.6℃条件下的块茎更为明显。

通过酶联免疫吸附测定（ELISA）检测叶片组织可鉴定出源自块茎的PLRV的原发感染。生长季所发生的感染可能更难识别，因为此时症状可能出现相对较晚或病毒浓度相对较低。子代块茎上的新芽是通过ELSA检测PLRV的可靠组织。分子方法如反转录聚合酶链反应（RT-PCR）也均可用于病毒的检测。

图17.2　马铃薯卷叶病毒在品种‘Green Mountain’的块茎中引起的网状坏死。（引自Stevenson, W. R., Loria, R., Franc, G. D., and Weingartner, D. P. 2001. Compendium of Potato Diseases. 2nd ed. American Phytopathological Society, St. Paul, MN）

马铃薯Y病毒（PVY）和PLRV类似，世界范围内马铃薯产区均有发生。PVY可借助蚜虫通过口针以非持久性方式传播。这意味着一只蚜虫在获得病毒几分钟之内可将病毒传播给其他植株，但在一段时间后或在未感染的植株上摄食后不会保持传染性。因为蚜虫在杀虫剂起作用之前会快速获取、传播病毒，所以杀虫剂对于防止PVY的传播并不十分有效。绿桃蚜虫是PVY最有效的传播介体，其他蚜虫，如马铃薯蚜虫及大豆蚜虫，也有报道能够传播这种病毒（第16章）。除马铃薯之外，PVY在番茄、胡椒及其他蔬菜作物上也是重要的病害。

PVY以多种株系或生物类型出现，其中许多生物类型在某些特征上有重叠。根据传统命名法，这些病毒命名为普通株系（PVY^{O}）、烟草坏死株系（PVY^{N}）、块茎坏死株系（PVY^{NTN}）及点条纹株系（PVY^{C}）。大约在1990年，加拿大暴发疫情之前，PVY^{N}株系在北美一直是未知的，疫情发生后加拿大开始实施相应的控制措施和检疫程序。2002年左右，在美国西部地区也有PVY^{N}的报道，至2005年，PVY^{N} 株系在美国、加拿大已普遍发生。对PVY不同分离株的遗传物质（RNA）进行测序，发现兼具PVY^{O}和PVY^{N}的株系，这些重组病毒称作$PVY^{N:O}$，即使其不具有全部基因片段，这些$PVY^{N:O}$也可导致块茎症状，并与经典的PVY^{NTN}分离株在症状学层面有重叠。ELISA方法可将$PVY^{N:O}$分离株鉴定为PVY^{O}而非烟草坏死株系，而$PVY^{N:O}$无法被识别，但在美国和加拿大的种子和商业领域$PVY^{N:O}$已被广泛认知，在欧洲的许多地区，兼具PVY^{O}及PVY^{N}特征的PVY分离株也被广泛报道。PVY^{C}目前发现只在携带*Nc*抗性基因的马铃薯栽培品种上引起坏死和矮化症状，这种病毒株在美国并不常见。

图17.3　马铃薯Y病毒重组株系（$PVY^{N:O}$）在品种‘Ranger Russet’上引起的叶部症状。

PVY的感染可显著降低田间产量，导致块茎显症的病毒株还会降低块茎的品质。叶片症状因菌株不同而有所不同，包括花斑、黄化、发育迟缓和落叶（图17.3）。在许多品种中，PVY^{N}株系感染会产生轻微的，仅靠视觉难以诊断的叶片症状。通常需要通过ELISA等诊断技术来检测。PVY^{O}的症状在某些品种，较其他品种更为明显。举例来说，在‘Ranger Russet’马铃薯上，PVY^{O}可引起明显的叶片脱落，而在‘Russet Burbank’（‘布尔班克’）上，这种株系仅产生轻微花叶。PVY^{NTN}及某些$PVY^{N:O}$分离株引起的块茎症状包括表面裂痕、环状物及在块茎肉质部分有短距离穿透的弧形物，在不引起外部症状的情况下，在块茎肉质部分的深处可能有浅褐色的内部环状物、穗状物及斑点状物。这些病毒在‘Yukon Gold’‘Alturas’‘Ranger Russet’和一些红皮品种似乎易引起块茎坏死症状。在‘Russet Norkotah’、‘Shepody’（‘夏波蒂’）、‘Gem’和‘Gem Russet’品种中常出现温和的叶部症状，但依然会使之遭受严重的产量损失。最后4个品种，特别是‘Russet Norkotah’和‘Shepody’（‘夏波蒂’），被认为是病毒库，因仅靠视觉难以识别被感染的植物。

借助ELISA技术很容易检测出叶面中的PVY，然而，通过ELISA对休眠块茎进行检测还存在问题。对于块茎，通常采用酶联免疫吸附测定技术在发芽期测定芽。病毒O、N和C的三种血清型均可借助株系特异性单克隆抗体技术来鉴定，而PVY^{O}和$PVY^{N:O}$不能采用ELISA技术来鉴定，RT-PCR可用于PVY各种株系的特异性检测与鉴定。

烟草脆裂病毒（TRV）在西北太平洋地区具有重要的经济意义，如落基山脉州和佛罗里达州，通常分布在砂质土壤区域中，而在美国其他地域是局部发生的。该病毒可被*Paratricbodorus*属和*Trichodorus*属的短粗根线虫（第20章）传播。在美国西部，迄今确定的主要传播介体是*P. allius*，最近*P. teres*在华盛顿有报道，在美国其他地区，有报道表明*P. minor*为TRV的传播介体。在欧洲，*Paratrichodorus* 和*Tricbodorus*的几种其他种也是病毒的传播介体。在美国，马铃薯是最具有经济重要性的TRV宿主，除此之外，许多花球茎作物，如水仙和郁金香，也可能遭受这种病毒的侵染而引发经济损失，菠菜和其他一些蔬菜也可能会受到影响。

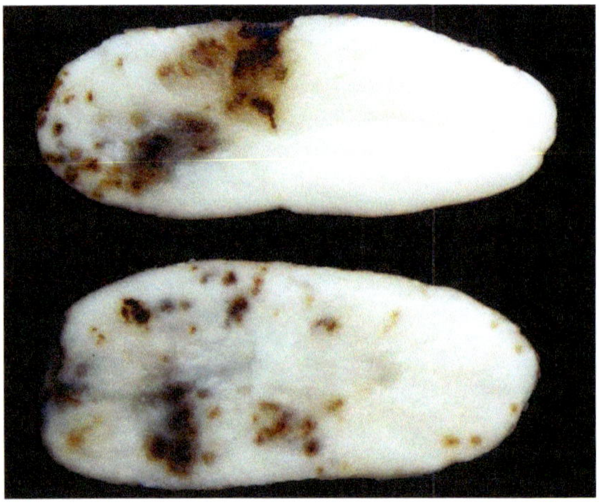

图17.4 烟草脆裂病毒在品种‘Russet Burbank’（‘布尔班克’）上引起的严重软木环斑症状。

携带TRV的线虫取食生长期马铃薯的块茎在美国引起了一种叫作软木环斑病的病害，并在欧洲蔓延开来。块茎症状因品种和位置而异，包括不规则块茎形状、各种内部斑点、环状物、弧状物及软木组织（图17.4和图17.5）。软木环斑病的症状在块茎的外表面可能明显也可能不明显。可能引起大面积发病导致作物的巨大损失。

在极少数情况下，TRV会导致叶面斑驳的症状，起初类似于苜蓿花叶病毒引起的黄化，发展后黄化症状更像是环状病变（图17.6），该症状最常见于生长季早期，通常在染病块茎导致植物系统性感染的时期显症。一般来说，植物会在这种情况下继续生长，在生长后期不会表现明显症状，而且该种病毒很少从染病亲本植物传播到子代块茎。

ELISA可在生长季早期检测茎部，但在生长季后期需要采用RT-PCR来检测叶片中的TRV。休眠块茎中TRV的浓度通常较低，因此ELISA检测不可靠，通常采用RT-PCR检测休眠块茎中的TRV。

马铃薯X病毒（PVX）虽常见于马铃薯中，但相较PLRV和PVY具有相对较小的经济重要性。在过去的20年中，种子认证及检测工作已大大降低PVX的发病率。不像PLRV及

图 17.5　烟草脆裂病毒在品种‘Yukon Gold’块茎上引起的严重软木环斑症状（环形和弧形）。

图 17.6　烟草脆裂病毒在品种‘Russet Norkotah’叶片上引起的花叶和环斑症状。

PVY，PVX不具有介体传播特性。它只通过染病种薯、设备机械摩擦和叶面接触来传播。据报道，该种病毒可借助被污染的切种设备进行传播，也可通过贮藏中的块茎接触传播。叶面症状因品种而异，包括粗糙、叶面变硬和程度不等的花叶症状。一些受感染的植物可能有隐症现象，因此这种病毒曾被称为马铃薯潜隐病毒。即使没有症状，产量也可能受到一定的影响。然而，PVX与PVY或PVA复合侵染，会导致非常严重的褶皱花叶症状，并可大大降低产量。

因染病植株叶片中的病毒浓度通常很高，一般采用ELISA技术即可在叶片中检出PVX，也可以在休眠块茎及新芽中检测到，除非病毒浓度过低，在这种情况下，要采用RT-PCR检测方法。

马铃薯A病毒（PVA）与PVY有关，且二者具有一些相同的特征。这种病毒可通过蚜虫的非持久性传播方式传播。PVA的发生是偶发性的，而且该病毒感染在多数品种及产区很少引起严重的产量降低。然而PVY与PVA复合侵染，可产生严重的叶面症状，并导致产量下降。在北美主要品种中未见PVA感染导致块茎症状的报道。PVA感染通常采用ELISA方法来鉴定。

马铃薯S病毒（PVS）在马铃薯产区广泛存在，通常对产量没有太大的影响，在某些栽培品种中可能使产量降低多达20%。通过热处理脱毒及分生组织培养，早期的材料中PVS发病率一般很低。但是，经过几代田间生长周期后，该病毒在几乎所有的商业种植区均有分布。与PVY和PVA类似，PVS以蚜虫非持久性传播方式进行传播，并且很快在植株体内扩展。

马铃薯M病毒（PVM）与PVS具有关联性，其发生呈现偶发性，且通常在地块内传播并不广泛。因此，PVM对大多数北美品种产量的直接影响尚不清楚。PVM以蚜虫非持久性传播方式进行传播。

PVS和PVM均可通过ELISA检测。然而，最近发现PVM分离株在血清学上不同于其他常见的病毒。这可能使PVM ELISA血清学检测复杂化，因此RT-PCR检测是必不可少的。

苜蓿花叶病毒（AMV）作为另一种具有蚜虫传播性的病毒，偶尔会在马铃薯中被发现。AMV感染会引起亮黄色的斑驳症状，我们通常称为“印花棉布”（calico）（图17.7）。其叶部症状明显，在种子田对染病植物进行汰除可降低种子区病毒的发生率。这种病毒在苜蓿中很常见，但很少在马铃薯田地中发生。和叶部症状类似，块茎中AMV症状是非常明显的：体积大，色泽呈深褐色到黑色的环状物和弧形物贯穿了整个块茎（图17.8）。通常来说，用于防控AMV的管理措施不是必需的。

图17.7 感染苜蓿花叶病毒的植株上的“印花棉布”症状。（D. A. Johnson友情提供）

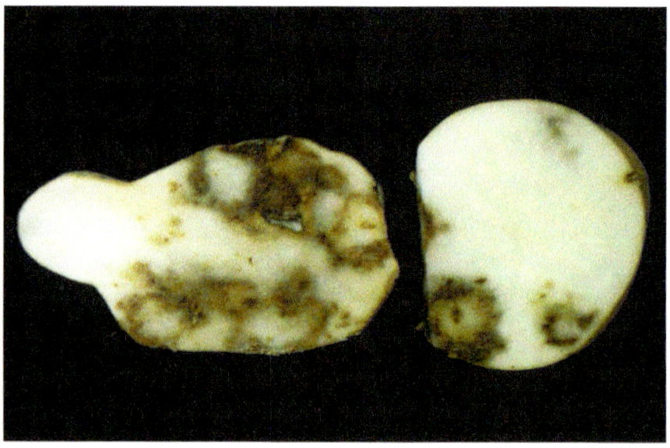

图17.8 苜蓿花叶病毒在‘Russet Burbank’（‘布尔班克’）块茎上引起的症状。（引自Disease of Root and Tuber Crops. 2002. APS Digital Image Collections, American Phytopathological Society, St. Paul, MN）

由于AMV引起叶部明显的“印花棉布”症状，因此没必要进行特定检测。若有必要，该种病毒可采用ELISA检测，对块茎通常采用RT-PCR进行鉴定。

番茄斑萎病毒（TSWV）可感染许多蔬菜和花卉作物，在有些马铃薯种植区是一个棘手问题。该病毒借助蓟马以持久性方式传播，叶面症状包括叶部的坏死斑、环斑和不规则病变及茎部长条形的褐色病变。虽然一些叶片病变与早疫病症状相似，但明显的环状病斑是病毒感染的特征。块茎症状包括变色及不规则病斑，随品种和发病位置有所变化。诸如ELISA的血清学方法可检测显症叶部TSWV，块茎感染可通过RT-PCR来鉴定。

马铃薯帚顶病毒（PMTV）在北美洲、南美洲、欧洲及亚洲马铃薯产区均有报道，已经确定在缅因州有发生，并在横跨美国和加拿大的一些地方有报道。这种病毒是由土壤中的粉末状结痂病原体粉痂病菌（*Spongospora subterranea*）传播的，并且可在土壤中存活多年（第19章）。叶部症状包括花叶、“V”字形、弧形和“类似印花棉布”症状（图17.9），类似于AMV或TRV。在凉爽的天气中，叶部症状更为明显。块茎症状包括弧形坏死斑、轮斑和斑点（图17.10），类似于TRV引起的症状。ELISA和RT-PCR可用于检测PMTV。

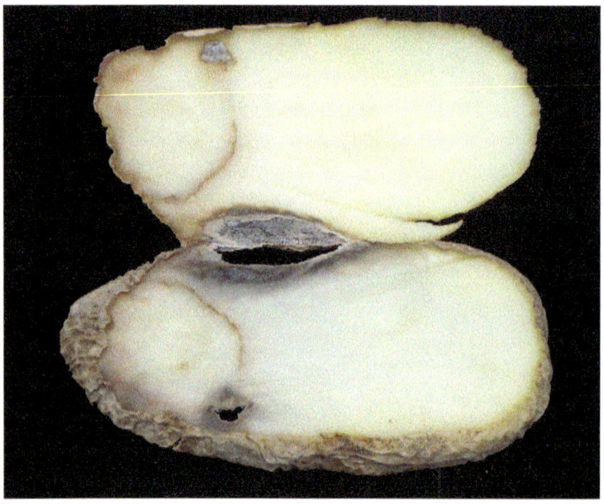

图17.9 马铃薯帚顶病毒引起薯肉深褐色弧形坏死。

马铃薯纺锤块茎类病毒（PSTVd）在世界各地均有发生，近几十年，因为采用了分子检测方法进行认证，这种病原在北美的发病率已急剧下降。PSTVd可通过机械传播和叶面接触传播，而且在与PLRV混合感染的植株中蚜虫可以传播PSTVd。与那些主要马铃薯病毒不同的是，PSTVd可在马铃薯实生种子中传播。因此，在繁殖过程中避免感染尤为重要。人们按照病毒对马铃薯的不同影响对PSTVd的株系进行了划分和描述。

PSTVd感染后叶部症状不明显，但有时会导致发育迟缓、僵硬或偏向上生长。这些症状也可能由其他一些病毒引起。PSTVd感染后块茎通常呈细长状和纺锤形，因此而得名。虽然病原体温和株系致使产量损失可忽略不计，但强毒株系可导致巨大的经济损失。由于类病毒不具有蛋白质外壳，因此无法采用ELISA等血清学检测手段进行检测。通常借助核酸杂交等检测手段来进行检测与鉴定。RT-PCR也可用于该病毒的检测。

图 17.10　马铃薯帚顶病毒在马铃薯叶片上引起亮黄色的斑点。（引自 Jones, R. A. C., Fribourg, C., and Slack, S. A. 1982. Potato Virus and Virus-Like Diseases, Plant Virus Slide Series. Set 2. Clemson University, Clemson, SC）

植原体病害

翠菊黄化病（aster yellows，AY）是由植原体引起的具有广泛寄主范围的一种病害，包括许多蔬菜作物。AY的株系和生物学类型已被揭示：它们感染的寄主植物种类及导致的症状各有不同。翠菊叶蝉（*Macrosteles quadrilineatus*）是最常见的AY植原体的传播介体（第16章）。AY感染马铃薯最明显的症状为**紫顶**，感染的植物表现出叶片卷曲、萎黄及芽尖紫化。因植物韧皮部组织的损伤阻止了碳水化合物向地下块茎转移，经常在发病植株上产生气生薯（aerial tuber）。在美国和墨西哥的一些马铃薯种植区，这种病害是一个严重的问题。

在太平洋西北部地区种植的马铃薯中与紫顶症状相关或同义的另一种植原体是甜菜叶蝉传"绿化病原物"（the beet leafhopper-transmitted virescence agent，BLTVA）。这种植原体最初在美国西部的长春花和多种蔬菜作物上发现，顾名思义，BLTVA由甜菜叶蝉（*Circulifer tenellus*）传播。BLTVA感染症状与AY极为相似。种植于华盛顿和俄勒冈哥伦比亚盆地的马铃薯的症状和紫顶极为类似（图17.11），且可能是过去导致AY的原因。

图 17.11　植原体在品种‘Ranger Russet’上引起的马铃薯紫顶病症状。

另一种不同于AY及BLTVA的植原体已在墨西哥被报道，其症状为在块茎上产生毛发状芽条。关于这种植原体的昆虫介体尚未报道。

与BLTVA有关的植原体在北达科他州、阿拉斯加州和加拿大部分地区的马铃薯上也有报道，它们会导致一种名为"丛枝"的症状，因受感染植物的枝条增生得名。

关于植原体感染对块茎造成的具体影响

的报道很少见。因感染植原体块茎中的糖平衡可能有所改变，并且会导致加工过程中出现不理想的颜色变化。在严重感染的地块中，产量会降低，但损失的程度没有详细记录。来自墨西哥的报道表明，在有大量植株呈现紫顶症状的地块中造成了严重的产量损失。

植原体很少传递给子代块茎，受感染植株的子代块茎发芽不良并产生细毛芽、植株弱小。这些弱小的植株仅能产生很少的可销售块茎，因此在大多数情况下，病原体被认为是可自我消除的。

与病毒相比，ELISA不适用于马铃薯植原体的检测。这些病原的检测和鉴定依赖于分子监测，如杂交检测和PCR。而区分BLTVA和AY需要采用PCR检测。

管 理 策 略

病毒、类病毒和植原体引起的马铃薯病害的基本策略是：种植认证种薯；防控传播介体；清除病残体，包括清洁和消毒设备和贮藏区，消除废弃块茎和自生薯；种植抗病品种（专栏17.1）。

专栏17.1

病毒、类病毒和植原体病害的防控策略

- 种植认证种薯。
- 防控蚜虫、叶蝉和线虫介体。
- 设备和贮藏区域的清洁与消毒。
- 清除剔除薯堆并管理马铃薯自生苗。
- 种植抗病品种。

针对特定病原体的关键措施如下。

马铃薯卷叶病毒（PLRV）

- 种植认证种薯。
- 清除剔除薯。
- 管理马铃薯自生苗。
- 防控蚜虫介体。

马铃薯Y病毒（PVY）

- 种植认证种薯。
- 清除剔除薯。
- 管理马铃薯自生苗。

烟草脆裂病毒（TRV）

- 避免在感染短粗根线虫的田块种植，该线虫是TRV的介体。
- 使用土壤熏蒸剂或叶面杀线虫剂降低短粗根线虫的种群数量。
- 与无杂草的苜蓿轮作。

马铃薯A病毒（PVA）、马铃薯S病毒（PVS）、马铃薯X病毒（PVX）、马铃薯M病毒（PVM）、苜蓿花叶病毒（AMV）

- 种植认证种薯。

• 清除剔除薯。
• 切种、处理、运输、播种和贮藏所用设备与设施的消毒。

马铃薯帚顶病毒（PMTV）

• 在未被PMTV及其传播介体粉痂病菌污染的地块进行种植。

马铃薯纺锤块茎类病毒（PSTVd）

• 种植认证种薯。
• 切种、处理、运输、播种和贮藏所用设备与设施的消毒。

翠菊黄化病（AY）植原体和甜菜叶蝉传“绿化病原物”（BLTVA）

• 使用叶面杀虫剂防控叶蝉介体。

种植前管理

认证种薯

种植经认证的种薯，对于管理PLRV、PVY、PVX、PVA、PVS、PVM、AMV和PSTVd至关重要（第6章）。传统上认为，块茎传毒对于TRV相对来说不是特别重要，因为TRV很少被传递给子代植株，很少产生有症状的子代块茎。尽管如此，大多数州对认证种子中的TRV持“零容许度”。

然而，来自欧洲的最新报告表明，无症状的块茎可能含有TRV，可能具有长距离传播该病毒的风险。感染PMTV的种薯很少致使植株产生系统性感染，并且子代块茎通常不含病毒。因此，在无病毒和传播介体的情况下，PMEV被认为是可以自我消除的。在没有粉状结痂症状的地区和没有PMTV的种植区种植种薯可以防止该病毒的引入。

剔除薯和自生苗

肉眼检查和ELISA检测减少了认证种薯区PLRV的发生，但没有完全杜绝。剔除的块茎和自生苗是多种病毒的重要侵染来源，需要进行清除和处理。

避免种植受感染的地块和作物轮作

控制TRV的主要策略是避免在发生短粗根线虫的地区种植马铃薯。不幸的是，在太平洋西北地区，线虫广泛分布，所以很难回避线虫这个问题。而且，线虫本身不会造成损害。测定土壤样本中线虫的数量是一种常见的做法，但即使田块中含有相对少的短粗根线虫，也可能会遭受软木环斑病的重大危害。我们可以种植一些诱捕植物，如黄瓜和烟草，这些植物可检测是否携带TRV。这些土壤样本测试的结果有助于帮助种植者做出“治疗或不治疗”的决定，但除了TRV，其他检测敏感度不高。具有杀线虫作用的注册化学熏蒸剂和叶面喷施剂及杀线虫剂，用来减少或抑制短粗根线虫的种群数量（第20章）。例如，某些芥菜等生物熏蒸，可以有效减少短粗根线虫的数量。这些作物目前并不被推荐作为控制短粗根线虫的唯一方法，但是它们在与杀线虫剂合并使用时，可有效减少线虫的数量。

在马铃薯种植之前种植两年或两年以上的紫花苜蓿或某些薄荷品种，可能会降低软木环斑病的发病率。这些植物是良好的线虫宿主，但不是病毒的宿主。玉米是线虫的宿主，且它的根可被TRV感染。因此，在马铃薯作物种植之前种植玉米作物，可能会增加软木环斑病的发病概率。一些杂草，特别是茄属杂草，是病毒和线虫的共同宿主，所以保持无杂草的马铃薯田地或进行田间轮作可能会降低病害的发病概率。

对于PMTV的管理，是通过避免在已知含有被病毒感染的粉状结痂病菌的地区种植马铃薯来实现的。即使在没有马铃薯作物的情况下，粉痂病菌的休眠孢子也是有活性的，而且应用现有材料进行熏蒸，对控制传播介体和PMTV方面几乎没有用处。

寄主抗性

在一些品种中针对PLRV已鉴定出遗传抗性，如‘Abnaki’。然而，大多数北美品种易受PLRV的感染，并且该种病毒必须通过其他手段来进行管理。在一些马铃薯栽培品种中已开发出基因工程层面的对PLRV的抗性，但是它们尚未被美国的马铃薯产业广泛接受，因此在很大程度上并未达到商业化种植。

在*Solanum tuberosum* subsp. *andigena*和*Solanum stoloniferum*中有一些针对PVY的遗传抗性资源。来自这些植物中的PVY抗性基因Ry_{adg}和Ry_{sto}均已被整合到北美主要栽培品种中。还有其他遗传因素可以对PVY感染产生一定的抵抗力。例如，品种‘Bannock Russet’‘Defender’‘Ranger Russet’表现出较‘Russet Burbank’（‘布尔班克’）更低的PVY水平（图17.12）。品种‘Shepody’（‘夏波蒂’）、‘Gem Russet’和‘Russet Norkotah’对PVY非常敏感，但在这些品种上并不表现明显的叶部症状。与其他栽培品种相比，这些栽培品种可能对传播介体蚜虫更具吸引力。许多研究团队利用基因工程原理研发了对PVY有抗性的马铃薯，但该种技术尚未被加工产业或大众所普遍接受。

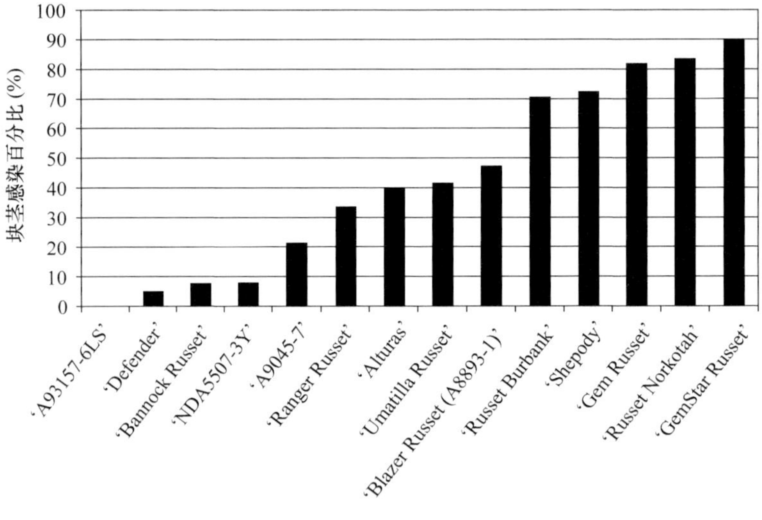

图17.12 种植在爱达荷Kimberly病圃中的不同马铃薯品种块茎的PVY感染率（种植时间为2～9年）。

一些马铃薯栽培品种，如‘Bintje’，对TRV具有高度抗性，且很少表现出软木环斑病的症状。其他抗TRV的品种在欧洲栽培，但大多数北美品种，包括‘Russet Burbank’‘Russet Norkotah’‘Yukon Gold’‘Dark Red Norland’，都具有易感性。大家正在努力获得对软木环斑病症状具有抗性的品系。一些品系已在软木环斑病病圃中被评测多年，并展示出农艺学性状可接受的特点。在几年内，获得抗TRV品种这一目标或许可以实现。

播种期间的管理

对种薯切块设备、输送系统、卡车、存储箱和其他可能的块茎污染源进行清洁与化学消毒非常重要。叉式播种机可以在播种期间传播PVX，不应该用于已知含有该病毒的种薯批次。针对切种工具、存储箱、运输设备和储存区域而进行的消除污染卫生措施将有效减少PSTVd（若其存在）。

生长期间的管理

传播介体管理

叶面杀虫剂可减少PLRV的田间传播，因为蚜虫需要在相当长的时间内进食以获得和传播病毒（第16章）。蚜虫的合理防控要求在种植期间使用系统杀虫剂，并通过限制有翅蚜的定殖来实现早期蚜虫控制。接下来如果在作物中发现蚜虫，应进行昆虫监测，并施用叶面杀虫剂。生长季节的蚜虫管理可大大减少病毒的二次传播。当有翅蚜虫迁徙时，从中季到晚季减少蚜虫种群尤为重要，这是为了减少感染的块茎进入贮藏期。在未被PLRV侵染的品种中，对田间蚜虫进行控制是很有必要的，从而减少病毒向附近易感品种地块传播。绿桃蚜以卵的形式在桃树、樱桃树和杏树等李属树木上越冬，在蚜虫迁徙之前，在季节初期喷洒这些树木以减少蚜虫种群数量。

由于**PVY**是非持久性传播的，因此防控蚜虫的杀虫剂对其应该是无效的，该病毒可在杀虫剂杀死传播介体之前被传播到其他植株。使用杀虫剂还可能会增加蚜虫的活动导致PVY发生更加严重，对昆虫具有快速击倒作用的喷雾剂可减少传播介体二次扩散。矿物油可以通过防止病毒黏附在蚜虫口器上来减少PVY的传播，但这些产品必须频繁地使用（第16章）。

由于PVY是非持久性传播的，因此施用防控蚜虫的杀虫剂是无效的。

专门施用减少PVA、PVS和PVM的二次感染的杀虫剂通常没有经济实用价值。相反，针对PLRV和PVY传播介体的防控措施，也能减少其他种类病毒的传播。

尽管蓟马传播介体广泛存在，但马铃薯上TSWV严重暴发的报道很少见。由于田间TSWV发生不稳定，在传毒介体种群数量高，且存在毒源的情况下，减少蓟马种群数量是很好的防控措施。然而，在温室条件下的**微型薯生产**中，需要使用杀虫剂管理蓟马，因为病毒在这种条件下可以迅速传播，该病毒有广泛的寄主范围，包括许多温室花卉作物和杂草。

减少与**植原体**相关的病害的发生，主要依赖于控制昆虫传播介体（第16章）。黄色粘虫板可用于确定叶蝉的首次出现时期。甜菜叶蝉在太平洋西北部的马铃薯种植区域以成虫越冬，随着在温度升高和春雨降临而导致杂草寄主发芽时，变得活跃。这些越冬的成年蓟马在早季的植物，特别是各种芥菜上产卵，当春季宿主开始干枯时，下一代昆虫将开始迁移到其他宿主上。在太平洋西北地区的马铃薯种植区，这种情况发生在5月中旬左右，此时马铃薯依然相对较小。5月中旬至6月初，早期应用叶面杀虫剂来对这一迁徙种群进行防控，大大降低了在华盛顿州和俄勒冈州哥伦比亚盆地地区植原体病害的发生。在有机作物和低投入作物中管理昆虫更具挑战性，而且在这些作物上的损失可能是巨大的。在哥伦比亚盆地中，携带植原体的甜菜叶蝉的比例一直保持在15%左右，因此在季节早期检测到任何甜菜叶蝉，都表明应将昆虫管理措施提上日程。

在中西部北部产区，需要监测AY的翠菊叶蝉传播介体，在一些州已建立可检测植原体阳性翠菊叶蝉百分比的阈值，如果仅有1%～2%的叶蝉AY呈阳性反应，就应该喷雾防治，并对叶蝉种群进行监测。

第18章

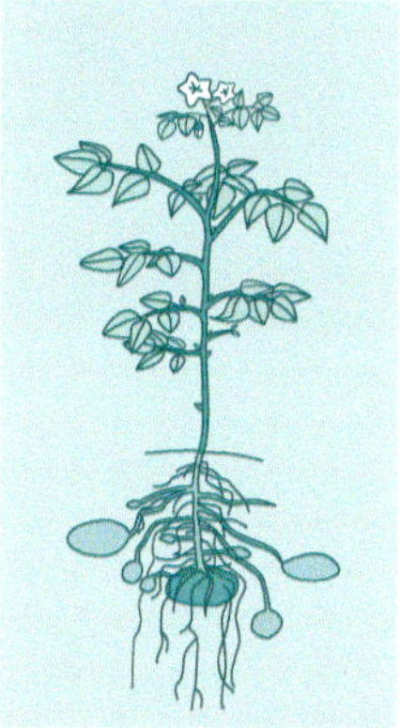

Solke H. De Boer[①] 加拿大食品检验局夏洛特敦实验室，爱德华王子岛夏洛特敦

软腐病和环腐病等的管理

许多马铃薯病害是由细菌引起的，在北美最严重的两种病害即软腐病和环腐病。这些病害是由细菌引起的事实对于其防控有特殊意义，细菌与那些引起早疫病和银屑病的真菌有很大不同，并且它们与引起卷叶病和花叶病的病毒也不同。不同于真菌，细菌不能凭借自身进入植株，只能通过植株上的自然孔口或者伤口进入。

细菌是单细胞生物并且特别小，大约25 000个细菌首尾相连才能覆盖1英寸的距离。它们也能快速繁殖，事实上，由细菌引起的马铃薯病害造成的损害，部分原因是它们快速产生大量群体的能力。在最适条件下，细菌的数量在20 min～4 h就可以翻倍。如果20 min繁殖一代，仅在24 h之内一个细胞理论上就可以产生47 223 664 828 696.50亿个细胞；如果是4 h繁殖一代，一个细胞在24 h内只可以产生64个细胞，但是一周之后，它们理论上会产生4 398 046 511 104个细胞。很明显，避免为细菌提供最适的生长条件是一个有用的控制细菌病害的策略。

> **由细菌引起的马铃薯病害造成的损害，部分原因是它们快速产生大量群体的能力。**

软 腐 病

软腐病菌

马铃薯软腐病是由一类通常称为果胶杆菌的细菌引起的，它们被叫作果胶杆菌是因为它们能够产生破坏果胶分子的酶，而果胶在将植物细胞粘在一起的过程中扮演着重要角色。当果胶酶破坏了感病植株中的果胶化合物时，植物细胞彼此分离并且营养流失，在有大量不同种类的细菌兴盛繁殖的地方，造成软腐病恶臭腐烂的特征。在马铃薯上引起病害的果胶杆菌分为两属，即迪基氏菌属（*Dickeya*）和果胶杆菌属（*Pectobacterium*）。

Dickeya spp.（原*Erwinia chrysanthemi*）是欧洲及一些其他国家马铃薯的重要病原菌，但在美国和加拿大，这种病原菌很少与马铃薯病害相关。在欧洲田间温度较高的时期，*Dickeya* spp.菌株会引起一种类似马铃薯黑胫病的病害，叫作茎湿腐病。在澳大利亚*Dickeya* spp.也会引起马铃薯种薯芽块腐烂。

*Pectobacterium*的两种可以引起马铃薯上的病害，分别是*P. atrosepticum*（原*E. carotovora* subsp. *atroseptica*）和*P. carotovorum* subsp. *carotovorum*（原*E. carotovora* subsp. *carotovora*）。*P. atrosepticum*引起黑胫病，是地上部软腐综合征的主要侵染源（专栏18.1和图18.1～图18.8）；*P. carotovorum* subsp. *carotovorum*也引起气生茎腐病。马铃薯黑胫病和气生茎腐病的两个主要区分特征是：黑胫病总是起源于种薯块，而气生茎腐病起源于茎的地上部分被损害或受伤的部位，这些损伤的原因主要是风、冰雹、昆虫叮咬或者栽培管理活动，如培土和喷药；黑胫病的病组织变黑，而气生茎腐病的病组织会出现各种深浅的棕色或淡绿色。气生茎腐病也会让发病的组织变为与黑胫病相似的黑色，但这并不常见。所有的果胶杆菌都会引起块茎腐烂。

专栏18.1

软腐细菌所致病害的症状

黑胫病

生长季早期发病的症状

在出苗时，植株发育不良、僵硬、淡黄色、缺乏活力。茎的地下部分腐烂变黑（图18.1）。

生长季后期发病的症状

茎自地下部开始腐烂，并且变为暗黑色；叶片萎蔫（图18.2）；有时候在叶腋处发生腐烂；叶片可能变黄或不变黄。发病的茎可能会完全腐烂（图18.3）。

气生茎腐病

在茎部的折断处或伤口处开始腐烂（图18.4和图18.5），腐烂组织的颜色浅棕至深棕色，腐烂的部位会变干变脆。潮湿的垄沟内倒伏的植株容易发病。

茎湿腐

症状与黑胫病在田间高温时期发病的特征相似，茎的髓部组织比茎的其他组织腐烂更为严重。茎部自地下至植株顶端的整个髓部组织可能都已腐烂，但外部并不表现任何症状。

块茎软腐

块茎发生湿腐且有臭味（图18.6），组织不会变黏，但会变得软滑。由于二次腐生菌的种类不同，导致腐烂的组织的颜色不同。

硬腐病

块茎上出现局部变黑的腐烂病斑，通常以皮孔为中心发生（图18.8）。病斑也可能在薯皮的小伤口或破损处发生。

图 18.1　黑胫病的茎基部出现黑色腐烂特征（中间和右边）与健康的茎和芽块（左边）。（W. G. Hoyman 友情提供）

图 18.2　患黑胫病的马铃薯植株的叶片枯萎和死亡。（D. A. Johnson 友情提供）

图 18.3　患黑胫病的马铃薯植株茎上深黑色的腐烂。（D. A. Johnson 友情提供）

图 18.4　自伤口（左边）处发展而来的气生茎腐病病斑。（D. A. Johnson 友情提供）

图 18.5　发生气生茎腐病的植株茎上淡绿色的腐烂（中间）。（D. A. Johnson 友情提供）

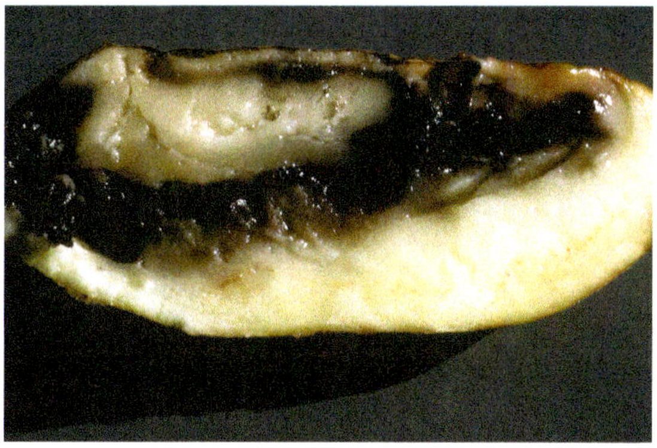

图 18.6　块茎内部组织的软腐症状。（D. A. Johnson 友情提供）

果胶杆菌之间是有差别的，因为它们具有不同的特征，这些特征影响着病害的发生和防控。例如，*Dickeya* spp. 是高温生物，在 36.7℃生长最好，而 *P. atrosepticum* 更喜欢较低的温度，在 21～24℃生长最好。此外，*P. atrosepticum* 与其他种不同，它几乎只出现在马

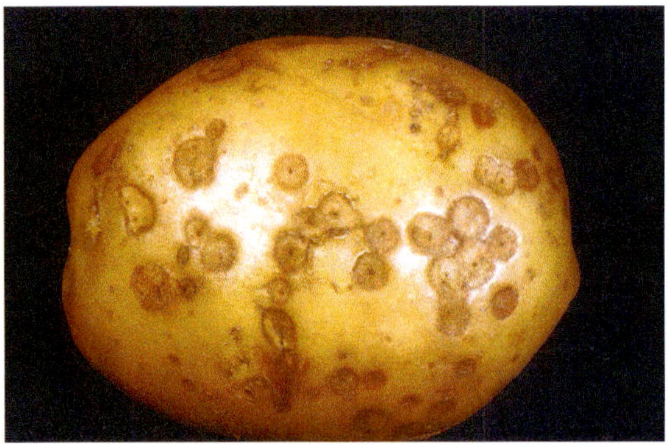

图 18.7 马铃薯皮孔感染软腐病。（W. G. Hoyman 友情提供）

图 18.8 块茎皮孔周围的硬腐。（D. A. Johnson 友情提供）

铃薯作物上，自然情况下几乎不感染其他作物，它们在土壤与地表水中不能很好地生存。*P. carotovorum* subsp. *carotovorum* 与 *P. atrosepticum* 的菌株是非常不同的。*P. carotovorum* subsp. *carotovorum* 是一个变化程度最大的细菌，其成员在许多方面都各不相同；该亚种的菌株可以在一个很宽泛的温度范围内良好生长，甚至在高达36.7℃的高温情况下；它们可以在土壤和地表水中生存；人们已经在海边的咸水和包含灌溉水在内的其他淡水中分离到了 *P. carotovorum* subsp. *carotovorum* 的菌株；它们甚至出现在了雪山水中，这可能是来自由海浪产生的水蒸气形成的云层中。

病害循环

马铃薯种薯是引起黑胫病、气生茎腐病及软腐病的果胶杆菌的主要侵染源。马铃薯块茎在生长季被感染，被该细菌污染的种薯芽块在生长过程中会腐烂，随着腐烂的加深，它们会在根区释放出大量的细菌，从而污染正在生长的新薯的表面。皮孔是收获、贮藏和再次种植等过程中特别适合细菌存活的地方。

黑胫病的病害循环揭示了软腐细菌是如何在马铃薯作物上存活和增多的（图 18.9）。当被 *P. atrosepticum* 污染的马铃薯种薯被种植以后，无论是整薯还是芽块，都会发生以下三种情况中的一种。**第一种情况**是在出苗之前种芽块就腐烂了，这种情况称为芽块腐烂。**第二种情况**是虽然能够长成植株，但植株在生长季当中发病。如果黑胫病在生长早期发生的话，植株将会在坐薯前死亡。然而，如果黑胫病在生长季晚期发生，新薯可能会被来自匍匐茎的细菌侵染并且可能会在田间腐烂。收获时，这种发病腐烂感的薯块将会遍布整个收割机、传送带和转运箱，从而污染更多的薯块。细菌接种体的进一步传播发生在贮藏和随后的薯块处理期间。**第三种情况**也是最常见的情况，即生长成不显症的植株并结出表面上健康的新薯。然而，这些子代新薯会被持续腐烂的母种薯芽块所污染。这些被污染的子代新薯大多数会在贮藏期维持健康，但有一小部分会腐烂，取决于收获和贮藏的条件。薯块通常是在被污染的气孔开始腐烂，然后停止，发展成为所谓的硬腐。硬腐病的特征是在每个气孔周围形成小的、干燥且坚硬的病斑。如果腐烂继续发展的话，整个块茎都会烂掉。当在出窖的马铃薯中发现腐烂的薯块时，接种体已经像收获时那样传播开了。一旦一块种薯田被 *P. atrosepticum* 污染后，其生产出的种薯的污染程度会随着繁殖代数的增加而增高，虽然它们可能仍然保持不会显症。当环境条件适宜黑胫病发生时，病害将在田间无规律地出现。然而，被侵染的植株上

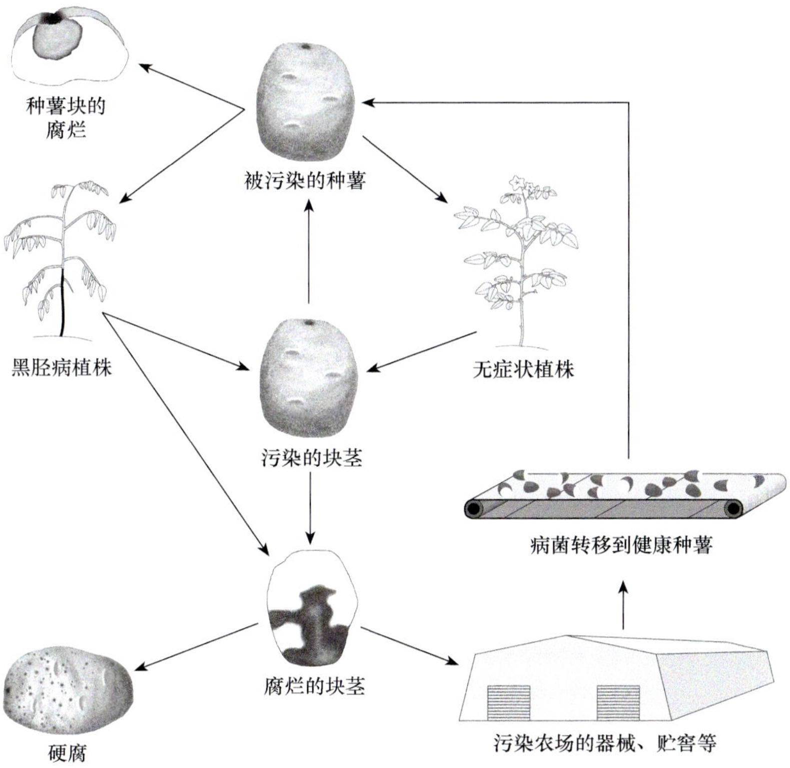

图 18.9　马铃薯黑胫病的病害循环。（Maegan Davis绘制）

产生的无症状块茎被用作种薯时，通常会长出无病害症状的植株。

气生茎腐病（细菌性茎腐病）的病害循环与黑胫病的相似之处是*P. carotovorum* subsp. *carotovorum*也会引起种薯芽块腐烂，腐烂的芽块污染不显症的植株产生的子代块茎。不像*P. atrosepticum*，*P. carotovorum* subsp. *carotovorum*经常不通过芽块直接从导管组织侵染植株的茎。然而，一些证据表明有些菌株在田间温度较高时确实会侵染导管组织，引起类似于黑胫病的症状。正常情况下，气生茎腐病开始于马铃薯植株的茎部受伤的地方。伤口可以由培土和喷洒设备、昆虫取食、冰雹、大风伤害及真菌侵染等引起。侵染这些伤口的细菌可能来自腐烂的种薯芽块、灌溉水、雨水或邻近的发病植株。像黑胫病一样，感染了气生茎腐病的植株经常会在生长季中萎蔫和死亡，并从冠层中消失。被*P. carotovorum* subsp. *carotovorum*污染的块茎，如果其表面的细菌可通过伤口或在积水条件下开张的气孔等通道进入块茎内部组织的话，便可在生长季中发生腐烂。在收获、转运和分级过程中，*P. carotovorum* subsp. *carotovorum*会通过与*P. atrosepticum*相同的方式自腐烂的块茎上传播扩散。

温度越高、自由水越多，细菌的繁殖就越快，软腐病就越严重。

当贮藏条件不合适时**块茎软腐病**就会成问题，因为许多进入贮窖的块茎都将被果胶杆菌污染。这种病害可以由*P. atrosepticum*、*P. carotovorum* subsp. *carotovorum*及*Dickeya* spp.引起。子代块茎的表面被来自腐烂母薯的细菌所污染；子代块茎有时也被通过匍匐茎导管组织进入的细菌侵染。在收获、转运及分级过程中对块茎造成的伤口为细菌创造了进入的点，另外还有匍匐茎附着点处的自然开口及气孔。腐烂发生的时间及速度是由温度和湿度决定的，温度越高、自由水越多，细菌繁殖就越快，软腐病就越严重。在贮窖中，软腐细菌从块茎扩散到块茎，在薯堆内形成腐烂的窝。然而，如果块茎保持干燥凉爽，软腐的扩散就会受到限制。讽刺的是，没有腐烂的被污染的种薯是维持病害循环的罪魁祸首。携带软腐病菌的薯块被用作种薯时，病菌就被传到了下一代。病害循环可以通过引入进行过病害检测的微型薯来打破，但是外来的污染源在田间种植的每一代之间都会积累，外来的感染源包括剔除堆、较低级别的块茎、灌溉水及雨水。病原菌可以通过机械设备、昆虫及其他可以携带细菌的途径把细菌从那些感染源传播到马铃薯块茎上。

环　腐　病

病害概述

环腐病是特别严重的马铃薯病害，因为它们可以在人们不知道的情况下被传播，并且引发整个作物种植的失败。该病害由 *Clavibacter micbiganensis* subsp. *sepedonicus* 引起，与软腐细菌相比，这是一个非常统一的亚种，所有的菌株都很相似。环腐细菌会入侵木质部及与维管组织相关的细胞，木质部的功能主要是在植物体内运输水分和溶解的矿物质，也向块茎运输光合产物。马铃薯块茎内的维管组织位于马铃薯表皮之下，通常在横切面上看上去是一圈与周围组织颜色稍有不同的环状组织，这也正是环腐病名称的由来——块茎的环状维管组织形成腐烂。

病原物

环腐细菌很顽固，并且当接触到任何表面时，几乎都能存活很长时间，特别是如果表面干燥凉爽。因此，一旦农场被该病原菌污染，需要异乎寻常的努力才能摆脱它。被感染块茎上的细菌可污染农场的机械设备——播种机、收获机、传送带或装箱机，如果不采取任何措施，它们可以在这些地方存活数周或数月（专栏 18.2）。它们也能在贮窖的墙体表面和地面及运输车辆的内外表面上存活。

专栏 18.2

环腐细菌扩散的来源和途径

- 种薯
- 剔除的薯块
  - 自生苗
  - 薯块残体
- 切种机
- 播种机
- 收获机
- 传送带
- 装箱机
- 存储箱
- 卡车
  - 车轮
  - 拖车车厢
- 昆虫
- 动物
- 人
  - 靴子
  - 手套
  - 刀具

环腐细菌在土壤或水中存活得不好。试验结果表明，把该细菌加到土壤中几天后就不能从土壤中分离得到它们了，除非土壤特别干燥和寒冷。在典型的土壤环境中，有很多微生物在活动，而且环腐细菌竞争不过其他细菌。因此，一旦有微生物的竞争，环腐细菌就会很快消失。然而，在太干燥或太寒冷的情况下，微生物活动基本上停止，环腐细菌在这种情况下比大多数其他细菌都存活得更好。当它们出现在工具或者其他干燥环境的表面时，它们可以存活数月。

在植株内部，环腐细菌遇到的微生物竞争很少，因此存活得很好。自然情况下，该细菌生长很慢，但它们在植物中增长和扩散。因此，留在地里、被侵染的自生马铃薯植株所结的块茎是另一种侵染源，因为它们可以被马铃薯植株残体所侵染。只要在田间出现了染病的植物组织，就会成为侵染源，但是一旦该植物组织被微生物的活动所分解，环腐细菌也就随之消失。有试验表明，环腐细菌能够在甜菜和某些茄科杂草上存活。然而，这方面证据不足，并且这种侵染源在环腐病的病害循环中作用不大。

病害循环

当一个农场使用了由外来侵染源污染的种薯之后，环腐细菌就被引入农场中了。种薯可在前一个生长季中被侵染，也可能在收获后的贮藏或运输过程中接触机械设备上的侵染源而被侵染。种薯一旦被侵染，就很可能生长出一个被侵染的植株。然而，环腐病发展较慢，病害发展的实际速度取决于生长条件和马铃薯品种。通常，不利于马铃薯生长的条件有利于环腐病的发展。即使是感病品种，通常也不会在生长季结束之前表现出环腐病的症状（专栏18.3和图18.10～图18.16）；对于抗病品种来说，基本不显示症状；大多数品种的表现是介于感病与抗病之间；没有免疫品种。

专栏18.3

细菌性环腐病的症状

叶片

见图18.10～图18.12。

- 萎蔫，从较低的叶片开始，并且最初可在夜晚恢复。
- 叶缘卷曲。
- 叶脉间褪绿和坏死。
- 横切茎基部并挤压时会有乳白色的渗出液。
- 植株矮缩，特征是节间缩短（只发生在某些品种上）。

块茎：外部症状

见图18.13。

- 表皮下出现黑斑。
- 表面有窄的锯齿状裂缝并暴露出腐烂的组织。

块茎：内部症状

见专栏7.1及图18.14～图18.16。

- 维管束环轻微变色（这也许是唯一可见的症状）。
- 茎端维管束环出现腐烂，最初为奶油色后来变为浅棕到深棕色。
- 挤压维管束会有奶酪状渗出液。
- 腐烂的维管束环的空洞周围形成软木状组织。

图 18.10　马铃薯环腐病植株的叶片脉间黄化。（D. A. Johnson 友情提供）

图 18.11　马铃薯环腐病植株的叶片脉间黄化和萎蔫。（D. A. Johnson 友情提供）

图 18.12　马铃薯环腐病植株矮化和外围小叶干枯。（D. A. Johnson 友情提供）

图 18.13　环腐病块茎表面开裂特征。（D. A. Johnson 友情提供）

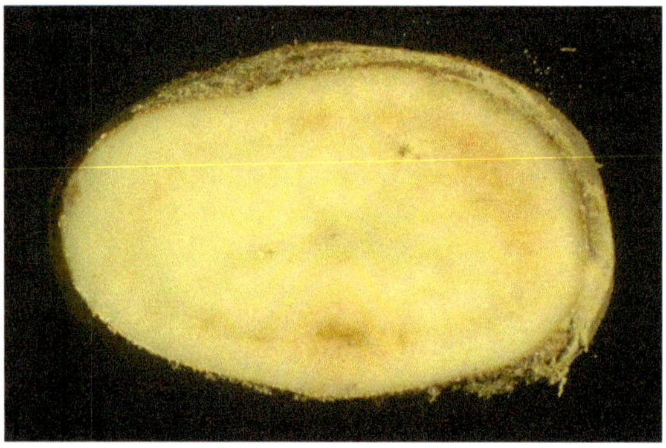

图 18.14　环腐病块茎中轻微的导管变色。（D. A. Johnson 友情提供）

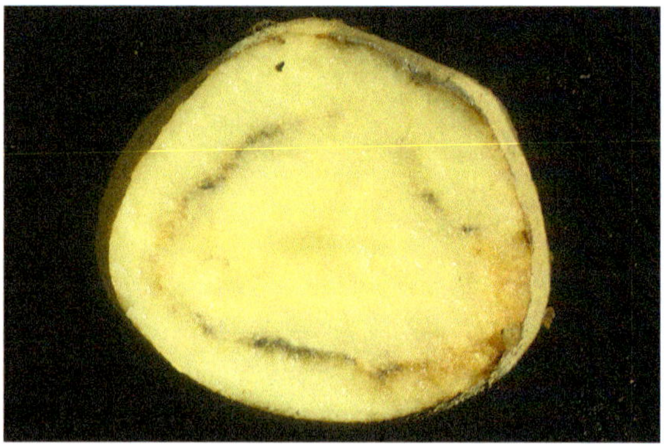

图 18.15　环腐病导致块茎导管变色的特征。（D. A. Johnson 友情提供）

当细菌从植株茎部通过匍匐茎进入子代块茎中时，子代块茎就被侵染了。然而，子代块茎的侵染率与母株叶片的发病程度并不相一致。有时，虽然母株的叶片症状表现很轻，但子代块茎的侵染率较高；另外，也有叶部症状比子代块茎的侵染率严重得多的。

被侵染的块茎有时表皮会有裂缝或有暗黑色的斑块，但是通常它们不会表现出外部症状（专栏 18.3）。块茎内部的症状变化很大——从维管系统严重腐烂到无明显可见症状。环腐病的早期特征是在导管周围轻微变色。

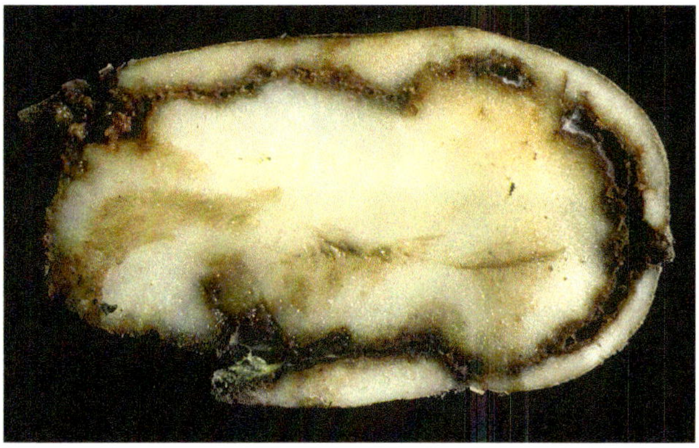

图 18.16 环腐病导致块茎中维管束组织腐烂。（D. A. Johnson 友情提供）

潜伏感染可以持续一代或几代，而种植者却不知道，同时，环腐菌会扩散到其他地方。

环腐病的病害循环（图 18.17）和黑胫病的病害循环在许多方面是相似的，但是有一些

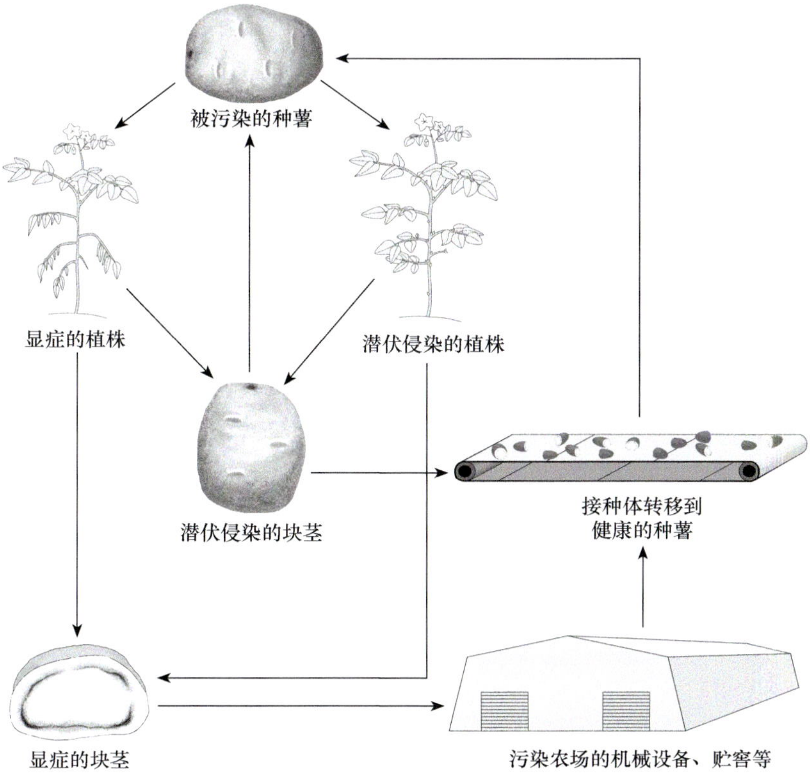

图 18.17 马铃薯环腐病的病害循环。（Maegan Davis 绘制）

重要的不同之处。与黑胫细菌的污染大多数发生在块茎的表面不同，环腐细菌可表现为块茎内部的潜伏侵染。在潜伏侵染的情况下，细菌在植株或块茎内部存活并繁殖，但并不引起可见的病害症状，潜伏侵染是环腐病的祸因。潜伏侵染可以在种植者没有觉察的情况下维持一代或多代，同时环腐细菌在不同的田块间扩散传播。此外，即使症状开始发展，在对种薯进行田间检查时也经常还未显现出来；如果田间检查在生长季后期进行，则环腐病的症状可能被衰老和其他的叶部病害所掩盖。

褐 腐 病

马铃薯褐腐病，也被称作南方青枯病（southern bacterial wilt）或简称青枯病，是另一种严重的马铃薯病害，但在本章不详细介绍。该病的症状与细菌性环腐病非常相似：叶片快速萎蔫，菌脓从导管组织中渗出，且导致块茎的维管环腐烂。**块茎芽眼中渗出细菌黏液**，是一个区分褐腐病和环腐病的特征。引起褐腐病的细菌是*Ralstonia solanacearum*，该病菌的1号小种在美国南部发生，并且可采用与防控环腐病及软腐病相同的许多方法，如使用无病种薯和注意农场卫生。鉴于该病菌可以在土壤中生存，所以轮作也是很重要的。该病菌的3号小种的生物型2，不是美国或加拿大特产的，但它对于在温带气候生长的马铃薯非常适应。如果将该生物型引入马铃薯生态系统，将对马铃薯生产造成潜在影响，所以它被列为了检疫对象。这种生物型的输入风险是切实存在的，因为在进口到美国和加拿大的天竺葵扦插条中已经多次截获该病原菌。3号小种的生物型2在茄科杂草欧白英（*Solanum dulcamara*，又名苦茄、蜀羊泉、排风藤）上能很好地生存，该杂草通常生长在河岸上及溪流中，并且一旦被侵染就会将细菌释放到河水中。用这种被污染的地表水灌溉马铃薯作物是该病害传播扩散的一个很重要的方式。

管 理 策 略

马铃薯细菌病害不能用化学农药来防控，只能够通过适当的策略来降低这些病害的发病率和严重度，包括仔细挑选种薯、全面的农场卫生和良好的农艺及贮藏方法（专栏18.4）。

专栏18.4

关键的病害管理策略

黑胫病

- 使用认证过的、低代种薯。
- 用杀菌剂处理种薯。
- 在播种前给种薯增温。
- 在排水性能良好的土壤中种植。
- 保持农场卫生。

气生茎腐病

- 增加轮作年限。
- 避免过度灌溉。
- 避免过度施肥。

- 避免茎损伤。
- 保持农场卫生。

块茎软腐病

- 在收获之前让块茎充分成熟。
- 在土壤温度较低时收获。
- 贮藏过程中促进伤口愈合。
- 长期贮藏应保持凉爽的条件。
- 贮窖保持通风。
- 避免贮藏过程中失水。
- 保持农场卫生。

细菌性环腐病

- 使用认证过的、低代种薯。
- 检测种薯是否带有环腐细菌。
- 对机械设备、贮窖及运输车辆进行消毒。
- 保持农场卫生。

种植前的管理

种薯的选择

软腐细菌和环腐细菌主要是种薯传播，所以种植经过病害检测的种薯在任何病害防控策略中都是至关重要的。最干净的种薯是通过组织培养得到的，在适当的设施环境下精心生产的微型薯，也应该是不带有病原菌的。然而，随着逐代繁殖，种薯上携带软腐细菌的量也会增加，并且与环腐病侵染源的接触风险也相应增加。因此，在软腐病和环腐病的管理策略上，采用低代种薯是一个很重要的策略。

田间生长的块茎不可避免地会被软腐细菌 *P. carotovorum* subsp. *carotovorum* 污染，在一些区域，同样也会被黑胫细菌 *P. atrosepticum* 污染，尽管在其他某些区域，也许是因为很好的隔离条件，田间生长的块茎相对干净，没有被黑胫细菌污染。已经建立马铃薯种薯携带黑胫细菌数量的实验室检测方法，但对于日常的监测性价比还是有些偏高。

另外，对于马铃薯种薯进行环腐细菌感染的实验室检测是可行的，在一些认证项目中也已经属于常规检测（第6章）。通常情况下，一块种薯田会随机取样400个薯块，然后分为两组，每组200个，通过酶联免疫吸附测定（ELISA）或一种免疫荧光方法进行检测。分子检测方法也已经建立，但是大多数用于对疑似带菌种薯进行是否带有细菌的确认，而非用于常规检测。实验室检测的精准度很大程度上取决于样本量的大小，如果只有少数块茎带菌，样本量越大，就越可能检测出环腐细菌。通过实验室检测并不能100%地确定种薯是不带软腐细菌的，必须评估整个种薯生产系统的所有细节以确定种薯不带有环腐细菌的可能性。如果块茎的表面在收获时被环腐细菌的侵染源所污染，这种情况是不能被实验室检测出来的。实验室检测只适用于对已经发病的块茎内部和生长季中发病的茎进行检测。

不同的马铃薯品种对于软腐病与环腐病的感病程度不同，因此对于马铃薯品种的选择也会成为避免病害的一种方法。然而，对于环腐病有较高抗性的马铃薯品种，会带来潜伏侵染风险的增加，它们可通过农事活动把病菌传播到其他品种。一些马铃薯品种比其他品种对黑胫病更具抗性，但是所有的品种都能够被侵染。没有任何一种马铃薯品种对块茎软腐病有抗性。

农场卫生

细菌病原体可通过很多方式传播，农场机械和人员活动是主要的传播途径，但也可通过昆虫、鸟类、啮齿类动物及其他动物来传播，并且可以气溶胶的形式在空气中传播。因此，最重要的就是保持农场环境中接种体数量在一个最低的水平，这可以通过保持良好的卫生来实现。分选后的遗弃薯块要尽快运走或焚烧；机械设备在田块间转移时要进行清洗和消毒；卡车、传送带和装箱机跌落的薯块要及时清除，不能留在地上，因为这些薯块通常已经被挫伤，并且很容易腐烂，一旦腐烂，它们就会向外传播细菌。

通过对农场使用的所有接卸设备和运输工具进行适当消毒是避免**环腐病**最重要的方法。在进入处理马铃薯的区域之前，所有的轮子及拖拉机挂斗的内部都应该清理和消毒，特别是种薯农场，在这里很少量的侵染源就会传给数代马铃薯。

饲用马铃薯种植者和用等外或低等级薯块作为动物饲料的农场，必须特别注意在整个操作过程中的卫生。环腐细菌和软腐细菌通过牛和其他动物肠道后的存活率还不清楚，但是没有被动物吃掉或部分被吃掉的薯块经常携带着软腐细菌和环腐细菌，需要遵守严格的规范以避免饲用薯块和种薯相互接触。如果饲用薯块偶然进入了种薯田块并长成了自生苗，就必须考虑环腐病污染的风险。

生长季中的管理

农艺措施

栽培管理措施，如播种、培土、灌溉、喷药及收获都与作物的健康有关。这些农事活动是如何进行的对于细菌性软腐病的管理是至关重要的，但是它们在环腐病的管理上就没那么重要了。

未受伤的种薯会长出最健康的植株，当种薯在处理过程中出现挫伤和损伤时，**种薯芽块腐烂**就会增加。应尽可能缩短种薯从传送机末端掉落的距离，以避免擦伤，最好不要高于15 cm。种薯切块也会增加对腐烂的易感性，只有在很好的成本效益的需求下才应这样做。在切不同地块种薯的间隔，所有切块和处理工具都应该彻底清洗，以避免交叉感染以及病菌的传播。

推荐对种薯芽块进行杀菌剂处理以减少芽块腐烂，尽管大多数杀菌剂都没有杀细菌活性。例如，镰刀菌属（*Fusarium*）等真菌会给软腐病菌创造侵染位点，所以防控这类真菌将会降低种薯芽块腐烂的风险。

种薯在播种之前要升温至10～13℃，并且应播种到种植深度土层温度为10～13℃的土壤中。需要不惜任何代价避免将冷的种薯播种到温暖的土壤中，种薯在这种情况下会“出汗”，进而创造一个潮湿的环境，这有利于细菌的繁殖及增加种薯芽块对腐烂的敏感性。如果可能的话，同样应避免播种后即刻灌溉，只有在出苗后才应该开始灌溉。

积水的土壤有利于**种薯芽块腐烂**和**黑胫病的发生**。因此，马铃薯应该种植在排水性能良好的土壤中，并且如果有必要的话，灌溉只用来保持充足的土壤湿度。在水分饱和的土壤中，种薯芽块腐烂、黑胫病及块茎软腐病会变得更加严重。通常情况下，有利于马铃薯生长的环境是不利于软腐病害发生的；如果一直保持与马铃薯最佳生长条件相比不是特别冷就是特别热的生长条件，可以预测病害的发生会很多。潮湿的土壤也会促进子代块茎的皮孔被侵染。皮孔被侵染不一定会导致腐烂，但是皮孔被侵染并开张的块茎确实会更加容易腐烂。

积水的土壤有利于种薯芽块腐烂和黑胫病的发生。

像植株地下部分的病害一样，**气生茎腐病**在潮湿的条件下也会更严重。喷灌很可能会造成冠层浓密及长时间的叶片湿润，这更有利于软腐细菌。马铃薯的茎因大风、冰雹、昆虫、喷药或培土等农事操作被损伤之后特别容易感病。植物地上部分的感病性可以通过避免种植株型大和叶片浓密的品种、增加行间距、避免过度施肥（特别是氮肥）来阻止叶片过度生长等来减轻。仔细控制灌溉时机、持续时间及频率也是一个很重要的管理作物的方法。最好不要从夜间灌溉到清晨，让叶片在下午保持干燥。同样，为了使气生茎腐病的发生降至最低，减少灌溉次数、加长每次灌溉的时间比多次灌溉、每次时间短要好。上述措施会降低细菌性软腐病害的发生率，但它们都不能完全预防这些病害。

收获的条件和操作方式对于马铃薯的耐贮性有很大的影响，需要贮藏的块茎在收获之前应该完全成熟。在刈秧之后，块茎应该在土壤中保持至少7 d，使薯皮老化，以保护薯块在收获的过程中不易受伤。然而，在哥伦比亚盆地半干旱的环境中，即使是在绿秧条件下进行收获，块茎依然可以被很好地贮藏（第10章）。如果可能的话，应该只在土壤温度较低的10～18℃的情况收获块茎；在收获时，如果薯肉的温度高于18℃，则其在贮藏过程中更容易腐烂。即便薯皮已经成熟且老化，也必须避免擦伤和机械伤以把腐烂的可能性降至最低。

环腐病是一个零容忍病害，且必须在种薯生产和选择过程中被大力控制。永远不提倡使用被环腐细菌污染的种薯，因为它们会增加种植区域的病原菌数量，并且会危害其他田块，特别是那些种薯田。

为了避免环腐病的扩散，机械设备从一个田块进入另一个田块之间进行清理和消毒是十分重要的。大多数消毒剂接触土壤和有机质后就会失去活性，因此在消毒前清理所有的表面是极为重要的。只有让细菌接触消毒剂足够的时间才能将其杀灭，通常需要10 min。对于运输车辆和贮藏场所进行清理和消毒也是很重要的，因为环腐细菌在这些地方可以存活几年之久。

贮藏和包装过程中的管理

马铃薯块茎最好贮藏在通风良好的低温条件下。如果可能，雨天不应进行收获，潮湿的块茎不能被很好地贮藏。腐烂的块茎在入库之前应该被分拣出来。在贮藏最初的10～14 d，温度应该调节至10～13℃，以促进伤口愈合。即使在最好的环境条件下收获，也会发生一些挫伤和机械伤，在贮藏过程中受伤的位置能够成为软腐病菌的集中侵染部位。伤口愈合之后，需要降低温度以使软腐病菌的生长最小化，贮藏温度应该低于10℃。对于供给鲜食市场和加工马铃薯，贮藏温度不应该过低，以避免淀粉转变成糖；种薯可在低一些的温度下贮藏。贮窖的湿度需要保持在较高的状态，要高达90%～95%，避免块茎失水，然而，需要提供良好的通风条件以避免块茎表面出现凝结水和维持足够的氧气水平。水膜可导致块茎表面变为厌氧环境，从而抑制其天然的抗感染能力，同时为软腐细菌的生长创造有利条件。应该监测储堆出现潮湿或温度升高的点，因为二者都表明腐烂正在发展。

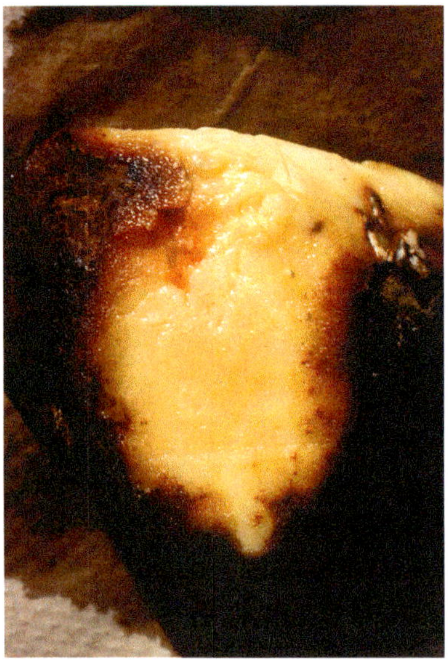

图 18.18 晚疫细菌侵染之后发展成的块茎软腐症状。（D. A. Johnson 友情提供）

水膜可导致块茎表面变为厌氧环境，从而抑制其天然的抗感染能力，同时为软腐细菌的生长创造有利条件。

不应该清洗将要被贮藏的块茎，如果它们将很快被出售需要清洗的话，那么清洗后必须烘干（通常通过强制通风）才可以包装。将潮湿的块茎放入塑料袋中是后患无穷的。

被晚疫细菌侵染的块茎经常会很快地被软腐细菌侵染（图 18.18），造成贮藏中的大量损失，建议对于已经发生大量晚疫病、黑胫病或块茎软腐病的田块收获的马铃薯块茎尽快加工。如果在贮藏过程中出现了块茎腐烂，增加通风来使得已出现的潮湿的地方变干燥，将会降低贮藏中发生腐烂的机会。

尽管应该不惜一切代价来避免**环腐病**，马铃薯作物有时还是会被该细菌侵染。如果该病害严重发生，多数块茎将会在收获之前就腐烂，这样的田块最好放弃收获。然而，如果环腐病发病率低，通常可以加以挽救用于加工甚至鲜食市场。具有可见症状的块茎在入库之前应该被分拣出来，在被软腐细菌侵染的田块也应该遵循同样的贮藏原则，在可行的情况下保持凉爽和干燥的贮藏环境。

第 19 章

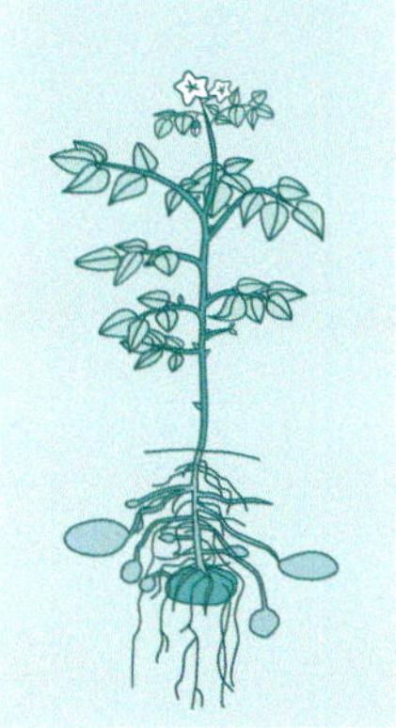

Mary L. Powelson 俄勒冈州立大学植物学与植物病理学系，科瓦利斯

Randall C. Rowe 俄亥俄州立大学植物病理学系，伍斯特

种传和土传病害管理

马铃薯生产过程中面临各种各样种传和土传病害。这些病害会影响种薯质量、作物生长及马铃薯的产量和品质。它们主要引起母薯的腐烂，马铃薯根部、匍匐茎和地中茎的溃疡，维管束阻塞，疮痂，薯块腐烂和缺陷。这些病害在美国和加拿大的马铃薯产区普遍发生。其危害程度取决于种植区域、品种特性和预期用途。

这些病害大多数（但不是全部）是单循环病害，即每个生长季节仅发生一次侵染、扩展和繁殖。因此，有效的防控策略聚焦在：①减少种薯或土壤中的病原基数；②种植抗病品种；③提供不利于病害侵染的环境条件；④必要时使用杀菌剂防治。

病害和病原生物学

播种期间的病害

镰刀菌芽块腐烂病最早在种薯切口边缘出现褐色干腐，之后在切面上形成褐色至黑色的斑点并在一周之内形成凹陷，两周之内形成空腔。空腔内部一般会长出白色至粉红色的菌丝（图 19.1）。软腐细菌通常更容易侵染干腐的薯块，导致湿黏性腐烂。

镰刀菌芽块腐烂病的病原为茄病镰刀菌蓝色变种和接骨木镰刀菌。这两种病原菌的流行程度因地理区域而异。两种病原菌在患病薯块上越冬，并在土壤病残体上以厚垣孢子和菌丝体存活。种薯受到感染后在种薯处理和切块时进行传播。偶尔也会因为薯块接触到土壤中的病原菌而导致发病。病原菌主要通过伤口和未愈合切口侵入。在温度超过 12.8℃潮湿的土壤中，种薯腐烂的速率增加。这些病原菌的寄主范围很窄，马铃薯是其唯一的寄主。

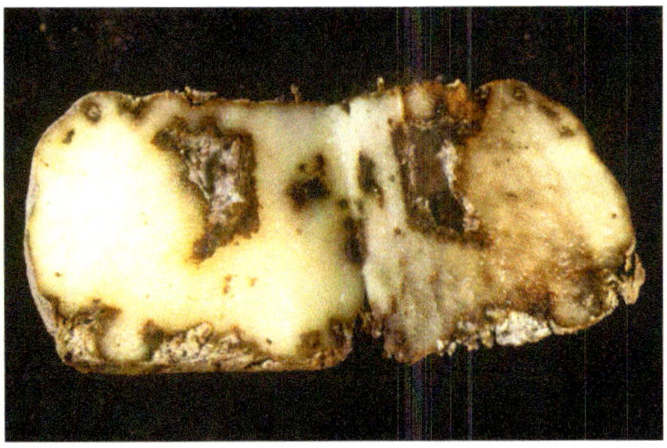

图 19.1 镰刀菌芽块腐烂病。切面上的干腐组织有一些含有白色至粉色菌丝体的小洞。（G. Secor 友情提供）

腐霉芽块腐烂病会造成更为严重的问题，通常这种情况是在过度降水或者早期灌溉排水不良的条件下发生的。如果将种薯种植在土壤

湿度连续几天处于饱和状态并且土壤温度升至21℃的土壤中，染病薯块会快速腐烂，导致出苗延迟和出苗不全。

腐霉芽块腐烂病主要是由卵菌*Pythium ultimum*引起的，该病菌可以休眠卵孢子在土壤中存活多年，它从搬运或切种造成的伤口侵入芽块。随着土壤温度升高，芽块对侵染的敏感性也升高。该病菌寄主范围很宽，造成多种作物的猝倒病和根腐病。

影响植株生长的病害

丝核菌溃疡会影响新生芽、茎和匍匐茎的发育。溃疡是一种褐色至黑色、凹陷的病斑，凹陷处组织死亡。如果是在出苗前侵染，会导致全田出苗不全。受立枯丝核菌侵染的马铃薯出苗后仍然发育不良（图19.2A）。当病斑环绕匍匐茎一圈时，会阻碍植株通过匍匐茎向薯块传输营养（图19.2B），薯块膨大受阻。如果病斑绕主茎一圈可能会引起叶片变黄、发紫和上卷，也可能形成气生薯。这三种病害，即芽溃疡、匍匐茎溃疡和茎溃疡都是由立枯丝核菌引起的。在相对湿度高的情况下，病原菌发育为有性阶段（*Thanatephorus cucumeris*，瓜亡革菌）（图19.2C），在近地表2～5 cm的地上主茎周围形成白色霉层。因为它类似马铃薯茎上的菌核菌产生的霉层，容易被误认为是菌核病（第21章）。这一阶段的丝核菌对植株活力没有明显影响。

图19.2 幼茎上的丝核菌溃疡（A）。匍匐茎上的丝核菌溃疡，两种病害都是表现为凹陷的深褐色至黑色病斑（B）。在主茎上靠近土壤表面的地方长出白色粉状霉层，这是由该病原菌的有性阶段形成的（C）。

立枯丝核菌以厚壁休眠结构（菌核）或以菌丝体在病残体上越冬。虽然芽溃疡、匍匐茎溃疡和茎溃疡都是由同一种真菌引起的，但这些病害的病原来源不同。块茎带病是芽溃疡的主要来源。土壤带病是匍匐茎溃疡和茎溃疡的主要来源。对于这三种病害，冷凉（13～16℃）、湿润的土壤环境是感染的最佳条件。病原体可直接穿透表皮进入宿主组织。

立枯丝核菌的几种不同融合群都可以侵染马铃薯，但是侵染马铃薯的优势菌群是融合群3（AG-3）。除少数杂草和马铃薯的近亲作物，如龙葵和茄子外，这种融合群不会引起其他作物的病害。因此，这种病原体的寄主范围很窄。轮作作物可能感染其他融合群的立枯丝核菌，但是这些通常对马铃薯造成的危害很小。

马铃薯早死病（又称马铃薯黄萎病）是一种维管束病害。田间最早零星一株或者几株表现出早衰症状。叶片表现为不规则的褪绿和萎蔫（图19.3A），类似于正常衰老的叶片。叶片脉间变黄或呈黄褐色。叶片变黄和死亡往往从植株的下部开始，植株完全死亡之前仍保持直立。将发病植株的茎部剥开发现维管束颜色变褐（图19.3B），但是维管束变褐并不是判断黄萎病的唯一标准，其他病害也能够引起维管束变褐。感病薯块上维管束颜色也会变褐。

图19.3　马铃薯早死病。叶片不均匀坏死和褪绿（A）；茎基部切开后可见维管组织褐变，伴随着马铃薯早死。该症状不可作为诊断标准，因为其他病害或胁迫也可造成此症状（B）。

两种病原菌，即大丽轮枝孢菌（*Verticillium dahliae*）和黑白轮枝孢菌（*V. albo-atrum*）是引发马铃薯黄萎病的主要原因。大丽轮枝孢菌在美国普遍存在，尤其是夏季平均气温超过26.7℃的产区占主导地位。黑白轮枝孢菌在较低温度下生长，通常在生长季日平均温度不超过21℃的地区引起马铃薯黄萎病，如缅因州、红河谷、加拿大南部和佛罗里达州的冬季产区。在一些地区，穿刺短体线虫（*Pratylenchus penetrans*）可能与大丽轮枝孢菌存在相互作用，成为马铃薯黄萎病的重要原因（第20章）。当大丽轮枝孢菌和穿刺短体线虫都感染植物时，即使在病原体种群密度很低的情况下，可能单一病原体对植株几乎没有影响，也会发生严重的黄萎病症状和明显的产量损失。其他几种短体类的线虫也可直接影响马铃薯，但它们在马铃薯黄萎病中的作用尚不清楚。

黄萎病菌在土壤中越冬，其中大丽轮枝孢菌是以小型黑色的厚壁休眠结构（称为微菌核）越冬；而黑白轮枝孢菌是以黑色菌丝体越冬。两种病原体都可以在种薯表面和维管束组织中携带。黄萎病菌宿主范围非常广，包括200多种双子叶植物，有一年生草本植物和多年生木本植物。它也可以在一些谷类作物的根部持续存在而不会发病。尽管黄萎病菌具有广泛的宿主范围，但是这种病原体的一些菌株是有宿主适应的，因此对某些物种具有更强的致病性。大丽轮枝孢菌有4个营养亲和群（VCG），但只有一个（VCG 4）是马铃薯的重要病原体。VCG 4菌株进一步细分为VCG 4A和VCG 4B，前者对马铃薯更具攻击性，且与短体线虫的交互性更强。

短体线虫（*Pratylenchus*）以卵、幼体或成体越冬。它的寄主范围也很广泛，包括许多单子叶作物和双子叶作物及杂草（第20章）。

黄萎病菌和短体线虫都会侵染植株根部。黄萎病菌在根尖附近穿透并生长到木质部组织中，它通过维管组织在整个植株中繁殖和扩散。短体线虫可侵入根的表皮组织，但不进入维管组织。潮湿的土壤和较高的蒸散率更适合黄萎病和短体线虫的侵染和扩展。这些条件导致携带黄萎病菌分生孢子的水快速进入维管组织。温度在发病机制中也起着关键作用，大丽轮枝孢菌生长的最佳温度是23.8℃；黑白轮枝孢菌的最适生长的温度是20℃；穿刺短体线虫生长的最佳土壤温度约为23.8℃。随着平均气温从18℃升至29℃，病害严重程度逐渐增加，温度超过29℃后黄萎病菌停止侵染。

影响块茎质量的病害

图19.4 疮痂病。在表皮形成浅表的、轻微隆起或者深陷的棕褐色至深褐色粗糙纹理的病斑。（B. Christ友情提供）

8种病害可显著影响块茎质量：疮痂病、粉痂病、粉腐病、湿腐病（leak）、黑痣病、镰刀菌干腐病、黑点病和银屑病。块茎质量也会受到某些线虫的影响（第20章）。

疮痂病仅发生在块茎上。早期会在块茎周皮下方出现褐变和异常的细胞膨胀。随着病斑老化，会形成圆形的聚集型疮疤。收获时，块茎表面覆盖褐色到深褐色的粗糙病斑（图19.4）。

疮痂病病斑可以是浅表的，轻微隆起或者深陷的。在北美，有两种放线菌可以引起马铃薯普通疮痂病。疮痂链霉菌（*Streptomyces scabies*）在所有马铃薯产区都有发现，而酸性链球菌（*S. acidiscabies*）只在美国东北部有发现。后者是引起所谓酸性疮痂病的原因。两种病原菌都以孢子形式存在，可通过种薯传播，也可通过土壤传播。病原菌通过皮孔侵入块茎。温暖（21℃以上）、干燥的土壤利于侵染。该病在pH 5.5～7.5的土壤中最严重；但酸性疮痂病可以在pH 5.0以下的土壤中发生。这两种病菌的宿主范围相对较窄。除了马铃薯，它们还会在啤酒花、萝卜、芜菁、胡萝卜和防风草的肉质主根上发生普通疮痂病。

粉痂病与疮痂病不同，既可以侵染根部也可以侵染薯块。被侵染的植株根部会形成瘿状物和瘤状物（图19.5A）。粉痂病与地上部分症状无明显相关性，但某些品种的产量可能受到影响。块茎染病，最初在表皮形成小的褐色斑点，然后小斑点逐渐膨大成水疱状或丘疹状的疱斑。病原菌通过皮孔和芽眼侵入块茎。病原菌侵染导致块茎周皮内细胞的异常增大和分裂。最后，周皮破裂，导致痂状生长（图19.5B）。病变下方的组织最终衰变，留下一个浅棕色的凹陷，充满大量橄榄棕色至深褐色、粉状的持久休眠孢子，称为孢子囊。块茎症状通常与疮痂病相似。在轻微凹陷的病斑边缘观察病斑撕裂形状，可以帮助区分粉痂与疮痂病。但最终的确诊需要借助显微镜观察。

马铃薯粉痂病的病原是粉痂病菌（*Spongospora subterranea*）。病菌在块茎和土壤中以休眠孢子囊的形式越冬和越夏，病原菌在土壤里可以存活6年或更长时间。根和块茎染病的来

图 19.5　粉痂病。根部的瘤状菌瘿（A）；块茎上的病斑为褐色水疱状或丘疹状疱斑，每个病斑下方有一个浅的凹陷充满橄榄色至深褐色、粉末状孢子团，病斑边缘开裂有助于区分该病与疮痂病（B）。（D. A. Johnson 友情提供）

源是受侵染的种薯、块茎或存在于土壤中的病原菌。凉爽（13～18℃）、潮湿的土壤有利于侵染。在不同的土壤 pH（4.7～7.6）都能引起病害。侵染马铃薯的病原寄主范围较窄。它只能通过在马铃薯的根部或与马铃薯亲缘关系较近的杂草和作物上形成孢子囊来完成其生命周期，如黑茄、刺槐、胡椒和番茄。一个生长季中马铃薯粉痂病可以发生多次侵染循环。

粉腐病会影响田间的根和块茎及贮藏中的块茎。受感染的块茎中，通常在腐烂的边缘出现一条深色的线，可以通过表皮看到。该病有三个典型症状。当块茎在腐烂的最初阶段被切开，暴露在空气中 20～30 min 后，被切割的表面变成橙红色（图 19.6）。随着病害的发展，块茎获得了一种“熟土豆”的质地，这与健康块茎的脆质形成了鲜明的对比。当受感染的块茎被切开并轻轻挤压时，少量的透明液体会从块茎中排出。贮藏过程中，患病的块茎会产生一种氨味，这是判断该病的重要标志。

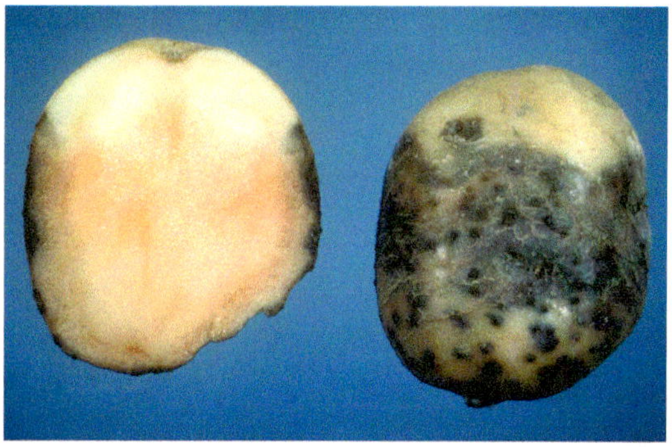

图 19.6　粉腐病。块茎外部腐烂（右），发病块茎的切面暴露于空气中会变为粉色（左）。

粉腐病最常见的是由卵菌纲疫霉菌引起的，这种真菌在许多土壤中是普遍存在的，它以卵孢子的形式越冬或者越夏。田间土壤湿度大、块茎温度高于 20℃时有利于侵染。在这种环境中，卵孢子萌发并产生孢子囊，然后释放出能在土壤水中移动的小游动孢子。与块茎接触的游动孢子可直接通过皮孔和芽眼侵入块茎。然而，多数情况下块茎的感染发生在匍匐茎刚要膨大时。采收期间，如果块茎与其他病变组织接触，也会受到侵染，脱皮严重的块茎更易被感染。粉腐病的寄主有 30 多种，包括马铃薯的近亲作物和杂草，如番茄、甜椒、茄子和几种茄属植物。从菠菜、小粒谷物和一些豆科植物的根中也能分离到病原菌株。

湿腐病（leak，也称为壳腐病）最初发生在田间，贮藏过程中症状会变得更加严重。在切开的块茎中可以看到最初的症状，内部组织呈灰色或棕色水状腐烂，周围有明显的红褐色至黑色边界（图 19.7）。挤压时，有症状的块茎通常渗出一种黑色的、水状的液体。随着病害在块茎中发展，通常剩下的就是薄薄的、纸质的周皮，因此称为壳腐病。

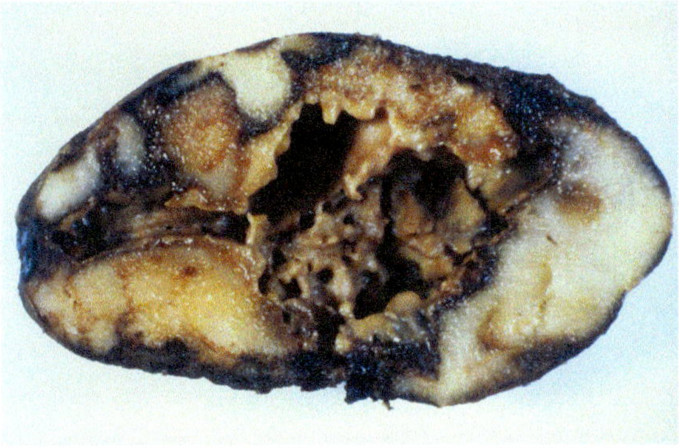

图19.7 湿腐病（leak）。内部组织灰色至棕色、湿腐，被清晰的红棕色至黑色边界所包围。

湿腐病是由卵菌纲腐霉菌引起的，主要是*P. ultimum*。这些病原体在土壤中以卵孢子的形式越冬和越夏。有利于游动孢子萌发和产生的条件与粉腐病相似。湿腐病只有通过伤口才能侵染块茎。在温暖的块茎（薯肉温度在21℃以上）利于侵染。腐霉菌（*Pythium*）寄主范围广，可在多种作物中引起立枯病和根腐病。

黑痣病是一种块茎病害，种植者称其为“洗不掉的污垢”。诊断的主要症状是块茎表面暗褐色到黑色的菌核。菌核发生在浅表层，形状不规则。它们的外观各不相同，从深色、网状或皮屑状到个别的黑色凸起，从针头状到豌豆状，大小不等（图19.8）。它们不会穿透或损坏块茎。病原菌为立枯丝核菌（*Rbizoctonia solani*），能够导致芽、匍匐茎和茎的病变。黑痣病是由土壤中病原菌引起的。冷凉（13～16℃）、潮湿的土壤是侵染的最佳条件。

镰刀菌干腐病是一种收获后发生的病害，会导致种薯和商品薯的在贮藏和运输期间的损失。最初的症状是块茎表面的浅褐色病斑。病斑缓慢扩张，最终凹陷、皱缩。切开病薯后，可以明显看到干燥、易碎、棕色的腐烂病变（图19.9）。

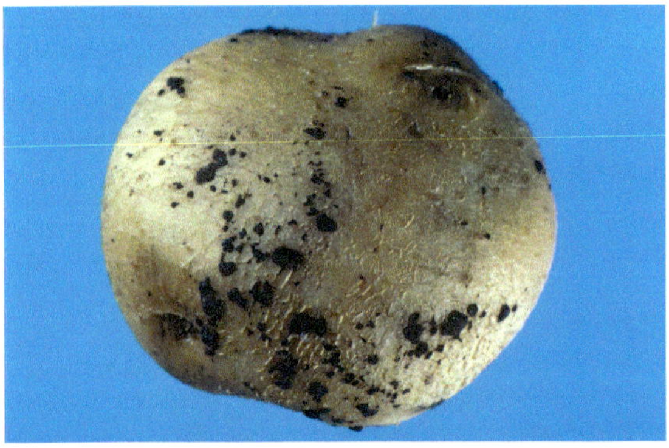

图19.8 黑痣病。在块茎表面上形成深棕色至黑色的菌核。

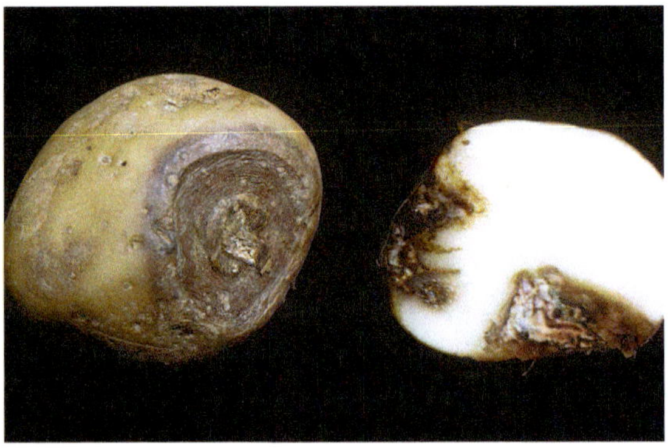

图19.9 镰刀菌干腐病。块茎内部组织干、脆、棕色腐烂，腐烂的洞中经常可见白色霉层。

贮藏期块茎的干腐病最常见的是由接骨木镰刀菌引起的，尽管可能涉及其他种类的镰刀菌。这种病菌在发病的块茎和土壤中以厚垣孢子和菌丝体的形式在不同季节存活。土壤中的病菌在收获期间进行传播，当病原体通过收获伤口进入块茎时就会发生侵染。在相对湿度较高和15～21℃时，干腐病的发展速度最快；然而，即使在较低的温度下，干腐病仍然缓慢发展。这种干腐病病原菌不会感染其他植物。

黑点病是一种严重影响马铃薯生产的病害。感染黑点病的块茎、根、茎和匍匐茎上会密生黑色小菌核。在受感染薯块的茎端，通常可以观察到薯皮上的病斑。病斑颜色为银色到棕色，边界不清晰（图19.10），虽然银屑病也是银白色的，但通常有明确的边界（图19.11）。纵切后发现茎基部通常呈紫水晶颜色。叶、叶柄和地上茎也可能出现暗褐色到黑色的病斑。

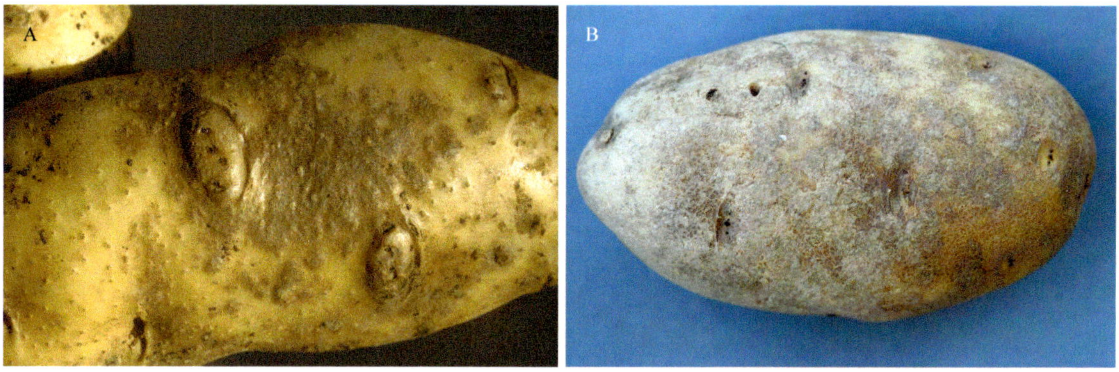

图19.10　黑点病。在白皮品种‘Shepody’（‘夏波蒂’）（A）和‘Russet Burbank’（‘布尔班克’）（B）上形成银色至棕黑色、边缘不清晰的病斑。（D. A. Johnson友情提供）

叶部可能会出现类似早疫病的病斑（第21章），但没有典型的同心轮纹。受侵染植株叶片可能会出现黄化或枯萎，类似于马铃薯黄萎病的症状。这两种病害通常同时出现，但这些叶部症状都不是黑点病所特有的。

黑点病是由炭疽菌引起的。病原菌以菌核的形式存在于土壤和受侵染的块茎上。在生长季节，由菌核发育而来的子实体称为分生孢子盘，分生孢子盘产生孢子（分生孢子），感染地下组织。此外，随风传播的分生孢子可以通过由风沙造成的伤口侵入植株。大多数感染都是潜伏的，直到组织开始成熟或植物受到胁迫，此时带有大量菌核的病变很容易发生。寄主范围包括马铃薯近亲作物和杂草，如番茄、胡椒和黑茄，以及与马铃薯轮作的一些作物，包括薄荷、黄芥菜、春油菜、大豆和苜蓿等豆科植物。它也可以寄生在一些禾本科杂草，如燕麦、蒂莫西、巨大狐尾草，以及一些其他杂草如苘麻上。

图19.11　银屑病。在薯皮上形成棕褐色到银灰色，形状不规则的病斑。

银屑病发生在薯块表皮，不会造成内部伤害。在薯皮上形成棕褐色到银灰色，形状不规则的病斑（图19.11）。病斑圆形、有明确的边界，病斑小的如针头大小，大的可以覆盖大部分块茎表面。随着病害的扩展，有些病斑会融合。潮湿环境中银屑病斑很明显，病斑只停留在薯皮，不会对内部组织造成损害。贮藏一段时间后，有症状的块茎表面会因水分流失过多而变得萎蔫和皱缩。银屑病的症状易与黑点病症状相混淆（图19.10和专栏7.1）。

本章所讨论的病害中，银屑病与粉痂病在一年中有多个侵染循环（侵染、生长和繁殖）。虽然这些病菌能在土壤中存活一段时间，但是带病种薯是初侵染的主要来源，形成于病薯表面的分生孢子随雨水或灌溉水传播，病菌通过皮孔或直接侵染周皮进入发育中的块茎。块茎茎端的症状较重，严重程度随着时间的推移而增加；杀秧后，块茎留在地下的时间越长，症状越严重。

银屑病的再侵染（从病薯到健薯）发生在贮藏库中。相对湿度大于90%（特别是95%以上），温度高于3.3℃的条件下，发病块茎表面形成分生孢子，通过气流和通风系统传播，并沉积在健康块茎的表面。由于贮藏库内温度和相对湿度的波动，块茎表面容易形成自由水，易于分生孢子萌发并侵染健康块茎。贮藏4～5个月后，贮藏过程中继发感染引起的病变通常会变得明显。与田间侵染不同的是，在贮藏过程中形成的病变并不局限于块茎的茎端，而是可能覆盖块茎表面的大部分。

银屑病是由茄长蠕孢菌（*Helminthosporium solani*）引起的。病原菌在病薯和土壤中以分生孢子的形式越冬。分生孢子在土壤中存活能力较差，因此带病种薯被认为是主要侵染源。该病原菌的寄主范围很窄，马铃薯是唯一已知的寄主。

本章讨论的种传和土传病害在侵染源、侵染部位、休眠结构和寄主范围等方面存在很大差异（表19.1）。枯萎病、黑痣病和银屑病的主要侵染源是带病种薯。疮痂病和粉痂病的侵染源包括带病种薯和土壤。病菌在土壤中的长期存活能力对于腐霉烂种、丝核菌溃疡病、黄萎病、粉腐病、湿腐病、黑痣病、镰刀菌干腐病和黑点病等病害的发生起关键作用。镰刀菌引起薯块腐烂和干腐病、黑痣病、粉痂病、银屑病的病原菌的寄主范围较窄。相比之下，引起疮痂病、粉腐病和黑点病的病原菌寄主范围居中，而腐霉菌引起的种薯腐烂、黄萎病和湿腐病的病原菌寄主范围较广（表19.1）。伤口是引起种薯腐烂、湿腐病和干腐病的必要条件，而其他病原菌可通过直接或通过自然孔口侵染马铃薯。只有全面了解病原生物学特征和病害侵染的条件，才能更好地制订病害管理方案，甚至针对多种病害的综合解决方案。

表19.1 马铃薯种传和土传病原物的侵染源、侵染部位、休眠结构和寄主范围

病害	病原	侵染源		侵染部位				休眠结构	寄主范围
		种传	土传	芽	匍匐茎	根	块茎		
镰刀菌芽块腐烂病	*Fusarium solani* var. *coeruleum*, *F. sambucinum*	×	×	…	…	…	×	厚垣孢子	窄
腐霉芽块腐烂病	*Pythium ultimum*	…	×	…	…	×	×	卵孢子	宽
丝核菌芽溃疡	*Rhizoctonia solani*	×	…	×	…	…	…	菌核	窄
丝核菌匍匐茎和茎溃疡	*Rhizoctonia solani*	…	×	×	×	…	…	菌核	窄
马铃薯早死病	*Verticillium dahliae*, *V. albo-atrum*	×	×	…	…	×	×	微菌核，深色菌丝	宽
	Pratylenchus penetrans	…	×	…	…	×	…	卵、幼虫、成虫	宽
疮痂病	*Streptomyces scabies*, *S. acidiscabies*	×	×	…	…	…	×	孢子	中等
粉痂病	*Spongospora subterranea*	×	×	…	…	×	×	休眠孢子团	窄
粉腐病	*Phytophthora erythroseptica*	…	×	…	×	×	×	卵孢子	中等
湿腐病（leak）	*Pythium ultimum*	…	×	…	…	×	×	卵孢子	宽
黑痣病	*Rhizoctonia solani*	…	×	…	…	…	×	菌核	窄
镰刀菌干腐病	*Fusarium sambucinum*	…	×	…	…	…	×	厚垣孢子	窄
黑点病	*Colletotrichum coccodes*	×	×	…	×	×	×	菌核	中等
银屑病	*Helminthosporium solani*	×	×	…	…	…	×	分生孢子	窄

…表示不适用。×表示适用。

种传和土传病原体管理

选择通过质量认证的种薯是管理**种传病原体**的重要措施。但是，本章所介绍的病害并未在加拿大和美国的认证目录里。因此对种薯进行目测检查是确定病害数量非常重要的第一步（第7章）。这是通过官方的出货点和到货检查及种植前对种薯质量的仔细观察来实现的。这些信息将帮助生产商就种薯是否适合种植、如何在种植前和种植时处理种薯以及在作物生长过程中实施哪些病害管理策略做出明智的决定。

了解计划用于马铃薯生产的每一个地块的病害发生史是成功管理**土传病原体**的第一步。这一信息来自以前在每一块田地和邻近田里种植的马铃薯作物的准确记录。在极端情况下，植物检疫条例可能适用于在局部地区发现的某些高风险病害。最近的案例包括因马铃薯疣和马铃薯孢囊线虫暴发而产生的种植条例（第20章）。根据对潜在病害情况的了解，可以实施适当的管理策略，包括种植前一至几年、种植前一年、作物生长期间和贮藏期间等。

无论是土传病害还是种传病害，成功地控制这些病害的关键是一种结合品种、遗传和化学策略的综合方法（表19.2）。

马铃薯种植的前几年

轮作

健康的土壤是种植健康马铃薯的基础。本章讨论的几种土传病害具有广泛的宿主范围和长期的休眠结构。因此，谨慎处理用于马铃薯生产的土壤，使之不利于土传病害的生存，而有利于拮抗微生物的生存（第3、5章）。

由于多种原因，轮作是一种很好的做法，但一般来说，它只有作为综合管理方案的一部分才是最有效的。如果将轮作作为一种预防性而非治疗性的病害管理策略来实施，那么轮作是最有效的。轮作的目标应该是在土传病害病原菌数量达到足以影响薯块产量或质量之前，将其数量降至最低。与其他作物轮作2～3年是抑制寄主范围有限或不产生长期存活结构的病原体的一种有效策略。镰刀菌引起的种薯腐烂病、黑痣病、疮痂病、粉痂病、粉腐病、干腐病、枯萎病、黑点病和银屑病的病原菌均有较窄或中等的寄主范围，并且引起普通疮痂病和银屑病的病原菌无长期生存的结构。

与苜蓿、玉米、黑麦、小谷物、干豆菜和大豆轮作是防治疮痂病的较好选择。应避免用胡萝卜、甜菜、红三叶草、菠菜、芜菁或萝卜轮作。甜菜茬种植马铃薯会增加立枯丝核菌引起的茎溃疡的风险。相反，马铃薯与牧草或者谷物轮作可以减少丝核菌茎溃疡和黑点病的发生率和严重度。番茄和辣椒与马铃薯同属茄科，应避免与马铃薯轮作。出于同样的原因，在马铃薯和轮作作物中应很好地控制亲缘关系密切的杂草种类，如黑茄。黄萎病菌（*Verticillium*）和腐霉菌（*Pythium*）是引起马铃薯早期死亡和湿腐病（leak）的病原菌，在潜在的轮作作物中具有广泛的寄主范围，并有长期的存活结构。与玉米、小谷物或苜蓿的短期轮作作为马铃薯黄萎病和湿腐病（leak）的全面管理的一部分是有效的，但这种做法通常只在病原菌尚未成为土壤中优势菌群时才有效。最近对花椰菜等作物轮作的研究表明，大丽轮枝孢菌的小菌核的数量显著减少，随后在这些农田中生长的易感作物的枯萎病症状也得到了抑制。这一效应是由于这些作物释放的化学物质对微生物菌核的存活有特殊的影响。

表 19.2　马铃薯种传和土传病原体所致病害防控措施采取时间

病害	种植前年份	马铃薯种植的前一年			播种				块茎形成		块茎成熟	收获			贮藏环境		
	轮作	土壤熏蒸剂	有机改良剂	非有机改良剂	种薯操作	拌种/包衣	播种深度	沟施杀菌剂	叶面杀菌剂	水分管理	水分管理	挫伤管理	时间	杀菌剂	温度	湿度	通气
镰刀菌芽块腐烂病	…	…	…	…	++	+	++	+	…	…	…	…	…	…	…	…	…
腐霉芽块腐烂病	…	…	†	…	++	…	++	…	…	…	…	…	…	…	…	…	…
丝核菌芽溃疡	…	…	…	…	…	+	+++	+	…	…	…	…	…	…	…	…	…
丝核菌匍匐茎和茎溃疡	++	…	…	…	…	+	+	+	…	…	…	…	…	…	…	…	…
马铃薯早死病	+	+++	+	…	…	…	…	…	…	+	…	…	…	…	…	…	…
疮痂病	+	…	†	+	…	+	…	…	…	+	…	…	…	…	…	…	…
粉痂病	++	…	…	…	…	…	…	…	…	+	…	…	…	…	…	…	…
粉腐病	+	…	…	…	…	…	…	+	++	…	+++	++	+	+	++	…	++
湿腐病（leak）	…	…	…	…	…	…	…	+	++	…	+++	++	++	…	++	…	++
黑痣病	++	…	…	…	…	…	…	…	…	…	…	…	++	…	…	…	…
镰刀菌干腐病	…	…	…	…	…	…	…	…	…	…	…	++	++	++	++	++	++
黑点病	++	…	…	…	…	…	…	…	…	…	…	…	++	…	…	…	…
银屑病	+++	…	…	…	…	+	…	+	…	…	…	…	++	…	+	+++	+

+++表示关键防控措施。++表示单独使用时防效中等，但与其他措施结合运用时最好。+表示只有与其他措施结合运用时才有效。†表示有机添加物可提高该病害的严重度。
…表示不适用。

马铃薯种植的前一年

土壤熏蒸

能够产生长期存活结构的土传病害，如黄萎病菌，其自然死亡率很低。因此，在病原菌基数下降到能够造成经济损失的阈值下之前，可能需要将马铃薯或其他易感作物轮作多年。在感病严重的地区，施用土壤熏蒸剂是防治马铃薯黄萎病的一种有效但昂贵的方法，对其他土传病害则不推荐使用土壤熏蒸剂。是否使用熏蒸剂可以根据种植季前取样土壤中大丽轮枝孢菌和穿刺根腐线虫的种群数量来确定。美国有专门的商业部门提供取样检测服务。

已经有一些熏蒸剂用于马铃薯黄萎病的防治。威百亩（甲基二硫代氨基甲酸钠）在喷灌圈使用时效果较好，尤其是土壤有粗糙纹理的区域效果更好。如果在土壤质地良好且没有喷灌设备或者不允许使用喷灌设备使用熏蒸剂的区域，可以使用注射器向土壤中施用威百亩或1,3-二氯丙烯（1,3-D）和氯化苦的合剂。1,3-二氯丙烯是一种有效的杀线虫剂，但是对黄萎病效果不明显，氯化苦对黄萎病的防效优于线虫，所以两者可一起使用。根据施药时的化学药剂、用量和土壤环境条件，熏蒸能够使大丽轮枝孢菌的种群数量减少85%～95%，进而抑制马铃薯黄萎病。

尽管威百亩（甲基二硫代氨基甲酸钠）具有较好的防效，但是在某些地区并不稳定。这可能是由于土壤对于该化合物的生物降解能力增强有关。生物降解的增强是指通过微生物的活动来加速农药在土壤中的降解。降解威百亩的微生物种群数量在某些地点或几年来连续施用威百亩的地块急剧增加。由于美国和加拿大多数土壤熏蒸时间不超过3或4年，生物降解可能并不是主要考虑因素。尽管如此，还是要意识到这种化学品频繁熏蒸可能会降低药效。

有机改良剂

正在被广泛探索的用于土传病害管理的方法是使用有机改良剂，如绿肥作物、堆肥和动物粪便。除了抑制一些土传病害外，土壤有机质增加还有助于减少土壤板结，增加土壤透气透水性，增加土壤有益微生物种群数量等，这对于健康高产土地的维护至关重要。

许多**绿肥作物**被研究用来抑制土传病害，包括苏丹草、燕麦、小麦、大麦、玉米、黑麦、花椰菜、油菜籽和冬豌豆。绿肥处理需要在马铃薯种植前一个完整的种植季。在某些地方，绿肥能有效地抑制马铃薯黄萎病和疮痂病（第3章）。

据报道，黑麦、谷子和燕麦作为绿肥可以降低疮痂病的发病率，而豆科植物作物绿肥，特别是红三叶草，可能会加剧这种病害的发生。种植者在马铃薯生产前一年施用动物粪便或其他动物性废弃物时应该特别谨慎，因为它们可能为疮痂病菌提供良好的生存环境。大量施用家禽粪便会增加土壤pH，会加剧疮痂病的发生。其他类型的有机改良剂，包括城市废物、纸浆和造纸废物，已被证明可以减少马铃薯黄萎病和疮痂病的发生严重程度。当在种植马铃薯之前使用绿肥作物或其他有机改良剂时，十分重要的是在前一季中尽早将绿肥翻耕到土壤中以保证有充足的时间供微生物分解。在马铃薯生长早期存在的未分解残留物可能会束缚氮的释放，当氮在马铃薯生产后期释放时，可能会对产量和质量造成不利影响。

无机改良剂

在疮痂病较为严重的地方，土壤pH应保持在或略低于5.2。在种植之前或种植时施用石膏、硫黄或酸性肥料（如硫酸铵）有助于将土壤pH保持在5.0～5.2，并抑制病害。施用硫酸铵而不是硝酸铵可能对土壤微生物群落产生更广泛的影响，这可能间接影响病原菌的活动。在施用石灰之前，应考虑是否有疮痂病的发生，因为提高土壤pH可能加重这种疾病。

种植

抗病品种

2000年，'Russet Burbank'（'布尔班克'）、'Russet Norkotah'、'Superior'、'Shepody'（'夏波蒂'）、'Atlantic'（'大西洋'）、'Norland'和'Ranger Russet'这7个品种占全美马铃薯种植面积的75%。其中，'Ranger Russet'对马铃薯黄萎病有一定抗性，'Russet Burbank'（'布尔班克'）和'Superior'对疮痂病具有中等抗性，'Russet Burbank'（'布尔班克'）、'Russet Norkotah'和'Ranger Russet'对粉痂病有抗性。所有这些品种都易感干腐病、湿腐病（leak）、粉腐病、黑点病、黑痣病。2005年，这7个品种分别占美国和加拿大种薯生产的58%和45%，这表明商业种植品种的多样性有所扩大。针对本章所讨论的病害，品种抗性目前不是广泛应用的策略，正在针对北美市场选育许多新品种，有些对某些种传和土传病害具有不同程度的抗性。由于北美马铃薯产业越来越愿意利用更好地满足食品加工商和消费者特殊需要的新品种，抗病能力强的品种将广泛地种植在其适宜生长区（表6.2）。

种薯操作

在种植前几个星期对块茎进行预处理和保证伤口愈合可以减少细菌性软腐病的损失，但也会使种薯处于由镰刀菌或腐霉引起的薯块腐烂病的风险中。这是因为最有利于切口表面愈合的温度（12.8～15.6℃）也有利于这些病原菌的生长。为了减少种薯腐烂病的风险，在切薯之前应当对种薯进行预热催芽处理，以尽量减少伤害并促进快速出苗。目前已有几种种子处理剂用于处理种薯腐烂病（表19.3），并在切块后立即使用。如果土壤条件合适，种薯处理后应立即播种。或者在贮藏过程中保持堆垛之间通风透气，在12.8～15.6℃和95%～99%的相对湿度下切好的种薯可以贮藏长达几周（第7章）。切好的种薯应种植在温暖的土壤（10～12.8℃）中，并尽可能少地覆盖土壤。应该避免播种的种薯温度与土壤温度之差大于5.6℃。催芽、种薯处理和浅播这三种措施有利于种薯快速发芽并在种薯腐烂前出苗，同时有利于减少立枯丝核菌的危害。浅播的缺点是在土壤表面附近的新生薯块，在生长季节后期可能会被晚疫病侵染（第21章）。中耕培土有利于该问题的解决。

不应在绿肥或其他覆盖作物翻耕掺入土壤后立即播种，因为土壤中导致芽块腐烂病的腐霉菌在新掺入的植物组织中会急剧增加。在翻耕之后至少2周或在掺入土壤前1周用除草剂杀死绿肥植物，可将种薯腐烂病降至最低。

不应在绿肥或其他覆盖作物翻耕掺入土壤后立即播种，因为土壤中导致芽块腐烂的腐霉菌在新掺入的植物组织中会急剧增加。

在收到种薯时应进行检查，任何种薯表面有5%以上被丝核菌菌核覆盖的种薯，都应被拒收，因为这会增加播种后茎溃疡的风险。种薯处理和沟施有登记的杀菌剂对丝核菌的具有一定的控制作用。然而，种植无病种薯是最有效的选择。

管理种薯腐烂病的做法同样也适用于茎溃疡的管理，绿色组织对丝核菌侵染的敏感性要低得多。因此，任何有利于快速出苗的做法都将有助于抑制病原菌的土传阶段。浅植，深度为5～8 cm，而不是13～15 cm，使种薯**尽快出苗**有利于马铃薯茎溃疡的管理。在凉爽的天气中，应谨慎地进行预灌溉，因为潮湿的土壤可能会保持更长时间低温，从而推迟出苗。

在种植和生长季早期使用化学药剂对收获和贮藏期病害有一定防治作用。代森锰锌和咯菌腈进行**种薯处理**对由（*H. solani*）引起的银屑病有效，而几乎所有的病原菌对噻菌灵都有抗性。在播种时沟施或者在块茎形成期（生长期Ⅲ），在叶面使用对粉腐病和湿腐病（leak）有作用的杀菌剂能够降低新生薯块感染病害的概率（表19.3）。沟施处理的优势在于比叶面喷湿的防效更稳定、均一。在美国和加拿大的几个地方报告了粉腐病和湿腐病（leak）对甲霜灵和精甲霜灵的抗药性，这两种杀菌剂通常用于这些病害的管理（第14章）。为了确定防效差是否是杀菌剂抗性或无效的应用产生的结果，可以选择信誉良好的实验室进行测试。叶面喷施亚磷酸对粉腐病有较好的防治效果。

目前，有大量**杀菌剂**登记为种子处理剂、沟施和采后处理（表19.3）。种薯处理为切块及其表面提供保护，沟施药剂为生长的根和芽提供保护。选择杀菌剂取决于在特定生产情况下病害的严重程度，以及收获的块茎是用于鲜食的还是加工。一些杀菌剂的商品名见表14.5。

生长阶段Ⅲ：块茎形成期

水分管理

田间发病史的了解是有效利用灌溉管理黄萎病、粉痂病和疮痂病的关键。在生长阶段Ⅲ，湿润的土壤有利于马铃薯黄萎病和粉痂病的侵染。在此期间控制灌溉量可以限制这两种病害的严重程度。避免过度灌溉，甚至保持土壤干燥（有效土壤水分的60%～65%），可以减少大丽轮枝孢菌对根系侵染量，减少粉痂病菌对块茎的侵染。然而，这种做法可能会加重疮痂病的发生，也可能导致诸如‘Russet Burbank’（‘布尔班克’）（第23章）等易感品种的糖化，这是一种生理失调。疮痂病病原菌在湿润土壤中活性降低。在生长阶段Ⅲ和以后的6～8周，保持80%～90%的土壤有效水分（接近饱和）的灌溉可以限制疮痂病的严重程度。然而，必须在整个过程中保持较高的土壤湿度，才能使这一做法有效，而且这种做法对中抗疮痂病的品种最为有效。必须对这三种病害的相对潜在重要性进行评估，并对土壤水分进行相应的管理。

生长阶段Ⅴ：成熟期

水分管理

粉腐病和湿腐病（leak）在潮湿的土壤中更容易发病，特别是在生长季末作物用水量下降时。在有这两种病害的田块中，第一道防线是在生长季节后期管理灌溉水量，以避免土壤湿度饱和。

收获

在收获过程中尽可能地减少机械伤，是减少干腐病、粉腐病、湿腐病（leak）、黑痣病的最佳方案。为了保证薯皮老化以降低收获时的机械伤，应将收获时间推迟到杀秧后1～2周进行，同时保证块茎温度在10～18.3℃。然而，在某些地区，活秆收获，可以成功地贮藏块茎，如哥伦比亚盆地的半干旱环境（第10章）。如果预计会发生干腐病，则应考虑在块茎贮藏过程中使用噻菌灵。最好是入库时在传送带上安装喷雾器，当薯块在传送带上滚动时

表 19.3　防控马铃薯种传和土传病原体所致病害的杀菌剂[a]

杀菌剂和使用类型	镰刀菌芽块腐烂病	腐霉芽块腐烂病	丝核菌芽溃疡	丝核菌匍匐茎和茎溃疡	疮痂病	粉腐病	湿腐病（leak）	镰刀菌干腐病	黑点病	银屑病
种薯芽块处理										
代森锰	×	…	×	…	…	…	…	…	…	…
代森锰锌	×	…	×	…	×	…	…	…	…	×
咯菌腈＋代森锰锌	×	…	×	×	…	…	…	…	…	×
氟酰胺＋代森锰锌	×	…	×	…	…	…	…	…	…	×
甲基硫菌灵＋代森锰锌	×	…	×	…	…	…	…	…	…	×
沟施										
嘧菌酯	×[b]	…	×	×	…	…	…	…	…	×
氟酰胺	…	…	…	×	…	…	…	…	…	…
五氯硝基苯（PCNB）	…	…	…	×	×[c]	…	…	…	…	…
精甲霜灵	…	…	…	…	…	×[d]	×[d]	…	…	…
叶面杀菌剂										
亚磷酸	…	…	…	…	…	×	…	…	…	…
精甲霜灵	…	…	…	…	…	×[d]	…	…	…	…
采后处理										
亚磷酸	…	…	…	…	…	×	…	…	…	…
噻菌灵	…	…	…	…	…	…	…	×[d]	…	…

[a] 杀菌剂的商品名列于表 14.5。

[b] 仅在刚切的种薯上有效。

[c] 仅有抑制效果。

[d] 病原体的菌株可能具有抗药性。

…表示不适用。

×表示适用。

喷洒杀菌剂。然而，某些镰刀菌株对噻菌灵有抗药性，因此对产生抗药性干腐病菌起不到很好的防治作用。与粉腐病和湿腐病（leak）一样，应咨询权威的检测机构以确定目前存在的干腐病菌株对这种杀菌剂是耐药还是敏感。亚磷酸也可用于块茎的贮藏期，以减少粉腐病的发生。

一般来说，最好不要让成熟后的健康块茎在土壤中停留太久，因为在土壤中停留的时间越长，染病的可能性就越大。匍匐茎死亡后立即收获能够限制银屑病的发展和块茎表面丝核菌的形成。为了最大限度地减少湿腐病（leak）的发生，收获应推迟到薯皮老化后，且块茎温度低于18.3℃。在已知有粉腐病风险的田里，最好是在块茎果肉温度为7.2～10℃时收获，并且在收获过程中对薯皮进行保护，以防止破皮。

贮藏

在收获操作过程中，如果发现一种或多种块茎病害发生量较大，则贮藏时应当在贮藏环境管理上采取一些预防措施。贮藏管理的三个基本元素是温度、相对湿度和通风。伤口愈合期对于通过伤口侵染的病原菌尤其重要，如镰刀菌属（*Fusarium*）、腐霉菌属（*Pythium*）和疫霉属（*Phytophthora*）。这些病原菌的感染可以通过在块茎入库后立即提供适当的加速薯皮老化的条件来控制，即高湿度（95%）、最佳温度（10～12.8℃）和良好的通风（0.7 m^3/min，每吨马铃薯）以避免冷凝（第10章）。如果块茎中存在大量的粉腐病或湿腐病（leak），应继续打开风扇以增加空气流动，并且应将贮藏温度降至10℃以下，并根据需要使用外部空气来使薯块尽快冷却。已知感染晚疫病的块茎（第21章）也可能需要以这种方式进行管理。相对空气湿度高有利于许多病害的发生，并且块茎表面上的游离水分凝结有利于细菌性软腐病的发生（第18章）。为减少冷凝的可能性，块茎果肉温度应保持在10℃，通风温度应在块茎果肉温度的上下几度（1.1℃）范围内（第10章）。为了控制银屑病，至少在第一个月内，相对湿度应保持在90%以下，这会阻止孢子的产生和随后的萌芽。然而，这种做法的副作用是块茎萎缩和压力挫伤的潜在增加。可以通过保持3.3℃并提供强制通风来限制银屑病的扩散。

贮藏管理的三个基本元素是温度、相对湿度和通风。

总　结

影响种传病害严重度的关键因素是种薯的健康状况、病原菌的抗药性、土壤温度和水分。除种薯健康外，土壤pH、有机质含量、病原菌基数等因素也是土传病害发生的关键因素。幸运的是，有许多有效的农艺措施和化学药剂来控制种传和土传病害。虽然没有哪一种策略可以完全控制一种病害，但综合上述几种做法将有助于帮助种植者在最大限度地减少经济损失的同时，保证马铃薯品质。

第20章

Ann E. MacGuidwin 威斯康星大学植物病理学系，麦迪逊

线虫所致病害的管理

线虫是一种圆形的、假体腔、不分节的蠕形动物（不是真正的蠕虫），生活在地球各种栖息地。生活在土壤中的线虫取食细菌、真菌和土栖无脊椎动物。生产性土壤含有许多线虫，其丰富性和多样性是微生物活性的良好指标。由于线虫以微生物为食，它们释放富含氮的废物，可供植物立即利用。大多数危害农作物的线虫专门取食植物的根和其他地下结构。

植物寄生线虫大多数是小型的，体长在0.1～1.0 mm，它们生活在根内或接近根的土壤中。它们用一个像针状的口器（口针）来取食根，取食时把口针刺入根组织内（图20.1）。一些种类通过破坏细胞和干扰水分和营养的吸收来影响根的生长；另外一些种类刺激寄主植物的生理变化来破坏激素和其他代谢系统的平衡；一些种类不影响植物生长，而是侵入块根，降低块根的质量。植物寄生线虫完成其生命周期，从卵到幼虫到成虫，为20～50 d，取决于温度和土壤湿度。

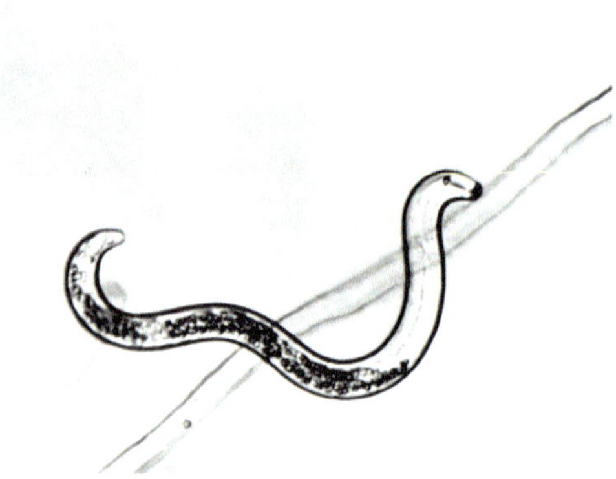

图20.1 根腐线虫正在根上取食。

线虫对马铃薯的危害从轻度影响植物生长到植物的严重矮化或块茎畸形。由一些线虫危害引起的症状，很容易和其他问题如缺肥相混淆，应通过土壤检测来确定是否存在特定的线虫种类。线虫的侵染随着时间的推移缓慢建立，并且通常在田间地块内呈点片状分布，所以田间发生历史情况对于诊断是很有用的。一些线虫种类在地理分布上很局限，而其他种类几乎遍布所有的生产区域；一些线虫种类与其他病原体（主要是真菌）在综合征中相互作用，如马铃薯早期死亡；一些线虫种类是植物病毒病的传播介体，如烟草脆裂病毒（tobacco rattle virus，TRV）能通过短粗根线虫（stubby-root nematode）传播给马铃薯。

常见的有害线虫

危害马铃薯的多种线虫中（表20.1），在北美洲分布最广泛和最具经济影响的4种线虫分别是根腐线虫[短体线虫属（*Pratylenchus* spp.）]、根结线虫[根结线虫属（*Meloidogyne* spp.）]、刺线虫[刺线虫属（*Belonolaimus* spp.）]、短粗根线虫[拟毛刺线虫属（*Paratrichodorus* spp.）]。另外三种包括2种球形马铃薯孢囊线虫[马铃薯金线虫

（*Globodera rostochiensis*）和马铃薯白线虫（*G. pallida*）］和 1 种马铃薯腐烂线虫（*Ditylenchus destructor*），这三个种类在北美的少数地方发生，但在世界其他马铃薯生产地区是非常重要的有害生物。

根腐线虫

根腐线虫，短体线虫属的不同种类（*Pratylenchus* spp.），是最常见的马铃薯有害生物之一，具有很多种类，它们中的一些对马铃薯的危害比对其他作物更加严重。最受关注的线虫——穿刺根腐线虫（*P. penetrans*）、落选根腐线虫（*P. neglectus*）、短尾根腐线虫（*P. brachyurus*）和斯克里布纳根腐线虫（*P. scribneri*），具有重叠的地理分布，但通常一个物种在一个区域内占主导地位，在美国西北部为落选根腐线虫，在中部和东部地区为穿刺根腐线虫，在南部为短尾根腐线虫。但是，大多数诊断实验室不提供物种鉴定。由于可能存在不同的物种及不同地区的耕作制度和环境因素的差异，不同地理区域之间根腐线虫的损失阈值可能不同。

表 20.1　美国和加拿大马铃薯上的有害线虫

线虫	太平洋西部[a]	美国西部山区[b]	美国西中北部[c]	美国东中北部[d]	中大西洋[e]	新英格兰[f]	美国西中南部[g]	南大西洋[h]	美国东中南部[i]	加拿大西部[j]	加拿大中部[k]	加拿大东部[l]
长尾刺线虫（*Belonolaimus longicaudatus*）	…	…	×	×	…	…	×	×	…	…	…	…
马铃薯腐烂线虫（马铃薯茎线虫）（*Ditylenchus destructor*）	×	×	…	×	×	…	×	×	…	×	…	×
马铃薯金线虫（*Globodera pallida*）	…	×[m]	…	…	…	…	…	…	…	…	…	×
马铃薯白线虫（*Globodera rostochiensis*）	…	…	…	…	×[n]	…	…	…	…	…	…	×
螺旋线虫属（*Helicotylenchus* spp.）	×	×	×	×	×	×	×	×	×	×	×	×
纽带线虫属（*Hoplolaimus* spp.）	×	×	×	×	×	×	×	×	×	…	×	…
奇氏根结线虫（*Meloidogyne chitwoodi*）	×	×	…	…	…	…	×	…	…	…	…	…
北方根结线虫（*Meloidogyne hapla*）	×	×	×	×	×	×	×	×	×	×	×	×
南方根结线虫（*Meloidogyne incognita*）	×	×	…	×	…	…	×	×	×	…	…	…
爪哇根结线虫（*Meloidogyne javanica*）	×	×	…	…	…	…	×	×	×	…	…	…

续表

线虫	太平洋西部[a]	美国西部山区[b]	美国西中北部[c]	美国东中北部[d]	中大西洋[e]	新英格兰[f]	美国西中南部[g]	南大西洋[h]	美国东中南部[i]	加拿大西部[j]	加拿大中部[k]	加拿大东部[l]
拟毛刺线虫属（*Paratrichodorus* spp.）	×	×	×	×	×	×	×	×	×	…	×	…
短尾根腐线虫（*Pratylenchus brachyurus*）	×	…	…	…	…	…	×	×	×	…		…
刻痕根腐线虫（*Pratylenchus crenatus*）	×	…	×	×	×	×	…	…	…	…	×	×
落选根腐线虫（*Pratylenchus neglectus*）	×	×	×	×	×	×	×	×	…	×	×	×
穿刺根腐线虫（*Pratylenchus penetrans*）	×	×	×	×	×	×	×	×	×	×	×	×
斯克里布纳根腐线虫（*Pratylenchus scribneri*）	×	×	×	×	×	…	×	×	×	…	×	×
矮化线虫属（*Tylenchorhynchus* spp.）	×	×	×	×	×	×	×	×	×	…	×	×
剑线虫属（*Xiphinema* spp.）	×	×	×	×	×	×	×	×	×	×	×	…

[a]美国加利福尼亚州、俄勒冈州和华盛顿州。
[b]美国亚利桑那州、科罗拉多州、爱达荷州、蒙大拿州、内华达州、新墨西哥州、犹他州和怀俄明州。
[c]美国艾奥瓦州、明尼苏达州、内布拉斯加州、北达科他州和南达科他州。
[d]美国伊利诺伊州、印第安纳州、密歇根州、俄亥俄州和威斯康星州。
[e]美国新泽西州、纽约州和宾夕法尼亚州。
[f]美国康涅狄格州、缅因州、马萨诸塞州、新罕布什尔州、罗得岛州和佛蒙特州。
[g]美国阿肯色州、堪萨斯州、路易斯安那州、俄克拉荷马州和得克萨斯州。
[h]美国特拉华州、佛罗里达州、佐治亚州、马里兰州、北卡罗来纳州、南卡罗来纳州、弗吉尼亚州和西弗吉尼亚州。
[i]美国亚拉巴马州、肯塔基州、密西西比州和田纳西州。
[j]加拿大艾伯塔省和不列颠哥伦比亚省。
[k]加拿大马尼托巴省、安大略省和萨斯喀彻温省。
[l]加拿大新不伦瑞克省、纽芬兰、新斯科舍省、爱德华王子岛和魁北克省。
[m]仅在美国爱达荷州南部。
[n]局限在美国纽约州。
… 表示此地区无该线虫分布。
× 表示此地区有该线虫分布。

症状

在高群体密度下，根腐线虫能减少叶面生长和块茎产量与质量。地上症状表现为发育迟缓，封垄度延迟。根部腐烂是根腐线虫造成危害引起的标志性症状，其范围从根系变黑到细微变色，这些症状在没有显微镜的情况下很难看出。最有用的数据是通过土壤和根分析得到线虫种群密度。由于一些根腐病害之间的相互作用，主要是穿刺根腐线虫和引起马铃薯早期死亡的黄萎病菌（*Verticillium dahliae*），所以即使是很少的一些种类也值得关注。咨询服务机构通常使用带有黄萎病菌和没有黄萎病菌两种情况来确定两个防治指标。

病原和病害发展

根腐线虫是迁移性内寄生线虫，它们主要栖息于根内，但在根内和土壤中可自由移动，卵产在植物组织或土壤中，直到二龄幼虫孵化。幼虫蜕皮两次（角质层脱落），发育成三龄幼虫，然后再蜕一次皮发育成四龄幼虫，再蜕皮一次达到成虫，只有成虫才能繁殖。根腐线虫各个龄期都能侵染马铃薯根和块茎，幼虫和成虫在根的表面和根皮层内取食，而且对取食根部区域没有特定的选择（图 20.1）。当植物细胞由于线虫取食而死亡时，线虫从根内移出去寻找新的取食位点。一些种类可繁殖产生雄虫和雌虫，但有些只繁殖产生雌虫，进行孤雌生殖。根腐线虫完成它的生活史一般需要 1～2 个月，这取决于温度和土壤湿度。

根腐线虫的损失潜力取决于初始接种量和种植后两个月的天气条件，它们在淹水土壤中的运动受到阻碍，因此生长季节早期的土壤水分状况可能会对侵染率和群体增长具有显著影响。根腐线虫能以各种虫态进行越冬。在侵染后不久，繁殖就会开始，当植物发育不良时，线虫群体密度可能增加到最大。感染经常导致茎叶生长的滞后，封垄延迟 3～10 d，在封垄时调查未能封垄的点片数可以帮助确定田间线虫的分布。

根腐线虫有广泛的寄主范围，使得它们能够在轮作期间保持很高的线虫群体密度。一些作物比另一些作物提供更高的繁殖率，所以马铃薯之前的作物（覆盖作物），包括秋季作物，对马铃薯生长季节开始时初始线虫数量有很大的影响（表 20.2）。

表 20.2　覆盖作物在马铃薯线虫害虫管理中的作用[a]

覆盖作物	学名	南方根结线虫（*Meloidogyne incognita*）	哥伦比亚根结线虫（*Meloidogyne chitwoodi*）	根腐线虫（*Pratylenchus* spp.）	刺线虫（*Belonolaimus longicaudatus*）
饲用珍珠小米（forage pearl millet）	*Pennisetum glaucum*	…	…	好	…
高粱 × 苏丹草（sorghum × sudangrass）	*Sorghum bicolor* × *S. sudanense*	好	好	好	…
洋地黄（pangola digitgrass）	*Digitaria decumbens*	好	…	…	…
德兰士瓦数字草（Transvaal digitgrass）	*Digitaria decumbens*	…	…	…	好
多年生黑麦草（perennial ryegrass）	*Lolium perenne*	…	好	…	…
黑麦（cereal rye）	*Secale cereale*	好	…	…	差
黑燕麦（black oat）	*Avena strigosa*	…	…	好	…
芝麻（sesame）	*Sesamum indicum*	好	…	…	…
万寿菊（marigold）	*Tagetes patula*，*T. erecta*	好	…	好	差

续表

覆盖作物	学名	南方根结线虫（*Meloidogyne incognita*）	哥伦比亚根结线虫（*Meloidogyne chitwoodi*）	根腐线虫（*Pratylenchus* spp.）	刺线虫（*Belonolaimus longicaudatus*）
猪屎豆（showy crotalaria）	*Crotalaria spectabilis*	好	…	差	好
菽麻（sunn hemp）	*Crotalaria juncea*	好	…	差	…
豇豆（cowpea）	*Vigna unguiculata*	好	…	…	…
毛靛蓝（hairy indigo）	*Indigofera hirsuta*	好	…	好	好
绒毛豆（velvetbean）	*Mucuna deeringiana*	好	好	…	…
油菜（rapeseed）	*Brassica napus*	…	好	…	…
白芥（white mustard）	*Sinapis alba*	…	好	…	…
油籽萝卜（oilseed radish）	*Raphanus sativus*	…	好	…	好

[a]评估基于科技期刊上发表的研究报道，一些覆盖作物的效果因品种而异。在某些情况下，效果取决于将覆盖作物作为绿肥掺入土壤中的时间。

…表示不适用。

根腐线虫有广泛的寄主范围，使得它们能够在轮作期间保持很高的线虫群体密度。

在马铃薯早期死亡中根腐线虫与马铃薯黄萎病菌（*V. dahliae*）的相互作用已有很多文献报道。由根腐线虫［主要是穿刺根腐线虫（*P. penetrans*）］和马铃薯黄萎病菌（*V. dahliae*）共同侵染可能会导致严重的病害，包括过早衰老和低产量（第19章）。在一些品种中，某些特定的根腐线虫与该真菌有协同关系，由两者共同侵染造成的损害大于两者各自危害造成的损害的总和。

根结线虫

根结线虫被描述的种类有60多种，这些线虫能危害广泛的作物，但只有少数种会导致马铃薯产量损失。在美国东北部和北部中部及加拿大东部和中部，北方根结线虫（*Meloidogyne hapla*）是马铃薯上的优势种。在西北太平洋地区，北方根结线虫和奇氏根结线虫（*M. chitwoodi*）都危害马铃薯。奇氏根结线虫在美国广泛分布，但它也是太平洋西北部的优势种类。南方根结线虫（*M. incognita*）、爪哇根结线虫（*M. javanica*）和花生根结线虫（*M. arenaria*）危害美国南部的马铃薯。一块田里的根结线虫种类鉴定有时可以从种植历史、地理区域和植物症状中推断出来。种类鉴定由一些实验室提供，对于存在超过一种根结线虫的地区，采用作物轮作是很重要的。

症状

根结线虫以根对侵染的常见反应而命名，这些线虫的侵入和取食会导致取食位点的细胞膨大，随着取食位点周围细胞繁殖的增加，导致可见的肿胀或根结。根结的形成及根结的位置、形状和大小在不同的根结线虫种类和不同的寄主植物中是不同的。在马铃薯的根上，由南方根结线虫侵染而形成中等程度的大型根结，而非常小的根结是由北方根结线虫侵染引起的。块茎上根结的形成也随着线虫种类而变化，奇氏根结线虫和南方根结线虫的侵染常导致疙瘩薯（图20.2），但北方根结线虫侵染很少发生。与根结线虫有关的其他症状包括块茎内部褐变（图20.3）、块茎较小、茎叶生长不良和叶片变色。

图20.2　块茎上由奇氏根结线虫（*Meloidogyne chitwoodi*）引起的肿块。（D. A. Johnson友情提供）

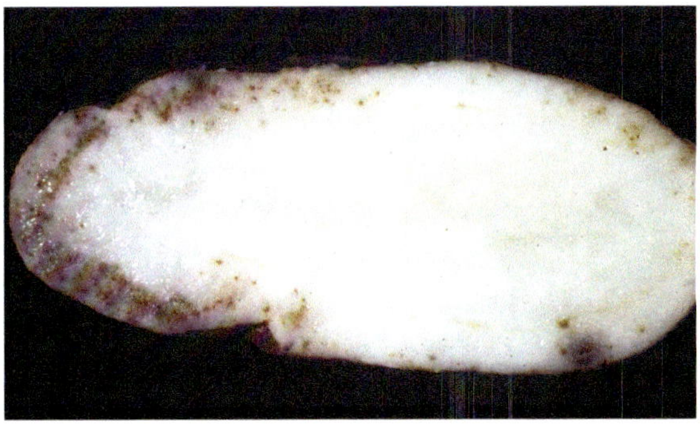

图20.3　由根结线虫引起的内部褐变。（G. S. Santo友情提供）

病原和病害发展

根结线虫是定居性内寄生线虫——一旦它们就位并开始取食，将永久地附着在根或块茎内的组织上，并且永远不会离开器官。像其他植物寄生线虫一样，它们从卵孵化成二龄幼虫在土壤中迁移并寻找寄主根和块茎。侵入植物组织后，每个幼虫建立一个由2～6个细胞组成的取食位点。幼虫的身体在取食后会膨大，它们很快失去离开根或块茎所必需的肌肉，在此之后，在它们的发育过程中取食仅靠口针和头部活动。这些线虫的取食会引起植物的生理变化，导致营养物质在取食位点积累，在根或块茎取食位点处的植物细胞称为巨型细胞，具有很高的活性并且变大，这些细胞为线虫提供营养来维持其生命。二龄幼虫在达到成虫之前，在寄主组织内要经过三龄幼虫和四龄幼虫阶段。大多数根结线虫种类完全由雌虫组成，雌成虫膨大成圆形或椭圆形。雌虫将卵产于卵囊中，通过专门腺体中产生的黏性物质将200～1000个卵聚集在一起。在存在雄虫的根结线虫种类中，雄虫保持蠕虫状，不再取食。

根结线虫每年可完成1～5代。卵和二龄幼虫可以在土壤中、根碎片和块茎内越冬，它们在下茬作物中可以作为接种体。根结线虫可以位于土壤深处，例如，奇氏根结线虫已在土壤表面以下1.5～1.8 m深处被发现。根结线虫对于不良环境条件非常适应，卵尤其适合存活。如果土壤缓慢冷却或相当干燥，二龄幼虫便可以避免冻结，因为它们有时间积累防冻化合物或清除体内过多的水分。卵和幼虫都容易受到各种天敌的侵袭，如寄生卵的真菌和捕食者。

根结线虫群体死亡率在不同年份和不同地点有所不同，为20%～90%。

危害马铃薯的几种根结线虫对其他寄主植物的喜好是不同的。例如，北方根结线虫能侵染大多数蔬菜和水果作物及苜蓿，但不会侵染玉米、禾草和谷物。相反，奇氏根结线虫能侵染玉米、禾草和谷类，一些群体（2号小种）侵染苜蓿，而一些群体（1号小种）对苜蓿的侵染能力很差。南方根结线虫和花生根结线虫依据在特定寄主上的反应不同也被分为不同的生理小种。

在美国南部，已经证明南方根结线虫和青枯菌［青枯雷尔氏菌（*Ralstonia solanacearum*）］之间的关系，其中线虫的存在增加了青枯病的发病率和严重程度，即使只有少量的细菌病原体存在。

马铃薯腐烂线虫和马铃薯孢囊线虫

马铃薯腐烂线虫［马铃薯茎线虫（*Ditylenchus destructor*）］和马铃薯孢囊线虫［马铃薯金线虫（*Globodera rostochiensis*）和马铃薯白线虫（*G. pallida*）］仅在北美高度局部化的地区危害马铃薯，但它们是世界上许多其他马铃薯生长区域的重要有害生物。马铃薯腐烂线虫的危害分散于整个美国。已知马铃薯金线虫的危害仅限于纽约州，马铃薯白线虫已在爱达荷州南部的一块田中被发现。这两种线虫都已在加拿大发现（表20.1）。在北美，从已知受马铃薯腐烂线虫或马铃薯孢囊线虫侵染的田块收获的马铃薯受到卫生检疫和监管标准的限制，对从马铃薯腐烂线虫或马铃薯孢囊线虫感染的田块收获的马铃薯进行国际出口是零容忍的。马铃薯腐烂线虫和马铃薯孢囊线虫在美国和加拿大对经济的影响，近年来并不十分广泛，因为为了限制它们的传播而实施了监管措施。早期发现对于确保这些线虫对美国和加拿大马铃薯生产的影响保持低水平至关重要。

症状

马铃薯腐烂线虫能够在不引起根或芽明显症状的情况下对块茎进行危害。在感染的早期阶段，在块茎削皮后可见明显的小白色斑点。随着线虫的繁殖，块茎内发生干腐，块茎表面开裂（图20.4和图20.5）。通常症状在块茎收获后或贮藏时才变得明显可见。有明显症状的块茎内马铃薯腐烂线虫的种群密度通常非常高，并且通过将腐烂的组织浸泡在水中可以很容

图20.4 马铃薯腐烂线虫引起的表面开裂和干腐症状。（A. Phibbs友情提供）

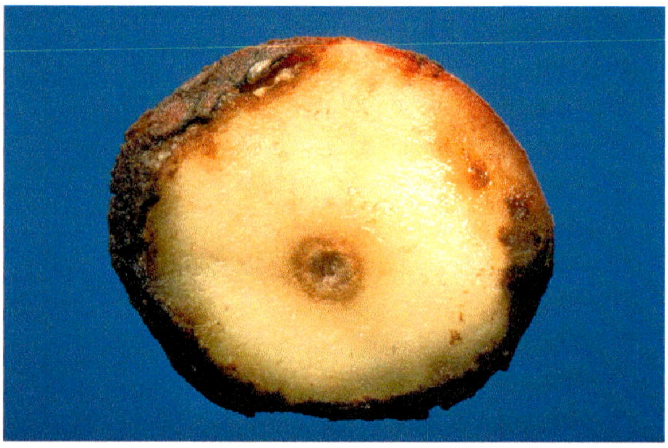

图20.5 马铃薯腐烂线虫引起的内部干腐。

易地收集到各个龄期的线虫。土壤有一定的假阴性，因为在被感染的块茎附近收集的土壤样品中检测不到马铃薯腐烂线虫的情况并不罕见。

马铃薯孢囊线虫影响植物的生长和活力（图20.6），症状的严重程度与播种时的线虫数量有关。线虫的感染会降低根系生物量，导致植物生长迟缓，叶片变黄和枯萎，形成较小的块茎。损失阈值因地区而异，受土壤类型、马铃薯品种和环境条件的影响。马铃薯孢囊线虫在美国和加拿大并不流行，因此感染最可能以带线虫的种薯开始。然而，一旦被引入，它们就可以通过水中的卵、风吹起的土壤和动物粪便等传播开来。随着时间的推移，症状和产量损失可能会缓慢增加，但通常直到其被引入多年后我们才能觉察到。

图20.6 马铃薯孢囊线虫引起的植物发育迟缓。（Christopher Hogger摄，由Machtode出版社授权许可使用）

病原和病害发展

人们对于马铃薯腐烂线虫的流行病学仍知之甚少，不像其他典型的线虫缓慢发展，而是某一年该线虫在土壤中突然出现，而在下一年可能就检测不到了。在土壤样品中检测这种线虫是有困难的，所以确定性的诊断是基于有症状的块茎。无论轮作的时间长短，在连续的马铃薯作物中检测到该线虫是罕见的。田块一旦被感染，就应该引起注意，因为该线虫可以在没有警告的情况下再次出现。马铃薯腐烂线虫有非常广泛的寄主范围，甚至可以在实验室条件下以真菌为食。有人猜测，线虫在田间持续存在于交替的寄主植物和真菌之间，但这种可能性尚未得到证实。马铃薯腐烂线虫的生活史在实验室内最少14 d就可完成，但在野外条件下尚未进行描述。

马铃薯孢囊线虫是内寄生线虫，其生活史与根结线虫相似。白色、圆形、针头大小的雌虫在马铃薯开花时开始出现在它的根部（图20.7）。卵保留在雌虫体内，然后雌虫死亡，而身体保留孢囊的形状。孢囊保护着卵，在土壤中休眠直到寄主植物出现。卵在土壤中可以存活多年。马铃薯、番茄和一些茄科杂草是马铃薯孢囊线虫的寄主。用肉眼可以看到附着在根上的白色雌虫，但是当孢囊脱落到土壤中时只能通过土壤测试来检测。

图20.7 根上的马铃薯孢囊线虫的雌虫（白色）和孢囊（暗黑色）。（康奈尔大学授权使用）

刺线虫和短粗根线虫

刺线虫（*Belonolaimus* spp.）和短粗根线虫（*Paratrichodorus* spp.）只能生活在土壤中，不能侵入马铃薯的根或块茎。这些线虫与具有同样体外寄生方式的许多其他生物一样，在土壤剖面中很容易移动，并且当该地区的温度和湿度不是极端情况时很容易检测到。土壤样品应该在美国线虫种群密度最高的一行植物根部附近进行采集。刺线虫只发生在砂质土壤中，并且已经在美国南部沿海平原、堪萨斯州和内布拉斯加州报道过。短粗根线虫在每个马铃薯产区均有发生，但在砂质土壤中危害最为严重。

症状

刺线虫有很长的口针，更喜欢在根尖内部取食，杀死细胞并阻止根系生长。由根部取食造成损失潜力较高，甚至线虫数量很少就能影响根部生长，特别是在苗期。由刺线虫引起的症状包括植物生长发育迟缓、营养缺乏、水分胁迫和畸形块茎（图20.8和图20.9）。由线虫取食造成的畸形根可能被误认为是由二硝基苯胺除草剂引起的药害。田间刺线虫感染区可能呈非常不规则的片状，并且在小的圆形到椭圆形区域中发生的线虫危害并不少见，这些区域可维持很长时间保持不变。

图20.8 由刺线虫危害而发育不良的植物（照片下部），照片上部中的植物经杀线虫剂处理。（W. T. Crow友情提供）

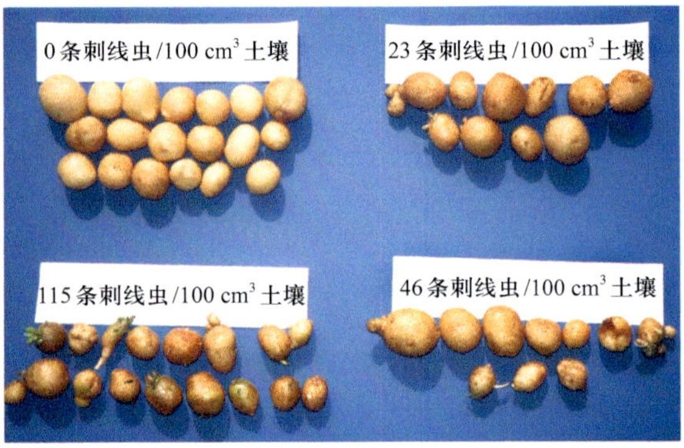

图20.9 刺线虫对块茎产量和品质的影响。（W. T. Crow友情提供）

短粗根线虫取食根表面，形成缩短的根。植物能够耐受一定程度的取食危害，并且各地点之间的防治指标由于土壤类型和温度条件的不同而有所差异。在线虫高种群密度情况下，出现与所描述的刺线虫引起的症状相似。短粗根线虫是烟草脆裂病毒（tobacco rattle virus）的载体，它是条纹环斑病（图20.10）的病原，是一种以内部坏死的独特模式为特征的块茎病害（第17章）。条纹环斑病在许多生产地区发生，但在佛罗里达州、华盛顿州和俄勒冈州的哥伦比亚盆地尤其严重。

图20.10 条纹环斑病的外部症状。（引自Weingartner, D. P., Schumaker, J. R., and Smart, G. C. Jr. 1983. Why soil fumigation fails to control potato corky ringspot disease in Florida. Plant Disease 67: 130–134）

病原和病害发展

刺线虫是植物寄生线虫中最大的种类之一（长达3.2 mm），因此它们只能通过典型的砂质土壤的大孔隙移动，灌溉和雨水提供了水膜，可以促进刺线虫的移动。它们寻找根尖，并使用一根长而突出的口针来刺入根部组织，其主要危害是第一代线虫造成的。刺线虫具有广泛的寄主范围，但是在线虫持续繁殖数量方面，作物间差异很大。

短粗根线虫比刺线虫小得多，并且具有一个独特的弯曲的牙齿形状的口针。一条短粗根线虫用它的口针刮过根表面并产生唾液，唾液能硬化成秸秆状结构，线虫可以通过秸秆状结构吸取植物细胞的内容物。当细胞死亡时，线虫移动到新的取食位点。在拟毛刺线虫属（*Paratrichodorus* spp.）中，雄虫很少见，群体几乎完全由雌性组成而且迅速建立起来。在温暖的土壤中可以在16 d内完成一个生活史，而在较凉爽的土壤中则会延长。短粗根线虫的寄主范围很广，包括玉米、草皮、卷心菜和大豆。

线虫病害的诊断

为了准确诊断疑似线虫的问题，应将土壤和根样提交给提供线虫检测服务的有经验的专业人员，基于症状的现场诊断应通过检测来确认。大多数马铃薯线虫的防控都是基于损失阈值的。

取样

采集能准确代表田间线虫群体数量的样本是获得可靠诊断最重要的步骤。应该询问当地作物顾问或其他有经验的专业人员，他们会推荐合适的取样方法。考虑到每个线虫种类的独特生物学和生活史，合适的方法取决于地里存在的线虫种类。在每年的不同时间或不同的作物上应采用不同的取样方案。可以用土芯取样管、T形刀或铁锹采集土壤样品。采样应从田间不同的土壤类型、地形或种植历史不同的区域采集单独的样品。当取样作物确立后，应从根区，包括行间的区域采集样品。有些实验室从土壤样品中提取根碎片进行分析，有些实验室喜欢从完整植物中分离出根部样本。15～23 cm的取样深度对于检测大多数植物寄生线虫是足够的，但是一些线虫（包括刺线虫和哥伦比亚根结线虫）可能位于土壤中更深的地方，需要更深的取样深度用于检测。

线虫通常不是均匀地分布在整个田块上，而是集中分布在密度较高的区域并且这些高密度区域分散嵌在线虫群体密度较低的区域内。

线虫通常不是均匀地分布在整个田块上，而是集中分布在密度较高的区域并且这些高密度区域分散嵌在线虫群体密度较低的区域内（图20.11和图20.12）。由于它们的聚集模式，在一块田里通常需要进行强化抽样以精确估计线虫种群。通过采集大量样本或把大量的土芯合并成一个样可以提高对群体估计的准确度。这两种方法各自需要大约相同的工作量，并且由于处理可能是昂贵的，将大量土芯合并成单个样品通常更经济。一个常见的建议是每30亩收集20个土芯，较大田块的则选取若干具有代表性的30亩取样点进行采样。所有的土芯可以合并，混合好后，进行二次抽样，然后提交至检测实

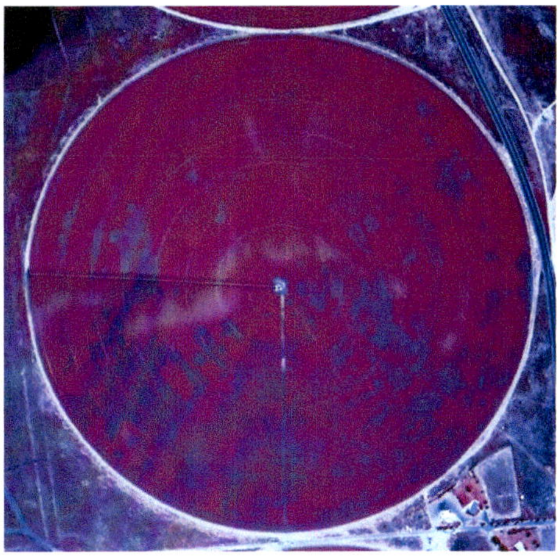

图20.11　在750亩马铃薯田的空中红外照片中，根腐线虫（*Pratylenchus penetrans*）危害的植株聚集分布，受害区域表现为出苗不足、植物矮小且生长较弱（暗色的区域），健康的植株呈现红色。（P. B. Hamm友情提供）

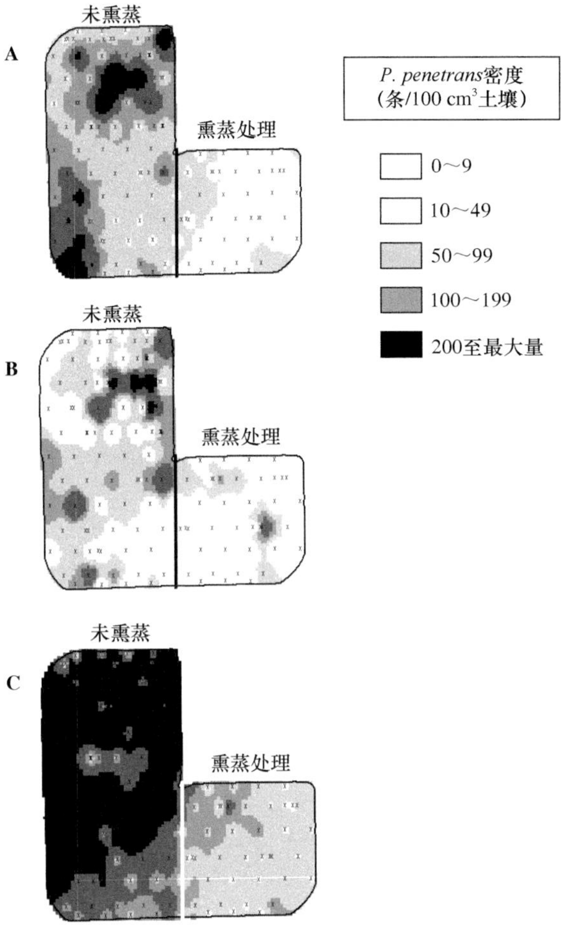

图20.12 三年轮作期间基于119个土壤采集样品的根腐线虫（*Pratylenchus penetrans*）田间分布图，第一年种植马铃薯（A），第二年种植玉米（B），第三年种植辣椒（C）。[引自Morgan, G. D., MacGuidwin, A. E., Zhu, J., and Binning, L. K. 2002. Population dynamics and distribution of root lesion nematode (*Pratylenchus penetrans*) over a three-year potato crop rotation. Agronomy Journal 94: 1146–1155]

验室。大多数实验室每个样品只处理1品脱（约相当于568 mL）或更少的土壤。

取样的时间取决于目的。为了检测和监测线虫种群，最好在生长季中间取样，通常此时它们的种群数量最高；如果是用于决定季后处理或秋季作物的种植，应在收获前至少1个月采集样本；如果是决定播种或播后防控措施的实施，通常需要在春季或前一个秋季进行采样。在北部地区，应在土壤冻结之前或在解冻之后采集样本。

采集后妥善处理土壤样品对获得可靠结果至关重要。线虫对快速干燥和极端高温非常敏感，如果土壤样品暴露在阳光和空气中，线虫就会死亡。在田间，应将样品放入标准塑料袋中，避免阳光直射。如果样品在送到诊断实验室之前必须进行储存，则应在大约4℃下冷藏。

检测程序和结果解读

人们已经设计了几种从土壤和根中提取线虫的方法。有些方法需要专门的设备，但在任何情况下，最终结果都是将线虫悬浮在水中，然后在显微镜下检查水样，以鉴定和计数线虫。由于没有任何提取技术可以获得样品中所有的线虫，因此通常调整样品中计数的数量以校正提取程序的提取率，这在不同的提取技术、土壤质地、线虫种类及其当前的生长发育阶段等不同的情况下可能存在巨大差异。

一些诊断实验室根据检测目的和他们期望找到的线虫种类而决定检测程序。例如，在秋季或春季土壤熏蒸后提交的样品通常含有许多死亡的线虫。由于通常难以区分死亡的和活的线虫，因此实验室可能会使用一种技术，只提取能够运动的线虫。如果收集样品以评估农药防效，应该提醒实验室确保使用正确的方法。对于根栖线虫（根腐和根结线虫类），即使样品是收获后或种植前收集，也应该同时采集土壤和根系样品。许多线虫在根内越冬，必须把这些线虫纳入种群估计中。

解读检测结果

线虫防控决策是基于估计所得的特定线虫种群的预期损失风险。在作物种植过程中，其生长状况与线虫种群密切相关。在马铃薯播种之前采集的样品所得检测数据可以通过与适合本地的特定线虫种类防治指标进行比较来解读。

预测线虫群体数量对随后马铃薯作物生长的影响更为复杂。可以在轮作作物的生长季节采集样品，以预测下一生长季之前线虫的群体大小。为此，有必要估计当前季节及本季收获之后到下季种植马铃薯作物之前的间隔期内种群数量的变化。由于我们对线虫越冬知之甚少，因此对未来种群数量的估计可能并不准确。

在提交样本之前，对于不同实验室提供建议的程度各不相同。地方管理部门，包括合作推广专家，往往可以帮助解读检测结果。提交样本的同时提供相关信息（如检测目的、土壤特性、取样点的大小、取样方法和作物种植历史）可以简化并有助于结果的解读。

可以从进行测定的实验室获得线虫群体数量的估计方法，实验报告应指出线虫数量的估计是基于原始计数还是调整后的计数，以及提取技术是否排除死亡线虫等，也应清楚地说明所用的单位（如每品脱土壤中的线虫数量）和对应的组织（如土壤或根）。

损失阈值

根腐线虫的损失阈值因种类而异，但一般来说单独的线虫为50～200条/100 cm^3土壤，或者25～100条/100 cm^3土壤并且有*V. dahliae*（黄萎病菌）同时存在。线虫群体密度可以迅速增加，所以当首次检测到线虫时，应该采取旨在减少根腐线虫数量的栽培措施。

根结线虫可能会抑制植物生长、降低产量和块茎品质。块茎品质的损失阈值非常低，应该在首次发现线虫（如奇氏根结线虫）引起的块茎症状时开始启动防控程序。对限制植物生长但不破坏块茎的种类，应该根据损失阈值来防控。

马铃薯腐烂线虫和**马铃薯孢囊线虫**是非常严重的害虫，一旦检测到这些线虫，就应开始采取措施减少种群数量并阻止其进一步传播。必须努力防止这些线虫进入新的地区。

刺线虫是非常有害的，并且大多数实验室将播种时的防治指标设定为每100 cm^3土壤中的线虫在10条以下。只要检测到该线虫，就应该立即进行防控，或开始计划采取防控措施。

短粗根线虫的损失阈值因生产区域而不同，播种时土壤中线虫的数量为50～200条/100 cm^3。如果有条纹环斑病的存在，短粗根线虫的种群无论多低都可能造成危害（第17章）。

管 理 策 略

不同种类线虫的管理原则是相似的，这里提供的信息是对所有线虫有害生物的一般指导原则。主要的管理策略是防止将线虫引入未受侵染的地区、种植抗病品种、栽培措施和化学防治。危害马铃薯的线虫的防控措施大多在生长季节之前或播种马铃薯之前实施。

防止引入

避免线虫危害的最好方法是不要将它们从受感染的位置带到生产田块。种子认证项目不针对**根腐线虫**进行检测，而且它们非常普遍，马铃薯生产区域的大部分地区都已经受到侵染。根腐线虫可以感染种薯或在黏附于块茎上的土壤中存活，但未表明种薯为传播的主要途径。

在感染了**根结线虫**的土壤生产种薯就有传播线虫的风险，并非所有的州都在其认证标准中包含根结线虫，因此可能需要直接检查种子来源。感染根结线虫的块茎表面可能有小突起或有小的内部变色。应检查可疑块茎是否有雌虫存在，或者提交给检测实验室进行诊断。

根结线虫可以在种薯中携带，并在黏附于块茎、机器和动物身体上的土壤中及在地表灌溉水中进行传播。当计划将设备从一个田块转移到另一个田块进行栽培管理活动时，应考虑是否存在线虫。

马铃薯腐烂线虫和**马铃薯孢囊线虫**的地理分布非常局限，并且始终种植无线虫的种薯对于防止其蔓延是很重要的。美国和加拿大的所有马铃薯生产区限制马铃薯孢囊线虫感染的块茎销售和运输，来自已知被马铃薯孢囊线虫侵染的土壤和植物材料的运输都受联邦检疫限制。购买经认证的种薯可防范马铃薯孢囊线虫，因为线虫在黏附于块茎的土壤中传播。在一些地区，对于种薯生产中的马铃薯腐烂线虫也纳入了限制。感染马铃薯腐烂线虫的种薯通常是有症状的，并且对带有干腐病的块茎应提交用于线虫检测。

刺线虫仅局限于某些地理区域和砂质土壤。刺线虫、短粗根线虫和其他植物寄生线虫可以通过流动的水和被风吹起的土壤进行传播。阻止土壤因自然力、动物或机械等造成的移动可以减少线虫从田块到田间的移动。**短粗根线虫**在北美的分布很广泛，因此对于该线虫重点是防止其群体发展到损失水平以上。

寄主抗性

对于美国或加拿大的马铃薯生产而言，还没有可商业化种植的具有抗根腐线虫、根结线虫、刺线虫或短粗根线虫的品种。已经鉴定出一些可提供根结线虫抗性的种质资源，并正在努力培育可商业化种植的抗性栽培品种。目前也正在努力开发抗黄萎病的商业栽培品种，由于穿刺根腐线虫和黄萎病菌之间的协同作用（第19章），使用抗黄萎病的栽培品种应该可以减少感染根腐线虫导致的田间损失。与根结线虫非寄主作物轮作可以减少对后续马铃薯作物的危害，如一些大豆品种对南方根结线虫具有很好的抗性，它们可能是作物轮作的一个合适选择。

已有对两种**马铃薯孢囊线虫**均有抗性的马铃薯品种可以使用，监管机构可授权线虫感染地进行种植。抗性品种刺激线虫卵孵化，而且它们容易被幼虫感染，但不支持幼虫发育到成虫，但线虫只在成虫期才能够繁殖。抗性品种比易感品种的产量降低幅度要小，并能够降低线虫的繁殖率。

栽培措施

多种栽培管理措施对减少线虫种群密度很有帮助，减少的程度取决于线虫的种类和栽培管理措施。

栽培管理措施可以帮助减少奇氏根结线虫造成的块茎损失，但单靠栽培管理措施不可能实现足够的损失减少，应将它们视为减少土壤熏蒸剂的使用量或使用频率的手段，或为在感染奇氏根结线虫的土壤中种植马铃薯使用非熏蒸性杀线虫剂代替土壤熏蒸剂提供可能。通过栽培管理措施获得的线虫数量下降水平可能足以控制一些根结线虫的危害，如北方根结线虫。

一些作物在作为**绿肥**掺入土壤时产生的分解产物对线虫有毒害作用。虽然一些绿肥作物在其生长时支持线虫繁殖，但它们在分解时会释放出致命气体。高粱×苏丹草杂交种分解时会产生氰化氢；芥菜、油菜籽和其他芸薹属作物含有芥子油苷，其降解成类似于一些土壤熏蒸剂中的活性成分的致命气体。植物挥发物杀死线虫的效力取决于其剂量和持续时间，当温度和条件有利于绿肥作物分解时，应及时翻耕将其掺入土壤（第5章）。覆盖作物对根结线虫的敏感性各不相同，因此针对要防控的线虫确定其合适的播种和掺入土壤的时间很重要（表20.2）。

根腐线虫的寄主范围很广，包括谷类、豆类、蔬菜、果树和许多杂草。与长季作物相比，短季作物收获后翻耕土地，或生长季后期种植的秋季覆盖作物，更有利于将线虫种群控制在较低密度。根腐线虫可以各种虫态进行越冬，完整的根系为它们提供保护和营养。

根腐线虫在整个生活史中都是在土壤中移动的，对线虫的感觉和运动系统有生理损害的植物产物可有效地减少根腐线虫对植物的影响及线虫种群的积累。作为覆盖作物种植的牧草珍珠粟（*Pennisetum glaucum*）、万寿菊和黑燕麦（品种‘Saia’）随着它们的生长可降低根腐穿刺线虫（*Pratylenchus penetrans*）的种群密度。

覆盖作物可用于降低**根结线虫**的种群密度，特别是当它们分解时释放出对线虫有毒产物的作物。苏丹草、高粱×苏丹草杂交种、芸薹属（芥菜、油萝卜、油菜籽和西兰花）和万寿菊对根结线虫有效，这些作物可以在种植马铃薯的前一年种植一整个生长季，或者在短季蔬菜或谷类作物后种植半个生长季，当温度高到足以促进其残体分解时，应该翻耕将其残体掺入土壤。春季掺入土壤的甘蓝残体对植物和线虫均有害，因此应在掺入和播种之间留有足够的间隔时间。掺入土壤中的植物材料刺激微生物活动，因此掺入的时间、数量和残体的碳氮比可能影响养分的固定（第8章）。

土壤日晒作用——通过用透明塑料薄膜覆盖表面来加热土壤，可以提高有根腐线虫和其他线虫潜在危害田块的产量。其中确切的机制尚不清楚，但推测这种效应是由于温度的升高对线虫造成胁迫，但对其天敌有益。穿过塑料薄膜的太阳能被其接近土壤的下表面上形成的水膜直接反射回到土壤中。减少线虫种群所需的日晒时间为30～90 d，这主要与土壤质地（砂质土壤温暖更快）、土壤温度、土壤湿度和云量有关。

覆盖作物和日晒相结合称为**生物熏蒸**。覆盖作物作为绿肥处理，并且在掺和后立即用塑料薄膜覆盖土壤表面。用塑料薄膜覆盖作物残体会加热土壤、加速分解，并将气体拦截在土壤中，随着有毒气体的积累，它们会取代土壤中的氧气，使线虫暴露于高浓度的有毒气体和低氧状态。将生物熏蒸和日晒适用于大规模马铃薯生产系统仍然是一项挑战，但是人们对于将其替代土壤熏蒸有很大的兴趣。

作物轮作在管理根结线虫方面很有效，因为大多数根结线虫的寄主范围有限。将线虫种群减少到阈值以下的轮作年限和轮作顺序取决于根结线虫的种类和种群密度。一年的玉米、小麦或黑麦通常足以减少北方根结线虫的种群，然而，这些作物是奇氏根结线虫和根腐线虫的良好寄主，并且有利于这些线虫种类的繁殖。因此，在受到多种线虫侵染的田块，作物决策必须基于经济上危害最重的关键线虫的管理。

作物轮作的价值已经在防治**马铃薯孢囊线虫**上得到证实，它是一种寄主范围限于茄科的害虫。种植非寄主作物对线虫种群的直接影响较小，因为除非有寄主根系分泌物存在，否则仅有很少的线虫卵孵化，但这却为天敌提供了时间来破坏线虫的卵。小型无脊椎动物，如螨虫、跳虫、轮虫和卵寄生真菌都会攻击马铃薯孢囊线虫的卵。通过施用添加物或覆盖作物来增加土壤有机质可创造有利于线虫天敌的条件。

生活在土壤而不是根系中的**刺线虫**、**短粗根线虫**和其他有害线虫都具有广泛的寄主范围。通过作物轮作来破坏它们的生命周期并减少种群密度的累积是很困难的。不同作物所支持的繁殖程度是不同的，在某些情况下，同一作物的不同品种也有差异。在轮作作物收获后，立即翻耕土壤并使根系暴露在空气中和太阳下则可减少线虫种群。许多杂草都是刺线虫和短粗根线虫的寄主，因此线虫种群在生长季节之间可能会**反弹**（第3章）。将农作物残体、覆盖作物或杂草等绿肥掺入土壤，可刺激土壤中生物的活动。尽管还有很多工作要做，但研究表明有害线虫的种群增加受到多种土壤生物群落的制约。

轮作期间的**杂草管理**也很重要，因为许多杂草种类可以作为根结线虫和其他线虫的栖息处。植物地上部死后，其根系可能仍然保持活力，因此认为植物地上部生物量减少后线虫便没有了食物来源并非总是安全的。成虫雌虫花费相当多的时间进行取食为产卵做准备，即使被雌虫寄生的植物死亡，在这段时间储存的营养足以维持产卵数周。通过耕地对根系进行破坏并将它们暴露于地面会干扰线虫的繁殖。

生物添加物可刺激土壤活性或增强植物对根结线虫和其他线虫的抗性，有些产品是由活的生物体组成；有些产品则含有刺激土壤生物反应的化学物质；在某些情况下，靶标是线虫的卵或幼虫；在其他情况下，靶标是线虫的自然天敌。例如，基于几丁质的产品可以刺激真菌寄生线虫的卵。许多生物产品的功效因线虫种群和当地条件而异，因此在农场对产品进行测试是必要的。

土壤淹水作为根结线虫管理策略在美国南部的一些马铃薯生产区是可行的，淹水杀死线虫是通过对线虫减少可用于呼吸的氧气量和增加如有机酸、甲烷和硫化氢等线虫毒性物质的浓度来实现的，需要7～9个月的持续淹水或多次淹水-干燥周期来杀死根结线虫的卵。当土壤和空气保持温暖时，淹水是最有效的，几次循环的淹水（至少2周）-干燥交替进行可能与连续淹水同样有效。但是，由于水是一个传播线虫的有效手段，因此让淹水流入未污染的田块或地区可能会形成危害。

化学防治

所有的土壤熏蒸剂都可以注入土壤中，有些必须以这种方式进行施用。土壤注射设备用于将熏蒸剂注入10～30 cm的深度，可以成行注射也可以分散注射。在熏蒸前，土壤应先起垄，不要有土块和未分解的植物残体，当土壤湿润并且在15 cm深度达到10～21℃的情况下可获得最佳结果。甲基溴和三氯硝基甲烷是高挥发性物质，施用时必须用防水布覆盖土壤以防止气体过早逸出。熏蒸剂1,3-二氯戊烯、威百亩-钠和威百亩-钾具有较低的挥发性，处理后土壤应该用耕种机或类似工具进行封盖。所有的熏蒸剂都会损害植物，但是它们会在2 d（甲基溴）到2周（1,3-二氯戊烯）的时间内从土壤中散失，在温暖和干燥的条件下散失会更快。

熏蒸剂，如1,3-二氯丙烯、威百亩-钠和威百亩-钾，可能在5～25 cm的土壤深度杀死或杀伤线虫。在施药时，线虫定居在土壤剖面深处，但之后在种植作物时便迁移到土壤表面，因此它们可能会逃脱熏蒸剂的毒杀作用。出于这个原因，所有线虫种类都会有一部分在熏蒸后得以存活，群体存活率可能较高，增加施用量并不一定会增加熏蒸剂渗透土壤的深度。

土壤熏蒸可有效地减少**根腐线虫**的种群数量（图20.12），并且当种群密度超过损失阈值时具有经济效益。威百亩-钠是最广泛地用于联合防治根腐线虫和黄萎病的熏蒸剂。土壤熏蒸对防治**根结线虫**也有效，由于加工薯对块茎感染线虫的容忍度低，因此通常使用土壤熏蒸来控制奇氏根结线虫。1,3-二氯丙烯可以在大多数侵染地块将块茎受害率控制在可接受的水平，但在某些情况下需要1,3-二氯丙烯和威百亩-钠结合使用。仔细阅读产品标签非常重要，因为化学品组合的允许使用剂量可能与单独使用这些化学品的剂量不同。

美国地方性法规可能要求对**马铃薯孢囊线虫**或**马铃薯腐烂线虫**感染的地块进行土壤熏蒸，这取决于地点和种植用途。甲基溴、威百亩-钠和1,3-二氯丙烯可有效降低马铃薯孢囊线虫和马铃薯腐烂线虫的种群密度，但不能根除这些线虫。当这些限制性有害生物出现时，对熏蒸田进行后续分析并监测马铃薯作物的症状是至关重要的。

非熏蒸性杀线虫剂，如灭线磷、杀线威和涕灭威，已注册用于马铃薯，应该查阅产品标签，了解特定限制条件或地区。非熏蒸剂的颗粒或液体制剂在春季施用于土壤表面并掺入或结合播种进行带施或沟施，这需要彻底的机械混入和足够的水分来促进杀线虫剂的溶解和移动，从而确保它与根系和线虫接触。一些非熏蒸性药剂通过接触作用直接影响线虫，而另一些则通过植物系统性地吸收，并在线虫取食或侵染发生后起作用。一些非熏蒸性药剂也是杀虫剂，采用杀线虫的剂量可以同时防控有害昆虫和线虫。然而，如果情况反过来就不一定奏效，如果以推荐用于昆虫防控的剂量施用可能无法防住线虫。

杀线虫剂和土壤熏蒸剂会减少但不能根除线虫种群。线虫的群体密度、轮作中的其他作物、土壤质地和条件均影响杀线虫剂的效果并决定其使用频率。线虫可能只是不能活动，而非被杀死，这取决于药剂种类、施用剂量和时间，杀线虫剂或土壤熏蒸剂的施用时间应根据土壤测定所示的线虫种群密度来确定。农药可能会对线虫的天敌产生负面影响，因此只有在需要时才能使用。杀线虫剂具有高度的哺乳动物毒性，因此只有经过认证的操作人员才能被授权施用。

杀线威可以有效防控**根腐线虫**，但仅当线虫种群密度高且无黄萎病问题时才是经济的。经过非熏蒸性杀线虫剂处理后，根腐线虫种群经常在生长季节中期出现反弹，并且线虫数量可能会有净增加，尽管在生长季早期的保护作用可以使马铃薯产量增加。

杀线虫剂和土壤熏蒸剂会减少但不能消灭线虫群体。

灭线磷和杀线威比熏蒸剂便宜，在播种前或播种时以颗粒或液体制剂进行施用。一旦种群密度降至较低水平，与覆盖作物结合使用的非熏蒸性药剂可有效管理根结线虫。在线虫以聚集模式发生的田块中，用非熏蒸性杀线虫剂进行点片处理是可行的。

非熏蒸性杀线虫剂通常比土壤熏蒸剂在减少**刺线虫**和**短粗根线虫**的种群密度方面更经济。当刺线虫或短粗根线虫的种群密度高于损失阈值，或当该田块的生产历史表明之前已进行过土壤处理时，化学防治可能就是最佳的选择。当存在条纹环斑病时，也是一个对短粗根线虫应该进行化学防治的指示。轮作作物上使用特丁硫磷或克百威等杀线虫剂可以减少刺线虫和短粗根线虫在下茬作物马铃薯上的数量。

目前开发了新类型的杀线虫剂（如阿维菌素）和旨在破坏线虫生命周期的化学药剂（如孵化抑制剂和信息素），以扩大目前可选用的药剂。然而，现有杀线虫剂被撤销登记或被限制使用的速度比开发可利用的新产品速度更快。因为这种趋势，采用包括多种防控措施的综合线虫管理方案尤其重要，而不是完全依靠杀线虫剂来保护马铃薯或轮作作物（专栏20.1）。采取一切必要措施防止杀线虫剂和其他杀虫剂污染环境并使人员暴露于这些药剂的毒害水平也至关重要。

专栏20.1

关键的线虫管理策略

根腐线虫

- 种植覆盖作物。
- 与可以作为绿肥掺入土壤的短季作物进行轮作。
- 轮作期间的杂草管理。
- 土壤日晒。
- 土壤熏蒸。
- 通过水肥管理保持植物健康。

根结线虫

- 作物轮作。
- 只种植认证的种薯。
- 注意防止受感染的土壤随设备和水移动。
- 轮作期间的杂草管理。
- 土壤熏蒸。

马铃薯腐烂线虫和马铃薯孢囊线虫

- 有效的作物轮作。
- 查阅检疫限制，以防止引入新的田块和地区。
- 选择抗性品种。
- 只种植认证的种薯。
- 土壤熏蒸。

刺线虫和短粗根线虫

- 注意防止受感染的土壤和水在田块间移动。
- 非熏蒸性杀线虫剂处理。

第21章

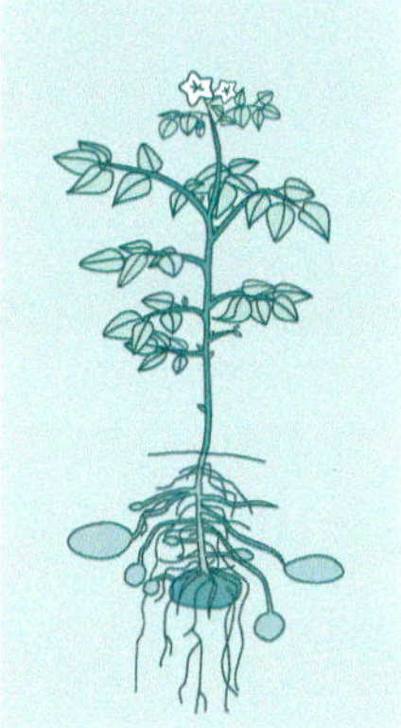

Walter R. Stevenson 威斯康星大学植物病理学系，麦迪逊

William W. Krik 密歇根州立大学植物病理学系，东兰辛

Zahi K. Atallah 威斯康星大学植物病理学系，麦迪逊

管理叶部病害：早疫病、晚疫病和菌核病

管理马铃薯叶部病害是世界各地的种植者整个生长季的工作重点。在马铃薯生产中，大部分农药用于三种病害：早疫病、晚疫病和菌核病。在环境条件有利于这些病害发生的地区，传统杀菌剂的投入成本很容易超过总成本的10%。如果没有得到有效控制，这些病害会影响叶片和茎的健康，并且在晚疫病发生的情况下会影响块茎的耐贮性。早疫病和晚疫病单独或者混合发生都会影响产量、块茎大小、鲜食薯的商品性和加工薯的质量、块茎的耐贮性、块茎的干物质含量及适销性。病害发生时间和对作物的危害损失随气候和病害管理的有效性的不同而不同。

早 疫 病

在大多数生产地区，早疫病每年都会有不同程度的发生。然而，病害的发生时间和发生速度决定了其对作物的影响程度。早疫病的发生程度因区域不同而不同，并且与三个变量有关：降雨、雾、露水或灌溉导致的叶片湿润频率，叶片的营养状况，以及品种感病性。虽然其导致的损失很少超过20%，但仔细的杀菌剂喷施有助于将损失降低到5%以下。在北美洲东部，叶面感染是病害最关键的阶段，而在西部，特别是落基山产区，块茎感染可能比叶面感染更为严重。

症状

早疫病在叶片上的症状首先在植株下部（较老的）叶片上呈小（直径3 mm或更小）的圆形深褐色斑点。随着病斑尺寸的增加，直径扩大到9～10 mm时被叶脉限制并呈角斑状（图21.1）。在生长季节早期，在幼嫩的完全膨大的肉质叶片上的病斑直径可能达到13 mm，这样的病斑可能和晚疫病混淆。病斑在现场相对容易诊断：病斑的特征是黑色和褐色相互交替的同心轮纹（图21.2）。在世界某些地区，由于叶片病斑的独特外观，早疫病被称为靶斑病。每个病斑周围通常有一圈较窄的褪绿组织，随着时间的推移，受感染的叶片会出现大面积枯黄。在茎和叶柄上也可能形成褐色的梭形病斑。到生长季结束时，上部叶片可能充满了许多小的病斑（图21.3），并且病斑可能会覆盖叶子的大部分。严重感染的叶片最终枯萎并死亡，但通常仍附着在植物上。块茎膨大阶段早期至中期的严重叶片感染可导致块茎个头小、产量低和干物质含量低。

图 21.1　由 *Alternaria solani* 引起的早疫病斑。

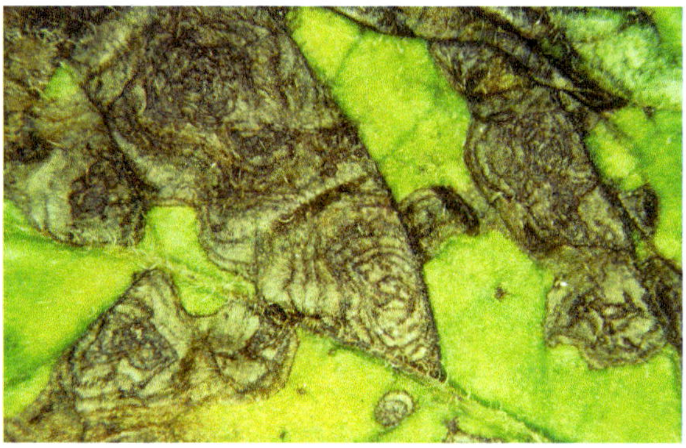

图 21.2　早疫病斑呈典型的多角形且具有明显的深棕色和棕褐色相间的同心轮纹。

图 21.3　叶片上布满了无数小的早疫病斑仍长在植株上。（引自 Stevenson, W. R., Loria, R., Franc, G. D., and Weingartner, D. P. 2001. Compendium of Potato Diseases. 2nd ed. American Phytopathological Society, St. Paul, MN）

早疫病的发生程度因区域不同而不同，并且与三个变量有关：降雨、雾、露水或灌溉导致的叶片湿润频率，叶片的营养状况，以及品种感病性。

早疫病在块茎上的症状表现为圆形至不规则的病斑，这些病斑稍微凹陷，并且常常由凸起的紫色至深褐色边界包围着，病斑下面的组织是革质的且质地干燥，通常呈深棕色（图 21.4）。早疫病会降低鲜食薯的质量和适销性。块茎感染也给加工带来了挑战，因为块茎的去皮量会增加，以去除黑色的病斑和变色的下层组织。

病原和病害发展

早疫病是由茄链格孢引起的。病原体的孢子和菌丝体在土壤中、马铃薯块茎上、马铃薯残体及其他易感茄科作物和杂草如毛龙葵（*Solanum sarrachoides*）上存活。茄链格孢的越冬孢子和菌丝体可以耐受的环境条件范围较广，包括长时间暴露在阳光下及反复循环的干燥、冷冻和解冻等条件。在春季，病菌以孢子侵染马铃薯引发早疫病。由于前一季作物中可能存在大量的越冬病原物，所以在前茬马铃薯发生过早疫病的田块或者邻近田块最容易感染早疫病。病原物通过风、雨水飞溅和灌溉等方式在田间传播（图21.5）。

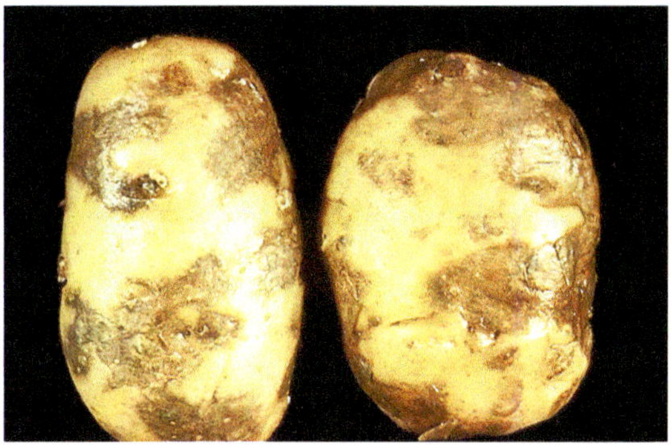

图21.4　块茎上黑色凹陷的早疫病斑。

马铃薯叶片和植物残体在5～30℃（最佳20℃）最易产生*A. solani*孢子（图21.6），干湿交替且在此温度范围内有利于孢子产生。在湿润或干燥的植物组织上很少能产生孢子。接种体的传播遵循昼夜模式，其中随着露水或其他夜间水分湿润的叶子和植物残体变干、相对湿度降低和风速增加，气传孢子的数量随之增加。

落在感病植株叶片上的孢子萌发并直接通过表皮、气孔和伤口（如风沙磨损、机械损伤或害虫咬食）侵入组织。侵染需要雨水、灌溉、雾或露水提供的自由水及合适的温度，但在较高的温度下需要较短的叶片湿润时间（例如，在10℃下12 h后发生侵染，但在15℃下仅需8 h）。

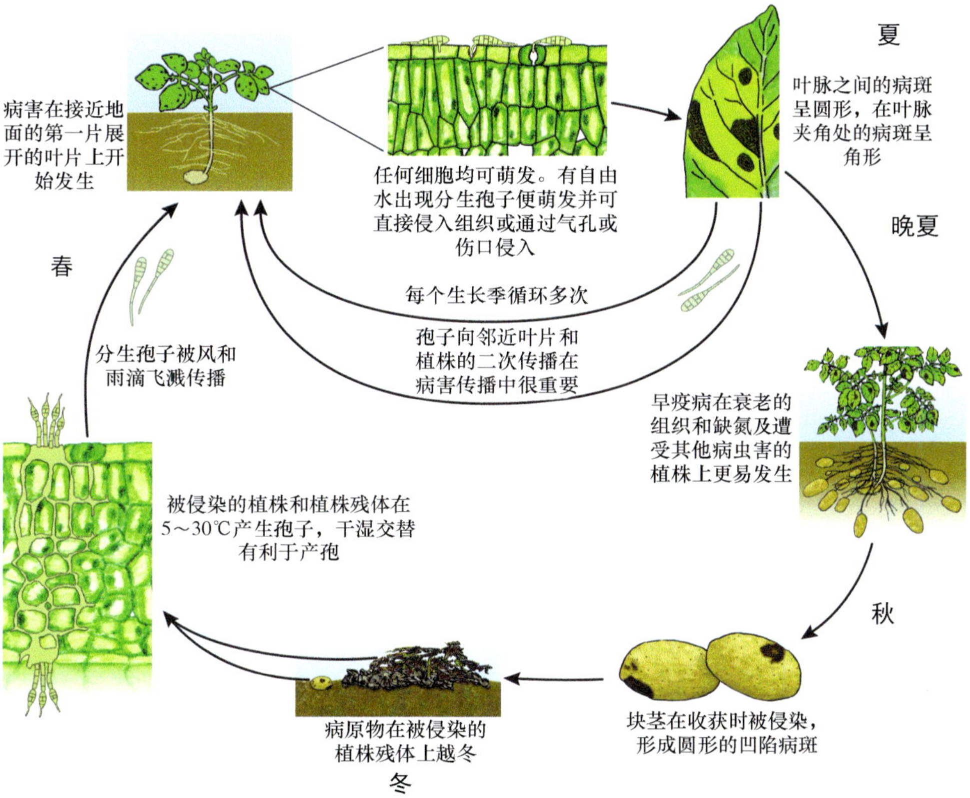

图21.5　早疫病菌*Alternaria solani*的生活史。（引自Wharton, P., and Kirk, W. 2007. Early Blight. Extension Bulletin E-2991. Michigan State University）

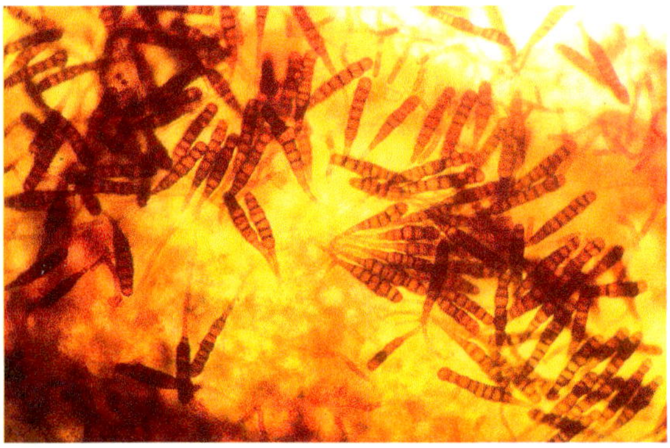

图21.6 *Alternaria solani*的分生孢子。（引自Stevenson et al.，2001）

在单个生长季节内可以发生多次侵染过程。当病斑处产生孢子再传播到邻近的叶片和植株时，便开始了病原物的二次传播，干-湿交替出现及较长时间的高相对湿度和叶片湿润期有利于这一过程。早疫病主要在衰老组织或者受不利的天气条件、缺氮和影响植物健康的其他病害和昆虫等因素胁迫的植株上发生。在生长季节早期，病害首先发生在接近土壤的下部叶片上，在生长点附近的幼嫩组织上发展缓慢。开花后，病害传播速率增高，并且在生长季后期、块茎膨大期和植物胁迫期可以非常快。在生长季末期，大多数没有施药保护的植株都存在早疫病。

在收获和块茎处理期间，*A. solani*的孢子也可以侵染块茎。积累在土壤表面或在收获时从干燥的植株上脱落的孢子可能侵染马铃薯块茎，侵染同样需要自由水。病原物通过皮孔或者薯皮上的机械伤处侵染。未成熟的块茎及白皮和红皮品种易受感染，因为它们在收获期容易破损和掉皮。石块多和粗糙的土壤中块茎薯皮易损伤，并且收获时的潮湿条件有利于侵染。在贮藏过程中，单个病斑会继续扩展，但不会发生二次传播。有症状的块茎会因失水过多而萎缩，失水量取决于贮藏条件和病害严重程度。与晚疫病的病斑不同，早疫病的病斑通常不会引起其他病害的继发感染。种薯可被茄链格孢感染并可表现症状，但是带病种薯在病害循环中起的作用很小。

晚　疫　病

马铃薯晚疫病是世界范围内马铃薯生产上最具破坏性的病害之一。病原体为致病疫霉（*Phytophthora infestans*），在低温（10～24℃）高湿的条件下最易发病。一旦发病，如果不采取防控措施，病害会迅速扩展，并能在2～3周导致全田死亡。晚疫病菌可以在任何生长阶段和收获后侵染块茎。此外，感染晚疫病的块茎容易受到细菌性软腐病的侵害，这进一步加剧了贮藏困难。

症状

叶片上初始症状是小的、浅绿至深绿色、圆形至不规则形状的水浸状病斑（图21.7）。晚疫病通常首次出现在小气候较为湿润的下部叶片。如果天气条件有利，并且病原体是通过气流传入田间，则病斑可能发生在上部叶片、嫩茎或花梗上。病斑通常在叶片与叶柄的连接点处（此处呈杯状）或露水存留时间的叶片边缘处开始发展。在阴凉潮湿的天气中，病斑迅速扩张成大的深褐色或黑色斑点（图21.8）。病斑不受叶脉的限制，并且在叶尖或边缘形成的病斑可扩大并导致叶片卷曲变形（图21.9）。当新的病斑出现并且和现有的病斑融合时，整个叶片变得枯萎并且在几天内枯死。

茎部发病（图21.10）通常始于叶柄着生处，茎部病斑附近叶片很快便脱落。病斑会继续沿着茎纵向扩展，并且即使在炎热干燥的天气下仍可保持活力。

在清晨或凉爽潮湿的天气中，在发病叶片的背面和茎部病斑边缘会出现白色霉层

图21.7　新出现的晚疫病斑呈褐色且形状不规则。（引自Kirk, W., Wharton, P., Hammerschmidt, R., Abu-El Samen, F., and Douches, D. 2004. Late Blight. Extension Bulletin E-2945. Michigan State University）

图21.8　晚疫病斑扩展为被浅绿色边缘包围的暗棕色大型斑点。（引自Kirk et al.，2004）

图21.9　晚疫病斑扩展迅速且不受叶脉限制（A），发病后几天整个叶片枯死（B）。（引自Kirk et al.，2004）

图21.10　茎部晚疫病斑通常出现在叶片着生的分枝处并沿茎部扩展（A，箭头），邻近茎部病斑的叶片在发病很快便脱落（B）。（引自Kirk et al.，2004）

（图21.11）。白色霉层的出现是判断是否为晚疫病的标志，白色霉层的出现可以很容易与其他马铃薯叶部病害如灰霉病区分开来。然而，随着叶片和茎的表面变干，白色霉层很快消失，因此通常都看不到。在叶片病斑的周围通常有一圈浅绿色至黄色的边缘。晚疫病发生严重的田块，由于马铃薯植株迅速分解而产生一种特有的气味，这种气味与化学杀秧或严重霜冻后植株产生的气味相似。

潮湿冷凉天气（5～24℃）、高湿和多雨有利于晚疫病发生。

块茎发病的特征是薯皮上形成形状不规则、稍凹陷、棕色至紫色的区域，这些症状在薯

图21.11 在潮湿天气的清晨可见被侵染的茎部表面长出白色天鹅绒状的晚疫病菌。

皮光滑和白色的品种上最为明显。在薯皮变色区域的下面会形成棕褐色至棕红色（铜色）颗粒状干腐，通常这种腐烂深入块茎内部不超过1.25 cm（图21.12）。块茎腐烂的程度取决于品种的敏感性、温度和侵染发生后的时间长短。块茎的病健组织分界不明显，病组织以棕色手指状深入健康组织。随着时间的推移，整个块茎会枯萎变色。晚疫病通常伴有细菌性软腐病的发生。

通过显微镜检查从感染的叶、茎或者块茎上收集的病原体可以确定晚疫病（图21.13）。病原体可以通过孢子囊和孢囊梗的独特尺寸和形状快速鉴定。

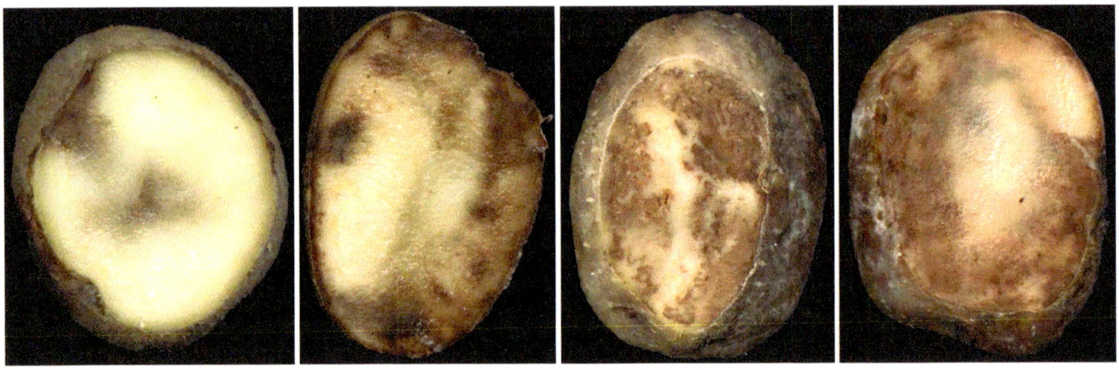

图21.12 块茎晚疫病的症状表现为薯皮变色且其下面出现棕褐色至棕红色颗粒状干腐。（引自Kirk et al., 2004）

病原和病害发展

晚疫病的病原体致病疫霉（*Phytophthora infestans*），不是真正的真菌，而是一种“褐藻状”水霉（图21.14），属于茸鞭生物界卵菌纲。*P. infestans*在被称为孢囊梗的梗上形成大的、透明的、柠檬状的孢子囊。孢子囊以两种不同的方式萌发，在6～13℃且有自由水存在的情况下，孢子囊通过形成和释放游动孢子而萌发。每个孢子囊产生8～12个游动孢子（图21.15），它们可以在叶片表面的水膜中自由游动并侵染植物组织。休止的游动孢子萌发产生芽管，通过叶片的气孔或直接穿透叶表皮或块茎周皮侵染马铃薯。在13～21℃，孢子囊萌发产生单一芽管侵染植物组织。夜晚温度为10～16℃、伴有小雨、雾或重露，第二天白天温度为16～24℃且相对湿度较

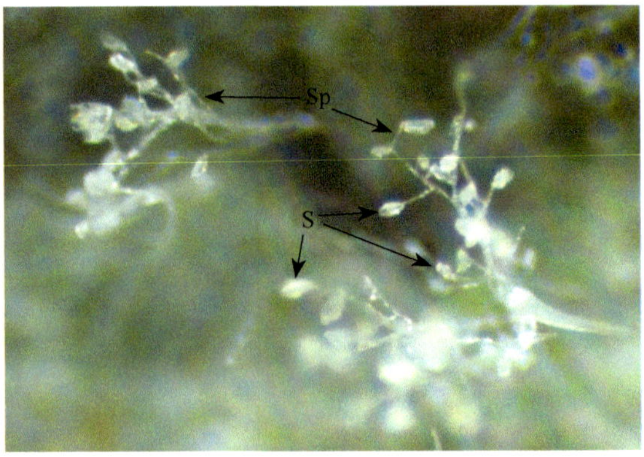

图21.13 晚疫病病原菌*Phytophthora infestans*的孢子囊（S）和孢囊梗（Sp）。（引自Kirk et al., 2004）

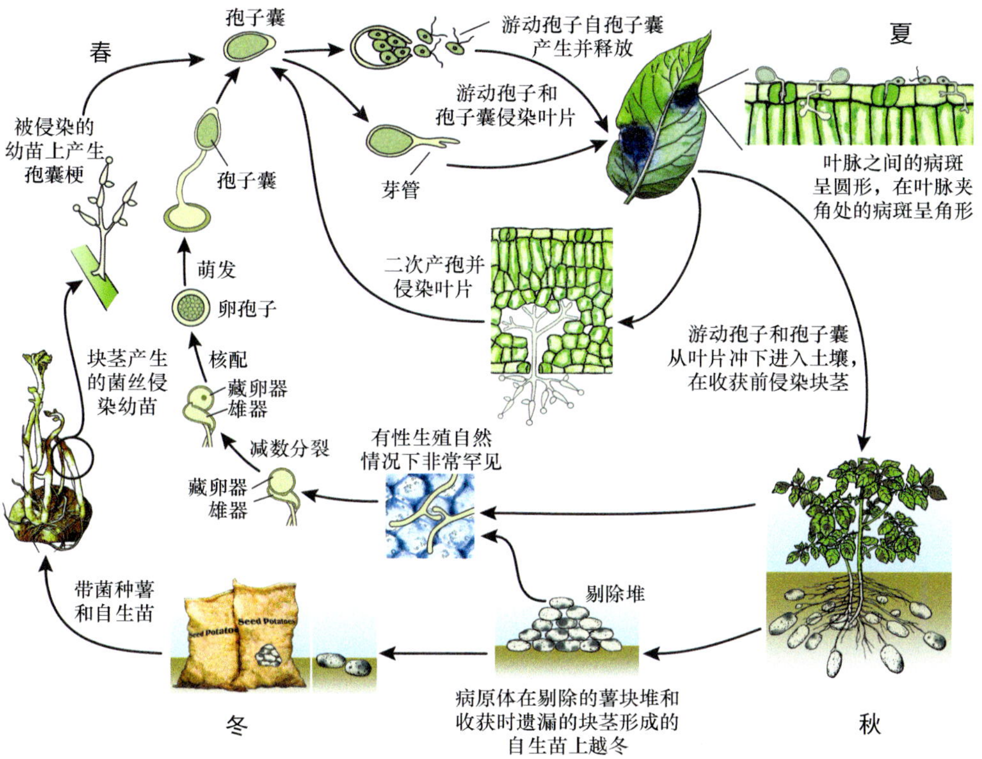

图 21.14　晚疫病菌 *Phytophthora infestans* 的生活史。（改编自 Kirk et al.，2004）

高是晚疫病发生的理想条件。该病原的传播与早疫病菌的一样，遵循昼夜模式。空气中孢子囊的数量随着湿的叶片变干、环境相对湿度下降和风速的增加而增多，空气中孢子囊数量在上午达到峰值，傍晚和晚上空气中的孢子囊数量下降。

如果叶片上产生的孢子囊被雨水或灌溉水冲下进入土壤中，则可能会侵染块茎。水中的游动孢子可以通过茎和匍匐茎上的水膜进入土壤与块茎接触并开始侵染。因此，靠近土壤表面的块茎比下部的块茎更易受到侵染。孢子囊和游动孢子可以随雨水或者灌溉通过土壤的裂缝直接侵染块茎。

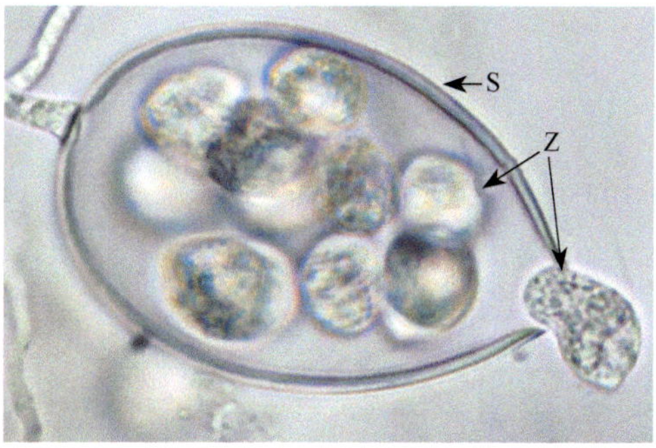

图 21.15　马铃薯晚疫病菌的一个孢子囊（S）可产生 8～12 个游动孢子（Z），它们是从孢子囊顶端的开口处释放出来的。（引自 Kirk et al.，2004）

晚疫病菌的菌株分为 A1 和 A2 两种交配型。目前北美的病原物菌株主要为 A2 交配型，然而在其他生产区（如墨西哥和欧洲），两种交配型都存在，因此病原体的遗传多样性更大，使得在该地区晚疫病防控压力更大。在生活史同时包括两种交配型并存在有性和无性阶段的产区，病原体可以卵孢子（有性生殖产生的厚壁抗逆性结构）在土壤中和以菌丝体在块茎中越冬。在北美大部分地区，*P. infestans* 目前主要是无性繁殖，以菌丝体在贮藏的马铃薯块茎上或者在被剔除的块茎上和在收获时遗留在田间并没有受冻的块茎（自生苗）上越冬。在春季，从剔除的薯块或者自生苗上产生的气传孢子囊飞散并随气流传播到马铃薯叶片上。带菌的种薯也是一个重要的侵染源，有明显晚疫病症状的种薯通常在播种后会腐烂，对病害流行作用较小，而带有无明显晚疫病症状的芽和芽眼的种薯将造成侵染。在切种和种薯搬运、贮藏和播种过程中，病原物可以在薯块之间传播。许多带病的种薯会在出苗前腐烂，从感染的块茎中长出的芽会在出苗后死亡，但有些可能存活并表现出晚疫病症状。晚疫病的孢子囊通过风、雨水飞溅、机械运输和动物从受感染的马铃薯植株传播到健康的植株上。目前存在于北美的病原体基因型，在有利的天气条件下能够在短短3～4 d完成一个的生活史（从孢子囊产生到侵染，然后再产生孢子囊）。在一个生长季内可以完成许多繁殖循环，因此田间一旦发病就会呈爆发性增长。

在北美已经报道了几种*P. infestans*的基因型（US-1、US-6、US-7、US-8、US-11、US-14和US-17）。在20世纪90年代中期之前，北美仅有US-1基因型；目前，北美的优势基因型是US-8，这种基因型的大多数菌株比US-1更具传染性，并且更易引起茎部发病。基因型US-1、US-6、US-11和US-17为A1交配型，基因型US-7、US-8和US-14是A2交配型。为了完成有性重组，A1交配型和A2交配型必须相互接触，以产生卵孢子。卵孢子可抵抗低温和其他极端环境，并且能在病叶、病茎或者游离在土壤中越冬。有性重组和越冬卵孢子的产生为新的、侵染力更强的基因型的出现提供了可能。在世界上已经发现越冬卵孢子的地区，当环境条件有利于病害发展时，晚疫病实际上已经成为每个生长季节的重要危害。当只有一种交配类型存在时，病原体以块茎上的菌丝体越冬。如果受感染的块茎在冬季因冻害而死亡，或者如果它们被深埋而无法出苗则病害循环被打破。

菌　核　病

菌核病（核盘菌属茎腐病）在冠层郁闭、氮肥施用量大、运用喷灌过度灌溉的田块是一个常发病。该病在西北太平洋地区盛行，但在美国中西部的生产地区则是次要的。当农业措施有利于植株生长并导致田间郁闭、冠层内部长期保持高的相对湿度时，菌核病的发病率会增加。这些条件对菌核病的发展至关重要。

症状

茎上出现水浸状病斑，病斑初期呈棕褐色，随后变白。在湿度大的情况下，病斑被白色棉絮状霉层覆盖，在病斑上有时会出现黑色的坚硬菌核，更常见的是在茎内产生菌核。病斑会使茎部缢缩并导致其髓部中空，留下薄薄一层外壳包裹着菌核。在地下组织（根、匍匐茎和块茎）上通常观察不到症状。

病原和病害发展

菌核病是由核盘菌（*Sclerotinia sclerotiorum*）引起的（图21.16）。该病原菌能够引起400多种植物发病。核盘菌产生子囊孢子（有性孢子），它们可以通过风进行中等距离的传播。据估计，大约90%的子囊孢子被分散在100 m范围内，尽管有些科学文献报道能够传播3～4 km的距离。病原体以菌核越冬和传播，菌核黑色，具有不同大小和形状的菌丝体。菌核可以忍受恶劣的环境条件、农药，甚至熏蒸剂，它们主要在被侵染后的中空的茎内形成。菌核在翻耕的时候混入土壤，在缺乏有利的发病气候条件和感病寄主的情况下可以在土壤中存活数年。只有在土壤表层5 cm内的菌核才具有生物活性；处于较深处的菌核保持休眠状态。与马铃薯轮作的其他作物（如向日葵、大豆、菜豆和豌豆）的种子可能混有菌核，随着播种被引入田块。

图21.16 菌核病菌*Sclerotinia sclerotiorum*的生活史。（引自 Wharton, P., and Kirk, W. 2007.White Mold. Extension Bulletin E-2989. Michigan State University）

菌核病在冠层郁闭、氮肥施用量大、运用喷灌过度灌溉的田块是一个常发病。

在阴暗潮湿的土壤里菌核内进行有性重组，萌发产生子囊盘，这主要发生在植株的根冠周围和灌溉沟的两侧。子囊盘是褐色、外形为杯状的蘑菇状结构（直径3～10 mm），并排着生成千上万个囊状的结构（子囊），每个子囊内含有8个子囊孢子。

在农业生产条件下，核盘菌主要是同宗配合的，这就意味着所有的来自同一个子囊盘的子囊孢子基因型都是一致的。最近的研究指出，在西北太平洋和澳大利亚出现显著水平的异型杂交。据报道，在加拿大采集的核盘菌菌株之间的侵染性存在差异，但在西北太平洋地区采集的菌株还未观察到这些差异。

菌核萌发产生子囊盘或者菌丝。菌核上直接产生的菌丝可侵染邻近（1.3 cm之内）的植物组织。植株的根冠受到侵染，然后植株会在封垄之前死亡（图21.17）。虽然由菌核产生的菌丝可侵染绿色的马铃薯茎，但子囊孢子不能侵染健康的、未受伤的马铃薯叶或茎。

在田块内或从邻近的田间由气流传播的子囊孢子是马铃薯的主要侵染源。马铃薯的花在病害循环中起着关键作用。子囊盘的产生和子囊孢子的释放时期较长且与马铃薯的花期重合。马铃薯的花在植株上生长时被侵染，随后落到地上或落在冠层的叶片和茎上。在高湿度条件下，被菌核病的病原物侵染的花落在地上（图21.18）或卡在冠层（图21.19），主要是在叶腋处。子囊孢子也会降落在地上衰老或死亡的植物组织上，然后萌发产生菌丝。马铃薯的茎或叶接触到地上受感染的花或者菌丝后就被侵染（图21.20）。

图21.17 马铃薯植株的根冠被*Sclerotinia sclerotiorum*直接侵染。（D. A. Johnson友情提供）

图21.18 地面上的马铃薯花被*Sclerotinia sclerotiorum*侵染并长出菌丝。（D. A. Johnson友情提供）

图21.19 被*Sclerotinia sclerotiorum*侵染的花落在马铃薯茎上并导致茎部侵染发病。（D. A. Johnson友情提供）

图21.20 马铃薯茎部的菌核病病斑长出白色菌丝体和菌核。（D. A. Johnson友情提供）

防 控 策 略

叶面病害的有效管理方案在大多数产区是马铃薯整体健康管理的重要组成部分。早疫病、晚疫病和菌核病需要一套由栽培管理措施和化学防治技术组成的综合治理方案，来减少病菌来源和阻止病害发展（专栏21.1）。该方案包括种植之前的管理、生长季管理及收获和贮藏期管理。

专栏21.1

主要病害管理要点

早疫病

- 选择至少2年未种植过马铃薯的地块。
- 选择具有有效田间抗病水平的品种。
- 根据作物的需求提供足够的氮和磷。
- 按照作物的需求灌溉，避免过度灌溉。
- 防控其他病虫害以免使植株受到胁迫增加对早疫病的敏感性。
- 运用病害预测系统和田间巡查来确定开始化学防治的时间及防控次数与间隔。
- 仔细施药，采用推荐剂量和最佳施药时机施用有效药剂。
- 在薯皮老化后收获，并尽量减少擦伤。

晚疫病

- 在下季播种前清除剔除薯堆。
- 处理自生马铃薯苗和其他越冬菌源。
- 选择具有有效田间抗病水平的品种。
- 种植经过认证的种薯。
- 考虑种薯杀菌剂处理，尤其是在预先切种的情况下。
- 仔细管理灌溉以避免叶片湿润时间的延长。
- 至少每周仔细进行一次田间巡查，尤其是在长时间潮湿、冷凉的天气条件下，检查晚疫病的早期症状。
- 监测天气条件并仔细施药，采用病害预测系统来确定用药时间及间隔。
- 在绝大多数产区，应在收获前2～3周让秧子彻底死亡。
- 杀菌剂的施用一直持续到死秧。
- 仔细监测贮藏期间的块茎晚疫病早期症状，包括块茎腐烂，并相应调整贮藏条件。

菌核病

- 选择至少2年未种植过马铃薯的地块。
- 避免多度施肥导致徒长。
- 仔细灌溉以满足作物的需要，尤其是在花期和落花后。不要过度灌溉。
- 杀菌剂的施用时间与花期保持一致，以获得最佳的防控效果。
- 考虑使用生防制剂来降低土壤中病原菌的菌核存活数量。

种植之前的管理

品种选择

一些早熟品种可以在天气条件不适合早疫病和晚疫病或这些病害发展到影响产量和质量之前进行收获。然而，对于大多数种植者而言，选择一种与市场需求相适应的抗病性高的品种是多层次有害生物综合管理的重要基础组成部分。种植抗病品种有助于降低与这些病害相关的生产风险，减少喷药次数，并降低生产成本。在一些环境条件通常不利于病害发展或病害压力较低的地区，种植一些抗病品种在没有杀菌剂投入的情况下也能健康生长。育种家现在将抗病育种的重点放在对包括晚疫病和早疫病在内的多种病害有较好抗性的选育上。

多年来的现象表明，一般而言早疫病在早熟品种上比晚熟品种发展得更快。然而，随着对多种病害具有抗性的品种不断投放市场，现在生育期相同的品种在对早疫病的敏感性上差异较大（图21.21），并且种植者选择抗病品种能够减少杀菌剂的投入。种植对其他病害（如黄萎病）或复合病害（如早期死亡）具有抗性的品种时，会减少马铃薯后期的胁迫压力，而这种胁迫会影响品种对早疫病的敏感性，所以这些品种更有利于早疫病的管理。

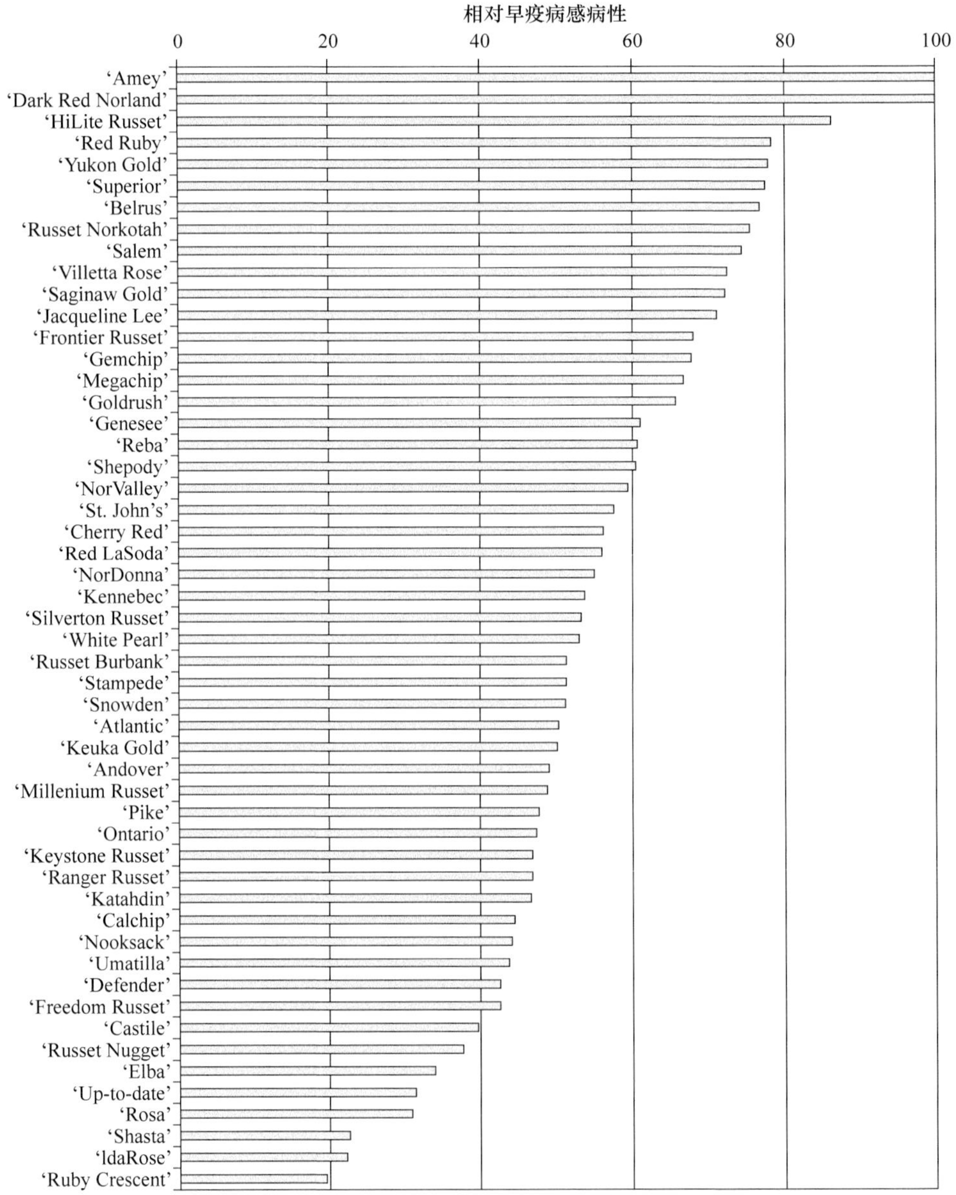

图21.21 不同马铃薯品种相对于高感早熟品种'Dark Red Norland'的早疫病的感病性。

北美种植的大多数品种对**晚疫病**易感，但一些品种，如‘Jacqueline Lee’（鲜食品种）和‘Defender’（轻微麻皮长薯形）对基因型US-8（北美最广泛的基因型）的晚疫病菌是高抗的。目前它们正在被用作父母本培育新的薯条和加工薯品种。几种中度敏感的品种（如‘Pike’）也已经可用于商业种植。

在抗**菌核病**育种方面进展甚微，目前最广泛商业化栽培的马铃薯品种对菌核病都同样敏感。

地块选择

选择排水性好、肥力高的田块，以促进整体作物的健康。避免田块边上有树木或者其他障碍物影响空气流动，因为它们往往会延长叶片的湿润期，使叶面病害的管理更加困难。小而形状不规则的田块不易于均匀施用杀菌剂，不宜种植马铃薯。如果计划航空施药，田块上应避免种植树木和布置电力线，因为这些潜在的障碍可能妨碍杀菌剂的均匀施用。

采用指针喷灌且经常发生**晚疫病**的地块，应避免在喷灌圈中心点25 m范围内种植马铃薯，因为这一区域在灌溉时长期保持湿润。

有前茬遗留的马铃薯自生苗的地块应避免种植马铃薯，因为遗留在田间的前茬马铃薯会成为**早疫病**和**晚疫病**的传染源，会引起当季作物在早期发病。

菌核病的病原菌可以在土壤中存活5年或更长，所以种植者应当详细记录在轮作过程中其他敏感作物的发病情况。

轮作

选择至少2年没有种过马铃薯的田块进行种植。可以与小粒谷物、玉米或豆科植物如苜蓿或三叶草进行长时间轮作，减少与菌核病的寄主如大豆、向日葵或油菜等作物的轮作时间。早疫病菌可以在土壤和植物病残体上越冬；晚疫病菌可以在自生苗和剔除的马铃薯上越冬；菌核病的菌核可在土壤中长时间存活。如果可能的话，应该在整个农场或整个地区范围内规划轮作顺序，以避免在前一年生产马铃薯的田块紧邻的田块种植马铃薯。种植田块的选择需要长期规划，以利用在空间和时间上分隔马铃薯连续种植所带来的益处。

消除越冬菌源

应检查确定**晚疫病**菌潜在的越冬场所，并在马铃薯种植前破坏或控制。这些来源包括在贮藏期间被剔除的块茎，冬天存活的受感染的自生苗、寄主杂草如毛龙葵。前茬遗留在地面的块茎残体可以成为**早疫病**菌的侵染源，应在下一季马铃薯播种前翻耕埋入土中。**菌核病**的菌核在土壤中存活数年，土中菌核数量的增加或减少取决于倒茬作物的感病性、病害在这些作物上发生程度和生物防治引起的菌核腐败。土壤熏蒸对于菌核病、早疫病或晚疫病不是有效的管理手段。

应该只种植经过**认证的合格种薯**。经过认证的合格种薯晚疫病菌带菌率不超过1%，使用经过认证的种薯有助于减少将带病种薯引入产区的风险，并有助于减少杀菌剂的使用。无病种薯在总体病害防控方案中至关重要。

对分级剔除的马铃薯块茎**处理不当**往往是引发晚疫病流行的重要因素。带病马铃薯块茎在冬天存活下来，并在第二年发芽，成为晚疫病菌孢子的重要来源。不应将带病的马铃薯与分级剔除的块茎混堆在一起。如果一堆马铃薯块茎的重量超过22 t，那么即使在寒冷的冬季这堆马铃薯也不会被冻透。最安全的办法是把分级剔除的马铃薯堆摊开铺到下一季不种植马铃薯的地里（每亩3 t），让其经历几次冻融循环；在来年春季之前粉碎或切碎剔除的马铃薯会加速其腐烂分解；另外剔除的薯块也可以拉到垃圾场进行掩埋处理，掩埋深度至少0.9 m，或者可以和其他有机材料混到一起堆肥。应当经常去掩埋和堆肥场所检查剔除的马铃薯是否发芽或者出苗。当下一季的马铃薯已经播种并正在出苗时，将剔除的马铃薯饲喂牲畜也是可以的，但要保证所有薯块在24 h之内全部被吃完。需要注意的是防止遗漏，如有遗漏留存的剔除马铃薯堆，应予以焚毁或者掩埋，或者起码用除草剂杀死已经出现的叶片并防止进一步发芽。收获后撒落田块地面的块茎应让其继续留在地面，以便在冬季将其冻死，切忌把留在地里的块茎翻耕到土壤中，因为这样有利于这些块茎在冬季存活。通过耕作措施或者在倒茬作物上使用除草剂来消灭自生苗，也是一种减少侵染源的方法。

切种和种薯处理

感染马铃薯晚疫病的种薯是切种、种薯处理和播种过程中薯块与薯块之间的病菌传染源。在种薯采购和交付之前，种植者应当仔细查看有关田间、贮藏箱、贮藏期表现和装运点检查的记录。当存在潜在种薯侵染时，种植者应避免将切好的芽块长时间存放在温暖潮湿的环境下，因为这样有利于病菌产孢并造成进一步的块茎侵染。种植者应当在切种时用广谱的杀菌剂处理种薯，以降低播种前病菌在芽块与芽块之间的传播。

生长季管理

当植株受到其他病害如早死、立枯丝核菌茎溃疡、根结线虫和烂种等胁迫时，其比健康植株更易感**早疫病**。同样，与害虫取食有关的胁迫，尤其是科罗拉多马铃薯甲虫和叶蝉，也会促进早疫病的发展。杂草通过竞争空间、光线、营养物质和水分增加对作物的胁迫；杂草过度生长也可能减少作物冠层的空气流动，从而延长叶片湿润的持续时间并有利于早疫病和晚疫病病菌孢子的形成、萌发和侵染。中耕培土有利于减少早期的杂草数量，同时覆土也有利于降低后期叶部晚疫病的孢子被水冲入土壤侵染块茎的风险。

施肥

宿主营养对叶面病害有很大影响。氮和磷的缺乏可增加对早疫病的易感性。然而，施用氮肥过量会刺激营养生长过度，形成有利于孢子萌发和侵染的微环境。过高的作物密度和过量的氮肥可能导致密集的植物冠层、阻碍空气流动、增加相对湿度。此外，过量的氮肥会导致植株贪青延缓成熟，并导致产量下降。因此施肥必须平衡，提供足够的氮肥以满足作物整个生长季的需求，而不延缓成熟和增加对**早疫病**易感性及影响其他病害的管理。种植者必须根据每个品种的需求仔细调整氮肥施用量，以降低病害风险。土壤和叶柄的硝酸盐含量分析可用于监测作物的需求和调整施肥量（第8章）。

灌溉

灌溉在**早疫病**、**晚疫病**和**菌核病**的发生和发展中起着关键作用。喷灌使叶片周期性湿润，与降雨和频繁的露水一起，形成了有利于病害发展的潮湿和干燥交替的条件。喷灌增加叶面病害的可能性，从而增加对杀菌剂的需求。过量的灌溉可能侵蚀垄面，使上层薯块暴露在叶面病原物下；过量的灌溉也可以将晚疫病的孢子囊和游动孢子冲洗到土壤中，可以感染块茎；此外，过量灌溉或降雨可将硝酸盐和其他可溶性营养物质从作物根区淋失。缺氮严重导致植物早衰、增加对早疫病的敏感性并加大防控早疫病传播的难度。根区硝酸盐的流失在很大程度上取决于土壤特性，在有机质含量低的砂质土壤中，短时间内若干英寸的降雨会导致硝酸盐的淋失，从而影响早疫病的发生。

植株保持持续不间断叶面湿润是导致叶部病害的重要因素。灌溉时，尽量避免延长叶片湿润持续时间（第9章）。小心的灌溉对于马铃薯植株在花期或者即将进入花期时菌核病和气生茎腐病的管理至关重要，因为长时间的湿润对茎秆感病高度有利。

病害监测

在整个生长季必须密切监测作物生长和病害发展状况。定期的田间巡查能够及时发现病害，并为防治策略提供有效信息。在马铃薯出苗前就应开始检查，并检查被剔除的薯块丢弃的地方如树行里，还应检查可能存在自生苗的地方。出苗后到收获至少每周田间巡查一次，评估马铃薯生长状况和病害发生情况。应特别注意最容易发生病害的区域，这些区域包括林带、高大建筑物或者影响空气流通的障碍物等；喷灌圈的中心点和喷灌圈轮轨及打药道；低洼存水的区域；难以施药的区域（如电线下方、电线杆周围、高速公路两旁或者民宅周边）也应当特别关注。在田间巡查时，应当注意避免造成晚疫病在不同田块间的人为传播。巡查时，应该穿一次性裤子和胶鞋，巡查完一块地去下一块地之前要进行清洗和消毒。晚疫病也可以通过打药机等机械设备在不同田块之间传播，所以这些设备在入地之前应当用高压水枪清洗和消毒。田间出现晚疫病的区域应当最后喷药，以避免在喷药过程中造成病害的二次传播。

病害预测模型

目前生产上已经开发了几种预测早疫病和晚疫病的模型。这些预测模型是根据天气条件来预测环境条件何时有利于病害发展，并建议何时使用药剂。**晚疫病**预测模型将温度、相对湿度、降雨量或灌溉对病害发展的影响表示为“严重度值”，北美许多马铃薯产区可以从当地出版的通信、电子邮件、网站和免费录音电话获得当地的晚疫病预测的信息。精确的病害预测需要准确的气象数据，目前最可靠的气象数据是通过安装在田块内的气象站获得的。对整个生产区域的病害预测有助于更广泛地提醒种植者，但是根据本田的气象站获得的气象数据信息对于农场的管理决策更为合理。

杀菌剂

尽管耕作措施有助于延缓或最大限度地减少叶部病害的影响，但是杀菌剂的使用在整个病害管理中仍然是必要的部分。目前生产上有很多不同作用方式的杀菌剂用于防治**早疫病**和**晚疫病**，包括广谱性的保护剂，如代森锰、代森联、代森锰锌、百菌清和铜制剂，这些药剂几十年来在马铃薯产业中已经广泛用于两种病害的防治。近年来，几种具有不同化学作用方式的新型杀真菌剂已被登记用于这些病害的防治。较新的产品通常具有特定的作用方式，一些产品仅防治早疫病，一些仅防治晚疫病，这些产品具有高度的特异性，必须与广谱性药剂和不同作用方式的药剂轮换使用（第14章）。杀菌剂的使用剂量和使用次数不得超过产品标签规定的数量，以防止病原物对药剂产生抗药性。在过去的十几年中，抗药性管理已成为杀菌剂产品选择和使用的决定性因素。晚疫病对甲霜灵和精甲霜灵的抗性是普遍存在的，在某些生产地区，甲氧基丙烯酸酯类产品对于早疫病的防效也开始下降。杀菌剂的使用因地区而异，在美国西部地区种植者每季只使用3次，但是在中部、东部和东南部产区，种植者在一些晚熟品种上每季使用10次或者更多。表14.5列出了常用杀菌剂的商品名。

在缺乏抗**菌核病**品种的情况下，药剂处理目前是最广泛应用的防治方法。几种具有不同作用方式的杀菌剂已被登记用于防治菌核病。施药时机对于马铃薯菌核病的防治至关重要，在主花序盛开时用药比在封垄或者封垄前或落花后施药更有效。田间试验表明，封垄时用药太早，而落花20%时用药太晚，盛花始期用药可以有效降低茎的发病率。

施药时机对于马铃薯菌核病的防治至关重要，在主花序盛开时用药比在封垄或者封垄前或落花后施药更有效。

生物防治

叶面病害的生物防治技术发展滞后于常规化学防治技术的发展。最近一种商品化生防制剂盾壳霉（*Coniothyrium minitans*），是在菌核病菌菌核上的寄生物，已经显示对该病原菌的防控效果。不同地区的结果不尽相同，但有迹象表明，这种生防制剂施入有菌核病发生历史的土壤中有助于减少土壤中菌核的存活数量。在马铃薯种植前或者在易感菌核病的轮作作物收获后，重复向土壤中施用这种生防制剂可进一步降低土壤中菌核的数量。

生防制剂和土壤熏蒸剂不可以同时使用，因为土壤熏蒸可以杀死土壤中的有益微生物。在使用土壤熏蒸剂处理早死综合征和菌核病的地区，应在熏蒸剂使用至少2周后施用生防制剂，此时熏蒸剂不再有效。

盾壳霉虽然有助于减少土壤中的菌核，但是不能有效保护花和地面上的衰老组织被邻近未防控的地块中飞散到空气中的子囊孢子所侵染。

收获和贮藏期管理

在叶片死亡超过2周后，**晚疫**病菌通常不能再保持存活。因此在大部分产区建议在收获前2～3周让秧彻底死亡（杀秧），以降低病原菌孢子侵染薯块的风险。种植者在哥伦比亚盆地半干旱环境中绿秧状态下收获且叶部已感染晚疫病，但并未导致块茎发病增多。在涉及晚疫病的所有措施中，叶面杀菌剂的施用应当持续到收获或者秧彻底死掉。只有在薯皮充分老化后才能收获，并且应该小心搬运以避免擦伤，以免增加块茎贮藏期间被早疫病菌和其他病菌侵染的风险；来自已知感染晚疫病或潮湿地块的马铃薯不宜贮藏，或者短时间独立贮藏；被感染的块茎入库后会增加整个储存库中薯块感染晚疫病和其他相关病害（如软腐病）的风险。应尽量避免在潮湿天气收获马铃薯；在临近收获期应避免过度灌溉。如果在潮湿的天气收获块茎，必须采取措施迅速消除其表面的自由水分。

当贮藏库内流通的空气温度高于块茎表面温度时，会在块茎表面形成冷凝水，这将有利于晚疫病菌的产孢和晚疫病在薯堆中的传播。在马铃薯装箱入库时可以降低传送带的速度，为检查并剔除病薯提供充分的时间。如果在收获时有明显的晚疫病（超过1%的块茎感染晚疫病），则应当仔细考虑是立刻加工或者售出，还是短期贮藏或者通过降低温度和相对湿度来贮藏。

薯片和薯条加工薯通常的贮藏温度为7.2～12.8℃、相对湿度为90%～95%，但这种条件下非常有利于块茎晚疫病的发展。应当持续监测贮藏箱的温度升高、潮湿点、堆垛是否有凹陷和高度下降的状况、是否有刺激性气味、堆垛下边是否有液体流出，这些都是病害发生的征兆，如果发生这种情况应当处理并立即进行加工。

染病的鲜食薯在收获以后应当立即冷却到可以冷却的最低温度，最合适的是达到3.3～4.4℃。大部分病原菌在3.3℃或者更低的温度下生长缓慢，但是高于这个温度以后病害便会发展。在贮藏晚疫病和其他软腐病感染的块茎时，堆垛应保持良好的通风，相对湿度保持在85%以下，从而使病薯干燥。晚疫病感染的薯块存放时间不得超过绝对必要的时间。

第22章

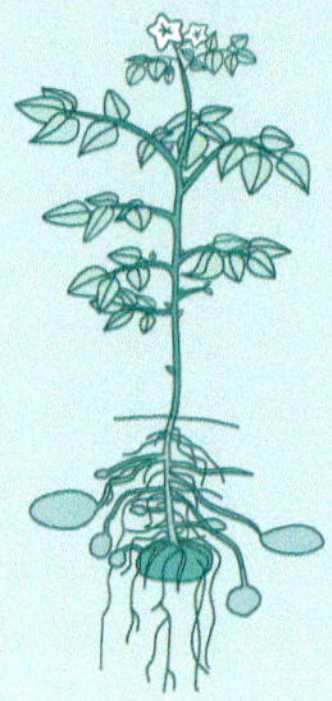

Rick A. Boydston 美国农业部农业研究局，华盛顿普罗瑟

Pamela J. S. Hutchinson 爱达荷大学阿伯丁研究与推广中心，阿伯丁

Robin R. Bellinder 康奈尔大学园艺系，纽约伊萨卡

杂 草 管 理

为了使马铃薯产量和品质达到最优，对杂草的管理要贯穿整个作物轮作过程。大多数耕地的杂草原本不在这些地区，而主要是通过人类活动引入的。了解和掌握有利于杂草生存并让它们在作物轮作中持续存活下来的因素，是设计能阻止和减少杂草对种植系统影响的关键所在。所有生产马铃薯田块的土壤中都带有数十亿计的杂草种子，其称为**土壤种子库**，是马铃薯种植者必须年复一年对抗的主要杂草来源。由于大多数杂草种类产生大量种子，且种子在土壤中的寿命很长，因此必须将适当的杂草管理策略纳入所有马铃薯健康管理计划中。

杂草会通过遮挡作物和竞争其他资源如空间、水和营养物质来直接限制作物的产量。马铃薯生长的任何阶段与杂草竞争都会降低产量，但最关键的是马铃薯出苗后的第一个月或前两个月。致密的杂草限制马铃薯植株的生长，导致结薯小。田间杂草管理不足，马铃薯产量可能会降低20%～50%。一些杂草还能够通过直接伤害影响马铃薯品质（如用尖锐的根刺穿块茎）。由杂草竞争产生的水分胁迫会导致薯块的生理性病害，同时也会降低它们的干物质含量。

杂草也会间接地通过其他各种方式影响马铃薯生产。像木虱、蚜虫、叶蝉这样的昆虫在进入马铃薯田之前可能会先在杂草上繁殖。一些侵染马铃薯的病毒、线虫、真菌和细菌可在杂草上存活或扩繁。过多的杂草生长会给马铃薯造成胁迫，导致早衰和感病性增加，如早疫病。杂草的生长还会干扰白天叶片的干燥，从而延长叶片湿润时间，增加病原菌侵染概率，造成叶部晚疫病。采用中耕防控杂草，可造成土壤压实和伤根，由此可使产量降低5%以上，并可能导致块茎品质损失。滥用除草剂会使得当季马铃薯植株受害、用作种薯的块茎受伤及随后轮作作物生长受害。

严重的杂草会干扰马铃薯的收获操作。收获时，有些种类的杂草不会自然衰老至干燥状态，或者在杀秧或寒冷天气后也不变干，这些杂草造成的困难最大；即使有些种类收获后干枯，但其根系也可能导致收获困难。具有根系纤维的禾本科或其他杂草尤其会制造难题，由于土壤会黏附在它们的根上，而又必须与马铃薯块茎分离清除，因此会减慢收获进程。为了防止杂草阻碍马铃薯收获机的运行，可能需要茎叶粉碎机、割草机或其他机械装置清除它们，或者可能需要手工剔除。

杂草管理只是马铃薯整体生产的一个方面，应在设计时将它与其他生产措施相结合，且要避免相互干扰。

杂草管理只是马铃薯整体生产的一个方面，应在设计时将它与其他生产措施相结合，且要避免相互干扰。即使有充分的杂草管理方案，杂草逃逸和正常防控控制措施相关的负面影响通常会造成产量降低高达7%。马铃薯自生苗也是杂草，同时是害虫和病原菌的寄主植物，会影响下一茬马铃薯品种的纯度。提高控制措施能够使杂草影响最小化，但更可能的是永远不会完全消除由于杂草造成的损失。

杂草种类

杂草通常分为一年生、两年生和多年生种类。在这些种类中还可以再分为阔叶杂草、禾本科杂草和莎草。

一年生杂草在一年之内就可以完成它们的生活史，并由种子进行繁殖，它们会在生长季的后期结籽后自然死亡。**一年生夏季杂草**在春季或夏季发芽，然后进入营养生长和结籽期。常见的一年生夏季杂草有毛龙葵和反枝苋。**一年生冬季杂草**会在秋季发芽，休眠过冬，处于营养生长阶段，然后在春季再生长，在夏季结籽。常见的一年生冬季杂草有毛野豌豆、旱雀麦、荠菜和败酱草。

由于一年生杂草只能靠种子年复一年地存活，减少其土壤种子库有助于管理这些杂草。有三种减少土壤中杂草种子库的管理策略：①阻止已发芽的杂草结籽；②移除已结的杂草种子；③杀死或促进土壤中杂草种子的破坏。活的杂草种子因土壤微生物、昆虫、啮齿动物和鸟类取食而减少。杂草种子活力随着时间的推移缓慢下降，在温暖的土壤中或在温度、湿度波动的土壤中，种子常常会加速腐烂。种子寿命随埋藏深度的增加而增加。

减少杂草土壤种子库有三种管理策略：阻止已发芽的杂草结籽；移除已结的杂草种子；杀死或促进土壤中杂草种子的破坏。

杂草种子只有在特定的温度、湿度和氧气条件下才会萌发。光线会刺激一些一年生杂草的萌发，同时也可抑制一些其他种类的萌发。杂草种子库中的某一部分会处于休眠状态，即使条件很合适也不会萌发。然而，可以通过地面整理和灌溉来刺激杂草种子库中的大部分萌发。杂草幼苗可以通过定期中耕或播种前或出苗前使用适当的除草剂来杀灭。

二年生杂草需要两个生长季来完成其生活史。第一年的生长完全都是营养生长，叶片通常在顶部形成莲座状；主根通常是肉质的，为营养储存器官。在第二年，花梗会从根冠中长出，结籽后植株死亡。常见的二年生杂草有野胡萝卜和西方婆罗门参。

马铃薯田中几乎很少有二年生或一年生冬季杂草造成的严重问题，因为马铃薯生产中的翻地和收获操作可将它们破坏掉。

多年生杂草可存活超过三年或更长，除了种子外它们还可以借助各种营养器官（如匍匐茎、匍匐根、根状茎、块茎和鳞茎）来繁殖。它们每年都可以重新长出枝条，利用的是土壤中营养器官储存的营养，因此它们并不依赖种子萌发来维持其存活。只要它们在地下的器官是完整的，地上部被机械或其他方式去除之后还可以再发芽。常见的多年生杂草有匍匐冰草和加拿大蓟。

杂草识别和一般管理策略

正确的杂草识别是设计一个杂草有效管理计划的第一步，有许多杂草识别手册、合作推广出版物和互联网资源可供使用。每个田块都要逐一进行巡查，并做好出现的杂草种类及其分布的书面记录。每年准确记录出现的杂草种类对于确定作物种植方式对杂草种类变化的影响非常重要，并将有助于选择针对这些杂草的管理策略。

一年生杂草

大多数对马铃薯生产有危害的一年生阔叶杂草，都是所有耕地上常见的种类（表22.1），包括各种**反枝苋**（图22.1）、**地肤**（图22.2）、**普通藜**（图22.3）、**刺沙蓬**（图22.4），以及**茄属植物**（图22.5）。密歇根州的一个研究表明，当在马铃薯播种时，在每米垄长内有一棵反枝苋和一棵稗草时，商品薯产量会减少19%～33%。一年生阔叶杂草一般可以通过及时中耕和使用合适的除草剂来控制。然而，马铃薯生产田中的杂草具有典型的多样性，需要一个精心策划的杂草管理方案。

表22.1 马铃薯田中的主要杂草

常用名	学名	常用名	学名
一年生阔叶杂草		一年生禾本科杂草	
猪殃殃	*Galium aparine*	稗草	*Echinochloa crus-galli*
苍耳	*Xanthium strumarium*	马唐	*Digitaria sanguinalis*
春蓼	*Polygonum aviculare*	狗尾草	*Setaria viridis*
地肤	*Kochia scoparia*	金色狗尾草	*Setaria glauca*
桃叶蓼	*Polygonum persicaria*	长刺蒺藜草	*Cenchrus longispinus*
普通藜	*Chenopodium album*	野燕麦	*Avena fatua*
圆叶锦葵	*Malva neglecta*	野黍	*Panicum miliaceum*
龙葵	*Solanum nigrum*	毛绒稷	*Panicum capillare*
裂叶茄	*Solanum triflorum*	多年生杂草	
东方龙葵	*Solanum ptycanthum*	狗牙根	*Cynodon dactylon*
毛龙葵	*Solanum sarrachoides*	丝路蓟	*Cirsium arvense*
北美苋	*Amaranthus blitoides*	蒲公英	*Taraxacum officinale*
反枝苋	*Amaranthus retroflexus*	田旋花	*Convolvulus arvensis*
白苋	*Amaranthus albus*	偃麦草	*Elymus repens*
鲍威氏苋	*Amaranthus powellii*	匍匐矢车菊	*Centaurea repens*
马齿苋	*Portulaca oleracea*	油莎草	*Cyperus esculentus*
刺沙蓬	*Salsola tragus*		
宾夕法尼亚蓼	*Polygonum pensylvanicum*		
向日葵	*Helianthus annuus*		

图22.1 反枝苋（*Amaranthus retroflexus*）在真叶的尖端有凹痕。

图22.2 地肤（*Kochia scopparia*）。

图22.3 普通藜（*Chenopodium album*）。

图22.4 刺沙蓬（*Salsola tragus*）。（R. Parker友情提供）

图22.5 龙葵（*Solanum nigrum*）（A）；毛龙葵（*S. sarrachoides*）（B）；裂叶茄（*S. triflorum*）（C），子叶修长而狭窄。（A图由D. Willson拍摄，S. Nissen友情提供）

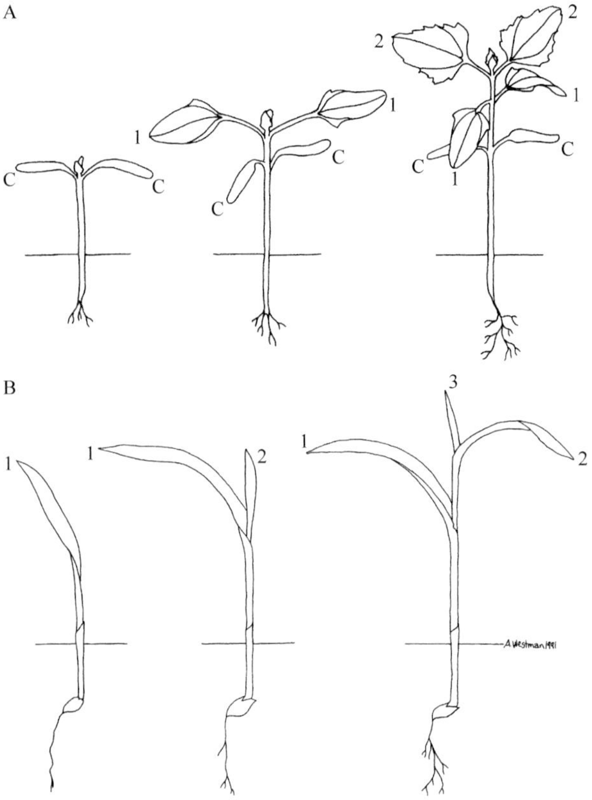

图22.6　一年生杂草幼苗的早期生长阶段，也正是应该采取防控措施的时间。C为子叶；1为第一真叶；2为第二真叶；3为第三真叶。A图为普通藜（*Chenopodium album*），一年生阔叶杂草，分别处于子叶期、第一真叶期、第二真叶期。B图为大狗尾草（*Setaria faberii*），一年生禾本科杂草，分别处于第一、第二和第三真叶期。（Anne Westman绘制）

一年生杂草在萌芽后至出苗前处于"白色"或"线状"的短暂阶段，对浅耕非常敏感，此时进行耙地或起垄，对于消灭许多一年生杂草幼苗非常有效。当大多数小种子的一年生阔叶杂草高度在5 cm以内时，其很容易通过中耕进行铲除和掩埋，它们对于在其子叶（种子叶）到2片真叶这段时期（但在马铃薯出苗前）施用的最低剂量的灭生性除草剂也很敏感（图22.6），这个阶段的时间跨度一般是杂草出苗后的7～14 d。当杂草植株达到6片真叶时，它们就生长得很好了，在被拔出土后还能存活一天或更长时间，增加了中耕后重新生根和恢复生长的可能性。尽管这些杂草的幼苗活力远远低于马铃薯芽，但阔叶杂草通常是在芽块上方温暖的表土中萌发，其出苗后就具有与马铃薯进行有效竞争的潜力。

向日葵和**北美苍耳**是属于大种子、在温暖季节生长的阔叶杂草，在某些产区能够在马铃薯出苗后出现。这些杂草都很难通过中耕和除草剂进行有效控制，尽管当它们很小时对嗪草酮和砜嘧磺隆敏感。采用针对整个轮作过程的防控策略，在轮作中引入小谷物以便能够使用除草剂有效防控这些杂草。

一年生茄属杂草（图22.5）在马铃薯生产中尤其难防控，因为它们在马铃薯植株的冠层下生存，并且经常以相似的生长速度发育。另外，由于茄属杂草和马铃薯都属于茄科植物，许多控制茄属杂草的除草剂对马铃薯也有害。在马铃薯田常见的大多数茄属杂草，可以通过中耕与施用对茄属杂草有选择性的除草剂，如精二甲吩草胺（氯乙酰胺）、砜嘧磺隆（磺酰脲）、丙炔氟草胺（原卟啉原氧化酶抑制剂）、扑草灭（硫代氨基甲酸酯）和利谷隆（尿素）（利谷隆是仅供落基山东部的马铃薯生产使用的产品）除去。对茄属杂草的管理应当包含整个轮作过程的防控策略，并允许在轮作作物中使用有效的除草剂和中耕。

菟丝子（*Cuscuta* spp.）是黄色的、一年生藤蔓杂草，能够给马铃薯生产造成严重损失。它们在土壤表面发芽，缠绕在寄主植物身上，形成吸盘进入寄主细胞以抢夺水和营养物质，之后便寄生在寄主植物上，并不与土壤有任何接触。如果已知田块全面感染了菟丝子，那么这块地要避免用作马铃薯生产。如果仅是一块小区域感染了菟丝子，那么菟丝子植株的所有部分和所有受影响的马铃薯植株都应该装入袋子带出田块并焚烧，或者用能够完全杀死菟丝子和马铃薯植株的除草剂进行处理。

谷物自生苗有时候也会给马铃薯生产带来问题，冬播或春播的谷物种子，包括**小麦**、**大**

麦、**黑麦**和**玉米**，经常从前茬种植过程中存留下来。在马铃薯种植前的正常整地操作之前给予时间或促进谷物种子发芽和生长，可对其进行有效防控。在小粒谷物收获之后，如果土壤温度足够高，且如果其种子在收获后不需要很长时间就可度过休眠，便可进行灌溉以促进其萌发。播前整地、耙平和起垄通常可处理掉小谷物自生苗，同时它们对用于马铃薯田杂草控制的大多数苗前除草剂也都很敏感。然而，由于玉米经常在马铃薯出苗后才萌发，这些中耕操作很少能对玉米自生苗起到足够的控制作用，有一些苗后除草剂可以用来防控这些玉米苗。

马铃薯生产田的大多数**一年生禾本科杂草（表22.1）**，除野燕麦（*Avena fatua*）外，都是暖季杂草，发芽相对较晚，通常是在马铃薯出苗后。一年生禾本科杂草，如**稗草**（图22.7）、**马唐**（图22.8）、**狗尾草**、**野黍**、**毛绒稷**（*Panicum capillare*）（图22.9）及**沙刺**，都可以通过中耕结合使用苗前除草剂来控制。苗后除草剂，如烯草酮、烯禾啶及砜嘧磺隆，也可以被用来控制马铃薯田一年生禾本科杂草。

图22.7 稗草（*Echinochioa crus-galli*）。

图22.8 马唐（*Digitaria sanguinalis*）。

图22.9 毛绒稷（*Panicum capillare*）。

许多一年生杂草在整个生长季节都可以进行萌发，高峰出现的特定时期取决于每个种类杂草最适宜的土壤温度和湿度、中耕时间及可以刺激其萌发的降雨或灌溉，大量的一年生杂草萌芽可发生在夏季末，在早熟马铃薯收获之后。后期出苗的杂草通常会很快开花和结籽，这是对日照时长变短的反应。在夏末萌发的一年生杂草，如果在致死的霜冻到来之前已开始开花，就应该通过中耕或者除草剂进行控制，以防止杂草种子库的大量增加。

多年生杂草

多年生杂草（表22.1）通常比一年生杂草造成的减产更为严重，因为它们的生长势更为强劲，而且可用的除草剂和中耕等管理措施也更少。由加拿大蓟造成的马铃薯减产最高可达70%，田旋花可达16%，匍匐矢车菊可达32%。如果全年每平方米有150个偃麦草的茎进行干扰，那么马铃薯减产可高达78%。匍匐矢车菊和油莎草（图22.10）不仅会极大地影响产量，也会降低马铃薯的品质，因为它们的根茎能刺穿并导致块茎变形。

图22.10 油莎草（*Cyperus esculentus*）。

中耕可以抑制许多多年生杂草，但由于这些杂草的匍匐根和地下茎（根茎）可以继续长出芽，直到其大部分枝条开花，所以中耕培土只是延迟它们的生长，有时还会将它们扩散到先前未受感染的区域。用土将萌发的芽盖住不能杀死多年生杂草；大多数多年生杂草能够忍受用于马铃薯田的除草剂。多年生杂草发生严重的田块应当避免用于马铃薯种植，因为在马铃薯生产中控制这些杂草通常很难获得满意的效果。

严重的多年生杂草问题，需要针对个别杂草种类**在几个作物轮作循环中实施持续的管理计划**。随着日照时间开始变短，大多数多年生杂草将营养物质从叶片、主茎上向地下储存器官进行转移，准备越冬和来年春季的生长，结果导致许多多年生杂草在夏末和秋初这段时间对除草剂变得比较敏感，这时候除草剂更容易被运送至其根部或者越冬存储器官内。因此，对多年生杂草的一项有效管理措施包括轮作和适时播种，以允许受感染的区域在夏末和秋初不种植作物。在生长季末对多年生杂草施用如草甘膦和2,4-D等除草剂，可以转运到地下芽，进而限制杂草的繁殖能力。为了确保这项措施成功，在施药时杂草一定要有绿色叶片。如果条件允许，在施药后7～12 d用圆盘耙进行浅耕。多年生杂草问题通常需要2个或更多生长季的合理、及时处理，才可能获得足够的防控效果。

在休耕和许多轮作作物种植期间，2,4-D、麦草畏、二氯吡啶酸（合成植物生长素）及草甘膦（EPSP 合成酶抑制剂）对控制多年生阔叶杂草尤其有效。这些除草剂的组合使用通常比单个使用更有效，并且有时它们在组合使用时可以采用比单独使用时更低的剂量。有关使用这些除草剂的具体信息，请仔细查看产品标签。

施用除草剂与适时中耕相结合可以提供对偃麦草和油莎草最有效的防控。在早春可以使用EPTC对**偃麦草**进行抑制，但马铃薯生产仍会受到存活或者后来萌发的杂草的影响。对偃麦草的控制也可通过苗后施用砜嘧磺隆、烯禾啶或烯草酮，但最有效的处理方法是秋季收获后施用非选择性除草剂草甘膦。秋季施用的草甘膦可以与碳水化合物一起转移到地下营养根茎芽中去，进而有效地减少下一季长出的芽的数量。在盛夏或夏末收获小粒谷物之后，运用弹齿式中耕器对干燥的土壤进行2次或多次浅耕以使偃麦草的根部变干，也是有效的。然而，对于那些粗质、高度易受侵蚀的土壤，用草甘膦更好，可以使土壤侵蚀最小化。

油莎草经常被误认为是禾本科杂草，但通过观察茎的横切面很容易将其与禾本科杂草区分，油莎草茎的横切面是三角形的，而禾本科杂草的圆形或扁平的。油莎草主要通过地下块茎进行繁殖，在土壤温度升高后开始萌芽。在许多地区，它比其他一年生杂草如普通藜、地肤和芥菜等出苗要晚2～3周。油莎草生长至盛夏，随着日照缩短，便开始形成块茎。生长季早期通过中耕或使用除草剂来抑制其植株营养生长竞争和减少产生新块茎的植株数量。由于油莎草在生长季后期形成块茎甚至小的植株，在这个时段进行控制是很关键的。提前播种能迅速生长的马铃薯品种，对于已知油莎草问题严重的地块是十分有利的，因为油莎草在马铃薯遮阴下生长竞争力不强。在作物生长季之外，可用草甘膦处理杂草，扑草灭、精异丙甲草胺、精二甲吩草胺和砜嘧磺隆可以在马铃薯田选择性地抑制该杂草。

杂草综合管理

农业防治

适当的栽培管理措施是任何健全的杂草管理计划的基础。栽培管理措施能够阻止新的杂草种类传入和定殖，随着时间的推移能大大地降低杂草管理所需投入的精力、物力（专栏22.1）。马铃薯的整体健康及品种的生长习性，会对杂草管理产生影响。生长势旺盛的品种

［如‘Russet Burbank’（‘布尔班克’）］比生长势较弱的品种（如‘Russet Norkotah’）更能抑制杂草。一个健康的马铃薯田，在很少或没有漏播的情况下，一旦封垄就会对杂草生长起到抑制作用。合适的播种时间、深度、株距、土壤肥沃且灌溉合理，都会有利于一个竞争力较强的作物的形成，这样就能够抵抗和压制杂草，同时也就不怎么需要直接的杂草管理了。行距在不同生产区域有所不同，但因为机械设备的限制可能很难改变。播种行距窄的封垄时间更快，比行距宽的更容易抑制杂草生长。然而，播种行距宽的可以进行一次稍微晚一些的中耕。

专栏22.1

预防性杂草管理

可以实施各种管理策略，以最大限度地减少杂草在田块间的扩散及将难缠的杂草种类引入未发生的田块。

- 在轮作过程中的所有作物只种植经过认证的种子。在购买之前要到繁种田进行检查，并察看种子标签上的杂草种子容许量。法律规定，认证种子标签上一定要包含杂草种子混杂量。
- 保持田间良好的卫生。车辆、设备及牲畜都可能传播扩散杂草种子。泥土里通常含有杂草种子，应在允许车辆、设备和牲畜进入马铃薯生产区域前将其身上的泥土清洗下来。
- 在闸门和泵上安装筛网，以阻挡随河流或水渠中的灌溉水而来的杂草种子。
- 在粪肥撒入田块之前要充分腐熟，以便杀死其中可能存在的大多数杂草种子。
- 管理田块边界、荒地、围栏、路边和沟渠等处的杂草。田块边界的杂草上可能有害虫、线虫和病毒，并且杂草本身也可能会扩散到生产田里。在这些地区不要依靠土壤消毒剂来进行杂草管理，而要种植一层覆盖草坪，并保持其健康和没有杂草。
- 不要忽视新的杂草种类。如果发现未知或新的杂草种类，应采样并送给专家处进行鉴定。如果可行，要在新的杂草结出种子之前将其清除并销毁。

播种时土壤应有足够的墒情，不要在出苗前进行浇水，除非种薯芽块所在深度的土壤变得极其干旱。在马铃薯出苗前进行灌溉会促进浅层杂草种子的萌发，可能会有利于或阻碍杂草管理，这取决于中耕和除草剂的使用时间。少量多次灌溉会促进一年生杂草的萌发和存活，而相对灌溉次数少但每次灌溉时间较长的方法，会促进表土在两次灌溉之间得以干燥，从而杀死处于萌芽期的杂草幼苗。

一个精心策划的**作物轮作**是对杂草有效管理的基石。某些杂草自然地与特定的作物相关联，因为它们之间有相似的生活史、生长需求，或者对除草剂的抗性。如果连续地种植一种作物，与其相关的杂草（如马铃薯田中的一年生茄属杂草）往往会成为主导并逐年增加。多样化的作物轮作能够阻碍特定种类杂草发展为主导种群，并可提供在轮作中的各个阶段控制主要杂草的机会。轮作过程中的一年生冬季作物，如冬小麦，能够降低常见的与马铃薯相关的一年生夏季杂草的数量；与苜蓿轮作通常可以抑制那些难以管理的杂草，是因为苜蓿的竞争力及频繁地刈割，同时也允许使用未在马铃薯上注册的除草剂。

一个精心策划的作物轮作是对杂草有效管理的基石。

整个轮作过程的杂草管理计划通常会获得最好的全面杂草管理，而这样的计划是针对某些杂草种类的唯一有效策略，如田旋花和加拿大蓟。登记用于小粒谷物或玉米的有效除草剂可以用于控制田旋花和加拿大蓟，而这两种杂草在马铃薯田里都是很难控制的。当选择用于轮作作物的除草剂时，必须始终考虑其与马铃薯的兼容性，以及向附近马铃薯田的漂移（图13.10～图13.20）。一些咪唑啉酮和磺酰脲类除草剂用于小粒谷物和休耕地块是有效且持效期很长的，但它们可能会有残留并伤害下茬马铃薯，因为马铃薯对土壤中即使微量的残留都非常敏感（图13.12、图13.16、图13.19和图13.20）。除草剂标签上包含对作物轮作的明确限制，应该严格遵守。

在轮作作物或早熟马铃薯收获后的夏末或秋初进行灌溉，会促进杂草萌发，然后可以通过翻地、施用除草剂、晚秋或春季的霜冻杀死这些杂草幼苗。全生长季的马铃薯生长对于后期竞争和杂草管理是必要的，采取最佳的管理策略来维持马铃薯的健康，就能获得出苗早、生长旺盛、竞争力强的马铃薯植株，能够快速封垄、持续健康和保持竞争力直到杀秧，不给杂草留下生长的机会和资源。**生长季后期杂草的管理**主要是通过维持足够的马铃薯植株覆盖度来实现的。如果可能，应该在生长季后期的杂草结籽之前将其杀死。在进行化学或机械杀秧时，应兼顾那些种子未成熟且与马铃薯植株混在一起的杂草，以减少杂草种子在土壤中的积累。但是，成熟的杂草种子不能通过杀秧而杀死。

> **生长季后期的杂草应该在其结籽前将其杀死。**

在马铃薯收获后仍处于生长季的地区，**秋季播种的覆盖作物**可以抑制杂草和病原线虫，恢复营养并减少土壤侵蚀。在大部分马铃薯种植区，高粱×苏丹草和芥菜在8月中下旬播种时，能够迅速出苗并形成冠层，遏制在秋季萌发的一年生杂草。然而，如果覆盖作物出苗缓慢，或者未能出苗，就应通过除草剂或者翻地来控制杂草，以阻止杂草种子在霜冻前成熟。

中耕

中耕是马铃薯杂草综合管理方案中的关键组成部分。它是在不能使用除草剂的情况下相对于手工除草更为经济的替代方法，如在有机农场或禁止使用除草剂的区域。如果在杂草幼苗幼嫩且较小的情况下进行中耕，就能有效地控制一年生杂草（专栏22.2），但对于多年生杂草只能起到部分效果。

专栏22.2

中耕的原则与技术

中耕的原则

- **很小的杂草要比较大的杂草更容易杀死。**许多已经萌芽但还未出土的杂草幼苗，处于“白色”或“线状”阶段，可以通过浅层中耕杀死。在一年生阔叶杂草超过2片真叶之前，或一年生禾本科杂草超过3叶期之前进行中耕（图22.6）。较大的杂草可以重新扎根，垄上的杂草可以穿透覆盖在它们身上的土壤重新长出。
- 一年生杂草与马铃薯植株竞争的时间越长，它们对马铃薯产量的影响就越大。

- 大多数一年生杂草在土壤表层2～5 cm的深度萌发，所以中耕太深只会使新的杂草种子暴露在更有利于其发芽的深度和条件。
- 干旱土壤中的杂草比湿润土壤中的杂草更容易被杀死。

中耕技术

- 在不同的生产区播种技术有所不同，这对中耕时间和频次有直接的影响。在播种后进行中耕时，中耕操作的次数可以少到1次，多到5次，这取决于播种时的播种深度和起垄高度。
- 当种薯芽块播种在地面附近、起垄高度为25～30 cm时，通常很少再进行中耕或培土操作，这样做主要是为了阻止冻伤和薯块变绿。
- 当播种深度为10～13 cm并且只稍微起一个小垄时，则需要进行多次中耕。起垄可以缓慢开始，进行中耕可以减少土壤板结、增加土壤透气性并控制杂草。
- 在类似的情况下或者在播种时并不起垄，可以在杂草刚刚出土后进行一次起垄和中耕一次完成的操作。这样就能最大限度地覆盖并随后杀死行内的杂草，同时减少机械对土壤的碾压次数。
- 当在马铃薯刚刚出苗或出苗之前进行起垄和中耕一次完成的操作时，在中耕后干净的垄面上施用苗前除草剂可有效防控杂草，通常不需要再进行中耕。
- 测试、调整并监测中耕机械，确保其能够最大限度地控制杂草，并且最低限度地伤害作物。
- 如果马铃薯嫩芽还在垄面下方5 cm左右深度时，而一年生杂草已到适合中耕的时间，使用弹齿耙或钉齿耙（通常称为拖曳）能够杀死杂草而不伤害马铃薯芽。检查耙地的深度以避免伤害到马铃薯芽，并确保所有的杂草都被连根拔出。
- 如果在马铃薯植株正在出苗时进行起垄，只要全田的出苗率不超过10%，就不会造成减产；如果出苗率超过10%之后进行起垄，应将设备调整到只培土到马铃薯植株的基部，能够覆盖住杂草而不覆盖很多的马铃薯叶片。
- 如果一年生杂草出土时马铃薯植株仍很小，可能会被中耕机从行间抛出的土覆盖住，那么可以使用弹齿耙替代中耕机来杀死杂草。
- 新出土的马铃薯幼苗足以承受弹齿耙中耕，茎的损伤率不会超过5%。在这项操作过程中拖拉机前进的速度很关键，速度太快会加重对马铃薯植株的伤害。正常情况下弹齿耙中耕对马铃薯枝叶的伤害程度与一场霜冻的伤害差不多。然而，与典型的中耕-起垄操作会覆盖所有的马铃薯植株或者不中耕就会导致杂草生长来比较，少量的马铃薯枝叶受伤有时是值得的。
- 如果需要更多次中耕，在第一个耙之后再加一个耙。这有助于耙地时在拖拉机车轮后面挂上一个松土刀，减少土壤压实，并有助于更精确地指导拖拉机进行下一次作业。当马铃薯植株大到不会被中耕上的土覆盖住时，才不再需要这个后拖耙。
- 做好覆土起垄过程的计划很重要。当需要进行多次中耕操作时，每次用中耕机上到垄面的土壤厚度为2.5～5.0 cm、能够覆盖整个垄即可。垄内已经出土的、较小杂草不能被中耕机铲掉，通常被这个厚度的土覆盖后就会死亡，而覆土再少的话，就很难覆盖均匀，也不能杀死整个田块里所有的杂草。相反，如果起垄太快、覆土厚度超过5 cm，那么后来的中耕就无法再添加足够的土来覆盖并杀死前一次中耕后新出土的幼嫩杂草。另外，如果覆盖了太多的土，马铃薯植株生长就会延迟。

- 中耕首先要从田块内最干旱的部分开始，以便在定期灌溉或降雨之前将杂草晒干杀死。大多数处于2片真叶阶段或更小的一年生杂草被铲掉后在温暖、干燥的土壤上至少1 d就会死掉。在土壤干旱时进行中耕，还能将土壤压实并使对产量和土块结块的影响降至最低。
- 尽管在马铃薯的生长阶段Ⅰ和Ⅱ期间，植株根区的土壤水分不应低于有效含水量的75%，但中耕需要相对干燥一些的土壤才会取得最佳效果，因此制订灌溉计划时应对此有所考虑。
- 最后一次覆土中耕，也称为“完工”，必须使垄最后定，同时仍然需要在植株基部周围添加足够的土来杀死任何在行内开始生长的小草。最后一次中耕应当在封垄前完成，因为中耕太晚会给作物造成损伤和胁迫，尤其是在薯块形成期进行中耕。这个阶段的胁迫会导致作物早衰、薯块异常及其他一些品质损失。在播种后60～80 d封垄的区域，马铃薯通常生长得很快，最后一次中耕应在植株行间距为30 cm左右时进行。此时，约45 cm宽的轮胎可以通过并且对植株不会造成严重的损伤，伤根也最少。经过5 d之后，两垄植株就会长得太近而不能避免损伤；7～10 d之后，就会完全封垄，一个茂盛的作物冠层能够限制大多数杂草的生长。**在中耕过程中要避免伤根。**
- 在一些区域，最后一次中耕采用打坑式中耕（如使用Dammer Diker中耕打坑机），这样可以在垄间形成许多凹坑，减少斜坡地的径流或增加水的下渗。当在施用除草剂后进行打坑中耕作业时，除草剂处理过的土壤表面会被破坏，被未处理过的土壤所稀释，因此对杂草控制效果会降低。一些种植者在他们的中耕打坑机后面加装了喷杆，是为了在打好凹坑后进行除草剂喷施，从而避免上述问题。一些除草剂标签上标明允许通过喷灌施用。

中耕的时间和类型应由其他杂草管理和耕作措施（如培土、灌溉、打坑耕作等）来决定，并相互保持协调一致。那些比马铃薯出苗早的杂草通常能够通过浅层中耕和覆土，随后再施用苗前或苗后除草剂进行控制。在不希望进行除草剂投入的情况下，可能需要额外的中耕以减少杂草的影响。在不能使用除草剂的生产系统中，当杂草较小（正好在杂草出苗前）并且土壤不是很湿时进行浅层中耕尤为重要，一旦杂草长到过大并很好地扎根，中耕效果就会大大降低。在有机或其他限制除草剂使用的种植系统中，生长季后期萌发的杂草可能会带来产量和收获损失。人工除草可以对中耕进行补充，但通常是不经济的。收获之前进行打秧能够消除许多生长季后期杂草的地上部植株，但它们根系附着的土块仍然可能减慢收获速度。对于生长季后期杂草问题严重的区域，选择那些植株冠层茂盛、早熟的马铃薯品种可能更有优势。

中耕有一些**缺点**，一个主要的缺点就是对马铃薯根系和上部叶片的直接伤害。爱达荷州的一项无杂草研究显示，在马铃薯出苗10%时进行起垄，而后进行两次中耕，第一次在株高10～20 cm时进行，第二次在株高30～45 cm时进行，与仅起垄不中耕或起垄后在株高10～20 cm时进行一次中耕的相比，美国一级薯块产量和总产量分别降低了17%和10%。

中耕的另一个主要缺点是由于土壤压实而造成的间接损害。土壤压实降低土壤通气性，可给马铃薯生长和块茎健康造成不利影响。土壤压实也会导致土壤结块，从而导致块茎在收获时擦伤。马铃薯生产所要求的土壤含水量，很容易被中耕操作而压实。当使用一个四行中耕机时，田间25%的垄沟就都有了轮胎痕迹，被压实的垄沟两侧的植株就会受到压实土壤的影响；如果使用六行中耕机，就会有4/6行邻近土壤压实的垄沟并受到影响。相比之下，除草剂打药机喷杆展开的宽度比大多数中耕机宽2～5倍，因此它们会成倍地减少土壤压实。当除草剂通过喷灌系统（化学灌溉）或直升机来施用时，便可完全消除地上设备在田间往来所产生的土壤压实。

中耕也有其他一些缺点，它将更多的杂草种子暴露在有利于发芽的条件下，从而促进新一轮的杂草生长；在较湿的土壤中中耕效果会很差，因为这种条件下杂草很容易再生根；它对生长在行内的杂草的控制效果比对行间的杂草控制作用小很多。另外，在马铃薯封垄后长出的杂草不能通过中耕来控制，尽管许多生长季后期的杂草不能在马铃薯冠层下存活。相比之下，除草剂通常对多年生杂草种类能提供比中耕更为一致的防控，并且在某些情况下可以在植株上方对行内目标杂草实施带状喷药控制。此外，使用除草剂一般要比中耕节省时间，并且中耕需要更多的劳动力，如果需要重复操作，燃料成本的投入也更多。

此外，中耕能加重斜坡地块的土壤侵蚀，增加土壤氧含量从而增强微生物的活力，可能导致土壤有机物的减少。中耕可能会使某些土传病原物和杂草种子在整个田块内传播扩散。一些马铃薯病毒（如马铃薯X病毒、马铃薯S病毒及马铃薯Y病毒）和马铃薯纺锤块茎类病毒可以通过中耕机擦伤马铃薯枝叶而进行传播。中耕过程中这些病原体传播风险的提高，在马铃薯的种薯生产过程中尤其不希望出现。

尽管有这些缺点，只要适当且及时地进行，中耕在杂草管理方案中可以起到关键作用（专栏22.2）。由中耕带来的潜在损失必须要与其他杂草控制办法所需要的成本和可能带来的潜在损失，以及不对杂草进行控制而造成的潜在损失进行权衡。一些杂草幼苗可能会在马铃薯封垄后出土，但这些杂草的生长会受到作物的抑制，也有一些例外情况，包括多年生杂草，如加拿大蓟；以及耐遮阴的一年生杂草，如龙葵。龙葵在马铃薯冠层下生存，一般不会长出冠层，只有在马铃薯植株由于霜冻或生长季后期病害而死亡的情况下，它们才会长出来。如果在晚春有霜冻或在初夏有冰雹，封闭的垄就又被打开了，杂草会从与马铃薯植株的竞争中长出来，并发展成为一个严重的问题。在这些情况下，可能就需要苗后选择性除草剂了。

除草剂

除草剂的使用可以是杂草管理方案中一项非常有效的措施。当除草剂施用和及时中耕进行有效结合时，两者可以相互补充并克服单独使用的一些缺点。制订适当的除草剂施用计划的第一步是正确地识别每个田块中需要防控的杂草种类；了解这些杂草种类的生长习性及它们对现有管理方法的敏感性，从而确定可利用的防控措施也是必要的。下列问题的答案将会影响管理策略的应用。

- 杂草是一年生的、由种子发育而来，还是多年生的、由根茎或其他地下结构年复一年地长出？
- 它们什么时候出土？
- 它们对及时的中耕或登记用于马铃薯田的除草剂敏感吗？

应提前仔细计划好除草剂的施用，以避免可能出现的复杂情况（第13章）。选择一个除草剂或一个除草剂组合，结合中耕和其他措施，就能够控制所有的可能会带来问题的杂草种类。对能够造成麻烦的杂草，尤其是那些多年生杂草，可能需要特殊的防控方案。大量的单一幸存杂草对马铃薯带来的竞争，会像多种杂草造成的一样，并且可能很难管理。大多数田块都具有一定数量的杂草种类，仅靠一种除草剂是不太可能完全能控制住的。因此，应当选择一个除草剂组合（依次轮换施用或桶混施用），能够对田间出现的大多数或全部的杂草种类提供一个广谱的控制作用。这些组合该由具有不同作用方式及杀草谱有交叉的除草剂组成，尤其是有除草剂抗性杂草种群存在的情况下。使用具有多种作用方式的除草剂，也可以提供一种与除草剂抗性杂草种群发展抗争的手段。确保这种组合中所有除草剂的标签上都是允许相互组合的。当一种杂草生物型对一种除草剂有天然耐药性时，可用该除草剂与另一种具有不同作用方式的除草剂组合使用进行控制（第14章）。

确保想要选用的除草剂当前已登记用于马铃薯，并允许在所在地区使用。要特别注意除草剂标签上与马铃薯相关的部分，包括可能适用于某些特定品种和栽培措施的限制。确保标签上的任何对于下茬作物的限制符合你的整个作物轮作计划。如果有必要，向有资格的专业人员寻求更多的信息。

为了获得最好的杂草管理，全面掌握如何将除草剂使用纳入整体马铃薯健康管理计划是很重要的。确切地落实如何及何时使用除草剂。根据标签说明和必要性是否需要多次施用？大多数用于马铃薯田的除草剂是在杂草和马铃薯出苗之前施用的，因此准确记录每个田块前几个生长季出现的主要杂草种类，对于选择合适的除草剂是很重要的。当使用苗后除草剂控制一年生杂草时，应在杂草不高于8 cm时施用（图22.1～图22.10）。在一年生杂草生长的早期阶段，使用除草剂控制效果会更好，所要求的除草剂用量也会更少。选择一种有效的施用剂量，但不要超过标签上对现有土壤和杂草条件下的标定剂量。过量的除草剂可能会伤害马铃薯甚至是轮作中的下一茬作物（图13.10、图13.12～图13.16、图13.19和图13.20）。

仔细阅读除草剂标签，确定在施药前和施药后进行田间中耕或其他设备操作是否会妨害其对杂草的防控效果；最后一次起垄和其他地面操作通常应该在除草剂施用前完成；确定土壤水分对除草剂的使用效果是否关键；一些除草剂需要在施用后7天内通过降雨或灌溉来渗入和活化，如果无法实现这种情况，则可能需要进行浅层的机械掺入。

除草剂的选择性

除草剂能够杀死一些植物而不会明显伤害其他植物的能力是复杂的生理、化学、环境和物理因素间相互作用的结果。除草剂的选择性几乎总是相对且与剂量相关的。植物对施用的除草剂反应的程度，是对其在特定环境条件下对该化学品敏感性的度量。某些特定的植物种类对一种除草剂的高剂量的耐受性称为**生理选择性**。相反，**位差选择性**是指只有在避免除草剂与作物直接接触或接触最少时，才能安全使用除草剂的能力。例如，如果作物的根部处于杂草发芽的深度以下，那么某些只有通过作物根部吸收才能影响作物且不能在土壤中移动的除草剂，就可以施到浅层杂草萌发区而不会伤害作物。

除草剂的选择性取决于其化学作用方式、在土壤中的位置及使用的时间。速效性除草剂，一般为触杀作用方式，对于控制一年生杂草很有用；慢效性除草剂，通常在植物体内系统性移动，具有慢性作用，一般对于控制多年生杂草更有用。

施用时间

除草剂的施用可采用**播种土壤处理**、**苗前处理**或**苗后处理**等方式。这些术语可能会因其是指农作物的出苗还是杂草的出苗，而引起混淆。**播种土壤处理**除草剂是指在作物播种前施用并混入土壤中；**苗前处理**通常是指在杂草出苗前进行施用，但也可以指在作物播种后出苗前施用；**苗后处理**是指在杂草出苗后施用，但也可以指在作物出苗后施用。那些只能在杂草出土前施用的除草剂通常对已出土的杂草没有影响。必须苗前施用的除草剂，一般会对已出苗的马铃薯植株造成伤害，尽管一些除草剂允许在马铃薯刚刚出苗后通过喷灌来施用，是因为大量的灌溉水可以将马铃薯叶片上的除草剂清洗掉，降低其受伤的风险（第13章）。

除草剂掺入

将除草剂掺入土壤中有3个原因：①减少阳光照射和挥发造成的除草剂损失，从而避免降低杂草控制效果和对邻近地块非靶标敏感植物的伤害；②除草剂活化需要将其置于地表以下的潮湿土壤中，在那里利于进入土壤水溶液中而被杂草吸收和摄取；③将除草剂置于接近发芽的杂草种子或植株的吸收部位而利于其吸收。例如，扑草灭（EPTC）是易挥发物，如果在施用后几个小时内不掺入土壤中就会很快损失掉。在播种后马铃薯出苗前或杂草出苗前施用的那些遇光不挥发或不降解的除草剂，也会经常被掺入土中。然后当杂草生长穿过被处理的土层时会被杀死。

土壤施用除草剂在有足够降雨或灌溉的条件下被带到杂草种子萌发区附近，被活化并溶于土壤水溶液以供杂草幼苗吸收，通常这样效果最好。对于需要掺入土壤中的除草剂来说，如果施用后较短时间内没有足够的降雨，或者如果无法灌溉，就必须进行机械掺入。

土壤施用型除草剂，取决于其化学或物理特性，能够被土壤有机物和某些特定的黏土所吸附，从而不利于被杂草和作物吸收。为了获得有效的杂草管理，除草剂的施用剂量在质地较重（如黏土、黏壤土和粉黏壤土）和有机质含量较高的土壤中要比质地较轻的土壤（砂土、砂壤土、壤砂土和壤土）中高。大多数除草剂标签上都列出了在不同质地、不同有机质含量的土壤中适当的施用剂量。一些除草剂的生物有效性和移动性，以及杂草和作物最终对它们的反应都会受到土壤pH的影响，因此建议相应地调整施用剂量。

苗前除草剂通常被杂草幼苗早期长出的根或芽吸收，阻止基本的植物生理过程，导致杂草在土壤表面或表面之下死亡。目前，在美国登记用于马铃薯田的苗前（包括播前掺入型和表面施用型）除草剂有精二甲吩草胺、EPTC、丙炔氟草胺、利谷隆（仅用于落基山东部）、嗪草酮、异丙甲草胺、二甲戊灵、砜嘧磺隆、精异丙甲草胺及氟乐灵。这些除草剂中大多数都需要在播种后7～21 d或最迟在最后一次起垄后施用，并掺入土壤中；精二甲吩草胺、丙炔氟草胺、利谷隆和氟乐灵必须在马铃薯出苗前施用。上述提到的其他除草剂可以在马铃薯出苗后安全施用，但只有嗪草酮和砜嘧磺隆对已出土的杂草有效果。常用的马铃薯生产田除草剂商品名列于表14.1。

苗后除草剂可以根据需要在马铃薯田杂草出苗后不同时间施用。非选择性除草剂，如百草枯和草甘膦，可能需要在杂草出苗后、作物出苗前施用。在马铃薯出苗之后，嗪草酮和砜嘧磺隆可以用来控制阔叶杂草和禾本科杂草；烯草酮和烯禾啶可以用来控制禾本科杂草。助剂，如浓缩植物油、甲基化植物油、非离子表面活性剂和化肥溶液，能显著提高一些苗后除草剂的性能。应该遵循除草剂标签的建议选择最佳的助剂，因为助剂使用不当会导致作物出现药害或除草效果较差。

打坑式中耕是一种在田间打凹坑的措施（如使用Dammer Diker中耕打坑机），来提高坡地的水分渗透和减少径流，已经在美国西部很多马铃薯产区进行应用。施用苗前除草剂之后的土壤扰动（起垄、深度中耕或打坑中耕）会通过与未处理的土壤混合而稀释除草剂，并可能将未处理的土壤翻到土层表面，通常会导致对杂草的控制效果降低。因此，仔细计划耕作和除草剂施用的时间，从而使两者都获得最佳效果是很重要的。在很多产区，在播种后30～40 d及时中耕或起垄覆土，结合在最后一次完成之后施用除草剂，或在一次中耕和起垄覆土联合作业完成之后，紧接着直接在干净的垄上施用苗前除草剂，可以提供整个生长季的杂草管理。在播种后施用一次苗前除草剂，在最后一次土壤扰动之后再施用一种或多种苗后除草剂，这样对杂草的控制比只施用一次更有效。

除草剂残留和马铃薯药害

除草剂在土壤中的降解通常是由土壤中微生物或化学分解来完成的，降解的过程要求适当的土壤湿度且温度在最佳范围。除草剂从一个生长季到下一个生长季的残留，会因为施用年份降雨量减少或灌溉量减少、生长季节缩短、秋季干旱和冬季降温、低于正常温度或其他有利于除草剂存留的条件等，比正常的残留时间加长。为了避免由除草剂残留带来问题，要确定想要用于马铃薯田的除草剂是否能与随后种植的其他轮作作物相容，并且也要明确在轮作其他作物期间使用的除草剂是否允许下一季种植马铃薯。

一些除草剂施用一年之后，在土壤中的残留量仍足以影响马铃薯的产量和块茎品质（图13.10、图13.12、图13.16、图13.19和图13.20）。在上茬施用二氯吡啶酸、咪唑乙烟酸、甲氧咪草烟和阿特拉津等除草剂的田块，下茬不能种植马铃薯。阅读说明并咨询区域专家，看是否需要特殊的办法如深耕和收获后灌溉，来加速除草剂的降解并减少对下茬作物的药害风险。在某些存在补充说明的地区，上茬种植谷类作物时使用的甲氧咪草烟除草剂如果降低了使用剂量，也在生长季中和谷物收获后按照推荐的灌溉量进行了灌溉，并且在谷物收获后进行了翻耕，则下茬是可以种植马铃薯的。在种植马铃薯之前，需要了解每个田块作物种植历史并获取农药使用记录。如果怀疑有除草剂残留，可在田块中取土样并进行除草剂残留生物测定或实验室检测。简单的生物测定方法和生物测定作物的选择，可以从合作推广专家和出版物及除草剂制造商等多个渠道获得。为了尽量减少除草剂残留的影响，应遵从标签说明的除草剂使用与敏感作物种植时间之间的间隔，并保存每个田块所使用除草剂的完整、准确的记录，避免施用过程中的重喷，同时严格按照标签上的施用剂量来使用除草剂。

应该采用一套包括栽培措施、中耕和除草剂施用的综合管理方法来防止少数几种主要杂草种类的危害。

总　　结

有效的杂草管理策略是马铃薯整体健康管理的一项关键内容，需要按计划采取很多步骤，其中第一项就是杂草种类的识别。理解允许杂草持续存在或使其变得经济可控的栽培管理措施，对于对设计和实施减少杂草对马铃薯作物影响的计划至关重要。应该采用一套包括栽培措施、中耕和除草剂施用的综合管理方法来防止少数几种主要杂草种类的危害。恰当且适时的中耕和除草剂施用，可将马铃薯田杂草造成的损失控制在经济允许水平以下。在马铃薯田中难以控制的杂草，也许可在与其轮作的其他作物生产过程中进行更有效、更经济的防控。在进行与马铃薯轮作的所有作物杂草管理措施计划时要提起注意，以尽量减少作物受药害的风险。有效的杂草管理能够让马铃薯作物最大限度地利用作物管理计划提供的所有资源，使其生长旺盛，能够更好地对针对其他病虫害的管理措施做出充分反应。

第23章

Larry K. Hiller 华盛顿州立大学园艺与景观建筑系，普尔曼

Robert E. Thornton 华盛顿州立大学园艺与景观建筑系，普尔曼

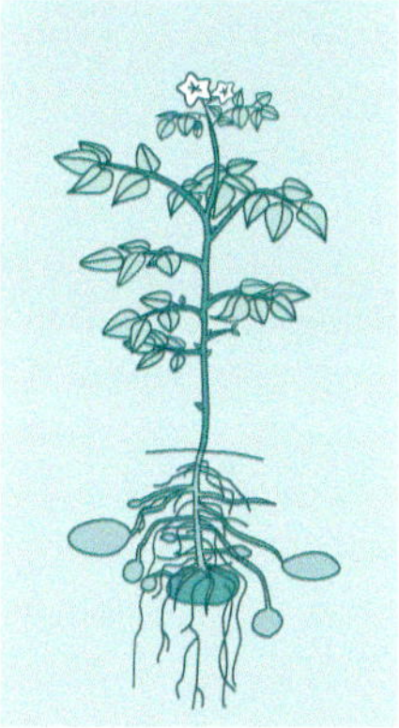

生理性病害管理

马铃薯植株，尤其是块茎，容易受到许多非传染性生理性病害的影响，会导致其形状、功能和外观发生明显且通常有害的变化。块茎缺陷包括外部和内部瑕疵、形状和大小的变化，以及薯皮和薯肉的颜色变化。大多数生理性病害不会引起受害块茎营养价值的显著变化，然而，这些病害对外观和烹饪用途造成不利影响，导致块茎的商品等级和产量的降低，从而造成巨大的经济损失。

无论是加工薯还是鲜食薯，生理性病害都会对马铃薯的价值造成影响，但是当马铃薯不能达到鲜食市场等级标准时，经济损失会更大。鲜薯市场不能接受的块茎通常可以用于加工，但是会导致块茎分类和筛除废料的成本增加及整个加工成本的增加，加工废弃物的处理也是一个问题。受影响严重的块茎通常用于制造马铃薯全粉、淀粉或用于牲畜饲料等低价值产品，在极端情况下，则必须扔掉块茎。由于生理性病害造成的经济损失较为严重，因此在任何马铃薯整体健康管理计划中，将生理性病害的发生降低到最低程度的栽培管理措施都至关重要。

生理性病害的病因

生理性病害通常称为**非生物的**、**非致病性**、**非寄生性**或**非传染性**病害。所有生理性病害的显著特点是它们不是由病原体引起的，也不具有传染性，也就是说它们不会从受害的植物传播到健康植物上。生理性病害是由植物和块茎的正常生长和发育的内部不平衡引起的，这些病害可能是由环境因素或传染性病害引起或加重的。

大多数块茎生理性病害发展缓慢，可能只在作物生长后期才可观察到症状。在许多情况下，在观察到症状时损害也就发生了。这常常使人们很难正确地确定病害发生的原因，也很难确定病害发生的时间。直接影响植物的病害，如冰雹、闪电和冻害等，其病因很容易确定。然而，其他病害，如空心，是复杂的环境和栽培因素相互作用的结果。更为复杂的是，它们当中的许多病害每年都在不同的地点发生，并无稳定特点。

块茎生理性病害

块茎生理性病害分为外部病害、内部病害和挫伤。**外部病害**在受影响的块茎外部表现且很容易观察到；**内部病害**只能通过切开块茎和检查内部组织才能发现；**挫伤**是撞击对块茎组织造成的物理损害，有些挫伤与块茎表面容易观察到的擦伤无关，只有在切开或去皮

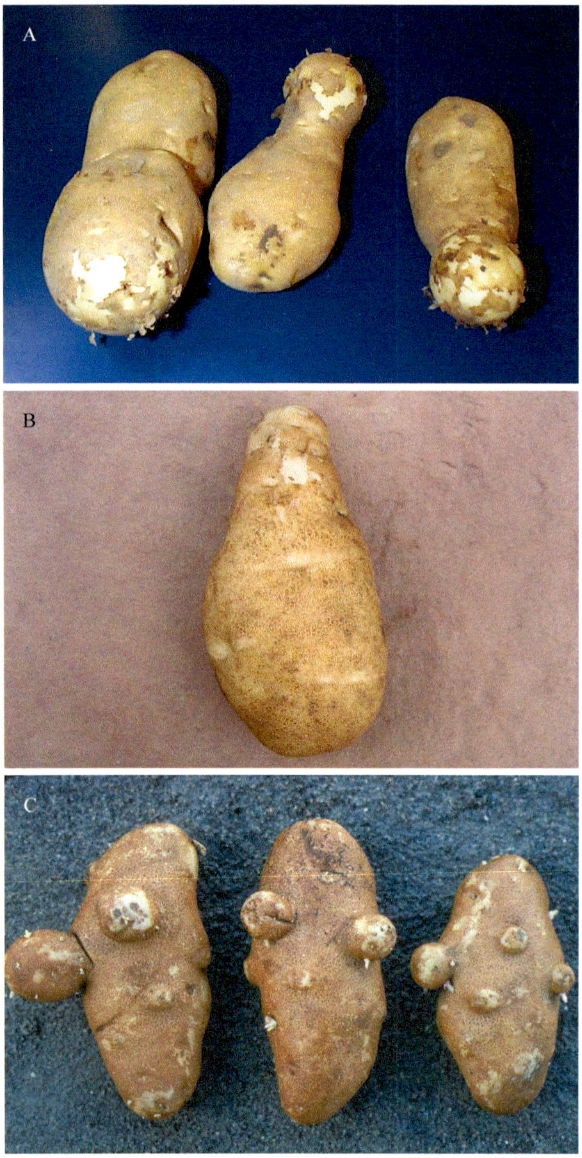

图23.1 哑铃畸形（A）、尖头畸形（B）和疙瘩薯（C）。（A图和C图由N. Olsen友情提供，B图由S. B. Johnson友情提供）

后才能看到。

块茎外部病害

块茎畸形

块茎畸形包括瓶颈、哑铃、尖头和疙瘩等畸形（图23.1）。受害的块茎也称为畸形薯。

瓶颈、哑铃和尖头块茎是由不规则的纵向生长引起的，其特征是沿块茎的长轴收缩。**瓶颈块茎**在茎端比芽端小，但也存在许多变化；**哑铃形块茎**的中部有一个收缩；**尖头块茎**在茎端或芽端（更常见）有明确的收缩，尖头部位的还原糖含量通常较高，因此易出现半透明末端（糖尾）。

疙瘩薯是由于正常膨大的块茎生长受到抑制后，在块茎一个或者多个芽眼处发生二次横向生长而导致。疙瘩或凸起的尺寸、大小和形状不一，取决于块茎开始发生异常所处的生育期，该植株和块茎的内部通常没有症状。

畸形的类型和严重程度受块茎生长中断的发育阶段、块茎大小和相关胁迫因子的严重程度的影响。块茎发育早期的生长中断可能会导致瓶颈薯或茎端的尖头；发育中期的中断可造成哑铃状块茎；块茎发育晚期的中断导致芽端的尖头。

块茎畸形通常与导致块茎生长受阻或停止的水分或温度胁迫有关。在胁迫阶段之后，通常会出现更有利于生长的条件，因此块茎恢复快速生长。突然或严重的胁迫通常会比逐渐增加或持续的胁迫导致更高的畸形率。由于土壤水分不足而造成的胁迫显然不是导致畸形的唯一因素，因为已有在最佳灌溉条件下也出现了这种畸形的报道。高温造成块茎生长速率暂时降低、植株和块茎呼吸速率增加、细胞分裂减少、植物激素偏离正常水平及对块茎的碳水化合物供应暂时减少，从而导致畸形。随着更有利条件的恢复，块茎的生长和淀粉合成只在块茎的某些部位恢复，通常在芽的周围，那里的细胞分裂更活跃。

导致块茎畸形发生率和严重程度的其他因素包括单株主茎数（单一主茎的植株结薯较少）、低出苗率、由于丝核菌感染导致的结薯率降低、种薯或芽块的大小及其生理年龄、土壤肥力不良和植株徒长。某些导致植株和块茎快速生长的管理措施，如胁迫期之后的过度灌溉和过量施用氮肥也会增加块茎畸形。

不同品种对块茎畸形的易感性不同，但是没有一个品种是完全抗的。薯形较长的品种，如‘Russet Burbank’（‘布尔班克’），往往比那些薯块圆形或块状的品种更敏感。

为了降低块茎畸形的发生率和严重程度，需要培植田间分布均匀的多主茎植株，并采取栽培管理措施提供适当的灌溉和肥力，使其均匀生长。

二次生长

马铃薯有三种不同类型的二次生长：热芽（也称为气生芽或窜箭）、链状块茎（也称为薯链或芽链）和次生块茎（也称为小块茎、小薯、子薯或芽薯）。**热芽**是由匍匐茎或块茎产生的，并形成新芽或发育成长有叶片的地上茎。**链状块茎**是在单个匍匐茎上形成一系列小块茎。**次生块茎**是块茎萌发新芽和子薯同时发育，即子薯在极短的芽上或直接在芽块上形成（图23.2）。

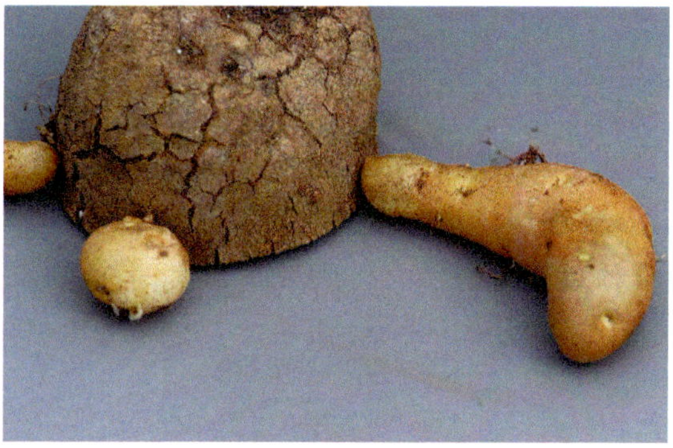

图23.2 次生块茎——二次生长的一种形式，在芽块上直接形成小薯。（D. A. Johnson友情提供）

热芽和**链状块茎**是在正常的块茎生长过程中，经过一段时间的中断或不规则发育后重新生长的结果。这些异常可由高于24℃的土壤温度引发，随后在低于24℃的温度下可发生额外的二次生长，这取决于先前24℃以上的温度的持续时间长短。然而，在生长季中高温经常伴随着水分胁迫，这两个因素相互作用限制了块茎的生长速度，从而导致二次生长。

次生块茎通常与种薯的生理年龄过老有关，这种异常可发生在贮藏中、马铃薯出苗前（通常是种薯在贮藏过程中温度高，而后种植在低温的土壤中）或刚刚出苗后。次生块茎的发生率与母薯块茎的顶端优势改变、块茎形成过程中的暂时偏差、各种生长激素的数量和比例变化及块茎周围二氧化碳与乙烯浓度的升高有关。

在整个季节，**促进植株和块茎均匀生长**的栽培措施有助于最大限度地减少二次生长。种薯在被处理和播种之前应贮藏在3.3～4.4℃条件下。如果必须使用贮藏时间过长或贮藏温度过高造成的生理年龄老的种薯，则不应播种到寒冷干燥的土壤中。为了最大限度地减少这些畸形的发生，应确保播种的株距均匀，施肥的量和位置正确，并保持均匀的土壤水分以满足作物的水分需求。

图23.3 严重的生长裂缝。（D. A. Johnson友情提供）

块茎开裂

有三种不同类型的生理性块茎开裂：生长裂缝、指甲印裂纹（thumbnail crack）和不规则裂纹（air check）。

生长裂缝是块茎表面组织中较浅到中等深度的裂缝（图23.3），更多发生在芽端，通常在长块茎上纵向延伸。生长裂缝通常与土壤水分供应不均匀和快速吸水导致块茎膨胀和生长速率的大幅变化有关，这些条件是在干燥或高温胁迫之后的降雨或灌溉之后发生，其他诱发因素包括株距和施肥量、施肥位置及施肥时间，土壤中硼含量的不足也是一个诱发因素。

当植株感染马铃薯帚顶病毒或马铃薯纺锤块茎类病毒（第17章）或因某些除草剂药害而受损时，也可能出现生长裂缝（图13.19和图13.20）。由病毒或除草剂药害引起的生长裂缝难以与由生理因素引起的生长裂缝区分开来，而确定其原因需要观察叶部症状且有时需要实验室诊断。

能在整个生长季节保持植株和块茎生长速率稳定的栽培措施，对于最大限度地减少生理性生长裂缝是必要的。这些措施包括田间种植密度合理，每株的主茎数适当，提供均匀的灌溉以实现土壤水分的均匀分布和以正确的用量、正确的位置和正确的时间进行施肥。

指甲印裂纹和不规则裂纹是极度膨胀的块茎经历干燥条件后表皮上出现的比较浅且随机的裂纹。块茎表面类似的浅层、不规则裂纹可能是由于收获期间的物理影响而发生的，并且通常与块茎含水量高和低温有关。上述表面裂纹应与挫伤区分开，后者是一种撞击伤。这些表面裂纹通常愈合缓慢，特别是在低湿度的环境中，因此受影响的块茎容易脱水和腐烂。与物理影响无关的类似表现的裂纹可能会在贮藏过程中发生。

变绿

块茎暴露于阳光、散射光或人工光线会增强叶绿素的合成，而导致表皮下出现绿色。相对低强度的光照也会引起变绿；光的强度越高、暴露时间越长，颜色越绿。在13℃以上的温度下，变绿发生得更快。所有品种都容易变绿，但薯皮发育不良的白皮品种和块茎最敏感。

在田间，位于土表附近的块茎因为暴露在阳光下而出现变绿。如果种薯播种太浅或起垄不当或垄受风、灌溉或大雨侵蚀，则块茎的某一部分可能会暴露在外。一些品种在自然情况下就在土表附近结薯，这增加了暴露在阳光下的可能性。变绿可能出现在生长季后期的收获之前，此时地上部茎叶死亡不再遮蔽土壤表面。收获后，块茎暴露于光线也可导致变绿。

通过足够的播种深度并形成适当形状和大小的起垄使块茎被土壤覆盖，可以减少变绿。

日灼

日灼伤是由块茎频繁或长时间暴露在强烈的阳光和高温下而引起的。块茎表面呈现出泡状且有金属光泽，下面的组织可能会变为褐色水渍状，受害部位可能变干，并可能被引起块茎腐烂的病原物侵染。可以通过推荐的预防变绿的措施来减少或预防日灼。此外，在运输过程中应覆盖块茎，以避免暴露在阳光和风中。

起皮

未成熟的块茎皮薄而细腻，在收获和处理过程中容易被撕裂或磨损。起皮通常指未成熟块茎表面一块块地翘皮，如果它们被粗暴搬运，也可发生在成熟的块茎上。过早收获的马铃薯特别容易出现起皮，特别是如果地上部茎没有死亡或者从杀秧到收获前让薯皮适当老化的时间短；块茎的芽端（薯头）比茎端（薯尾）更容易起皮。在有利块茎生长的条件下，起皮区域的伤口愈合速度快，并且新组织在抵抗水分损失和病原菌侵入方面与原始薯皮相似。但是，如果块茎处于高温、低湿和干燥的空气中（收获后运输过程中遇到的条件），则起皮后暴露的组织容易脱水并容易出现日灼。

除非块茎在收获后立即上市，否则如果外观会影响销售的话，就应该在薯皮充分老化后进行收获和搬运。应根据生长季节和预期收获时间来管理施肥量和施肥时间，以实现收获时薯皮的老化。如果有必要进行药剂杀秧或机械刈秧，在处理和收获之间需要1～3周的时间，以使薯皮老化。在收获和搬运过程中，必须调节好设备的传送带速度，以最大限度地减少机械碰撞（第10章）。在田间和运输过程中需要覆盖收获的块茎，以保护它们不受高温、阳光和风的影响。

皮孔扩张

皮孔是块茎表面上很小且不明显的毛孔。如果块茎的氧气供应不足，如在涝渍或非常板结的干燥土壤中，皮孔就会变大而且突出（图23.4）。扩张的皮孔类似于疮痂病斑，但更小且颜色更浅。它们影响了块茎的外观，并为引起腐烂的病原菌提供了入口。刚收获的块茎如果处于即使较短的湿润，都可以导致缺氧，则皮孔变大，从而增加块茎腐烂的风险（第18章）。

图23.4　由过湿的土壤导致的块茎皮孔扩张。（D. A. Johnson友情提供）

扩张的皮孔影响块茎的外观，并为引起腐烂的病原菌提供了入口。

最大限度地减少皮孔扩张的措施包括：保持良好的土壤排水性能，特别是在土壤长时间保持湿润的低洼区域；避免在生长季节过度灌溉；通过提供足够的通风来清除贮藏中块茎表面的自由水分；以及防止自由水分在贮藏的块茎表面凝结（第10章）。已发生大量块茎皮孔扩张的地块应放弃收获，如果已经收获，则这些块茎应单独存放并立即销售。

冻害和冷害

温度低于3℃时会对块茎造成冷害，其症状在一定程度上是有差异的，取决于温度、暴露时间和品种。受害的块茎表面可能会出现皱褶和松弛，内部组织可能会变成淡蓝色至黑色，或可能出现弥漫的烟雾状灰色区域，也可能发生一圈维管束变黑，可以与马铃薯卷叶病毒引起的网状坏死非常相似（图17.2）。暴露在低于－1.5℃下的块茎变得柔软且水润，冷冻后变得松垮并最终变干。

商品薯和种薯在贮藏和运输过程中均应避免温度低于3℃。如果薯肉低于7℃，则不应进行收获操作（第10章）。

块茎内部病害

褐心和空心

褐心（也称为初期空心、糖心）和空心被认为是同一种内部病害的两个不同阶段，它们被认为是由相同的条件引发的。尽管它们有相关性，但这两种病害通常是分开发生的，褐心并不是总发展成空心，而且空心也可能不经过褐心阶段。褐心在块茎很小时就开始发生，最易发生的时期是从块茎形成（生长阶段Ⅲ）到块茎重约60 g（生长阶段Ⅳ早期）这段时间，在此阶段空心也发生。

褐心最初的症状表现为块茎中心的髓部组织变为浅褐色（图23.5），褐色区域的大小和颜色深浅不一，褐变的组织发生严重变化，最终导致受影响的细胞破裂和死亡。如果块茎在变色后生长缓慢且均匀，死亡的细胞被散布在活细胞中，并随着细胞的生长而分散开，褐色也随之分散开来。然而，如果块茎生长迅速，受影响的组织可能会裂开，形成一个内腔，从而褐心发展成空心。

空心的特征是在块茎内部出现纵向或横向不规则形的空腔（图23.6），空腔的大小可以从很小到几乎相当于整个髓部组织的体积，它们可存在于块茎的中心或靠近茎端或芽端，这取决于病变是何时开始的。靠近茎端的空心总是先出现褐心，并在生长季节早期形成，这种形式称为茎端空心，在‘Russet Burbank’（‘布尔班克’）品种中很常见；靠近芽端的空心出现在生长季节后期，通常不经过褐心阶段，这种类型被称为芽端空心，在‘Norgold Russet’、‘Lemhi Russet’、‘Atlantic’（‘大西洋’）等品种更为常见；芽端空心在‘Russet Burbank’（‘布尔班克’）品种上也可发生，但不像茎端空心那样常见。

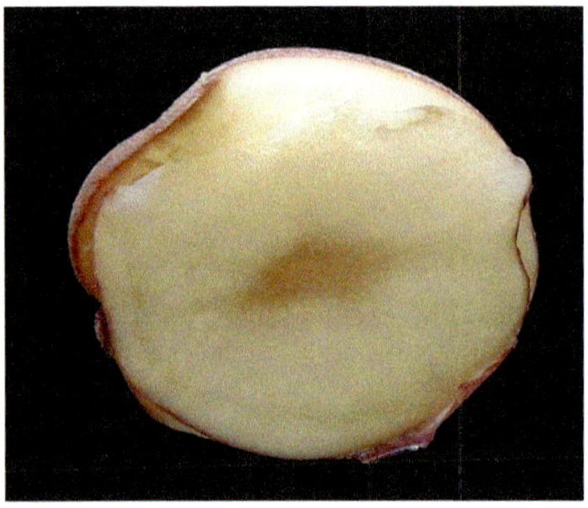

图23.5 褐心。（N. Olsen友情提供）

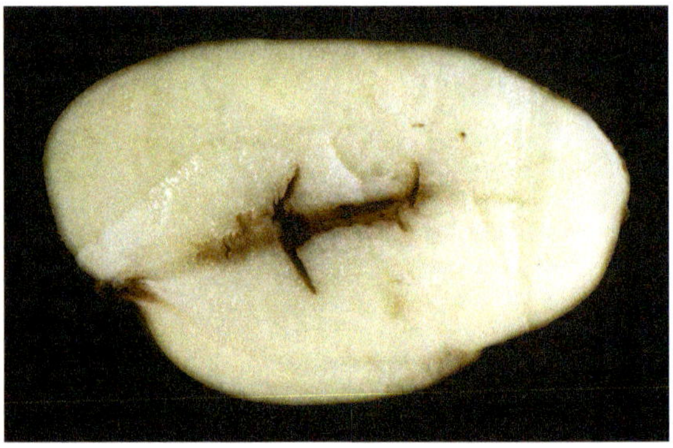

图23.6 块茎切开后的空心。（G. A. Secor友情提供）

褐心和空心病的确切原因尚不清楚，但是引发这种病害的重要因素是空气和土壤温度、土壤湿度、块茎大小和生长速度，其他可能影响空心发生率的因素有土壤肥力、施肥方法和时间、播种密度和均匀性、播种日期、单株主茎数、芽块大小和种子质量，包括生理年龄。

解释空心形成的一种理论是，在块茎形成期间或刚形成之后出现的植株胁迫使马铃薯植株从幼小的、生长发育中的块茎的细胞中吸收水分、矿物质和碳水化合物，从而导致一些块茎细胞死亡。当胁迫解除并恢复良好的生长条件时，块茎的迅速膨大导致损伤细胞分离，形成空腔。第二种理论认为，空心是由块茎迅速膨大而导致的，没有任何相关胁迫。无论哪种情况，这种病害都更容易在快速生长的块茎中发生。

温度是引发‘Russet Burbank’（‘布尔班克’）褐心病的一个因素，在块茎形成和膨大早期，冷凉天气导致土壤温度低于13℃的持续时间达到5～7 d，足以引发这种病变。

第二个因素是块茎形成过程中的**土壤含水量**，持续超过土壤有效含水量的80%～85%可能会导致褐心和茎端空心的增加（第9章），其原因可能是较湿的土壤导致升温变缓，从而增加新生块茎暴露在13℃以下的可能性。如果在块茎形成期低温时期保持70%～80%的土壤有效含水量可能会减少褐心和空心的发生率，但并不能完全消除这些病变。应避免使土壤干燥到低于土壤有效含水量的65%，因为这可能会引发胁迫，从而导致二次生长或块茎开裂。块茎形成过程中过干的土壤影响总产量，增加疮痂病发生的风险（第19章），并导致块茎比重降低。在秋季，当马铃薯接近成熟时，过度潮湿的土壤可能会增加芽端空心发生率。如果可能，整个生长季节应保持土壤水分均匀。如果出现土壤缺水的情况，逐步恢复土壤有效含水量比短时间大量灌水更有利于减少空心的发生。

适当晚播一般来说会降低褐心的发生率，因为随着时间的推移土壤趋于变暖。晚播也可能导致产量降低，但这可以被更高的块茎质量来补偿。然而，播种日期的任何影响都与特定年份的天气情况密切相关。种植具有褐心或空心的种薯不会影响后续新生块茎的褐心和空心发生率。播种均匀、减少漏播，并且已发现采用较大的或适当老化的芽块以获得多主茎数与降低空心的发生率有相关性。

施肥方法也会影响褐心和空心的发生率，基肥施用少量氮肥然后在整个生长季少量多次追施氮肥通常比基肥一次施入所有氮肥导致的空心率低。在块茎开始形成时或开始后不久施用氮肥可以增加块茎生长速率，从而有利于褐心和空心的发生（第8章）。其他营养元素在褐心和空心发生中的作用尚不清楚，但保持营养平衡对于防控这些病变是非常重要的。

减少褐心和空心的危害，从选育不易受这些病害影响的品种开始。马铃薯的不同**品种**对褐心和空心的敏感性大不相同，'Norgold Russet'、'Lemhi Russet'、'Atlantic'（'大西洋'）和'Norking Russet'比'Russet Burbank'（'布尔班克'）更敏感，育种者已经发现一些比'Russet Burbank'（'布尔班克'）抗性更好的高代品系。能够保证植株分布均匀且主茎多的栽培措施也有助于减轻此类危害。如果可能，选择适宜的播种日期，确保块茎形成期错开土壤低温时期；保持均匀的土壤水肥供应，并努力实现整个生长季节植株和块茎的生长速度均匀。

内部褐斑与热坏死

块茎内部坏死的症状已有很多不同的名称，其中最常见的是内部褐斑与热坏死。这两种病变的生理机制尚不完全清楚，但它们的不同之处在于与不同的组织相关，并且其症状主要发生在块茎内的不同位置。这两种病变的症状可能与烟草脆裂病毒引起的环斑病症状相混淆（图17.4和图17.5），后者可通过实验室诊断检测与生理病害区分开来。

内部褐斑的特征是形成小的、圆形的或不规则形，浅棕褐色、红褐色或铁锈色的斑点或散布在薯肉中的斑点（图23.7）。病变可发生在块茎内的任何位置，但通常在维管束环内部

图23.7　内部褐斑。在最左边和最上面的块茎褐色组织位于维管束环附近，在这一位置表现症状常常与热坏死相混淆。

的组织中更为常见，主要是靠近芽末端的部位。发生内部褐斑的块茎通常不会表现出外部症状，尽管一些报道将此病与畸形或大块茎或皮肤增厚或异常麻皮相关。

内部褐斑可在整个生长季节中的不同时间发生，可能在块茎形成后不久发生或者在块茎膨大过程中的块茎快速抑或不均匀生长期间形成。随着生长季的进行，症状越来越重，并可在贮藏期间继续加重，贮藏温度在15℃以上的块茎通常有较高的发病率。

人们对造成内部褐斑的原因尚知之甚少。有的认为，主要原因可能是块茎中的水分或养分被植株重新吸收来供应营养生长。这种紊乱与质地粗糙的土壤和几种气候条件有关，包括炎热、干燥的天气；土壤温度高；土壤湿度低或土壤湿度波动大。

缺钙也被怀疑是引起内部褐斑的原因之一，有报道显示内部褐斑的块茎的钙含量低于正常块茎的钙含量。然而，内部褐斑并不总是发生在缺钙的薯块中。缺乏其他营养物质也会导致薯肉细胞坏死，但这可能是由于它们影响了组织对钙的吸收利用。钙的田间施用并不能始终控制内部的褐斑，但其原因可能是由于块茎对钙的吸收和运输较差，尤其是在被认为诱发该病的胁迫期间。

由于病因尚不清楚，所以很难制订一个有效的管理措施来减少内部褐斑的发生。晚播可以降低内部褐斑的发生率，这可能是由于减少了大薯的比例（形成多主茎植株群体的结果）和将关键的发育阶段推移到了生长季后期。通过水肥管理促进植株和块茎的均匀生长而避免出现胁迫条件，有助于降低这种病害的发生率。

热坏死病变主要局限于芽端附近的维管束组织，但它可在块茎中的任何部位形成。该病害与块茎的外部畸形和薯皮凹陷及相关的龟裂或粗糙区域有关。在生长在土壤表面附近的块茎中，这种情况比较常见，因为它们暴露在较高的温度下，尤其是在马铃薯地上部植株死亡后。为了减少这些不利条件出现的机会，应该适时收获，以防止块茎暴露在高的土壤温度之下，收获后的块茎也要注意保护以免受高温影响，并应将块茎置于最佳的贮藏条件下。

半透明末端

半透明末端（又称为糖末端、果冻末端或果冻末端腐烂）影响块茎的茎端（图23.8），受影响组织比未受影响的组织干物质含量低而还原糖含量高（图23.9和第10章）。块茎较长的品种，如‘Russet Burbank’（‘布尔班克’），易患此病，它通常与块茎的茎端尖头有关。

图23.8 果冻状末端腐烂——一种通常与块茎二次生长和茎端尖头相关的病害。

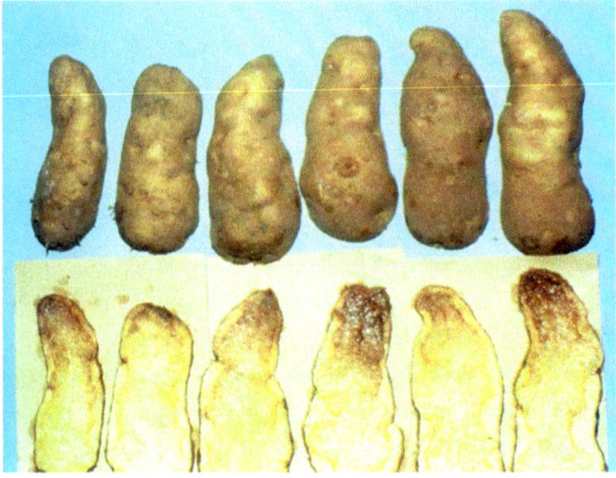

图23.9 尖头块茎发生半透明末端。块茎茎端的焦糖色（下面一行）是由发病部位的还原糖积累所致。

'Russet Burbank'（'布尔班克'）块茎的茎端淀粉含量通常高于芽端，但季节变化和生长条件可影响淀粉和还原糖的相对含量。人们已经提出一些不同的理论来解释半透明端块茎的茎端干物质含量较低的原因：①在一段时间的胁迫后，碳水化合物从茎端组织进入植株来恢复营养生长；②在一段时间的胁迫后，碳水化合物从茎端向芽端移动，以促进芽端的发育和成熟；③在胁迫作用下，组织中的淀粉转变为糖而变得半透明；④光合作用产生的碳水化合物不会转移到受影响块茎的茎端；⑤光合作用产生的糖在转移到块茎中后未被转化为淀粉。

半透明末端通常与植株缺水有关（第9章）。这可能是由土壤湿度低、空气温度高、干燥风或地上部徒长所致。人们曾经认为，半透明末端只出现在接近收获的时候。然而，最近发现块茎形成过程中的水分胁迫可导致该病害的发生率增加。

通过栽培管理措施促进良好的出苗，并保持恒定、均匀的土壤水分和肥力，以确保均匀的生长条件并最大限度地减少高温期间的水分胁迫，能够将半透明末端的发生率降到最低。

维管束变色

在块茎茎端的维管束中可能发生不同程度的变色，这种变色通常局限于距匍匐茎附着点1.5 cm的区域，但在非常严重的情况下，它可能延伸到整个维管束。

维管束变色表现为斑点、浅棕褐色至红棕色，甚至巧克力色条纹。未成熟的块茎对此敏感，但这种病害更多地发生在接近成熟的块茎中。块茎在田间可出现变色；田间没有表现症状但曾暴露在致病条件下的块茎，在贮藏的前1～2个月中也可出现变色。这种生理性的维管变色有时与马铃薯卷叶病毒引起的维管束网状坏死（图17.2），或黄萎病侵染而导致的维管束变色相混淆。

生理性维管束变色通常与土壤湿度低和同时出现杀秧剂或其他药剂、霜冻或机械杀秧导致的植株快速死亡与水分胁迫相关。杀秧时的高温胁迫通常会增加变色的严重程度，不管使用何种方法杀秧，在杀秧前的灌溉可以减少茎端维管束变色的发生量。

黑心

黑心是由块茎呼吸过程中缺氧所致，其诊断相对容易：块茎中央的组织为黑色至蓝黑色，变色区域形状不规则，通常有明显的边界（图23.10），有时在块茎的中心形成一个空腔。褐色的区域通常较硬，与腐霉溃烂导致的组织海绵水烂状明显不同（第19章）。黑心没有任何气味。

黑心出现的情况包括以下几种：当块茎被保存在低氧环境中时，如通风不良的贮藏室、卡车或火车车厢中；当因为温度低而导致空气扩散缓慢；或者因为温度过高而导致呼吸加快。在田间，当地块被水淹时，也会出现黑心。适当的土壤排水性能及在贮藏和运输过程中良好的通风可以防止该病的发生。

图23.10　黑心——变色区域具有明显的边界。（M. J. Pavek友情提供）

挫伤

马铃薯块茎的挫伤可分为三种类型：黑斑、撞击伤和挤压伤。黑斑和撞击伤都是由撞击力或冲击力造

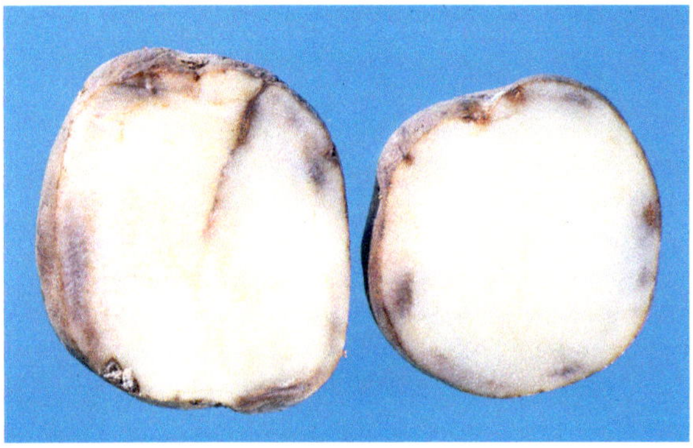

图23.11 黑斑出现在挫伤区域薯皮下部的组织，左侧图片中可见由撞击损伤导致的破碎组织深入块茎内部。（R. C. Rowe友情提供）

成的；挤压伤通常与块茎脱水有关，是在贮藏过程中由于块茎相互之间的挤压或薯块与贮窖四壁挤压而造成的。

黑斑是在撞伤发生6～8 h后，紧贴薯皮下的部位开始出现的一种内部变色。随着时间的推移，变色加剧到蓝灰色到黑色。变色的组织大小和形状各异，并且在薯肉中的深度也不一（图23.11）。只有在去除薯皮后才能发现撞伤的区域，块茎的茎端通常比芽端更容易发生这种黑斑撞伤。只要撞击力足以使细胞破裂就会形成黑斑，因此只要搬运块茎都可能会造成黑斑。

撞击伤的特征在于块茎外表面的开裂，裂纹通常延伸到薯肉中，表现为很多小的裂缝或裂纹。裂缝边缘受损组织的细胞可能会变色，并且看起来与黑斑挫伤相似；与黑斑不同，撞击伤可深入薯肉中（图23.11）。在没有特殊诊断技术的情况下，撞击伤在发生时不容易被发现，但通常在受影响的组织稍微脱水并且边缘收缩之后变得明显。

挤压伤是贮藏过程中由块茎之间的接触点或块茎被贮窖结构或设备挤压的部位形成的扁平或轻微凹陷的区域，其形成是当外部压力导致块茎内部水分的分布变化时，受影响组织脱水所致。挤压伤的大小和形状各异，取决于挤压的范围和压力的大小。如果贮窖中的相对湿度降至90%以下，则该病害会增加。轻微的挤压伤会逐渐消失，但严重的会一直存在，并且遭受严重挤压的块茎在搬运时可能更容易出现黑斑。一些田块的块茎可能比其他田块的更容易出现挤压伤，是由于未能很好地掌握收获前和贮藏过程中的影响因素。

块茎必须处于生理敏感状态，并且必须施加足以使细胞破裂的撞击力，才能导致黑斑或撞击伤的形成。块茎膨胀度（含水量）和薯肉温度是影响其对黑斑和撞击伤敏感性的两个非常重要的因素。一般来说，随着块茎含水量的增加，其对挤压伤的敏感性增加，但对黑斑的敏感性则随含水量的减少而增加（图10.6）。然而，如果块茎极度失水，对黑斑的敏感性反倒会降低。随着薯肉温度的降低，特别是低于7℃，总撞伤量（黑斑加上撞击伤）会增加（图10.6），在块茎本身温度低且脆的情况下，更容易发生撞击伤。能够使总撞伤量降至最低程度的最佳块茎含水量基本与薯肉温度的变化趋势一致（图23.12）。影响块茎对黑斑和撞击伤敏感性的其他因素包括块茎成熟度、播种日期、土壤湿度、钾肥施用量和收获植株地上部的状况，所有这些因素在某种程度上都与块茎的成熟度和条件有关。此外，不同品种对这些挫伤的敏感性也不同。

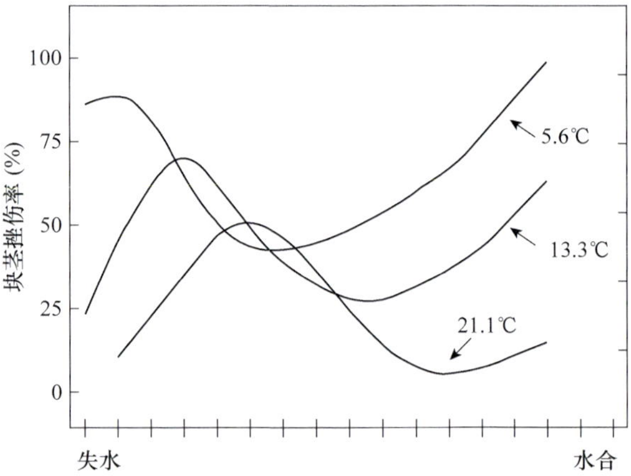

图23.12 薯肉温度和块茎含水量与块茎对黑斑和撞击伤敏感度的相关作用。（经美国马铃薯协会授权，引自Smittle, D. A., Thornton, R. E., Peterson, C. L., and Dean, B. B. 1974. Harvesting potatoes with minimum damage. American Potato Journal 51: 152–164）

减少挫伤总量是保持块茎高品质的关键一步。挫伤的减少需要一套综合的管理措施，从播种开始一直持续到马铃薯到达消费者或加工者手中。由于不同品种对挫伤的敏感性各不相同，只要能够被目标市场接收，尽量选择较不敏感的品种。同样重要的是，提供充足的养分，尤其是氮和钾，并提供良好土壤水分和病虫害管理，以利于植株茎叶和根系的健康生长，直到收获。在收获时，必须密切关注土壤湿度、块茎含水量和薯肉温度。在收获、贮藏和贮后操作等过程中，仔细管理所有操作程序对最大限度地减少挫伤至关重要（第10章）。由于挤压伤是块茎对外部压力的一种反应，且受其含水量的影响，因此当块茎在田间遭受了脱水条件的情况下，贮藏时可能需要降低码垛的高度。

植株生理性病害

多种生理性病害影响着马铃薯叶片的外观和功能，包括冰雹、闪电和空气污染造成的伤害，药害肥害、水、风和阳光等因素，以及营养失调。叶片受损会影响光合和呼吸作用、水分吸收和运输以及其他对健康植物生长发育至关重要的生理过程。由于叶片生长与块茎生长有着内在联系，所以叶部病害和块茎病害通常是相互关联的。叶片和块茎对水分与养分的竞争会影响许多块茎病害的发生和严重程度。

雹灾

夏季暴风雨期间冰雹对马铃薯植物造成的损害轻则造成叶片和茎秆疤痕，重则导致部分叶片脱落，甚至叶片和茎秆完全毁坏。雹灾造成的损失与植株遭受损害的程度、发生损害时作物所处生长阶段、品种、栽培措施和冰雹过后的天气等有关。

在植株生长的任何阶段，轻微的叶片损伤都不会影响产量，但叶片的损伤超过25%会导致总产量和商品薯产量的降低。随着叶片损伤程度的上升，其将导致更低的商品薯产量、更高的小薯和畸形薯比例，以及更低的块茎比重。在生长阶段Ⅱ期间发生的中度冰雹损伤对产量和块茎等级的影响不大；茎部的损伤如果深到破坏维管组织，就会造成减产，尤其是发生在花期前后（生长阶段Ⅲ）；冰雹造成损失最大的时期生长阶段Ⅳ早期，即花后2～4周，在此期间的危害，除了减产，还会导致块茎淀粉含量的下降，这与叶片损失的数量成正比。马铃薯植株具有出色的叶片和茎秆受损恢复能力，但是在任何阶段叶片的部分丧失都会延迟块茎的成熟，这是计划收获和贮藏时必须考虑的因素。

天气和土壤肥力影响植株在冰雹灾害后的恢复程度。如果损害程度不大，则在冰雹过后的有利生长条件及提供适当土壤水分和肥力的管理措施可促进快速恢复，不会对正常生长造成重大影响。受损的组织通常愈合很快，而迅速的愈合可以最大限度地减少细菌软腐病（气生茎腐病）的发生，该病害通常与冰雹伤害密切相关。

图23.13 雷击处的死亡植株。（D. A. Johnson友情提供）

雷击伤害

在马铃薯田中，由雷击引起的症状通

常在2～24 h出现，表现为边界明显的圆形或椭圆形区域内植株受伤或死亡（图23.13）。受害区域内部的植株受损程度相对一致，并且在边缘附近逐渐减轻。有时，受损的单个植物或几株分散在受害较轻或未受影响的植物之间。受害的区域通常会在田块内的水流路线上，并且经常发生在田块最低洼处。土壤含水量和放电强度的差异影响田块内损伤的模式和区域分布。因为受害区域非常容易识别而且性状特殊，缺乏经验的人可能认为是由发病中心引起的圆形传播。

被闪电破坏的植株茎秆呈柔软、水浸状，颜色为棕色至黑色。多数情况下，植株顶部倒折，且通常会永久枯萎。受损的组织快速干燥并变成棕褐色，表层呈浅褐色至近乎白色。雷击伤害的一个特征是茎秆的髓组织塌陷，并形成水平的分层，呈十字交叉或梯子形，这一现象可以通过对受害植物茎秆进行纵向切片来观察。

块茎最初可能并不表现任何症状，但稍后很快就会出现深褐色至黑色的坏死斑点和局部表皮开裂。受伤严重的块茎看起来就像是煮熟了，中央的髓部大量塌陷，但外部皮层组织的损伤较小。通常髓部会继续破裂和腐烂，在块茎的中心形成一个空洞。损坏的块茎更容易滋生腐生菌，通常在收获前就腐烂了。

日灼

日灼是一种生理性病害，表现为马铃薯叶片的尖端和边缘变黄，然后逐渐死亡，向上卷，变成棕色或黑色，变脆（图23.14）。这是一种由天气引起的病害，是由于在一段凉爽潮湿的天气后出现炎热、干燥、多风的条件，导致叶片水分过度流失。在这种条件下，叶片蒸腾散失的水量超过了根部吸收的水量。

图23.14 正在生长的叶片出现日灼——一种气象条件引起的病害。（R. C. Rowe友情提供）

日灼多数情况下被误认为是晚疫病（第21章），但日灼的病斑是均匀的棕色，病健交界明显，而不像典型的晚疫病斑那样病健交界不明显、从内到外颜色逐渐由黑褐色到黄色到绿色。此外，晚疫病的病斑位于叶片的边缘、中部及叶尖。刺吸式口器的昆虫，如叶蝉和蚜虫，可使日灼的症状加重；中耕时伤根也是加重的因素之一。可以减少日灼危害的措施包括保持护土壤水分、在炎热和干旱期间进行灌溉及中耕时注意尽量避免对根系的损伤。

空气污染伤害

空气中如果有一种或多种大气污染物，如臭氧和过氧乙酰硝酸酯（PAN）等光化学氧化剂，就可以使马铃薯叶片受到伤害。这种伤害通常发生逆温期间，使得温暖、停滞的空气在地面附近保持数日。在发电厂或冶炼厂下风区域，硫的氧化物可导致此伤害加重。空气污染伤害的症状因空气中污染物的浓度和持续时间的不同而有所不同。所报道的不同品种的耐性和敏感性也因地理区域的不同而不同。

臭氧损伤通常导致一种称为叶斑病的情况，即叶片的正面出现褪绿或坏死的斑点，严重的症状包括更明显的黄化、褐色和叶片坏死，受影响的植株出现早衰。PAN的伤害表现为叶片背面呈现银色或有光泽，幼嫩且完全展开的叶片症状最为严重。目前还没有空气污染对块茎造成伤害的报道，但产量会因污染导致的植株早衰死亡而下降。

避免空气污染伤害的唯一方法就是避免在受臭氧、PAN或硫氧化物污染严重的地区种植马铃薯。在经常发生这些伤害损害的污染边缘地区，应只种植耐性品种。

药害

很多农药的意外或不当使用可能造成很大的伤害，其症状和损害程度各异，这取决于所用农药的类型、剂量、施用方法、作物的生长阶段、品种和环境因素。药害一般表现为叶片畸形、萎蔫、黄化和坏死斑，并可导致块茎的内部病变、外部变形和发育不良。在植株缺水的情况下，药害症状通常更为严重。

生长调节剂类农药如除草剂，可以引起叶片的扭曲和黄化，也可引起块茎畸形和薯皮变色等，这会与病毒侵染引起的症状相混淆。除草剂药害可由马铃薯种植当季施用的除草剂导致，也可由上季轮作其他作物期间施用的除草剂在土壤中的残留导致（第13、22章）。在采收前施用化学杀秧剂后，有可能出现块茎茎端的维管束变色，特别是在植物受胁迫的情况下（见“块茎内部病害”）。不当的叶面施肥也可导致烧叶；肥料对种薯的伤害会表现为芽条和根的烧伤，继而造成种薯腐烂，从而导致出苗率和植株的活力降低。

对于药害的正确诊断是有难度的，通常需要实践经验和实验室分析。在诊断可疑的药害时必须相当谨慎，不仅要观察和记录马铃薯植株的状况，也要观察和记录附近的杂草或其他可能接触过农药的作物的情况。收集有关当前作物和先前作物所使用的农药的所有相关信息，包括施用的速率和方法及当前的天气状况。为了确定药害的原因，通常需要咨询经验丰富的植保专家。

涝害

持续数天的过度潮湿条件或淹水可对马铃薯植株和块茎造成害，这种伤害主要是由根系缺氧引起的。皮孔开张通常是由过度潮湿的条件造成（图23.4），第9章讨论了马铃薯健康与土壤和植株体内含水量之间的关系。

防 控 措 施

马铃薯块茎和植株生理性病害的产生受到不利的环境因素（空气和土壤温度、降雨、湿度和风）、不当的栽培管理措施以及土壤水分和肥力不足或过多的影响。由于气候条件不能人为控制，所以生理性病害的防控依赖于对种植者切实能够控制的因素的仔细管理。包括品种选择，种薯质量、大小和贮藏，播植日期，肥力，中耕，灌溉和病虫害防控。尽管许多生理性病害的确切原因尚不清楚，但最大限度地减少这些病害的基本管理目标是在整个生长季中为作物的均匀生长提供尽可能好的条件（专栏23.1）。

专栏23.1

降低生理性病害发生率的管理策略

- 将种薯贮藏在1～4.5℃的温度下，直至处理和播种之前。
- 选择对褐心和空心不敏感的品种。
- 在处理种薯前，将其升温至10～13℃。

- 在合适的地温播种以促进快速出苗，10～13℃最佳。
- 选择足够的播深并起垄，以使块茎在生长过程中被土覆盖。
- 建立均匀一致的多主茎植株群体。
- 为均匀的植株和块茎生长提供水肥管理保证。
- 避免过度灌溉或灌溉不足而导致的植株胁迫。
- 保持良好的土壤排水性能。
- 制订好收获计划以防止块茎暴露于高的土壤温度之下。
- 如果薯肉温度低于7℃，请勿收获。
- 减少播种、收获、转运和贮藏期间的挫伤。
- 运输过程中覆盖块茎，避免阳光和风的危害。
- 贮窖中保持足够的通风，以去除块茎表面的自由水分。
- 在整个贮藏期间提供良好的通气。

最大限度地减少生理性病害的基本管理目标是提供尽可能好的条件保证作物在整个生长季节的均匀生长。

不同**品种**对生理性病害的敏感性差异很大，了解所用品种的局限性，并采取适当的管理计划。如果可能，应避免种植对某些生理性病害高度敏感的品种。为获得快速出苗，重要的是保持种薯在低温条件下贮藏，避免过长的贮藏时间，并且不要将生理年龄偏老的种薯播种在寒冷干燥的土壤中。种薯和芽块的大小与生理年龄影响单株主茎数和结薯数，目标是在整个田块获得**一个均匀的植株分布**，使每个植株都有所需的主茎数。均匀一致的株行距和播深对于确保植株的竞争优势和控制块茎的大小与生长速度是非常重要的。不同的品种需要不同的株行距，应了解品种在当地的建议种植密度。合适的播种深度因品种、土壤质地和气候而异，种薯必须播种得足够浅，才能保证迅速出苗，但又必须有足够的播深，使块茎能够在垄内生长发育，以避免青头和晒伤，并保护它们不受早疫病菌和晚疫病菌的感染。

最大限度地减少生理性病害的基本管理目标是在整个生长季节为作物的均匀生长提供尽可能好的条件。

在生长季中，所采取的管理措施应当**促进植株和块茎均匀并持续地生长**。应尽可能地控制土壤湿度，以避免在任何时候出现土壤过度潮湿或过度干燥，如有灌溉条件，则应遵循严格的灌溉管理计划来实现这一目标（第9章）。在雨养生产条件下，田块应具备适当的排水性能，并应适时播种，以尽量减少与土壤水分过高相关的问题。仔细的养分管理至关重要，并且与水分管理密切相关。目标是通过适当的肥水管理**避免任何生长阶段的营养缺乏**，并避免施用过量肥料导致植株的徒长，特别是在块茎形成期和环境胁迫期之后（第8章）。

在块茎生长过程中，必须尽可能地**保护其免受环境的胁迫**。在封垄前做好充分的覆土，对于最大限度地减少后期的青头和晒伤非常重要。应选择合适的杀秧时间和程序，以尽量减少维管束变色，并使薯皮在采收前能够充分老化。应需要仔细管理并减少收获损伤，以保持块茎质量和商品性（第7、10章）。为了**最大限度地减少挫伤**，必须正确使用收获和转运设备，并且必须防止收获的块茎暴露在高温或低温、阳光和过度潮湿条件下。及时将收获的块茎转移到设计和管理良好的贮藏库对保持其质量至关重要。

最大限度地减少生理性病害的发展是马铃薯整体健康管理计划的重要组成部分。尽管许多有关生理性病害的原因、环境影响和栽培管理的变化及这些病害的防控措施仍需要研究，但可以通过为马铃薯提供尽可能好的生长条件来尽量减少这些病害。

主要参考文献

Bacon, O. G., Burton, V. E., McLean, D. L., James, R. H., Riley, W. D., Baghott, K. G., and Kinsey, M. G. 1976. Control of the green peach aphid and its effect on the incidence of potato leaf roll virus. Journal of Economic Entomology 69: 410–414

Byrne, D. N., and Bishop, G. W. 1979. Relationship of green peach aphid numbers to spread of potato leaf roll virus in southern Idaho. Journal of Economic Entomology 72: 809–811

Casavant, K. L., Infanger, C. L., and Bridges, D. E. 1999. Agricultural Economics and Management. Prentice-Hall, Saddle River, NJ

Daniels, C. H., and Fults, J. 2002. Fact sheet for vinegar/acetic acid recommendations. Oregon Department of Agriculture Fact Sheet PIC-01002. http://oregonstate.edu/dept/nursery-weeds/weedspeciespage/acetic_acid_factsheet.pdf

DiFonzo, C. D., Ragsdale, D. W., and Radcliffe, E. B. 1995. Potato leafroll virus spread in differentially resistant potato cultivars under varying aphid densities. American Potato Journal 72: 119–132

Eberlein, C. V., Patterson, P. E., Guttieri, M. J., and Stark, J. C. 1997. Efficacy and economics of cultivation for weed control in potato (*Solanum tuberosum*). Weed Technology 11: 257–264

Flanders, K. L., Radcliffe, E. B., and Ragsdale, D. W. 1991. Potato leafroll virus spread in relation to densities of green peach aphid (Homoptera: Aphididae): Implications for management thresholds for Minnesota seed potatoes. Journal of Economic Entomology 84: 1028–1036

Frazier, M. J., Olsen, N., and Kleinkopf, G. 2004. Organic and alternative methods for potato sprout control in storage. University of Idaho Current Information Series No. 1120. http://info.ag.uidaho.edu/pdf/CIS/CIS1120.pdf

Hunter, C. D. 1997. Suppliers of Beneficial Organisms in North America. California Environmental Protection Agency, Sacramento. Online, California Department of Pesticide Regulation, Pest Management Analysis and Planning Program, http://www.cdpr.ca.gov/docs/ipminov/bensuppl.htm

Hutchinson, P. J. S. 2005. Potatoes. Pages 170–187 in: 2005 Pacific Northwest Weed Control Handbook. Pacific Northwest Cooperative Extension Publications: Washington State University Cooperative Extension, Pullman; Oregon State University Extension Service, Corvallis; University of Idaho Cooperative Extension System, Moscow

Hutchinson, P. J. S., and Eberlein, C. V. 2003. Weed management. Pages 240–283 in: Potato Production Systems. University of Idaho Agricultural Communications, Moscow

Mallory-Smith, C. A., and Retzinger, R. J. 2003. Revised classification of herbicides by site of action for weed resistance management strategies. Weed Technology 17: 605–619

Mallory-Smith, C. A., Hyslop, G. R., Thill, D., Colquhoun, J., and Morishita, D. 2002. Herbicide-resistant Weeds and Their Management. PNW 437. Pacific Northwest Cooperative Extension Publications: Washington State University Cooperative Extension, Pullman; Oregon State University Extension Service, Corvallis; University of Idaho Cooperative Extension System, Moscow

Mowry, T. M. 2001. Green peach aphid (Homoptera: Aphididae) action thresholds for controlling the spread of potato leafroll virus in Idaho. Journal of Economic Entomology 94: 1332–1339

Organic Materials Review Institute. 2007. OMRI standards updates. http://www.omri.org

Potato Bruise Prevention Video Series. Tape 1, The Harvester. 1985. Tape 2, Harvester Chain Adjustment. 1989. Tape 3, Handling. 1990. Tape 4, Reducing Bruising in Fresh-Pack Warehouses. 1996. University of Idaho Agricultural Communications, Moscow

Sexson, D. L., Wyman, J. A., Radcliffe, E. B., Hoy, C. W., Ragsdale, D. W., and Dively, G. 2005. Potato. Pages 92–108 in: Vegetable Insect Management. 2nd ed. Meister Media Worldwide, Willoughby, OH

Stark, J. C., and Love, S. L., eds. 2003. Potato Production Systems. University of Idaho Agricultural Communications, Moscow

Stevenson, W. R., Loria, R., Franc, G. D., and Weingartner, D. P. 2001. Compendium of Potato Diseases. 2nd ed. American Phytopathological Society, St. Paul, MN

Stoltz, R. L., Baird, C. R., and Alvarez, J. M. 2002. Beneficial organisms associated with Pacific Northwest crops. PNW 343. Pacific Northwest Cooperative Extension Publications: Washington State University Cooperative Extension, Pullman; Oregon State University Extension Service, Corvallis; University of Idaho Cooperative Extension System, Moscow

VanGessel, M. J., and Renner, K. A. 1990. Redroot pigweed (*Amaranthus retroflexus*) and barnyardgrass (*Echinochloa crus-galli*) interference in potatoes (*Solanum tuberosum*). Weed Science 38: 338–343

Western Regional IPM Project. 2006. Integrated Pest Management for Potatoes in the Western United States. 2nd ed. Publ. 3316. University of California, Division of Agriculture and Natural Resources, Oakland

Whitson, T. D., ed. 2000. Weeds of the West. Western Society of Weed Science, Newark, CA

马铃薯生产参考网站

Canadian Food Inspection Agency, http://www.inspection.gc.ca/(search "potatoes")

Canadian Food Inspection Agency, http://www.inspection.gc.ca/(search "potatoes")

Colorado State University, VegNet, http://www.colostate.edu/orgs/VegNet/vegnet/spuds.html

Cornell University, Department of Plant Pathology, Vegetable MD Online, http://vegetablemdonline.ppath.cornell.edu/

Crop Data Management Systems, http://www.cdms.net/LabelsMsds/LMDefault.aspx

European Cultivated Potato Database, http://www.europotato.org/

Michigan State University, Michigan Potato Diseases, http://www.potatodiseases.org/

North Dakota State University Extension Service, http://www.ag.ndsu.nodak.edu/

Oregon State University, Crop and Soil Science Department, Potato Information Exchange, http://oregonstate.edu/potatoes/

Potato Association of America, Variety Images and Descriptions, http://www.umaine.edu/paa/var.htm

U.S. Department of Agriculture, Agricultural Marketing Service, National Organic Program, http://www.ams.usda.gov/nop/

U.S. Department of Agriculture, National Agricultural Library, Food and Nutrition Information Center, http://fnic.nal.usda.gov/

University of Florida, Institute of Food and Agricultural Sciences, Electronic Data Information Source, http://edis.ifas.ufl.edu/

University of Idaho Pest Management Center, http://www.ag.uidaho.edu/pmc/programs/ipm_links.htm

University of Maine Cooperative Extension, Potato Program, http://www.umaine.edu/umext/potatoprogram/

University of Nebraska, Potato Education Guide, http://www.panhandle.unl.edu/potato/

University of Wisconsin, Department of Plant Pathology, Vegetable Pathology Web Site, http://www.plantpath.wisc.edu/wivegdis/

University of Wisconsin, Integrated Pest and Crop Management, http://ipcm.wisc.edu/

Washington State University, Department of Horticulture and Landscape Architecture, Potato Information and Exchange, http://potatoes.wsu.edu/

Washington State University, Department of Plant Pathology, Potato Diseases, http://classes.plantpath.wsu.edu/dajohn/

术 语 表

abiotic-非生物的：以没有生命为特征，如不是由生物体引起的病害。

acid-酸：pH小于7。

acute-急性：以突然出现的症状为特征（见**chronic-慢性**）。

aerial-空中：发生在空中。

aerobic-好氧：只在有氧的情况下生长。

agar-琼脂：一种来自藻类的果冻状材料，用于固化液体培养基；包含这种材料的培养基。

agroecosystem-农业生态系统：由农业区所有生物及其非生物环境组成的相互作用的功能系统。

alkaline-碱性：具有碱性（非酸性）性质；pH大于7。

alkaloid-生物碱：由植物产生的各种含氮环状化合物，其对动物产生生理作用。

anaerobic-厌氧：在没有氧气的情况下生长。

annual-一年生（植物）：在1年内完成其生命周期并死亡的植物（见**biennial-两年生植物**；**perennial-多年生植物**）。

antagonist-拮抗物：抵消或限制另一方作用的有机体或物质。

anterior-前面的：位于前面或头部。

antibiotic-抗生素：一种由微生物产生并杀死或抑制其他生物体生长的化合物。

apex（pl. **apices**；adj. **apical**）**-尖端**：根或芽的尖端，含有顶端分生组织。

aphid-蚜虫：蚜虫科（同翅目Homoptera）的各种小型刺吸类害虫，当大量存在时会产生蜜露和伤害植物。

apothecium（pl. **apothecia**）**-子囊盘**：某些真菌的开放的、杯状或盘状，孕育子囊的子实体（子囊果），通常有柄。

arthropod-节肢动物：节肢动物门的任何成员，由具有关节的身体和四肢的动物组成，包括昆虫、蜘蛛和甲壳类动物。

ascospore-子囊孢子：一种产生在子囊中的有性孢子。

ascus（pl. **asci**）**-子囊**：含有子囊孢子（通常8个）的囊状结构，通常由真菌子实体产生。

asexual-无性：营养的；缺乏性器官、配子或性孢子；与真菌的无性阶段有关。

asexual reproduction-无性繁殖：不涉及配子结合和减数分裂的繁殖。

axil-叶腋：叶柄和茎形成的夹角。

axillary-腋生：属于或生于叶腋处。

bactericide-杀（细）菌剂：杀灭细菌的化学或物理药剂。

bacterium（pl. **bacteria**）**-细菌**：一种原核、微观、单细胞的生物，具有细胞壁并通过裂殖的方式进行繁殖。

biennial-两年生（植物）：产生种子并在其第二年生长结束时死亡的植物［见**annual-一年生（植物）**；**perennial-多年生（植物）**］。

bioassay-生物测定：使用活体进行的测试（测定）。

biological control-生物防治：利用生物的自然竞争、寄生或拮抗来管理害虫和病原物（同义词：**biocontrol**）。

biotype-生物型：一个物种、亚种或小种的细分群体，具有某些可识别的生理特征，如特定的毒力模式。

blight-枯萎：突然出现严重和大量的斑点、变色、枯萎，或破坏叶、花、茎或整株植物。

breeding line-品系：用于育种计划的植物株系，通常具有一种或多种理想的农艺或育种特性。

broadcast application-撒施：肥料撒施于土壤表面。

calcareous-钙质/石灰质：富含碳酸钙（石灰）。

callus-愈伤组织：在伤口或切口上形成的特殊植物组织（可能会形成木栓形成层，产生的细胞会逐渐封闭伤口）。

canopy-冠层：一株或多株植物展开枝叶顶层。

carbohydrate-碳水化合物：一种由碳、氢和氧组成的化合物，如糖、淀粉和纤维素。

causal agent-病原物：导致特定病害的有机体或因子。

chlamydospore-厚垣孢子：一种厚壁或双壁的无性静止孢子，由菌丝细胞（末端或中间）形成或由分生孢子细胞转化形成，起到越冬的作用。

chlorophyll（adj. **chlorophyllous**）**-叶绿素**：存在于叶绿体中的一组绿色色素，对光合作用很重要。

chlorosis（adj. **chlorotic**）**-褪绿**：由病害或营养失衡引起的叶绿素合成受阻，导致绿色植物褪色为浅绿色、黄色或白色。

chronic-慢性：其特征为缓慢发展、持续或反复出现症状（见**acute-急性的**）。

circulative viruses-循回型病毒：指在被介体昆虫传播给寄主植物之前经过该昆虫的肠道在其体内循回的病毒。

circulative transmission-循回型传播：指病毒传播，其中病毒必须在昆虫介体的淋巴系统内积累或通过，然后才能传播给植物。

coalesce-结合：共同成长为一体或一点。

colonization-定殖：病原体在寄主植物内建立稳定寄生关系。

colonize-定殖过程：在病原体生长过程中在植物组织内进行侵染和蔓延。

colony-菌落：一种微生物在纯培养条件下生长后的形状和质地表现。

conidiophore-分生孢子梗：产生分生孢子的单根或具分枝的菌丝。

conidium（pl. **conidia**）**-分生孢子**：一种无性的、不能运动的真菌孢子，在形成它的细胞内部或外部发育而成。

contact pesticide-触杀性杀虫剂：具有触杀活性的农药。

cortex（adj. **cortical**）**-皮层**：茎和根中表皮和韧皮部之间的薄壁组织区域；对于菌核来说，指外皮以下的区域。

cotyledon-子叶：种子叶或种子中的初生胚叶，其中为下一代植物储存了营养物质（单子叶植物有一个子叶，双子叶植物有两个）。

cultivar（abbr. **cv.**）**-品种**：又称植物的栽培种，是经过精心的基因操作而产生，具有可识别的特征，如颜色，花、果实或种子的形状，高度或形式（同义词：**variety**）。

cuticle（adj. **cuticular**）**-角质层**：昆虫或线虫的非细胞外层，植物叶、茎和果实的表皮细胞外面防水的蜡质层。

cv.：见**cultivar-品种**。

cyst-孢囊：在真菌中，指在保护膜或壳状外壳中的休眠结构；在线虫中，指雌性成虫尸体，其内部充满了卵；在细菌中，指一种被厚壁包围的特殊细胞，通常处于休眠状态并能抵抗环境条件。

cystosorus（pl. **cystosori**）**-休眠孢子堆**：一群休眠孢子。

cytoplasm-细胞质：细胞活的原生质，不包括细胞核。

damping-off-猝倒病：幼苗在出土前或出土后不久因根或茎基部组织分解而死亡，通常分为出苗前和出苗后猝倒。

defoliation-落叶：植物的叶子脱落，无论是正常的还是过早的。

desiccate-干燥：使干燥（动词）。

diagnostic（n. **diagnosis**）**-诊断**：与对识别一种病害或其他异常非常重要的显著特征有关的活动。

diapause-滞育：发育或生长延迟的时期，伴随着新陈代谢减少和不活动，特别是在某些昆虫中。
dieback（v. **die back**）**-枯死**：植物的芽、叶或根的逐渐死亡，从尖端开始。
disease-病害：机体功能异常。
discase cycle-病害循环，从病原体最初感染寄主、发病到下一个生长季再度发生侵染，包括病害所涉及的寄主、病原体和环境之间的所有事件及其相互作用的连续发生。
disinfect-消毒：杀死尚未引发病害的病原体或存在于非生命体（如土壤或工具）内部或表面或植物器官（如种子）表面的污染微生物。
disinfectant-消毒剂：杀灭植物或物体表面病原微生物和病毒的化学或物理药剂。
dispersal：见**dissemination**。
dissemination-传播：病原体（接种体）从患病植物到健康植物的传播（同义词：**dispersal**）。
DNA-脱氧核糖核酸：包含遗传密码信息的双链螺旋分子，由重复单元或核苷酸组成，每个核苷酸由脱氧核糖（一种糖）、一个磷酸基团和一个嘌呤（腺嘌呤或鸟嘌呤）或嘧啶（胸腺嘧啶或胞嘧啶）碱基组成。
dormancy（adj. **dormant**）**-休眠**：一种生物体暂停生长和新陈代谢降低的状态，作为一种生存机制一般由内部因素或环境条件诱导。
dorsal-背侧：位于背部或前部（相对于腹侧）。
dwarfing-矮化：植物或植物器官矮小、发育缓慢，可能由病害、营养不足或不利的环境条件引起。
ecology-生态学：研究生物体个体之间、生物体群体之间以及生物体与其所处环境之间相互作用的科学。
ecosystem-生态系统：生物群落及其环境；由一个区域内的所有生物及其非生物环境组成的相互作用的功能系统。
ectoparasite-外寄生物：一种从寄主体表取食的寄生物。
egg mass-卵块：一组由凝胶状基质结合在一起的（虫）卵。
emergence-出苗：幼苗长出土壤表面。
endemic-特产的：原产于特定地方，其特点是自然病害发生率低且稳定。
enzyme-酶：一种催化特定生化反应的蛋白质。
enzyme-linked immunosorbent assay（**ELISA**）**-酶联免疫吸附测定**：一种血清学试验，通过连接一种与某种反应物产生有颜色产物的酶来增加反应的敏感性。
epidemic-流行：病害数量增加；全面而严重的病害暴发。
epidermis（adj. **epidermal**）**-表皮**：叶子和其他植物部分的表层细胞。
eradicant-铲除剂：一种用于从寄主或环境中铲除病原体的化学物质。
eradication-铲除：通过铲除已定殖的病原体或铲除携带病原体的植物来控制植物病害。
exudate-渗出液：从患病组织、根、叶或真菌排出或流出的液体。
fallow-休耕：在正常生长季节保持没有作物或杂草的耕地。
fecund（n. **fecundity**）**-多产的**：产生很多后代或营养体植；多产。
flaccid-软弱无力：萎蔫的；缺乏膨压。
flagellum（pl. **flagella**）**-鞭毛**：一种活动细胞、细菌或游动孢子的毛状、鞭状或金属丝状附属物，促进运动。
focus（pl. **foci**）**-发病中心**：田间小面积的发病植株。
foliar-叶部：与叶部有关的。
friable-易碎：像某些土壤一样容易碎成小团块或粉末。
fumigant（v. **fumigate**）**-熏蒸剂**：一种用于杀灭抑制微生物或其他有害生物生长的气体或挥发性物质。
fungicide（adj. **fungicidal**）**-杀真菌剂**：一种杀死或抑制真菌生长的化学或物理药剂。
gall-瘿瘤：由于真菌、细菌、线虫、昆虫或其他有机体攻击而由植物产生的异常肿胀或局部生长，通常大致呈球形（同义词：**tumor**）。
genetic-遗传：与遗传有关，与可遗传特征有关。

genus（pl. **genera**）**-属**：包含一组密切相关（结构或系统发育）物种的分类类别（属名是拉丁双名法的第一个名称）。

germinate（n. **germination**）**-发芽/萌发**：种子、孢子、菌核或其他繁殖体开始生长。

girdle-环绕：环绕茎或树皮以及最外几层木质，破坏韧皮部和木质部。

haulm-茎/秸：植物茎或秸秆的统称。

herbaceous-草本：指植物或植物局部的初生、柔软、非木质组织；具有草的特性。

herbicide-除草剂：杀死或抑制植物生长的化学物质，如杀死杂草或牧草的药剂。

host-寄主：一种活的植物，被活的寄生物攻击或定殖，并为入侵者提供部分或全部营养。

host range-寄主范围：一种生物（尤其是寄生物）可以取食生存的植物种类范围。

hyaline-透明的：透明或几乎透明；半透明，无色。

hybrid（v. **hybridize**）**-杂交**：两个不同基因型个体的后代。

hypha（pl. **hyphae**；adj. **hyphal**）**-菌丝**：真菌菌体或菌丝体的一种管状细丝，真菌的基本结构单位。

hypocotyl-下胚轴：茎的子叶以下和根以上的部分。

immune-免疫：不能被特定病原体感染。

***in vitro*-体外**：在玻璃试管中，在人工培养基或人工环境中；在寄主体外。

***in vivo*-体内**：在生物体内。

infection-侵染：生物体进入、侵入或穿透并与寄主植物建立寄生关系的过程。

infection court-侵染部位：寄主植物内或体表可能发生感染的部位。

infectious-传染性：指病害在植株间传播的能力。

infective-传染性的：对于病原体，指其能够攻击寄主并引起感染；对于介体，指携带或含有病原体并能够将其传给寄主植物。

infest（n. **infestation**）**-侵染**：作为有害生物进行攻击（尤其用于昆虫和线虫）；污染，指微生物大量存在。

inflorescence-花序：一朵花或一个花簇。

initial inoculum-初始菌源：接种体，通常来自越冬的菌源，引起田间最初的发病，相对于生长季节中传播为害的接种体而言（同义词：**primary inoculum-初侵染菌量**）。

injury-损伤：因与昆虫、化学品或不利环境条件等的短暂相互作用而造成的损害。

inoculate（n. **inoculation**）**-接种**：将接种物置于侵染部位；将病原体注入健康组织。

inoculum（pl. **inocula**）**-接种体**：病原体或病原体的一部分，被放置到适宜部位时可引起侵染。

intercrop-间作：在同一田块同时种植两种或多种作物。

internode（adj. **internodal**）**-节间**：茎上两个连续节点之间的部分。

interveinal-脉间：叶片上叶脉之间的部分。

isolate-分离：微生物的培养物或从亲代种群分离出来的小群体，保持在一定条件下；与土壤或寄主材料分离并得到纯培养物。

juvenile-幼体/若虫：一种未成熟的形式，看起来与成虫相似但通常比成虫小，并且未性成熟，如渐变态的昆虫或线虫。

knot-结：瘿瘤；局部异常肿胀。

larva（pl. **larvae**）**-幼虫**：某些动物（尤其是昆虫）经历完全变态的未成熟阶段，即此类昆虫生活史中的蠕虫状或毛毛虫阶段。

latent-潜伏：存在但不表现或不可见，如无症状感染。

latent infection-潜伏侵染：没有明显症状的感染。

leaf spot-叶斑：一种植物病害在叶部引起的病变，通常在达到特定尺寸后不再扩大。

leafhopper-叶蝉：同翅目有刺吸式口器的多种可移动的昆虫。

leaflet-小叶：复叶中的单各小叶片或单个部分。

legume-豆类：一种简单、干燥、开裂的果实，由简单的雌蕊发育而成，成熟时沿两条接缝裂开，豆科（Fabaceae，旧称Leguminosae）植物的任何成员。

lenticel-皮孔：茎、块茎、果实或根表面的自然开口，允许气体交换。

lesion-病斑：局部病变区域或伤口。

life cycle-生活史：一种生物生长和发育的一系列周期性阶段。

mating types-交配型：在异宗真菌中，有性繁殖所必需的两个亲和菌株，通常称为+和-或A和B。

mechanical injury-机械损伤：植株的某一部分因磨损、残缺或受伤而导致的伤害。

mechanical transmission-机械传播：通过人为操作将接种物传播或引入侵染部位（伤口），伴随着寄主组织的物理破坏。

meristem culture-分生组织培养：对来自植株或植物器官的分生组织的无菌培养。

microclimate-小气候：小范围（如植物表面或种植园内）的天气条件。

microorganism-微生物：一种有机体，它足够小，作为一个个体，只能借助显微镜才能看到（同义词：**microbe**）。

microsclerotium-微菌核：深色、厚壁菌丝细胞的微观致密聚集体。

midrib-主脉/中脉：叶子中央增厚的叶脉。

migratory-迁移：取食时从植株的一个部位转移到另一个部位或从一个植株移到另一个植株。

molt-蜕皮：在生长阶段脱落角质层或身体包裹物。

monoculture-单作：在附近种植同一物种的植物，几乎没有其他植物种类。

mosaic-花叶：一种以颜色不均匀为特征的病害症状，正常和浅绿色或黄色斑块混合在一起，通常由病毒引起（通常可与**mottle-斑驳**互换使用）。

motile-游动：能够通过鞭毛、纤毛或类似变形虫来自行运动。

mottle-斑驳：一种病害症状，以植物组织中不规则的明暗区域混合在一起为特征，通常由病毒引起（通常可与**mosaic-花叶**互换使用）。

mulch-覆盖物：一层材料，如有机物质或塑料薄膜，覆盖于土壤表面，用于保水和抑制杂草。

mutation（n. **mutant**）**-突变**：由于基因或染色体的改变或染色体数量的增加而导致基因或个体发生突然可遗传的变化。

mycelium（pl. **mycelia**；adj. **mycelial**）**-菌丝体**：构成真菌的菌体的大量菌丝。

mycoparasite-菌寄生真菌：一种寄生另一种真菌的真菌。

necrosis（adj. **necrotic**）**-坏死**：细胞或组织死亡，通常伴有变黑或褐变。

nematicide-杀线虫剂：杀死线虫的制剂，通常是化学物质。

nematode-线虫：寄生在植物或动物身上或在土壤或水中自由生活的各种不分节的蛔虫。

noninfectious disease-非传染性病害：由非生物因素引起的病害，不能从一个植株传播到另一个植株。

nonpersistent transmission-非持久性传播：一种病毒传播类型，在这种传播方式中，传毒介体在短暂的取食期后即可获得病毒并可传播，而且介体保持传毒能力的时间很短（同义词：**stylet-borne transmission-口针型传播**）。

nymph-若虫：不完全变态昆虫生活史中的幼龄阶段，外表上类似于成虫。

Oomycetes（adj. **oomycetous**）**-卵菌纲**：一类类似真菌的生物，通常具有无隔菌丝体、无性孢子囊和游动孢子，以及有性卵孢子。

oospore-卵孢子：卵菌纲生物的厚壁、有性繁殖产生的静止孢子。

ooze-菌脓：大量细菌细胞与寄主体液的混合物。

overwinter-越冬：存活或休眠度过冬天。

oviposit-产卵：用产卵器产卵。

ozone-臭氧：一种高活性形式的氧气（O_3），可伤害植物。

parasite（adj. **parasitic**）**-寄生物**：一种与另一种生物密切相关的生物，它的营养依赖于另一种生物，但不一定作为病原体。

pathogen（adj. **pathogenic**）**-病原体**：任何可导致病害的生物或病原。

pathovar（abbr. **pv.**）**-致病变种**：由寄主范围定义的植物病原细菌种内的细分［细菌的致病变种类似于真菌的专化型（forma specialis）］。

penetration-穿透：病原物对寄主的初始侵入。

perennial-多年生（植物）：一种可以存活数年至多年的植物［见**annual-一年生（植物）**；**biennial-两年生（植物）**］。

persistent transmission-持久性传播：一种病毒传播类型，其中传毒介体在相对较长的取食期后才可获得和传播病毒，且介体可保持较长时间的传播能力（同义词：**circulative transmission-循回型传播**）。

pest-有害生物：任何损害植物或植物产品的生物。

pesticide-农药：一种用于控制有害生物的化学品。

petiole-叶柄：叶子的梗部分。

pH-酸碱度：有效氢离子浓度的负对数，酸度的量度（pH 7 为中性；低于 pH 7 为酸性；高于 pH 7 为碱性）。

phloem-韧皮部：根、茎和叶维管系统中的传导和储存同化产物的组织。

photosynthate-光合产物：光合作用的产物。

photosynthesis-光合作用：在叶绿素存在的情况下，从二氧化碳和水制造碳水化合物，利用光能并释放氧气。

predispose（n. **predisposition**）**-使……易患**：使容易被感染和发病。

primary inoculum-初侵染菌量：接种体，通常来自越冬的菌源，引起田间最初的发病，相对于生长季节中导致病害传播的接种体而言（同义词：**initial inoculum-初始菌源**）。

protectant-保护剂：一种药剂，通常是一种化学物质，在暴露于病原物之前施用于植物表面，以防止感染。

protein-蛋白质：由氨基酸组成的众多含氮有机化合物。

protoplasm-原生质：一个细胞的活的内含物。

protoplast-原生质体：一个细胞的活的内含物，不包括细胞壁。

proximal-近端的：朝向或靠近连接点或主体的。

pupa（pl. **pupae**；v. **pupate**）**-蛹**：某些昆虫的幼虫和成虫之间的静止阶段。

pv.：见**pathovar-致病变种**。

quarantine-检疫：对植物或植物器官的运输进行立法控制，以防止害虫或病原物的传播。

race-小种：一个物种或变种中的一个亚群或生物型，通过毒力、症状表现或寄主范围与其他小种区别开来，但不通过形态学区分。

resistant（n. **resistance**）**-抗病**：具有预防或阻碍病害发展的特性（见**susceptible-感病的**）。

respiration-呼吸：一系列化学反应，通过碳水化合物和脂肪的氧化提供能量。

resting spore-休眠孢子：一种孢子，通常壁厚，可以在休眠状态下存活一段时间，然后萌发并能够引发侵染。

rhizome-根茎：通常为地下茎，水平延长、有节、肉质。

rhizosphere-根际：土壤中紧邻植物根部的微环境。

ringspot-环斑：一种以黄色或坏死环包围绿色组织为特征的病害症状，如某些由病毒引起的植物病害。

RNA-核糖核酸：由核糖（糖）、磷酸基团和嘌呤（腺嘌呤或鸟嘌呤）或嘧啶（尿嘧啶或胞嘧啶）碱基的重复单元组成的多种核酸中的任何一种，从DNA转录而来，并参与翻译蛋白质。

rogue-去除：去除和销毁发病、被害虫或其他不良环境条件危害的植株。

rosette-丛生：一种病害症状，其特征是由于节间缩短而导致短而成束地生长，而叶片大小没有明显减小。

rot-腐烂：由于真菌或细菌侵染，导致植物组织的软化、变色和分解。

rotation-轮作：在同一块地上连续种植不同种类的作物。

russet-木栓化：水果或块茎表皮上的褐色粗糙区域，由木栓形成而导致。

sanitation-卫生：破坏或清除受侵染和受感染的植物或植物器官；工具、设备、容器、工作场地、手等的清洁去污。

saprophyte（adj. **saprophytic**）**-腐生物**：从无生命的有机物质中获取营养的生物（同义词：**saprobe-腐生物**）。

scab-疮痂：植物器官表面粗糙的结痂发病区域。

sclerotium（pl. **sclerotia**）**-菌核**：真菌的营养休眠体，由致密的菌丝团组成，含有或不含寄主组织，通常有深色的外皮。

scorch-叶烧：植物组织好像被火烧过的症状，通常发生在叶子的边缘。

secondary infection-再侵染：由初侵染或再侵染发病产生的病原体传播引起的侵染，中间没有非活动期（越冬或越夏）。

secondary inoculum-再侵染接种体：由先前在同一生长季节建立的侵染产生的接种体。

secondary organism-二次寄生物：在已经患病的组织中繁殖但不是初始病原体的生物。

seed treatment-种子处理：对种子进行生物制剂、化学物质或物理处理，以保护种子或幼苗免受病原物侵害或刺激种子萌发或幼苗生长。

seedborne-种传：在种子表面或内部（带有病原体）。

selective medium-选择性培养基：一种含有抑制或阻止某些微生物种类生长的物质的培养基。

senesce（adj. **senescent**；n. **senescence**）**-衰老**：因成熟、年龄或病害胁迫而衰老。

serology（adj. **serologic**，**serological**）**-血清学**：一种利用抗原抗体反应的特异性检测和鉴定抗原物质及其携带生物的方法。

sign-病征：通过在寄主植物或器官上直接观察到病原体而指示病害（见**symptom-症状**）。

soft rot-软腐：肉质水果或蔬菜由于细菌或真菌感染而分解成糊状。

soil drench-土壤消毒：将化学物质溶液或悬浮液施用于土壤，特指用农药控制土传病原体。

soilborne-土传：在土表或土壤内部携带病原体。

solarization-曝晒：一种病害控制方法，用聚乙烯薄膜覆盖土壤，以增加阳光对土壤的加热，从而控制土传植物病原体。

sp.（pl. **spp.**）**-种**：种的缩写，仅用于属名之后；单数形式用于指未确定的物种；复数形式用于指两个或多个物种而不单独命名）。

sporangiophore-孢囊梗：某些真菌着生孢子囊的部分。

sporangiospore-孢囊孢子：孢子囊中的无性静止孢子。

sporangium（pl. **sporangia**）**-孢子囊**：囊状真菌结构，其全部内容物转化为不定数量的无性孢子。

spore-孢子：真菌和其他一些生物的繁殖结构，包含一个或多个细胞；一种经过修饰以在不利环境中生存的细菌细胞（芽孢）。

sporulate-产孢：产生孢子。

spot-斑点：叶、花或茎上作为病害症状出现的局部坏死区域。

sterilization（adj. **sterilized**）**-灭菌**：通过各种方式，如热、化学物质或辐射，来杀灭全部活的生物体。

stolon-匍匐茎/匍匐菌丝：一种细长的水平茎，靠近土壤表面生长；在真菌中，指一种沿基质表面水平生长的菌丝。

stoma（pl. **stomata**；adj. **stomatal**）**-气孔**：叶或茎表皮中由两个保卫细胞和它们之间的开口组成的结构，起到气体交换的作用，也写为stomate。

strain-菌株/株系：一个物种或病毒的独特种内亚类，在生物学、物理或化学上与该物种或病毒的其他种内亚类不同。

stunting-矮缩/矮化：由于连续节间长度的逐渐减小或它们的数量减少导致植株高度减小。

stylet-口针：植物寄生线虫或刺吸昆虫（如蚜虫和叶蝉）的坚硬、细长、中空的摄食器官。

stylet-borne transmission-口针型传播：一种病毒传播类型，在这种传播方式中，传毒介体在短暂的取食期后即可获得病毒并可传播，而且介体保持传毒能力的时间很短（同义词：**non-persistent transmission-非持久性传播**）。

substrate-基质/底物：生物体赖以生存或从中获取营养的物质（基质）；一种受酶作用的化学物质（底物）。

sunscald-日灼：被阳光直射灼伤或烧焦的植物组织。

susceptible（n. **susceptibility**）**-感病**：被病原体侵染时容易患病（见**resistant-抗病**）。

symptom-症状：由病害导致的植物可见的反应或变化。

symptomless carrier-无症带毒：一种植物虽然感染了病原体（通常是病毒），但没有明显的症状。

systemic-系统性（病害）/内吸性（药剂）：指病原体（或单次侵染）通常可在整个植物体内扩展分布（系统性病害）；药剂可进入植物体内（内吸性药剂）。

tissue-组织：一组通常具有相似结构、执行相同或相关功能的细胞。

tissue culture-组织培养：从植物组织中繁殖健康细胞一种的体外方法。

toxin-毒素：一种生物来源的有毒物质。

translocation-转移：植物内水分、养分、化学物质或光合产物的运动。

translucent-半透明：透明到刚刚可以透过光。

transmit（n. **transmission**）**-传播**：即传播或转移，如传染性病原体从植株传播到植株或从一代植物传播到另一代。

transpiration-蒸腾作用：水分通过气孔从叶片表面蒸发流失。

tuber-块茎：一种转变为营养储存器官的地下茎，通常在匍匐茎末端产生。

turgid-肿胀：肿；膨胀；由于内部水压而肿胀或膨胀。

vascular-维管束：指植物中的流体传导组织（木质部和韧皮部）。

vascular wilt disease-维管束萎蔫病：一种木质部病害，会破坏水和矿物质的正常吸收，导致叶子枯萎和变黄。

vector-介体/载体：能够携带和传播病原体生物（如昆虫、螨虫、鸟类、高等动物、线虫、寄生植物、人类）；在基因工程中，指克隆工具或自我复制的DNA分子，如质粒或病毒，用于将外源DNA片段引入宿主细胞。

vegetative-营养（体）：指植物的体细胞或无性器官，不参与有性生殖。

vegetative propagation-无性繁殖：指使用插条、鳞茎、块茎和其他营养器官来获得新一代植物。

vein-叶脉：叶子上的小维管束。

vein banding-脉带：一种病毒病症状，其中沿叶脉的区域比叶脉之间的组织颜色更深绿。

vein clearing-脉明：叶脉内或叶脉周围绿色消失。

vermiform-蠕虫状：形状像蠕虫。

viable（n. **viability**）**-活的**：能够发芽（种子、真菌孢子、菌核等）；能够生长。

viroid-类病毒：一种传染性的、无包被的（裸露的）环状单链RNA。

viruliferous-带病毒的：载有病毒（通常指将昆虫或线虫用作介体）。

virus-病毒：一种亚微观的细胞内专性寄生物，由通常被蛋白质外壳包围的侵染性核酸（RNA或DNA）核心组成。

volunteer-自生苗：自生植物；偶然播种的植物。

water-soaked-水浸状/水渍状：指一种以水浸状为特征的病害症状，表现为植物组织或病斑呈湿润、暗色且通常凹陷和半透明。

whorl-轮生体：相似器官的轮状排列。

wild type-野生型：一个物种的大多数个体在自然条件下的表型特征。
wilt-枯萎：由于水分供应不足或过度蒸腾而导致叶片和茎干下垂；一种影响正常水吸收的维管束病害。
witches'-broom-丛枝：一种植物病害症状，许多细枝在同一点或附近长出，产生异常的丛生或呈刷子状生长。
xylem-木质部：植物的支持组织，用于水和矿物质传导、养分储存。
zoospore-游动孢子：一种带有鞭毛的真菌孢子，能够在水中运动。

索　引